高等 一体化教材

工业机器人自动线安装与调试

● 主　编　谭燕　熊江

● 副主编　杨德君　黄滔　谭波　周超

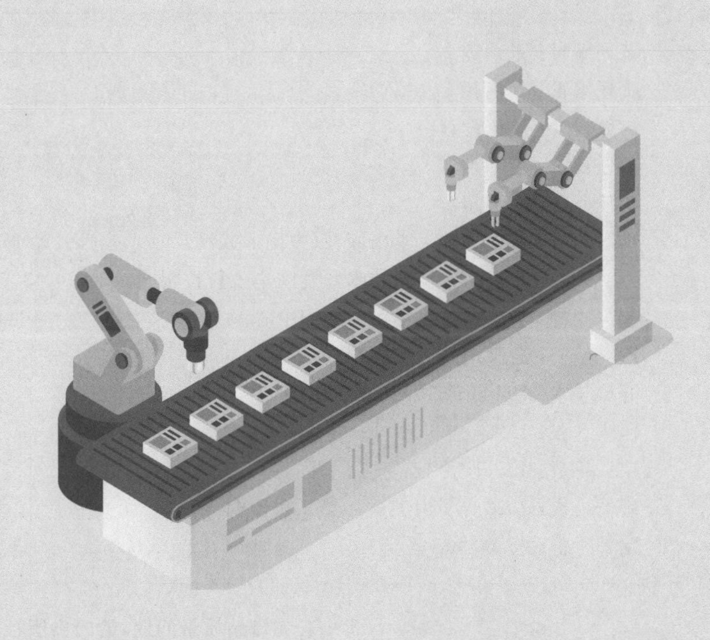

華中科技大學出版社
http://press.hust.edu.cn
中国·武汉

内容简介

本书以自动化生产线典型工作站为项目载体，将生产线安装、调试的知识和技能分解到7个项目若干个子任务中，按由简单到复杂、由单站到整机的思路进行编写，结合全国职业院校技能大赛标准，融入课程思政内容，从而达到“知识、技能、素养”目标。

本书主要介绍典型自动线机械结构装配、气路及电气装调、识图绘图、检测与传感器、PLC及工业以太网技术、变频调速及运动控制技术、HMI及人机组态技术、工业机器人技术等内容。本书可作为高职或中职院校机电一体化技术、自动化、电气自动化等专业学生的自动化生产线安装与调试课程的教材，也可作为广大机电、电气及自动化技术爱好者的自学用书。

图书在版编目(CIP)数据

工业机器人自动线安装与调试/谭燕，熊江主编. —武汉：华中科技大学出版社，2023.5
ISBN 978-7-5680-9391-0

Ⅰ. ①工… Ⅱ. ①谭… ②熊… Ⅲ. ①工业机器人-自动生产线-设备安装 ②工业机器人-自动生产线-调试方法 Ⅳ. ①TP242.2

中国国家版本馆CIP数据核字(2023)第082853号

工业机器人自动线安装与调试 谭 燕 熊 江 主编
Gongye Jiqiren Zidongxian Anzhuang yu Tiaoshi

策划编辑：张 玲
责任编辑：刘艳花
封面设计：原色设计
责任校对：李 弋
责任监印：周治超
出版发行：华中科技大学出版社(中国·武汉) 电话：(027)81321913
武汉市东湖新技术开发区华工科技园 邮编：430223
录 排：华中科技大学惠友文印中心
印 刷：武汉市籍缘印刷厂
开 本：787mm×1092mm 1/16
印 张：19.5
字 数：495千字
版 次：2023年5月第1版第1次印刷
定 价：65.00元

编写委员会

主　编：谭　燕（重庆三峡职业学院）
熊　江（重庆三峡职业学院）

副主编：杨德君（重庆三峡职业学院）
黄　滔（重庆三峡职业学院）
谭　波（重庆三峡职业学院）
周　超（重庆川维建安工程有限公司）

参　编：郎　朗（重庆三峡职业学院）
徐明灿（重庆三峡职业学院）
赵　伟（重庆三峡职业学院）
岳海霞（重庆三峡职业学院）
李　灿（四川泛华航空仪表电器有限公司）
柳俊林（中国工程物理研究院材料研究所）
郑　峰（重庆三峡职业学院）
蒋发伦（重庆三峡职业学院）
石宗银（重庆三峡职业学院）
曾洪兵（重庆三峡职业学院）
秦风元（重庆三峡职业学院）
黄佐菊（重庆三峡职业学院）

前言

Preface

党的二十大报告提出，推进新型工业化，加快建设制造强国、质量强国、航天强国、交通强国、网络强国、数字中国。制造业是国家实体经济的核心，加快建设制造强国，要更好地适应传统产业结构优化升级，赋能智能制造数字化转型，让制造更加高效。结合《国家职业教育改革实施方案》（"职教 20 条"）提出的推进高等职业教育高质量发展，落实"三教"改革根本要求，其中教材改革是基础，职业院校专业核心课程的教材应该基于产业发展趋势和行业用人需求对教材内容进行整合、完善和及时更新。

本书是机电一体化技术专业团队多年来进行专业建设（国家骨干专业、中法施耐德产教融合项目）和课程改革（"自动化生产线安装与调试"一流课程、在线课程、教师教学能力大赛）的成果，以职业岗位需求为出发点，以技能大赛为依托，采用"项目导向、任务驱动"的编写思路，紧扣自动化生产线安装与调试相关知识点，帮助读者由浅到深逐步学习及领会自动化生产线安装、编程、调试的方法和技巧。本书内容循序渐进，以学生为学习主体设计，更加注重实践性及科学性。

本书的特色是：

（1）"项目导向、任务驱动"，以智能制造工程技术人员国家新职业标准为依据，以自动线装调、程序设计职业能力培养为目标，以自动线典型工作任务为载体，以学生为中心，以能力培养为本位，有机融入课程思政内容，将理论学习与实践学习相组合。

（2）工学结合，强调综合技能的应用，着重培养学生的专业能力，提升自动化生产线装调的技能训练。

（3）以赛促学，结合全国职业院校技能大赛要求，致力于培养学生分析、解决工程实际问题的能力。

（4）以新设备（YL-1633B 型工业机器人循环生产线）为载体，融入了新技术（西门子 200SMART PLC 和 G120C 变频器）的使用，以便适用于行业企业的技术更新，并配套开发数字化资源。

本书由谭燕、熊江担任主编，杨德君、黄滔、谭波、周超（重庆川维建安工程有限公司）担任副主编，郎朗、徐明灿、赵伟、岳海霞、李灿（四川泛华航空仪表电器有限公司）、柳俊林（中国工程物理研究院材料研究所)、郑峰、蒋发伦、石宗银、曾洪兵、秦风元、黄佐菊参与了编写。

鉴于编者水平有限,加上时间仓促,书中难免存在不足之处,恳请各位读者批评指正。

编者
2023 年 4 月

目录

Contents

项目1 安装调试供料单元

任务1 装配供料单元 /2
任务2 设计和调试供料单元的控制程序 /15
项目知识平台 /21
项目总结与拓展 /49

项目2 安装调试加工单元

任务1 装配加工单元 /51
任务2 设计和调试加工单元的控制程序 /58
项目知识平台 /62
项目总结与拓展 /65

项目3 安装调试装配单元

任务1 安装装配单元 /67
任务2 设计和调试装配单元的控制程序 /75
项目知识平台 /80
项目总结与拓展 /85

项目4 安装调试分拣单元

任务1 装配分拣单元 /87
任务2 使用G120C变频器 /95
任务3 设计和调试分拣单元的控制程序 /107
项目知识平台 /116

项目总结与拓展 /141

项目5 安装调试机器人码垛单元

任务1 装配机器人码垛单元 /143
任务2 使用IRB120机器人 /150
任务3 设计和调试机器人码垛单元的控制程序 /162
项目知识平台 /172
项目总结与拓展 /194

项目6 安装调试输送单元

任务1 装配输送单元 /196
任务2 自动线各工作单元定位控制 /203
任务3 设计和调试输送单元的控制程序 /209
项目知识平台 /219
项目总结与拓展 /237

项目7 安装调试自动装配生产线

任务1 安装自动装配生产线 /239
任务2 构建工业以太网通信 /244
任务3 使用人机界面触摸屏 /249
任务4 设计和调试自动线整机控制程序 /256
项目知识平台 /295
项目总结与拓展 /302

参考文献 /303

项目1　安装调试供料单元

项目情境描述

自动供料单元项目来自某食品加工生产企业供料机构的工艺改进，将人工手动上料改进为自动上料。企业通过不断地改进设备和工艺，不仅提高了生产效率，而且节约了大量的时间成本和人力成本。

自动供料单元主要应用于包装灌装生产线，加工、装配生产线的上料机构等，是全自动化生产线的重要组成部分，本项目的两个任务就是完成生产线供料单元的安装、程序设计和调试。

项目思维导图

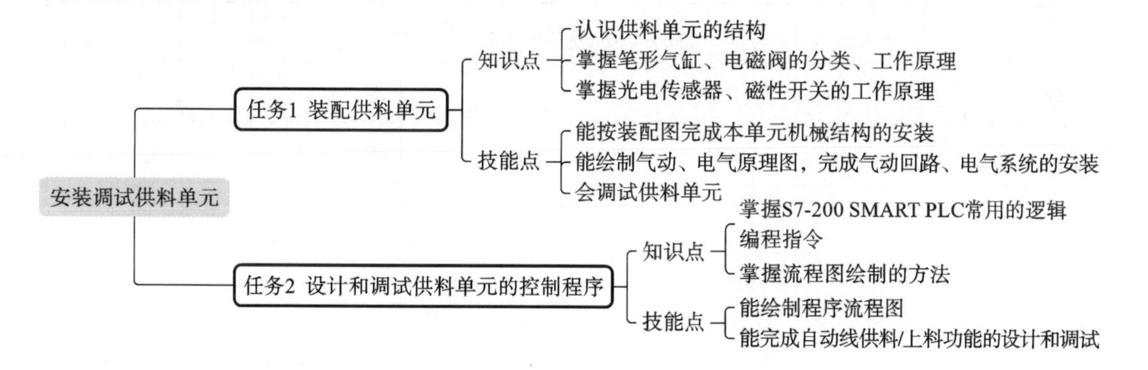

项目目标

（1）了解自动化生产线的含义和应用。

（2）掌握供料单元结构和安装技能。

（3）掌握气动回路工作原理和连接，掌握笔形气缸、单电控电磁阀的工作原理。

（4）掌握光电传感器的工作原理和应用。

（5）理解并掌握供料单元的程序结构。

（6）掌握供料单元的调试方法。

（7）培养踏实、认真的实干精神。

（8）培养爱国情怀、职业认同感和自豪感。

任务1　装配供料单元

任务目标

(1) 认识和掌握供料单元的结构。

(2) 掌握供料单元机械结构安装的步骤和技巧。

(3) 掌握供料单元电气系统的安装规范。

(4) 掌握供料单元机械、电气系统调试的方法。

任务要求

本单元能实现大工件的上料动作，即按照控制要求将放置在料仓中待加工的大工件(原料)自动推到物料台上。装配完成供料单元的机械、电气部分是实现供料功能的基础。

任务分组

学生任务分工表

完成学生任务分工表(见表1-1，本书的学生任务分工表均可参考此表)。

表1-1　学生任务分工表

实践环节:装配供料单元		
班级:	时间:	地点:
组别:	组长:	指导老师:
小组成员	学号	分工任务

获取资讯

(1) 观察:本单元的机械结构组成，各部分结构的连接方式。

(2) 思考:机械组件的装配顺序。

提示　为了能进行高效装配，通常将机械结构分解成若干个可独立安装的组件，遵循“先下后上、先内后外、先笨重后轻巧、先精细后一般、先组件后总装”的原则，可以让工作事半功倍。

(3) 观察:本单元的气动元件。查一查它们的型号和产品说明书,想一想它们的使用方法。

①气源装置。②电磁阀。③气缸。④辅助元件。

(4) 尝试:绘制供料单元的气动原理图。

(5) 观察:本单元的电气元件及其工作原理。查一查它们的型号和产品说明书,想一想它们的使用方法。结构侧和PLC侧的电气信号如何传输?

①PLC。②传感器。③主令控制器。④信号传输装置。

(6) 尝试:绘制供料单元的电气原理图。

(7) 选择:装配过程中需要使用的工具有哪些?

提示　装配工作中工具使用不当,会导致零件变形或内应力,造成不必要的损伤、破坏和返工,直接影响生产进度、维修质量和机械寿命。合理选用工具可以帮助我们提高装配效率,对机器效能、维护维修时间、人工成本等都起着非常重要的作用。

工作计划

由每个小组分别制定装配的工作计划,将计划的内容填入工作计划表(见表1-2,本书的工作计划表均可参考此表)。

工作计划表

表1-2　工作计划表

步　骤	工作内容	责任人	计划时长
1			
2			
3			
4			
5			
6			
7			
8			
9			
10			

进行决策

(1) 各个小组阐述自己的设计方案。

(2) 各个小组对其他小组的方案进行讨论、评价。

(3) 教师对每个小组的方案进行点评,选择最优方案。

任务实施

1. 机械结构装配

1）清点工具和器材

仔细清点供料单元装置拆卸后的各个部件的数量、型号，将各部件按种类分别摆放，并检查器材是否损坏。电磁阀组、气动元件等建议不要轻易拆解，以免粉尘、颗粒物进入，从而影响使用寿命。

清点所需用到的工具、数量、型号。常用工具应准备内六角扳手、钟表螺丝刀各1套，十字螺丝刀、一字螺丝刀、剥线钳、压线钳、斜口钳、尖嘴钳各1把，万用表1只，奶子锤1把。

2）进行机械装配

清点好工具、材料和元器件，再按表1-3步骤进行装配。

供料单元机械结构装配

表1-3　供料单元机械装配流程

序号	操　　作	图　　示	序号	操　　作	图　　示
1	型材支架的拼装（用L形角钢连接），注意型材支架中应预留相应的螺母		5	将推料组件和型材支架以及落料组件进行装接	
2	推料组件（气缸支撑板、气缸、推料头）的拼装		6	将供料单元固定在底板上	
3	料斗、挡料块、落料板的拼装		7	装上料管	
4	型材支架、推料组件的装接				

 **提示**　①在拼接型材支架之前，必须提前将螺母预留在相应的位置，否则后续的安

装工作将无法完成。

②拼装型材支架时,先将螺栓固定在L型角钢上(螺母不拧紧),再将螺母嵌入型材槽内,最后拧紧螺母,使安装更容易。

③装配铝合金型材支架时,注意调整各个边的平行度和垂直度,并锁紧螺栓。

④当固定供料单元时,注意出料口和挡板朝向搬运单元的方向。

⑤先将供料单元固定在底板上,然后将底板固定在工作台上,并将固定螺母提前放置于第4和第10个槽内,底板在固定时必须加垫片。

⑥组装完成后,紧固件不松动,零部件没有缺失。

⑦在装配过程中,不要为了追求速度而忽视了装配质量,不能错装、漏装一颗螺丝。

课程思政

机床上的固定螺丝少装、漏装会引起重心失衡导致坍塌,造成人身伤害;螺丝的松动也可能会造成飞机的驾驶舱内加热器起火,要时时刻刻将安全放在首位,哪怕是一颗小小的螺丝也不要放过。

正因为秉持着"一颗螺丝都不放过"的精神,大国工匠、"齐鲁大工匠"、中交一航局第二工程有限公司的总技师管延安为了做到在深海中操作时海底隧道沉管不渗水、不漏水,一遍又一遍地将设备反复拆卸、安装,直到找到最佳点,真正做到了严丝合缝"零缝隙"(接缝处的间隙必须小于1 mm),成就了世界首条"滴水不漏"的外海沉管隧道。

2. 气路连接

供料单元的气路连接按以下步骤进行:首先将供料单元的电磁阀安装到汇流板上,安装完成后固定在工作底板上;接着将节流阀安装到两个气缸上;最后按照图1-1所示的气动原理图连接顶料气缸和推料气缸的气路。在初始状态下,气缸的进气端用橙色气管连接,排气端用蓝色气管连接。连接气路时应按照技能大赛中自动化生产线安装调试的技术规范要求进行作业,如表1-4所示。后续的项目均按此技术规范执行,不再赘述。

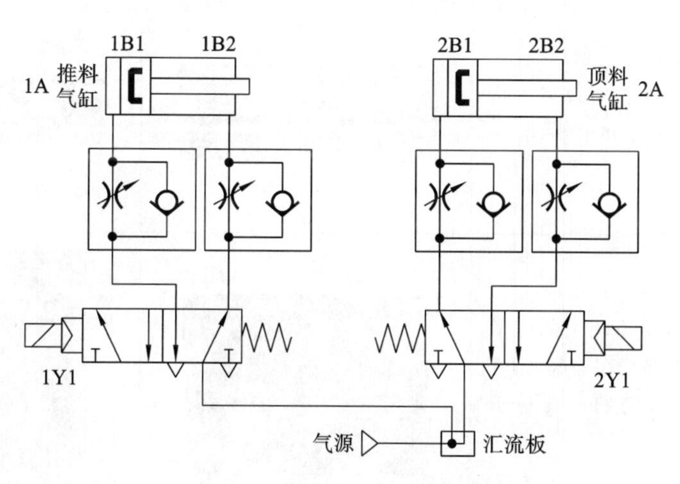

图1-1　供料单元气动原理图

表 1-4　气路连接技术规范要求

序号	技术规范描述	规范操作	不规范操作
1	应注意的是，连接处不能漏气，气管不能交叉，扎带不能绑扎得太紧以免阻碍气流	连接处不漏气、气管不交叉	气管交叉 气管绑扎太紧
2	绑扎时，应注意相邻两个扎带的间距≤50 mm，切割扎带后的剩余长度≤1 mm，以免伤人	扎带间距约50mm 扎带切割后≤1mm	扎带间距不合适 扎带切割后剩余长度太长
3	从电磁阀气管接头处连接的第一根扎带的最短距离为55 mm	第一根扎带离电磁阀的距离合适	第一个扎带离电磁阀距离太近
4	气管不能置于线槽内，在工作台上的气管应用线夹子固定，两个线夹子的间距应≤120 mm	气管不走线槽，在型材台面用线夹固定	线夹子的间距不合适
5	在同一运动模块上的气管和电缆可以绑扎在一起，但在其他情况下，它们应该分开绑扎	在同一运动模块上的气管、线缆可以绑扎在一起	不在同一运动模块上的气管和线缆不能绑扎在一起

提示　①一个电磁阀控制一个气缸，气管不能接错。

②正确选取接口，确保气缸的初始位置均为缩回位置。

3. 电气系统安装

1）结构侧电气接线

本自动线设备与PLC之间的信号通过上、下两个端子排进行转接，在进行电气接线时，分别对工作台结构侧、下方电控箱中的PLC侧进行电气接线。结构侧电气安装接线任务包括：供料装置气缸上的每个磁性开关和各个物料检测传感器引出线的连接（PLC输入部分）；各电磁阀的引出线接线（PLC输出部分）。按照供料单元结构侧的接线信号端子分配（见表1-5），将各元件引出线连接到对应的信号端子上。

表1-5　供料单元结构侧的接线信号端子分配

输入信号的中间层		输出信号的中间层	
端子号	输入信号描述	端子号	输出信号描述
2	顶料到位磁性开关	2	顶料电磁阀
3	顶料复位磁性开关	3	推料电磁阀
4	推料到位磁性开关	4	
5	推料复位磁性开关	5	
6	物料台物料检测传感器	6	
7	物料不足检测传感器	7	
8	物料有无检测传感器		
9	金属材料检测传感器		
端子10～17没有连接		端子8～14没有连接	

提示　①结构侧接线端口模块分为输入信号和输出信号两种接线端口模块，传感器应接到输入信号端口模块，电磁阀应接到输出信号端口模块，不可错接或者混接。

②传感器有二端元件和三端元件之分，接线方式有所不同。二端元件的传感器蓝色线为公共端（0 V），棕色线为信号端，三端元件的传感器蓝色线依然为公共端（0 V），但棕色线是直流电源端（+24 V），黑色线才是信号端，不可错接。

③电磁阀线圈的引出线有2根，蓝色线为公共端（0 V），红色线是控制信号端（+24 V），而非电源端子，要排除惯性思维。

④结构侧接线完成后，应用扎带按规范绑扎，力求整齐、美观。

2）PLC 侧电气接线

(1) PLC 的选型。

供料单元的输入信号包括按钮、开关等控制信号以及各种传感器检测信号，共 12 个输入信号；供料单元的输出信号包括指示灯和各电磁阀的控制信号，共 5 个输出信号，数量相对较少，且输出信号均为普通的开关量信号，继电器输出端口就能满足要求。其中，按钮、开关和指示灯来自按钮/指示灯模块。

综上所述，供料单元 PLC 选用 S7-200 SMART CPU SR40 AC/DC/RLY 主单元，共 24 点输入和 16 点继电器输出。表 1-6 给出了供料单元 PLC 的 I/O 分配。

表 1-6 供料单元 PLC 的 I/O 分配

序号	输入点	输入信号描述	序号	输出点	输出信号描述
1	I0.0	顶料气缸伸出到位	1	Q0.0	顶料电磁阀
2	I0.1	顶料气缸缩回到位	2	Q0.1	推料电磁阀
3	I0.2	推料气缸伸出到位	3	Q0.7	HL1(正常工作指示)
4	I0.3	推料气缸缩回到位	4	Q1.0	HL2(运行指示)
5	I0.4	出料台物料检测	5	Q1.1	HL3
6	I0.5	物料不足检测	6		
7	I0.6	物料有无检测	7		
8	I0.7	金属工件检测	8		
9	I1.2	复位按钮 SB2	9		
10	I1.3	启动按钮 SB1	10		
11	I1.4	急停按钮 SQ			
12	I1.5	转换开关 SA			

供料单元电气系统接线

(2) PLC 的 I/O 接线图。

供料单元 PLC 的 I/O 接线图如图 1-2 所示。

(3) PLC 控制电路的接线。

先清点工具、材料和元器件，再按图 1-2 完成 PLC 的线路连接。连接电路时应按照技能大赛中自动化生产线安装调试的技术规范要求进行作业，如表 1-7 所示。后续的项目均按此技术规范执行，不再赘述。

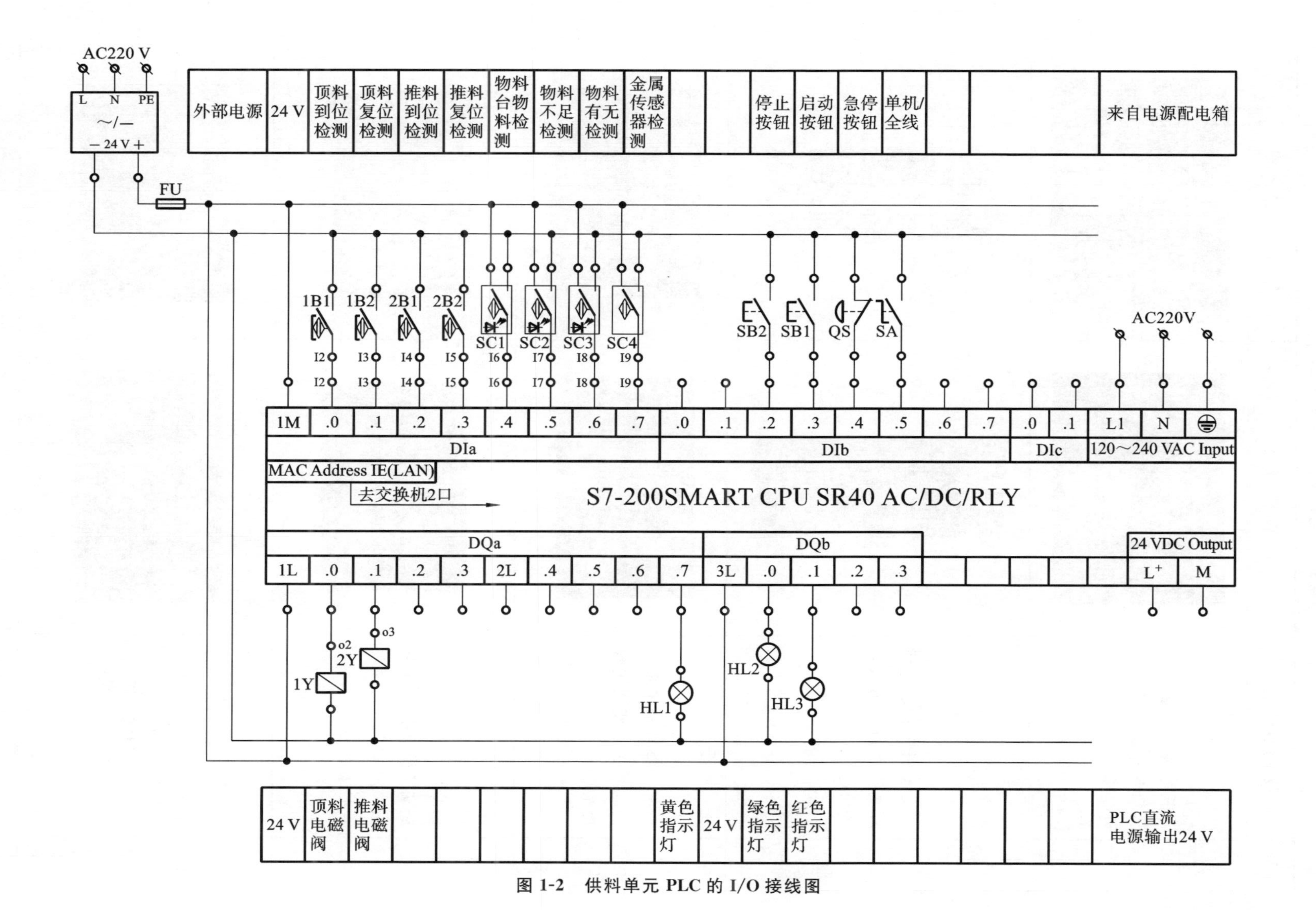

图 1-2　供料单元 PLC 的 I/O 接线图

表 1-7　电路连接技术规范要求

序号	技术规范描述	规 范 操 作	不规范操作
1	软电缆或拖链的输入端和输出端需要用扎带固定	 拖链的输入端用扎带绑扎	 没有用扎带固定
2	沿型材下行的电缆和气管都需要用线夹子固定	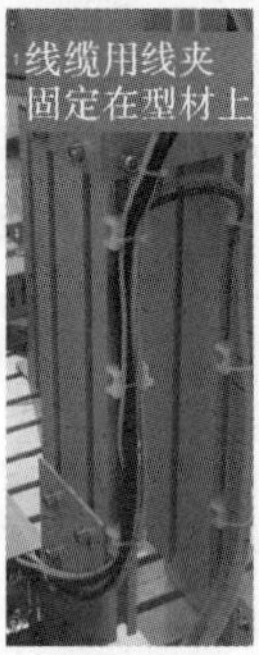 线缆用线夹 固定在型材上	 线缆没有沿 型材固定
3	所有螺钉端子连接的电缆必须使用绝缘冷压端子	 所有螺钉终端处均使用 冷压端子	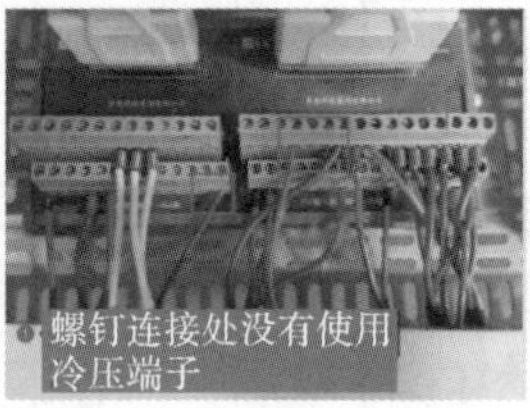 螺钉连接处没有使用 冷压端子
4	冷压端子必须插入到端子模块中，不能露出。按钮指示灯模块处的接线例外	 将冷压端子全部插入终端 连接处	 没有将冷压端子完全插入 螺钉终端处
5	在冷压端子不能看到外露的电线	 冷压端子处没有外露的导线	 冷压端子处看到外露的导线

续表

序号	技术规范描述	规 范 操 作	不规范操作
6	变频器主电路与控制电路的接线应该有足够的距离,以避免信号干扰	 变频器主电路与控制电路间隔较大距离	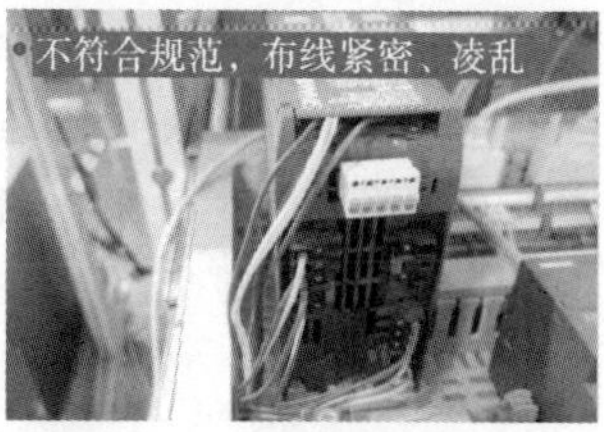 不符合规范,布线紧密、凌乱
7	光纤导线的转弯半径≥25 mm	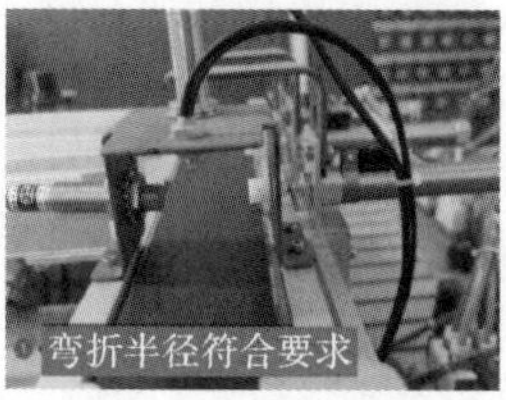 弯折半径符合要求	 弯折半径过小

提示 ①本任务的PLC(CPU SR40 AC/DC/RLY)工作电源采用220 V交流电,输入/输出设备电源采用的是24 V直流电,不可接错,否则会烧坏电磁阀和指示灯。

②各传感器和电磁阀的信号通过PLC侧的接线端口模板进行转接,各点位置必须与结构侧的接线端口模板的端口位置一一对应,而按钮/指示灯模块安装在PLC侧,信号未通过接线端口模板转接,故各控制信号和指示灯信号直接与PLC的I/O端子进行连接。

③接线时,一定要注意导线颜色的选取。交流电源的火线用红色导线,零线用蓝色导线。24 V直流电源用红色导线,公共端用蓝色导线。PLC的输入信号用绿色导线,输出信号用黄色导线。

④接线时,将各连接线装上套管并标注线号。

⑤接线完毕后,应用万用表检查各电源端子是否有短路或断路现象。检查PLC的输入、输出是否构成了回路;检查各接线排与PLC的I/O端子是否一一对应。

4. 供料单元各模块的调试

1)调试方法

对供料单元的机械结构、气动回路、传感器、PLC各输入/输出信号进行调试。供料单元各模块调试方法如表1-8所示。

表1-8 供料单元各模块调试方法

任 务	任务描述	任务准备	任务执行
检查机械结构	检查本单元各紧固件、连接件是否正确连接	完成机械结构安装	检查机械结构,适当调整各紧固件和螺钉,对需要锁紧的部位,必须按要求有效地锁紧,保证推料、顶料能准确完成,没有紧固件松动

续表

任务		任务描述	任务准备	任务执行
检查气动回路	单向节流阀的调整	调节单向节流阀的开口大小，实现对气缸活塞杆运行速度的控制	①完成气动回路连接。 ②将 PLC 置于停止状态。 ③打开气源	①完全拧紧单向节流阀，然后松开一圈。 ②手动控制电磁阀换向，观察气缸运行情况。 ③缓慢打开单向节流阀，直至活塞杆运动速度达到理想速度
	电磁阀组的调试	①利用电磁阀上的手动旋钮控制电磁阀，进行电磁阀与气缸相应动作的对应性检测。 ②进行接线检查，确保与 PLC 的 I/O 分配一致	①完成气动回路连接。 ②打开气源。 ③将 PLC 置于停止状态。 ④放松所有单向节流阀	①系统压力设定：在气动两联件上设定系统工作压力为 6 bar(600 kPa)。 ②用一字螺丝刀(最大宽度为 2.5 mm)调整手动旋钮(按下则动作，松开则复位，转动则锁住)，观察气缸运行情况，判断气路连接是否正确。 ③若运行动作不一致，则先断开气源，然后更换气管。 ④对电磁阀逐个进行手动控制和调试。 ⑤使用万用表(欧姆挡)检查电磁阀的引出线与 PLC 的输出点是否一一对应，以确保通路
检查电气系统	按钮开关的调试	进行主令信号的接线检查，确保和 PLC 的 I/O 分配一致	①完成设备安装。 ②关闭气源。 ③检查电路连接后接通电源。 ④将 PLC 置于停止状态	方法一：操作某一开关或按钮，PLC 相应输入点的状态指示灯会跟随工作。 方法二：利用万用表(欧姆挡)检查按钮和 PLC 的输入点是否一一对应，确保通路
	磁性开关的调试	①根据气缸运行行程的位置要求进行磁性开关的安装与位置调节。 ②进行接线检查，确保与 PLC 的 I/O 分配一致	①完成设备安装。 ②关闭气源。 ③接通电源。 ④将 PLC 置于停止状态	①将活塞杆手动调节到相应的位置，旋转手动旋钮锁定位置。 ②将传感器在气缸的轴向位置上移动，直到传感器有输出响应，并点亮磁性开关和 PLC 相应的输入点的状态指示灯。 ③将传感器微微在同一方向上移动，直到磁性开关和 PLC 相应输入点的状态指示灯均熄灭。 ④将传感器安装在响应和关闭的中间位置并固定。 ⑤打开气源，启动气缸，检查传感器位置是否正确(气缸活塞杆伸出/缩回)

续表

<table>
<tr><th colspan="2">任　务</th><th>任务描述</th><th>任务准备</th><th>任务执行</th></tr>
<tr><td rowspan="2">检查电气系统</td><td>漫反射式光电开关的调试</td><td>漫反射式光电开关用于料仓和出料台的物料检测，以判断物料的多少与有无。
①通过调试，进行合理的检测距离设定。
②进行接线检查，确保与 PLC 的 I/O 分配一致</td><td>①完成设备安装。
②关闭气源。
③接通电源。
④将 PLC 置于停止状态</td><td>①将动作转换开关旋转到 L 侧，进入受光检测模式。
②将距离调节旋钮按逆时针方向转到最小检测距离，此时光电开关和 PLC 相应输入点的状态指示灯均熄灭。
③将物料置于相应的检测位置。
④逐步按顺时针方向旋转距离调节旋钮，找到传感器进入检测条件的位置，并点亮光电开关（橙色灯点亮）和 PLC 相应输入点的状态指示灯。
⑤将物料取走，指示灯再次熄灭</td></tr>
<tr><td>指示灯的调试</td><td>进行接线检查，确保与 PLC 的 I/O 分配一致</td><td>①完成设备安装。
②将 PLC 置于停止状态</td><td>方法一：利用万用表（欧姆挡）检查指示灯和 PLC 的输出点是否一一对应，确保通路。
方法二：接通电源，PLC 进入运行状态，打开编程软件状态表的监控界面，输入指示灯对应的输出点名称，利用强制输出将该点置位，观察指示灯的状态</td></tr>
</table>

提示　①若传感器指示灯有动作，PLC 相应信号的状态指示灯没有动作，而不相应的状态指示灯出现了跟随动作，则说明结构侧或 PLC 侧的接线端口出现误接，通过信号比对就能发现误接点。

②若传感器指示灯和 PLC 所有输入点的状态指示灯均没有出现动作，则说明结构侧或 PLC 侧的接线出现了虚接或导线断路，利用万用表（欧姆挡）在“结构侧接线端口”“PLC 侧接线端口”“PLC 端口”这三处之间检查故障点。

③在进行传感器调试时，每次只能动作一个信号，切不可同时动作多个信号，否则很容易发生误判。

④顶料气缸顶住大工件时只动作了一半的行程，在调整顶料伸出限位传感器时应注意它的安装位置。

2）调试记录

完成供料单元机械结构装调记录表、供料单元气动回路装调记录表、供料单元电气系统装调记录表。

供料单元机械结构装调记录表

供料单元气动回路装调记录表

供料单元电气系统装调记录表

评价反馈

各小组填写表 1-9 和表 1-10，然后汇报完成情况。

表 1-9 任务实施考核表

工作任务	配分	评分项目	项目配分	扣分标准	得分	扣分	任务得分
设备装调及电路、气路连接	90	机械装调(25 分)					
		机械部件调试	15	部件位置配合不到位、零件松动等，扣 1 分/处，最多扣 15 分			
		合理选用工具	5	选择恰当的工具完成机械装配，不合理扣 0.5 分/处			
		按装配流程完成	5	是否按正确流程完成装配，不合理扣 1 分/处			
		电路连接(40 分)					
		绘制电气原理图	15	电气元件符号错误，扣 0.5 分/处；电气图绘制错误，扣 1 分/处			
		正确识图	15	连接错误，扣 1 分/处；电源接错，扣 10 分			
		连接工艺与安全操作	10	接线端子导线超过 2 根、导线露铜过长、布线零乱，扣 1 分/处，最多扣 5 分；带电操作扣 5 分			
		气路连接、调整(15 分)					
		绘制气动原理图	5	气动元件符号错误，扣 0.3 分/处；气路图绘制错误，扣 0.5 分/处			
		气路连接及工艺要求	10	漏气，调试时掉管，扣 1 分/处；气管过长，影响美观或安全，扣 1 分/处；没有绑扎带或绑扎带距离不恰当，扣 1 分/处；调整不当，扣 1 分/处。最多扣 10 分			
		输入/输出点测试(10 分)					
		输入/输出点测试	10	各输入/输出点不正确，扣 0.5 分/处			
职业素养与安全意识	10	现场操作安全保护符合安全操作规程；工具摆放、包装物品、导线线头等的处理符合职业岗位的要求；团队有分工、有合作，配合紧密；遵守纪律，尊重教师，爱惜设备和器材，保持工位整洁					

表1-10　任务评价表(装配)

任务评价表(装配)

序号	评价内容		评价主体			综合评价
			自评	互评	教师评价	
1	学习准备情况					
2	资讯内容完成度					
3	完成效果	机械机构				
		气动回路				
		电气系统				
4	装配完成时间					
5	安全、规范操作					
6	沟通协作					
7	展示汇报					
8	材料提交					

任务2　设计和调试供料单元的控制程序

任务目标

(1) 明确供料单元的控制要求。
(2) 掌握供料单元程序控制结构。
(3) 掌握供料单元PLC程序编写方法。

任务要求

供料单元运行(程序设计)

1. 初态检查

设备上电和气源接通后,若工作单元的两个气缸均处于缩回位置,且料仓内有足够的待加工工件,则“正常工作”指示灯HL1(黄灯)常亮,表示设备已准备就绪。否则,该指示灯以1 Hz频率闪烁。

2. 运行控制

若设备已准备就绪,按下启动按钮,则工作单元启动,“设备运行”指示灯HL2(绿灯)常亮。若出料台上没有工件,则应把工件推到出料台上。出料台上的工件被取走后,若没有停止信号,则进行下一次推出工件操作。

若在运行中按下停止按钮,则在完成本工作周期任务后,工作单元停止工作,HL2指示灯(绿灯)熄灭。

3. 非正常情况的处理

若在运行中料仓内工件不足(工件少于4个),则工作单元继续工作,但“正常工作”指示灯HL1(黄灯)以1 Hz的频率闪烁,“设备运行”指示灯HL2(绿灯)保持常亮。若料仓内没有工件,则HL1指示灯(黄灯)和HL2指示灯(绿灯)均以2 Hz频率闪烁。工作单元在完成本周期任务后停止。只有向料仓补充足够多的工件后,工作单元才能再次启动。

任务分组

完成学生任务分工表(参考任务1)。

获取资讯

(1) 分析:本单元自动供料过程。

(2) 尝试:绘制自动供料的流程图。

(3) 规划:程序设计中用到的标志位。

提示 在编写控制程序前,应提前规划好程序中用到的变量。

(4) 尝试:在编程软件上编写控制程序。

提示 在编写控制程序时,最好采用模块化的程序结构,这样的优点是降低程序复杂度,使编程思路简单明了,利于程序的编写和调试。程序模块划分要合理,各模块均能实现相对独立的基本功能,最后将所有模块有机组合,完成整个工作单元的程序设计。

工作计划

由每个小组分别制定程序设计的工作计划,将计划的内容填入工作计划表(参考任务1)。

进行决策

(1) 各个小组阐述自己的设计方案。

(2) 各个小组对其他小组的方案进行讨论、评价。

(3) 教师对每个小组的方案进行点评,选择最优方案。

任务实施

供料单元的PLC程序由一个主程序、两个子程序构成。一个子程序是系统状态显示子程序,另一个子程序是供料控制子程序。主程序在每个扫描周期都调用系统状态显示子程序,仅在运行状态下才可能调用供料控制子程序。

PLC上电后应首先进入初始状态检查阶段,确认系统已经准备就绪,再投入运行,及时发现问题,避免事故发生。例如,两个气缸在上电或气源接入时不在初始位置,这是气路连接错误的缘故,显然在这种情况下不允许系统投入运行。PLC控制系统往往有这种常规的要求。

供料单元运行的主要过程是供料控制,它是一个单序列结构的步进顺序控制(简称顺控)过程。

如果没有停止信号,则顺控过程将周而复始地循环运行。当接收到停止指令后,系统复位停止(完成工作周期任务并返回初始步后停止)。

当料仓中最后一个工件被推出后,将发生缺料报警。推料气缸复位到位,在完成这个工作周期的任务之后，即返回到初始步。

1. 主程序的流程图和编写思路

1）主程序流程图

供料单元主程序流程图如图1-3所示。

2）规划PLC程序标志位

由于在编写程序时涉及多个状态标志位的使用，所以有必要在编程前规划好使用的标志位。表1-11就是供料单元所采用的标志位。

3）主程序编写思路

主要是“初态检查状态”(M5.0)、“准备就绪状态”(M2.0)、“运行状态”(M1.0)三个标志位之间的转换程序编写。其中涉及单站/联机(M3.4)、停止指令(M1.1)两个模式信号的运用，以及供料控制、状态显示两个子程序的调用。

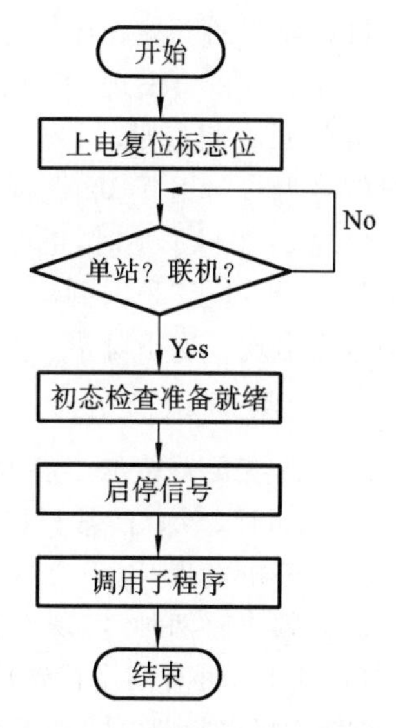

图1-3　供料单元主程序流程图

表1-11　供料单元PLC程序标志位

序　号	符号含义	地　址
1	运行状态	M1.0
2	停止指令	M1.1
3	准备就绪	M2.0
4	缺料报警	M2.1
5	供料不足	M2.2
6	单机/联机方式	M3.4
7	初态检查	M5.0

2. 供料控制子程序

供料控制的程序编写采用顺控编程方式，供料单元的控制流程图如图1-4所示。初始步S0.0在主程序中，当系统准备就绪且接收到启动脉冲信号时被置位，即启动供料控制顺序流程循环运行；当运行过程中接收到停止信号时，只在完成本工作周期的运行后，方能停止，同时解除运行状态。

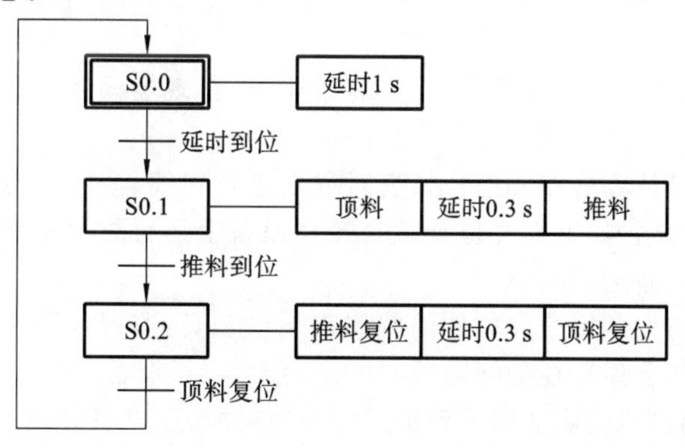

图1-4　供料单元的控制流程图

供料控制的顺控程序编写比较简单，唯有推料电磁阀的推料动作的启动条件有一点特殊性。仔细分析会发现，其动作条件有两种，如图 1-5 推料程序所示。

情况 1：在料充足时，先顶料，再推料。判断信号来自“顶料到位”磁性开关的动作信号。顶料信号为“1”，用 T102 进行延时，延时 0.3 s，说明顶料成功，可启动推料。

情况 2：在料不足时，也可推料。料仓里面只有待推工件时，顶料活塞杆就会完全伸出，出现超程，超过了“顶料到位”磁性开关的检测位置，顶料信号会出现先“1”后“0”的现象，顶料信号会出现一次下降沿。判断信号就是“料不足”时顶料信号的“下降沿脉冲”。

3. 供料单元状态显示子程序

料仓内有足够待加工料时，HL1（黄灯）和 HL2（绿灯）常亮；运行中料仓内料不足时，HL1 闪烁，HL2（绿灯）常亮；料仓内无料时，HL1 和 HL2 均闪烁。

通过分析发现，同一个指示灯有多种驱动条件，且动作方式有所不同，分为常亮和闪烁。

闪烁频率有两种，实现方法如下。

(1) 1 Hz 可直接用特殊辅助继电器 SM0.5 实现。

(2) 2 Hz 需编写脉冲产生程序实现，如图 1-6 所示。其原理：当前时间小于设定值 0.25 s时，T35 常开触点不动作；当前时间大于设定值 0.25 s 时，T35 常开触点动作；当前时间大于 0.5 s 时，触点比较指令条件不再成立，T35 线圈断开，常开触点复位。产生一个周期为 0.5 s、脉宽为 0.25 s 的脉冲。

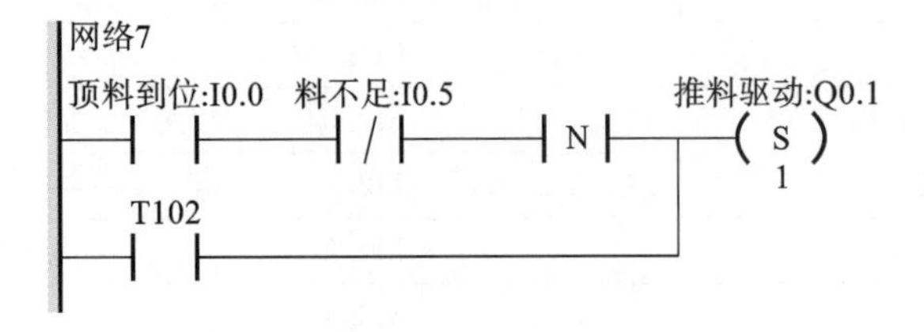

图 1-5 推料程序

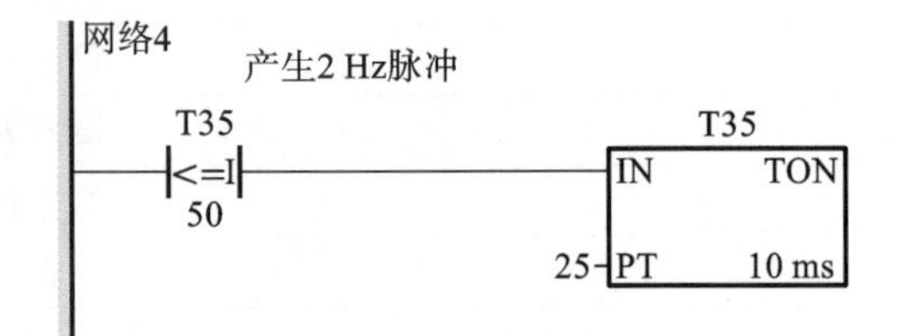

图 1-6 2 Hz 脉冲产生程序

4. 程序调试

1）编程检查

编写完程序应认真检查。在检查程序时，重点检查：顺控程序是否存在语法错误；各执行机构间是否会发生冲突；同一执行机构在不同阶段所做的相同动作是否区分开。若多个程序段实现的都是同一动作，只是条件不同，则应该将这些程序段按照或逻辑关系合并。

2）下载调试程序

下载调试程序就是将所编程序下载到 CPU 中，进行现场操作和调试，最后经过调试和修改改进控制程序。

在调试程序前，需认真检查程序。只有对程序进行仔细、全面的检查，才能在设备上运行程序并进行现场调试。如果不经检查就直接在设备上运行编写程序，一旦程序出现严重错误，就会很容易对设备造成损坏。

在调试程序时，可以利用编程软件的状态表调试工具，监视程序的运行状态，结合执行机构的动作特性，分析程序存在的问题。

如果程序经过调试修改后能够达到预期的控制功能，还应该参照工程设计要求，查验程序的稳定性。反复调试，查找设计缺陷并进行程序优化。

3）供料单元的调试方法

供料单元整体调试方法表如表1-12所示。调试过程中将供料单元的运行情况记录到供料单元运行调试记录表中。

供料单元运行调试记录表

表1-12　供料单元整体调试方法表

序号	任　　务	要求及实施步骤
1	调试准备	①安装并调节好供料单元； ②一个按钮指示灯控制盒； ③一个24 V、1.5 A直流电源； ④0.6 MPa的气源，吸气容量50 L/min； ⑤装有编程软件的PC机
2	开机前的检查	①检查气源是否正常、气动二联件阀是否开启、气管有没有漏气； ②检查各工位是否有工件或其他物品； ③检查电源是否正常； ④检查机械结构是否连接正常； ⑤检查是否有其他异常情况
3	下载程序	①西门子控制器：S7-200 SMART CPU SR40 AC/DC/RLY，编程软件：西门子STEP 7-MicroWIN SMART； ②使用编程电缆将PC机与PLC连接； ③接通电源； ④打开PLC编程软件，下载PLC程序
4	通电、通气试运行	①打开气源，接通电源，检查电源电压和气源压强，松开急停按钮； ②在编程软件上将PLC的模式选择置于RUN位置； ③上电后观察推料气缸、顶料气缸是否处于初始位置，其对应的磁性开关、PLC输入点的相应指示灯是否点亮； ④料仓中料不足或者缺料时，系统能否启动运行； ⑤按下启动按钮，当料充足时是否按控制要求运行，完成供料单元的工作，当料不足时指示灯是否闪烁，供料单元是否正常运行，当缺料时指示灯是否显示，供料单元是否停止工作； ⑥按下停止按钮，是否将本工作周期的任务完成后停机； ⑦缺料时向料仓补足工件后再次按下启动按钮，供料单元能否正常工作
5	检查、清理现场	确认工作台上无遗留的元器件、工具和材料等物品，并整理、打扫现场

评价反馈

各小组填写表1-13，然后汇报完成情况。

表 1-13　任务实施考核表

工作任务	配分	评分项目	项目配分	扣分标准	得分	扣分	任务得分
程序流程图	15	程序流程图绘制(15 分)					
		流程图	15	流程图设计不合理,每处扣 1 分;流程图符号不正确,每处扣 0.5 分。有创新点酌情加分,不扣分			
程序设计与调试	75	梯形图设计(20 分)					
		程序结构	5	程序结构不科学、不合理,每处扣 1 分			
		梯形图	15	错误确定输入与输出量并进行地址分配,梯形图有错,每处扣 1 分;程序可读性不强,每处扣 0.5 分;程序设计有创新酌情加分,不扣分			
		系统自检与复位(10 分)					
		自检复位	10	初始状态指示灯、供料单元各气缸没有处于初始位置,每处扣 2 分,最多扣 10 分			
		系统运行(25 分)					
		系统正常运行	25	有一个工序不符合,扣 2 分;最后一个工件不能顺利推出,每处扣 2 分,指示灯动作不正确,每处扣 1 分;料不足时不能继续运行扣 2 分,缺料时不能自动停止扣 2 分,料不足、缺料时不报警或者报警状态不正确,每处扣 1 分;动作协调性与精度不符合要求,每处扣 1 分。最多扣 25 分			
		连续高效运行(5 分)					
		连续高效运行	5	无连续高效功能,扣 5 分			
		保护与停止(15 分)					
		正常停止	5	按下停止按钮,运行单周期后,设备不能正确停止,扣 5 分			
		停止后的再启动	5	单周期运行停止后,再次按下启动按钮,设备不能正确启动,扣 5 分			
		缺料时	5	未启动前缺料,系统不能启动,扣 1 分;运行过程中缺料,设备完成本周期动作后不能停止,扣 2 分;向料仓中补足物料后,不能再次正常启动,扣 2 分			

续表

工作任务	配分	评分项目	项目配分	扣分标准	得分	扣分	任务得分
职业素养与安全意识	10	现场操作安全保护符合安全操作规程；工具摆放、包装物品、导线线头等的处理符合职业岗位的要求；团队有分工有合作，配合紧密；遵守纪律，尊重教师，爱惜设备和器材，保持工位的整洁					

任务评价表如表1-14所示。

任务评价表（调试运行）

表1-14　任务评价表（调试运行）

序号	评价内容	评价主体			综合评价
		自评	互评	教师评价	
1	学习准备情况				
2	资讯内容完成度				
3	调试运行效果				
4	完成时间				
5	安全、规范操作				
6	沟通协作				
7	展示汇报				
8	材料提交				

项目知识平台

什么是自动化生产线

自动化生产线是指在连续流水线进一步发展的基础上，通过工件输送系统和控制系统，按照工艺顺序将一套自动化机床和辅助设备组合起来，自动完成产品生产系统的全部或部分制造过程的一种生产组织形式，简称自动线。

自动化生产线主要集机械、电气、可编程控制、传感器检测、运动控制、液压与气动、工业网络、工业机器人、人机界面等相关知识和技能于一体，是工业制造业的一次技术革新。此时正值“中国制造2025”的发展契机，通过工业化与信息化的深度融合，努力实现中国制造向中国创造、中国速度向中国质量、中国产品向中国品牌三大转变，推动中国在2025年前基本实现工业化，迈入制造强国的行列。

自动化生产线在许多行业发挥了巨大的作用，操作或控制过程是按照规定的程序或指令自动进行的，不需要人工干预，其目标是“稳定、准确、快速”。自动化生产线的使用可以使人们从繁重的体力劳动、部分的脑力劳动和恶劣危险的工作环境中解放出来，大大提高劳动生产率，增强人们对世界的认知和改造。

图 1-7 是某汽车生产企业的自动化装配生产线。该企业的汽车生产线分为焊接车间、冲压车间、涂装车间、总装车间。焊接车间拥有三个车型的柔性生产线；冲压车间建设了两条自动化冲压生产线、一条高速开卷线；涂装车间采用面漆机器人上漆，提高了 30%的上漆率；总装车间生产线采用机器人进行汽车总装，大大提高了生产效率和质量。

图 1-8 是某牛奶生产企业的车间生产线，6 条酸奶生产线、2 条高速标准装生产线、2 条高速苗条装生产线，偌大的智能化车间内，仅有几名技术人员，通过随时检查仪表表盘和监控数据确保各项工序正常。

图 1-7　某汽车生产企业的自动化装配生产线

图 1-8　某牛奶生产企业的车间生产线

YL-1633B 型自动化生产线的认知

YL-1633B 型自动化生产线是 YL-335B 自动化生产线的升级版本，它综合应用了多种自动化控制技术，如机械技术、气动控制技术、传感器与检测技术、PLC 控制和组网技术、位置控制和变频器驱动技术、人机界面和组态技术等。通过理论与技能训练，学习者可以掌握自动化生产线装配、编程、调试、维护维修等技能。

YL-1633B 型自动化生产线设备由两个实训台组成，实训台 1 上安装了供料单元、加工单元、装配单元、分拣单元和输送单元，共五个单元；实训台 2 上安装了机器人码垛单元，各个工作单元均设置一台 PLC 承担其控制任务，各 PLC 之间通过工业以太网通信实现互联。

YL-1633B 型自动化生产线的工作目标是将供料单元料仓中的大工件送往加工单元的物料台，完成冲压加工操作后，把加工好的大工件送往装配单元的物料台，然后把装备单元料仓内不同颜色或材质的圆柱形小工件嵌入到物料台上的大工件中，将完成装配后的成品送往分拣单元以分拣输出。分拣单元根据工件的材质、颜色进行分拣。组合工件被分拣入槽后，由机器人将不同料槽的工件分别搬运入库。YL-1633B 型自动化生产线外观如图 1-9 所示。

生产线配电箱

1. 实训台 1 的配电箱

本自动化生产线设备外部供电电源为三相五线制 AC 380V/220V，实训台 1 供电电源模块一次回路原理图如图 1-10 所示。总电源开关选用 DZ47LE-C25 3P+N 型三相四线漏电开关。系统各主要负载通过自动开关单独供电。其中，变频器电源通过 DZ47C16 3P 三相断路器（自动开关）供电；各工作单元 PLC 均采用 DZ47C5 2P 单相断路器（自动开关）供

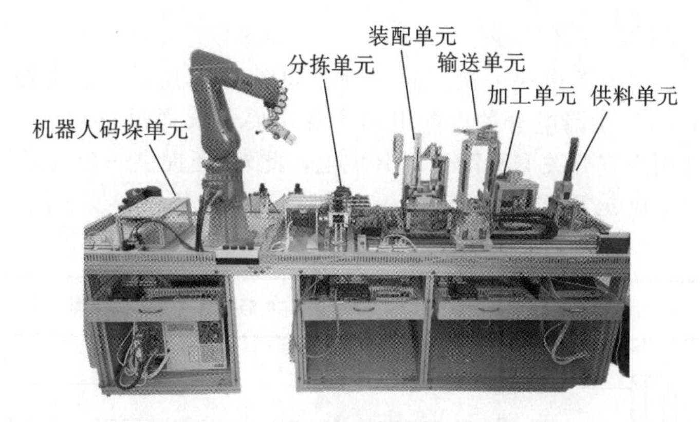

图 1-9 YL-1633B 型自动化生产线外观

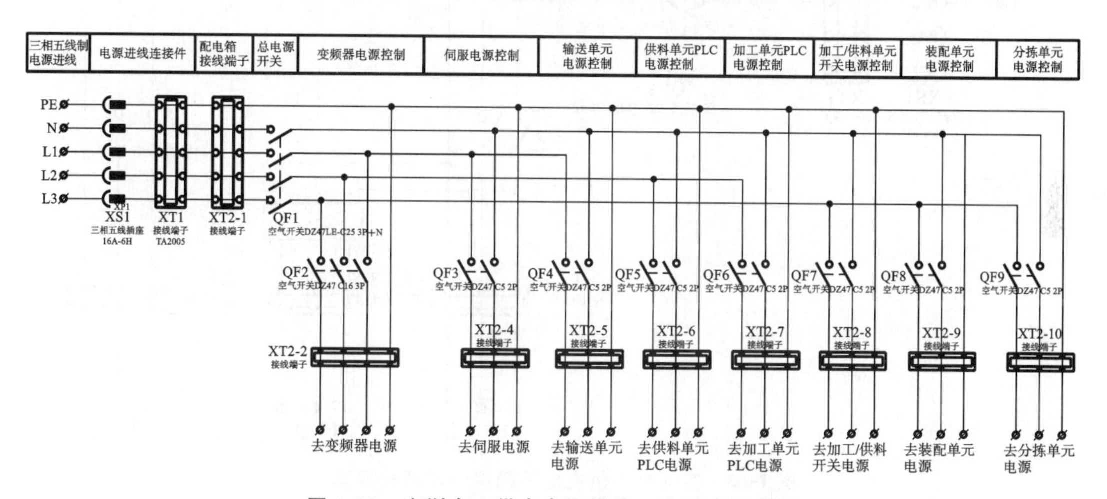

图 1-10 实训台 1 供电电源模块一次回路原理图

电。图 1-11 为实训台 1 配电箱设备安装图。此外，系统配置 4 台直流 24 V、6 A 开关电源，分别作为加工/供料单元、装配单元、分拣单元和输送单元的直流电源。

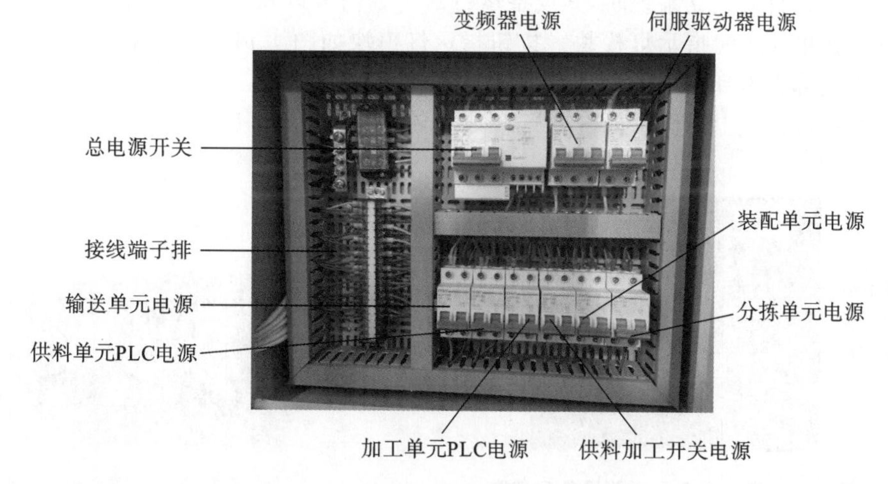

图 1-11 实训台 1 配电箱设备安装图

2. 实训台 2 的配电箱

实训台 2 所示供电电源模块一次回路原理图如图 1-12 所示。总电源开关选用空气开关 DZ47LE-C32 1P+N 型漏电开关。配电箱中各主要负载通过自动开关单独供电。PLC 和机器人的开关选用空气开关 DZ47 C16 2P 供电。此外，还提供一台直流 24 V、6 A 的开关电源作为机器人码垛单元 PLC 的直流电源。实训台 2 配电箱设备安装图如图 1-13 所示。

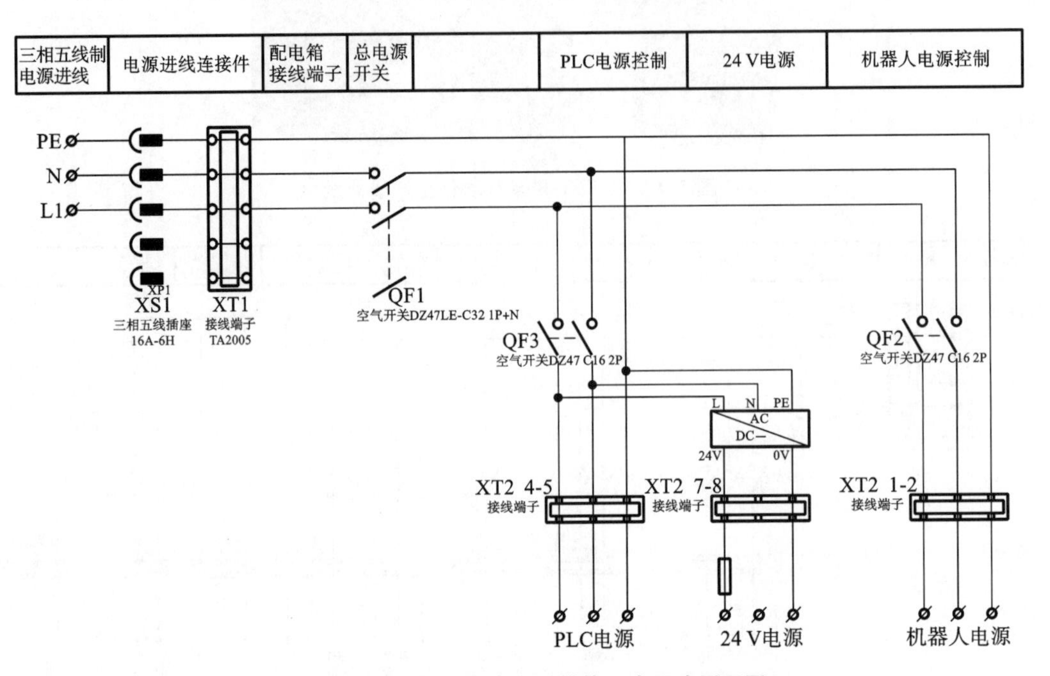

图 1-12　实训台 2 供电电源模块一次回路原理图

按钮指示灯模块

当工作单元自成独立系统时，其设备运行的主令信号以及运行过程中的状态显示信号来源于该工作单元按钮指示灯模块。按钮指示灯模块如图 1-14 所示。模块上的指示灯和按钮的引脚全部引出到端子排上。

按钮指示灯模块上的器件如表 1-15 所示。

图 1-13　实训台 2 配电箱设备安装图

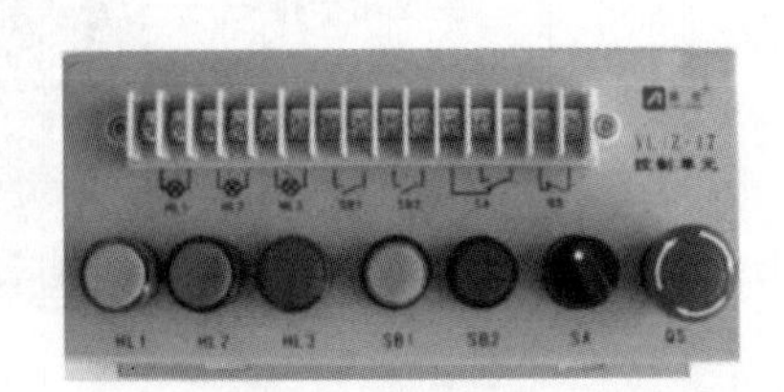

图 1-14　按钮指示灯模块

表 1-15 按钮指示灯模块上的器件

主令器件		指示灯	
设备符号	设备名称	设备符号	设备名称
SB1	绿色按钮(常开)	HL1	黄色(DC24V)
SB2	红色按钮(常开)	HL2	绿色(DC24V)
SA	切换开关(单/联)	HL3	红色(DC24V)
QS	急停按钮(常闭)		

I/O 转接端口模块

该设备的结构特点是各工作单元的机械装置部分和电气控制部分是相对分离的。每个工作单元的机械装置部分是整体安装在工作台上面的金属底板上,而控制工作单元生产过程的电气部分(如 PLC 以及开关电源等)安装在工作台下面两侧的抽屉板上。如果机械结构侧的各种信号、导线直接连接到 PLC,接线肯定会非常杂乱,并且存在很大的安全隐患。因此,如何合理实现机械结构与 PLC 端之间的信息交互是一个重要问题。

该装置的解决方案是将机械装置上各电磁阀的引线和传感器连接到结构侧面的接线端口。直流 24 V 电源和 PLC 的 I/O 引出线连接到 PLC 侧的接线端口上。两个接线端口间通过多芯信号电缆互连。图 1-15 和图 1-16 分别是结构侧的接线端口和 PLC 侧的接线端口。

结构侧的接线端口由信号输入端口和信号输出端口两部分组成。信号输入端口和信号输出端口都是三层端口结构,上层端口连接直流 24 V 电源的正极,下层端口连接直流 24 V 电源的负极,中层端口连接信号线。

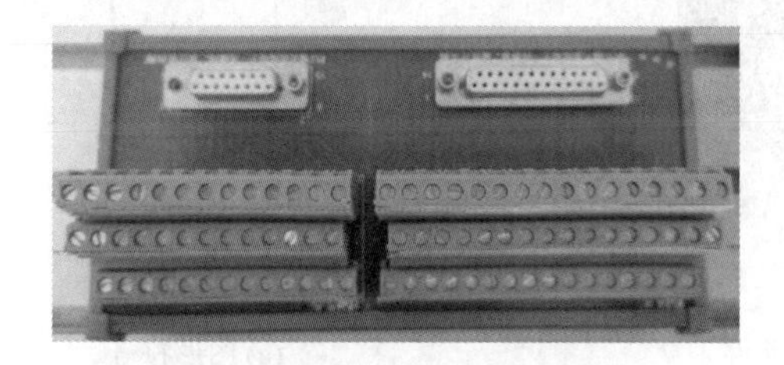

图 1-15 结构侧的接线端口

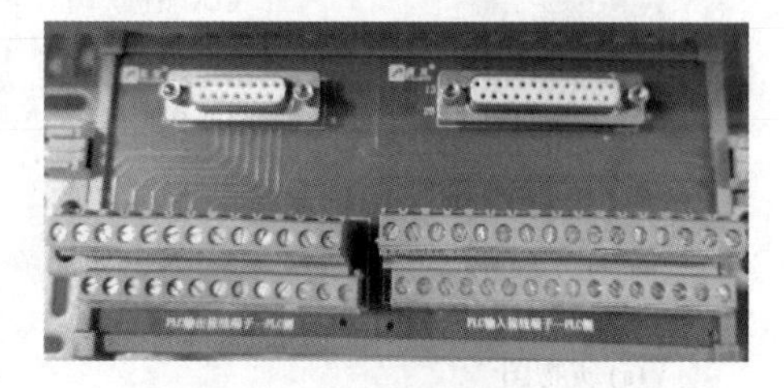

图 1-16 PLC 侧的接线端口

PLC 侧的接线端口由两部分组成:信号输入端口和信号输出端口。这两部分的接线端口均由两层端口构成,上层端口连接各信号线,其端口号码对应结构侧接线端口。下层端口连接直流 24 V 电源的正极和负极。

结构侧的接线端口和 PLC 侧的接线端口之间由一个专用电缆连接。其中 25 针电缆连接 PLC 的输入信号,15 针连接电缆连接 PLC 的输出信号。

供料单元的结构组成

供料单元的结构如图 1-17 所示。供料单元的主要结构有大工件料仓、工件推出装置(顶料气缸、推料气缸)、电感传感器、支架、电磁阀组、端子排组件、PLC、按钮/指示灯模块、线槽、底板等。

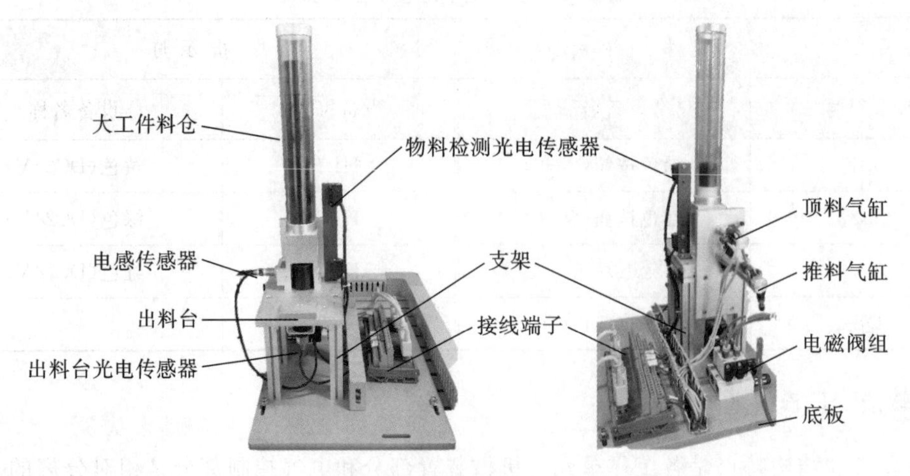

图 1-17　供料单元的结构

供料单元的气动系统

1. 气动元件

1）气泵

气泵又称空气泵，是一种利用压缩空气产生气压的装置，也是气动系统的动力源泉。空气泵包括空气压缩机、储气罐、压力开关、过载安全保护装置、气源开关、压力表、主管道过滤器等。气泵实物图、组成元件及图形符号如图 1-18 所示。

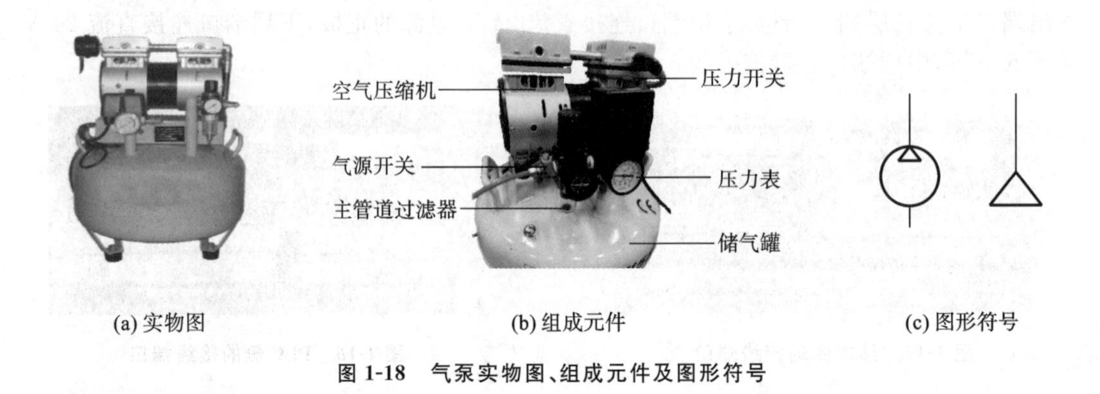

(a) 实物图　(b) 组成元件　(c) 图形符号

图 1-18　气泵实物图、组成元件及图形符号

2）减压阀

减压阀是一种压力控制元件，其作用是降低空气压缩机的压力，以满足气动系统中各气动元件的压力需要，并保持压力稳定。减压阀实物图及图形符号如图 1-19 所示。

3）笔形气缸

笔形气缸又称迷你气缸（或微型气缸、微小型气缸），是气动系统中一种常用作直线往复运动的执行机构。它是一种单杆双作用气缸，主要由气缸筒、活塞杆、前后端盖及密封件等组成，如图 1-20(a)所示。所谓双作用是指活塞的往复运动均由压缩空气推动。如图 1-20(b)所示，当左端注入压缩气体，右端排气，活塞右移，活塞杆缩回；当右端注入压缩气体，左端排气，活塞左移，活塞杆伸出。笔形气缸图形符号如图 1-20(c)所示。

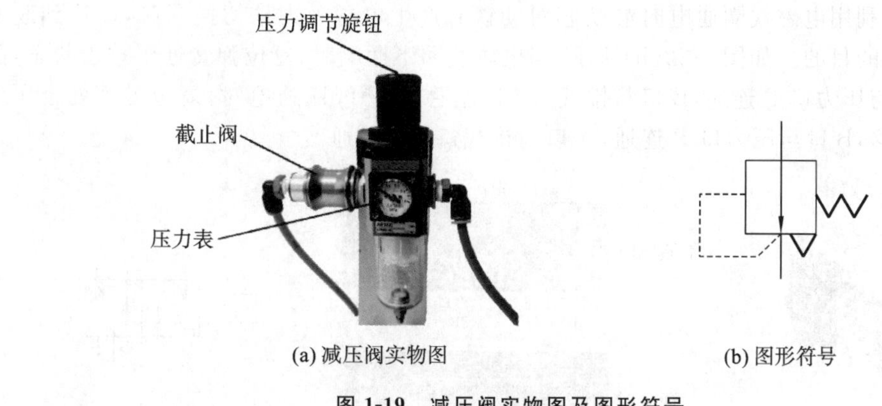

(a) 减压阀实物图　　(b) 图形符号

图 1-19　减压阀实物图及图形符号

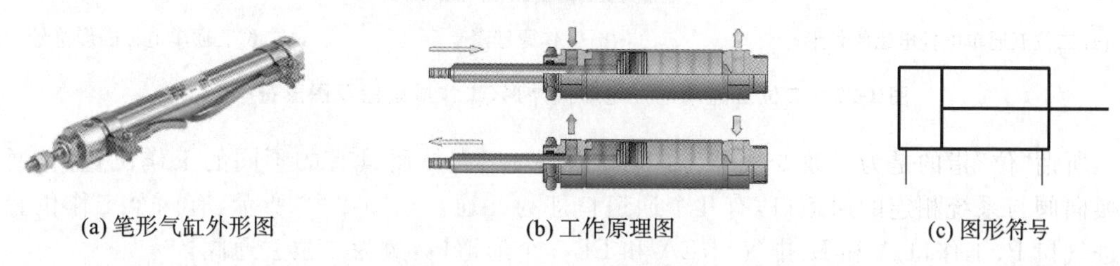

(a) 笔形气缸外形图　　(b) 工作原理图　　(c) 图形符号

图 1-20　笔形气缸外形图、工作原理图及图形符号

4）可调单向节流阀

单向节流阀是一种改变节流截面以控制流体流量的阀门，节流阀和单向阀可以并联成一个单向节流阀，如图1-21所示，流体由P1流向P2，单向阀关闭，必经节流阀受到节流控制；反之，单向阀开启，失去节流控制。单向节流阀是简易的流量控制阀，通常用于调节气缸的活塞运动速度，可直接安装在气缸上。

在定量泵系统中，一般采用回路节流方式调节速度，气缸活塞运动速度主要受排气速度影响，气缸底端的节流阀控制活塞杆的缩回速度，气缸伸出侧的节流阀控制活塞杆的伸出速度。

5）方向控制阀

方向控制阀是用来改变气流方向或通断的控制阀，通常采用电磁阀。

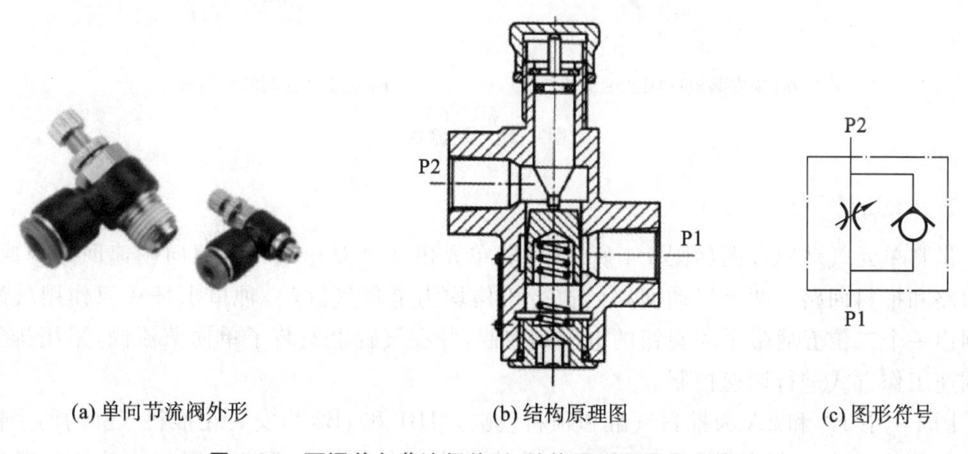

(a) 单向节流阀外形　　(b) 结构原理图　　(c) 图形符号

图 1-21　可调单向节流阀外形、结构原理图及图形符号

电磁阀是利用电磁线圈通电时静铁芯对动铁芯产生电磁吸力来切换阀芯，以达到改变空气流动方向的目的。如图 1-22(b)所示，当电磁线圈不通电时，复位弹簧处于放松状态，阀芯右移，A 口与压力口 P 连通，B 口与排气口 EB 连通；电磁线圈通电时，复位弹簧处于压缩状态，阀芯左移，B 口与压力口 P 连通，A 口与排气口 EA 连通。

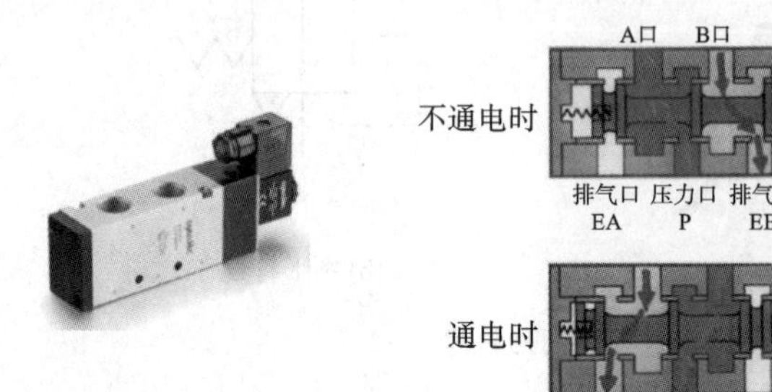

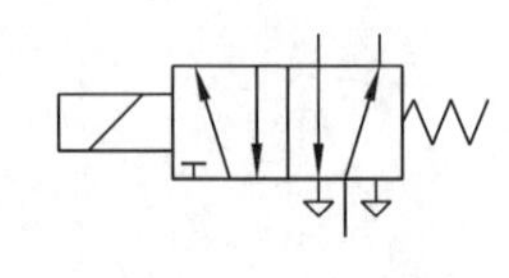

(a) 二位五通单电控电磁阀外形　(b) 工作原理图　(c) 二位五通单电控图形符号

图 1-22　二位五通单电控电磁阀外形、工作原理图及图形符号

所谓“位”指的是为了改变气体方向，阀芯相对于阀体所具有的不同的工作位置。“通”指换向阀与系统相连的通道口，有几个通道口即为几通。如图 1-22 所示，有两个工作位置，有进气口 P、工作口 A 和 B、排气口 EA 和 EB 5 个通道口，故为二位五通阀。

在使用电磁阀时，必须注意指示灯有正、负极性之分。极性接反时，电磁阀虽能动作，但灯不会点亮。

6）汇流板

汇流板具备把单一的气源分散到多个电磁阀上去的功能，它是板接式电磁阀必须配置的元件。电磁阀集中安装在汇流板上，统一进气，每个电磁阀分别控制一个气动分支回路，便于集中安装、集中管理。汇流板如图 1-23 所示。

(a) 未安装电磁阀的汇流板　(b) 安装电磁阀的汇流板

图 1-23　汇流板

供料单元气动回路

2. 气动控制回路

供料单元气动原理图如图 1-1 所示，供料单元由 2 个双作用气缸双向调速回路构成：顶料回路和推料回路。两个气动回路的执行机构均为笔形气缸（一种单出杆式双作用气缸），分别由一个二位五通带手动旋钮的电磁阀控制，并在气缸上安装了单向节流阀，采用排气节流调速工作方式进行调速控制。

图 1-1 中 1A 和 2A 为推料气缸和顶料气缸。1B1 和 1B2 为安装在推料气缸的两个极限工作位置的磁感应接近开关，2B1 和 2B2 为安装在顶料气缸的两个极限工作位置的磁感应接近开关。1Y1 和 2Y1 为控制推料气缸和顶料气缸的电磁阀的电磁控制端。

供料单元的电磁阀组由两个二位五通的带手动旋钮的电磁阀组成。两个电磁阀集中安装在汇流板上，汇流板中两个排气口末端均连接了消声器。两个电磁阀分别对顶料气缸和推料气缸进行控制，以改变各种动作状态。

供料单元的检测元件

1. 磁性开关

磁力式接近开关(简称磁性开关)是一种非接触式位置检测开关，分为有触点式和无触点式两种，常用来检测气缸活塞位置，确定气缸的运动行程。磁性开关与气缸搭配被广泛用于机器人、自动化设备、医疗器械、交通等上百个领域中。磁性开关实物图及图形符号如图1-24所示。

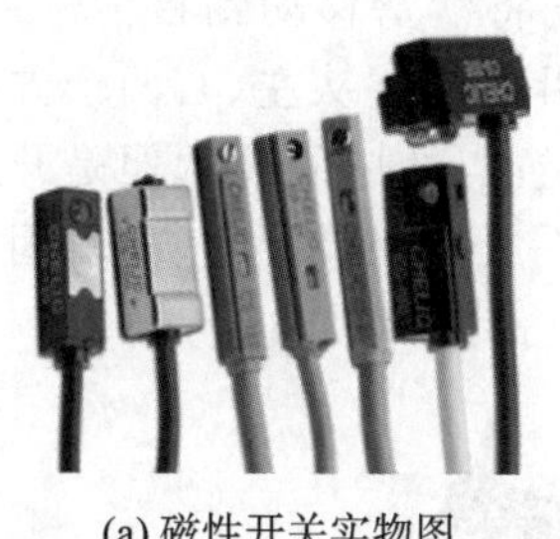

(a) 磁性开关实物图

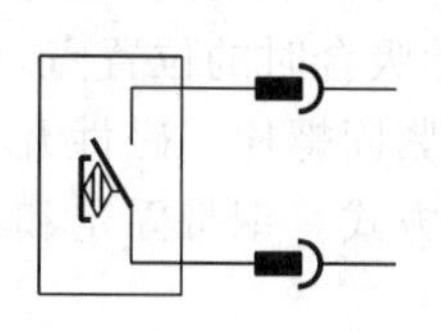

(b) 图形符号

图 1-24　磁性开关实物图及图形符号

有触点式磁性开关用舌簧开关作为磁场检测元件。舌簧开关成型于合成树脂块内，一般带有动作指示灯、过电压保护电路。图1-25是有触点式磁性开关的工作原理图。当气缸中带磁环的活塞移动到磁性开关下方的相应位置时，舌簧开关的两根簧片被磁化而相互吸引，触点闭合，输出信号为"1"，LED灯亮；当带磁环的活塞离开磁性开关的相应位置后，舌簧开关的簧片消磁，由于簧片自身的弹力，触点断开，输出信号为"0"，LED灯熄灭。有触点式磁性开关的内部电路图如图1-26所示。

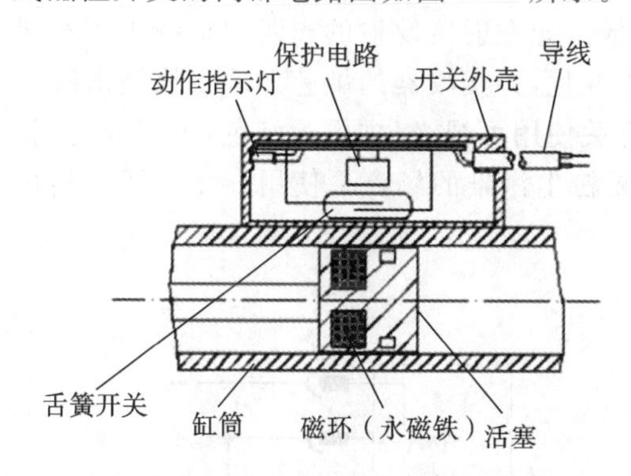

图 1-25　有触点式磁性开关的工作原理图

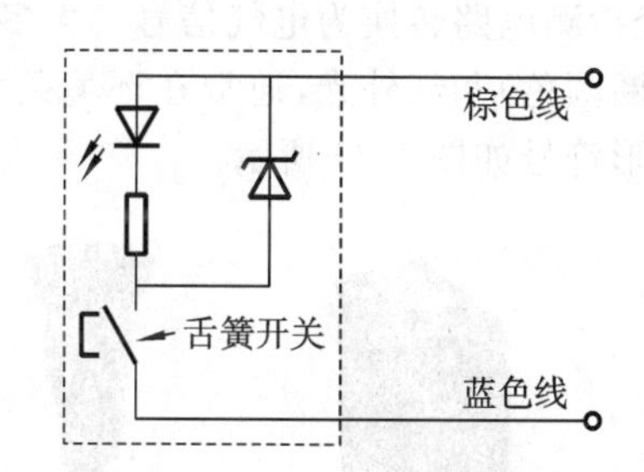

图 1-26　有触点式磁性开关的内部电路图

无触点式磁性开关的工作原理与有触点式磁性开关有所不同，其内部没有了舌簧开关，却有一个磁敏电阻。当带有磁环的活塞到达磁敏电阻下方相应位置时，磁场强度变化引起磁敏电阻阻值发生改变，再经过信号转换处理，转换成磁性开关的通断信号。

无触点磁性开关如图1-27所示。

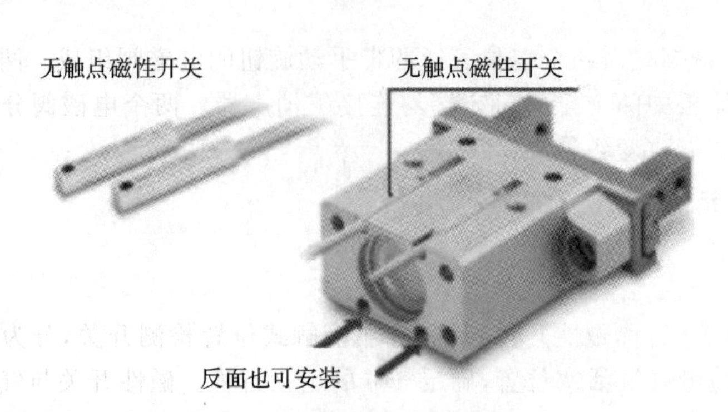

图 1-27　无触点磁性开关

磁性开关是一个二端元件，有蓝色和棕色 2 根引出线，一般蓝色线接 PLC 输入公共端，棕色线作为 PLC 的输入信号线使用。安装时，首先将活塞移动到目标位置，接着松开磁性开关的紧固螺栓，再找准检测位置点（让磁性开关沿着气缸从左、右两个方向向活塞上方滑动，找出开关开始吸合时的位置点，则左、右吸合位置点的中间位置便是开关的最高灵敏度位置），最后旋紧紧固螺栓。磁性开关的安装方式一般有钢带固定、导轨固定、拉杆卡固、直接嵌入四种安装方式。钢带固定和直接嵌入安装方式如图 1-28 所示。

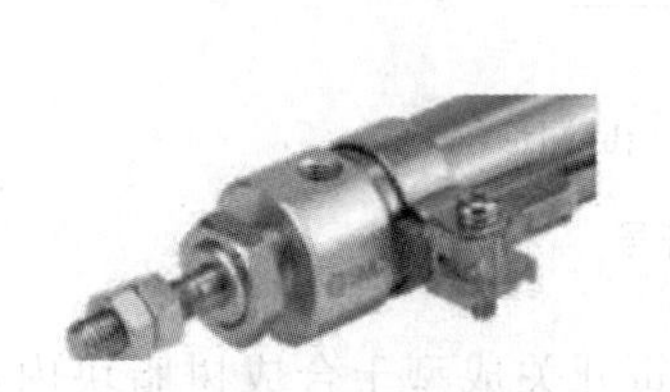

(a) 钢带固定

(b) 直接嵌入

图 1-28　钢带固定和直接嵌入安装方式

2. 光电开关

光电接近开关（简称光电开关）是一种用于检测物体的有无或表面状态变化等信息的传感器，主要由发射器、接收器和检测电路三部分组成。光发射器发射的光线因检测物体不同而被遮掩或反射，使得到达光接收器的光量会发生变化，光接收器的敏感元件将检测出这种变化，经检测电路转换为电气信号。大多数光电开关使用可视光（主要为红色，也用绿色、蓝色来判断颜色）和红外光，通常在环境条件较好、无粉尘污染的场合下使用。光电开关实物图及图形符号如图 1-29 所示。

(a) 光电开关实物图

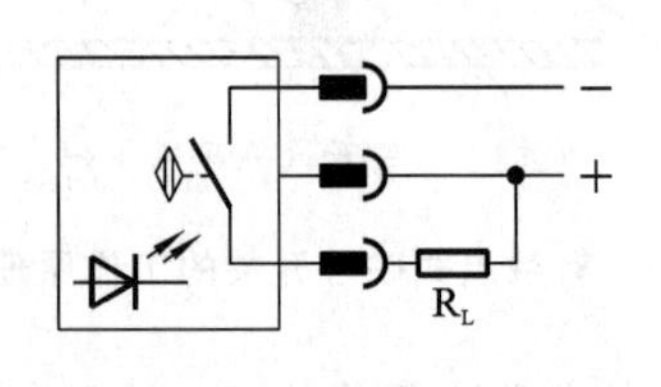

(b) 图形符号

图 1-29　光电开关实物图及图形符号

按照接收器接收光方式的不同，光电开关可分为对射式、漫反射式和镜面反射式三种，如图 1-30 所示。

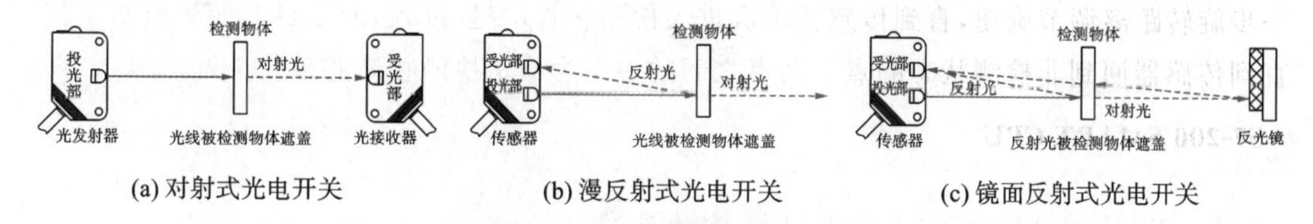

图 1-30 光电开关工作原理图

对射式光电开关由发射器和接收器组成，两者在结构上是相互分离的，在光束被中断的情况下会产生一个开关信号变化。

漫反射式光电开关是当开关发射光束时，在目标上产生漫反射，发射器（投光部）和接收器（受光部）构成单个的标准部件，当有足够的组合光返回接收器时，开关状态发生变化。

镜面反射式光电开关由发射器（投光部）和接收器（受光部）构成，从发射器发出的光束在对面的反射镜被反射，即返回接收器，当光束被中断时会产生一个开关信号变化。

漫反射式光电开关虽然种类繁多，但工作原理都是相同的，内部电路大同小异。以 E3Z-L61 光电开关为例，图 1-31 给出该光电开关的内部电路原理图。

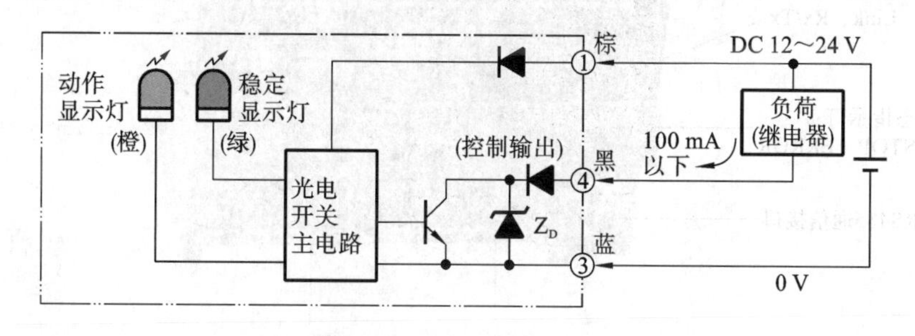

图 1-31 E3Z-L61 光电开关的内部电路原理图

漫反射式光电开关是一个三端元件，棕色为直流＋24 V 电源端，黑色为信号引出线，蓝色为 0 V 公共端。这三个信号引出线切不可接错，否则会损坏元件。

供料单元中，用来检测工件不足或工件有无的漫反射式光电开关选用 OMRON 公司的 E3Z-L61 型放大器内置光电开关（细小光束型，NPN 型晶体管集电极开路输出）。该光电开关的外形和顶端面上的调节旋钮与显示灯如图 1-32 所示。检测物料台上有无物料的光电开关是选用 SICK 公司 MHT15-N2317 型产品。

动作选择开关可选择受光动作（Light）或遮光动作（Drag）模式，即当此开关旋至 L 侧，则进入检测-ON 模式；当开关旋至 D 侧，则进入检测-OFF 模式。距离设定旋钮是 5 周回转调节旋钮，调整距离时注意逐步轻微旋转，否则若充分旋转距离调节器会空转。调整的方法是，首先按逆时针方向将距离调节旋钮充分

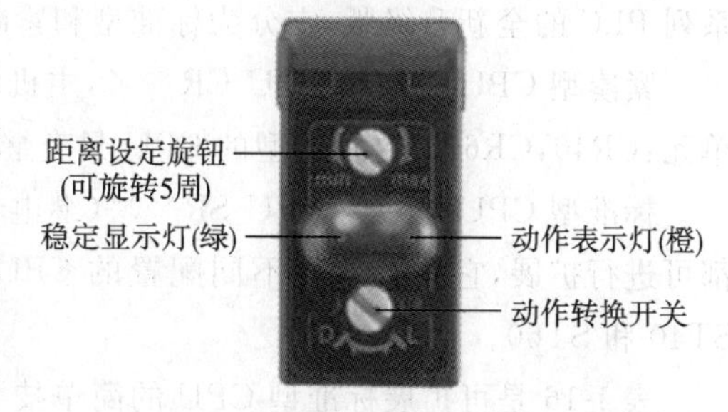

图 1-32 E3Z-L61 光电开关的外形和调节旋钮与显示灯

旋到最小检测距离(E3Z-L61 约 20 mm),然后根据距离要求放置检测物体,按顺时针方向逐步旋转距离调节旋钮,找到传感器进入检测条件的点;拉开检测物体距离,按顺时针方向进一步旋转距离调节旋钮,直到传感器再次进入检测状态,一旦进入,向后旋转距离调节旋钮,直到传感器回到非检测状态的点。两点之间的中点为稳定检测物体的最佳位置。

S7-200 SMART CPU

1. S7-200 SMART CPU 硬件结构及接线

1) S7-200 SMART CPU 的结构外形

S7-200 SMART CPU 将一个微处理器、一个集成电源和数字量 I/O 点集成在一个紧凑的封装中,从而形成一个功能强大的微型 PLC,除此之外,它与 S7-200 CPU 相比,还集成了一个 RJ45 工业以太网接口、一个 RS485 通信接口,如图 1-33 所示。在下载了程序之后,S7-200 SMART CPU 将保留所需的逻辑,用于监控应用程序中的输入/输出设备。

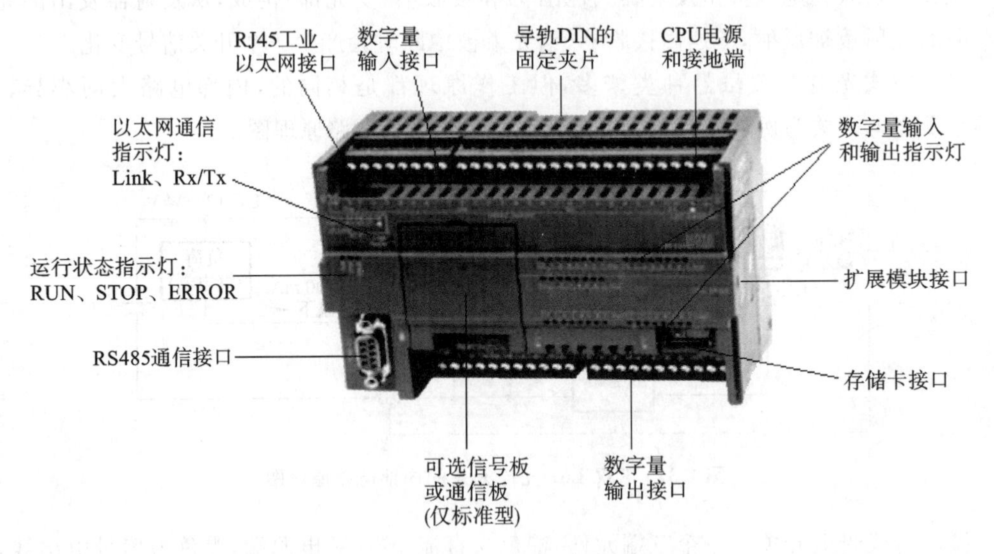

图 1-33　S7-200 SMART CPU 外形和结构

2) S7-200 SMART CPU 硬件组成

(1) CPU 基本单元。

从 CPU 模块的功能来看,S7-200 SMART CPU 系列小型 PLC 是西门子公司的 S7-200 系列 PLC 的全新升级版,它分为标准型和紧凑型两种。

紧凑型 CPU 模块为 CPU CR××,主机均不能进行扩展,它具有两种不同配置的 CPU 单元:CR40,CR60。这种类型的 CPU 只有继电器输出类型,本书不介绍该产品。

标准型 CPU 模块为 CPU SR××(继电器输出)或者 CPU ST××(晶体管输出),主机都可进行扩展,它具有八种不同配置的 CPU 单元:SR20,SR30,SR40,SR60,ST20,ST30,ST40 和 ST60。

表 1-16 是可扩展标准型 CPU 的简单技术特性。

表 1-16　可扩展标准型 CPU 的简单技术特性

项　　目	CPU SR20 CPU ST20	CPU SR30 CPU ST30	CPU SR40 CPU ST40	CPU SR60 CPU ST60
用户程序存储器	12 kB	18 kB	24 kB	30 kB
用户数据存储器	8 kB	12 kB	16 kB	20 kB
数字量输入点	12 个	18 个	24 个	36 个
数字量输出点	8 个	12 个	16 个	24 个
可带扩展模块数	最多 6 个			
可扩展信号板	1 个			
高速计数器	单相 200 kHz 时 4 个或 A/B 相 100 kHz 时 2 个			
脉冲输出(仅 ST)	2 个,100 kHz	3 个,100 kHz	3 个,100 kHz	3 个,100 kHz
实时时钟,备用时间 7 天	有			

(2) S7-200 SMART CPU 扩展模块。

当主机的 I/O 点数不够用或需要进行特殊功能控制时,通常需要进行模块扩展,利用这些扩展模块进一步完善 CPU 的功能,常用的有信号板和通信模块。不同的 CPU 有不同的扩展规范,在使用时可参考西门子 S7-200 SMART CPU 的系统手册。

常用的数字量扩展模块有三类,即数字量输入扩展模块、数字量输出扩展模块、数字量输入/输出扩展模块。数字量输出扩展模块又分为继电器输出模块、晶体管输出模块。

常用的模拟量扩展模块有三类,即模拟量输入扩展模块、模拟量输出扩展模块、模拟量输入/输出扩展模块。

除此之外,S7-200 SMART 还提供信号板和通信扩展模块。

3) S7-200 SMART CPU SR/ST××的电源接线

(1) CPU 电源接线。

对每个型号,PLC 使用 24 VDC 或 120～240 VAC 的电源供电。其外接电源端位于输入端子排右上角的两个接线端,并使用直径 0.2 cm 的双绞线作为电源线。CPU SR/ST××电源供电接线图如图 1-34 所示。

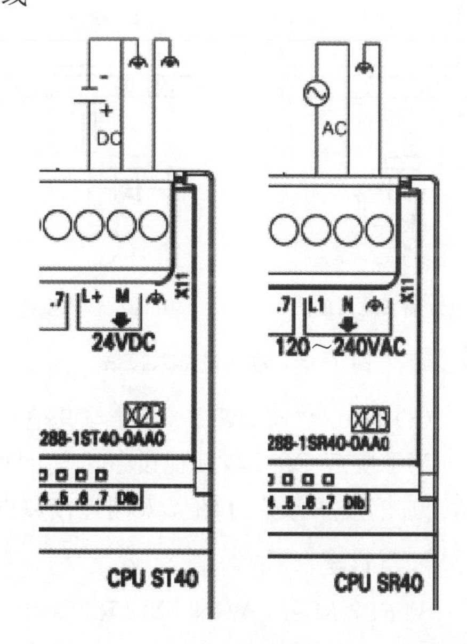

图 1-34　CPU SR/ST××电源供电接线图

所有 S7-200 SMART CPU 都有一个内部电源,为 CPU 自身/扩展模块和其他用电设备提供电源。S7-200 SMART CPU 所有的 CPU 都提供 24 V 直流传感器供电,可以为输入点、扩展模块上的继电器线圈或者其他设备供电,如果设备用电超过了传感器供电预算,必须为系统另配一个外部 24 V 直流供电电源。本设备所有的 CPU 均不使用内部直流电源,全部采用外部直流开关电源为输入设备和输出设备提供供电电源。

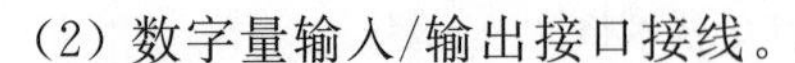

(2) 数字量输入/输出接口接线。

数字量输入/输出模块电路是 PLC 与被控设备间传递输入/输出信号的接口部件。各输入/输出点的通/断状态用 LED 显示，外部接线就接在 PLC 输入/输出接线端子上。S7-200 SMART CPU 主机配置的输入接口是数字信号输入接口。为了提高抗干扰能力，输入接口都有光电隔离电路，即由发光二极管和光电三极管组成的光电耦合器。S7-200 SMART CPU 主机配置的输出接口通常是继电器和晶体管输出型。继电器输出为有触点输出，外加负载电源既可以是交流电源，也可以是直流电源，用户可根据需要选用。

①数字量输入接线。

S7-200 SMART CPU 系列的数字量输入端接线需接入直流电源。其中，1M 等为输入端的公共端子，有漏型输入接法（接 PNP 型传感器）和源型输入接法（接 NPN 型传感器）两种接法。数字量输入接线如图 1-35 所示。

②数字量输出接线。

S7-200 SMART CPU 系列的数字量输出有晶体管输出和继电器输出两种，如图 1-36 所示。在晶体管输出电路中，PLC 由 24 V 直流电源供电，只能接直流负载。CPU 上标注“DC/DC/DC”的含义是：第一个 DC 表示 PLC 的供电电源电压为 24 V 直流，第二个 DC 表示 PLC 的输入端的电源电压为 24 V 直流，第三个 DC 表示 PLC 的输出端的负载为直流负载、晶体管输出，负载的电源电压为 24 V 直流。CPU 上标注“AC/DC/RLY”的含义是：AC 表示 PLC 的供电电源电压为 220 V 交流，DC 表示 PLC 的输入端的电源电压为 24 V 直流，RLY 表示 PLC 的输出端的负载为继电器输出，负载可以是交流负载，也可以是直流负载。输出端分组，每一组有 1 个公共端，可以有 1L，2L，…，6L 公共端，可接入不同电压等级的负载电源。

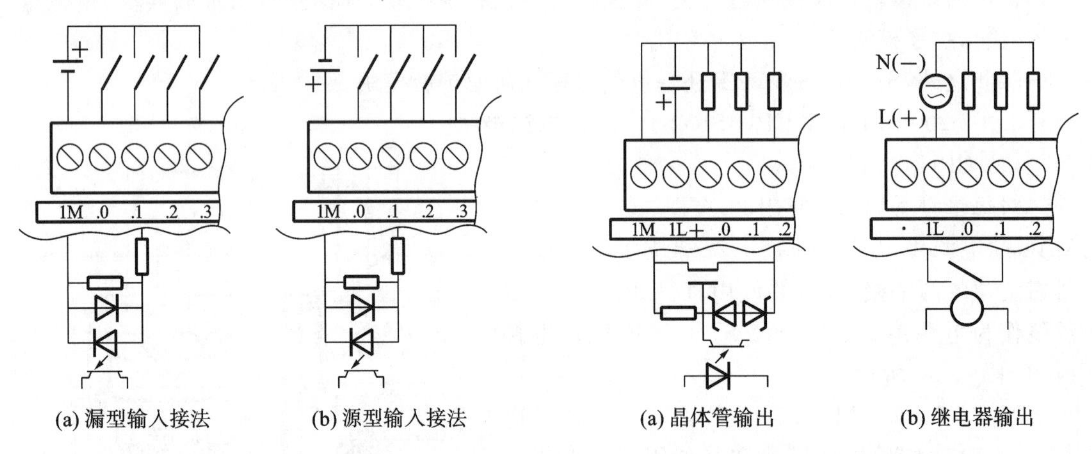

(a) 漏型输入接法　(b) 源型输入接法

图 1-35　数字量输入接线

(a) 晶体管输出　(b) 继电器输出

图 1-36　数字量输出接线

(3) S7-200 SMART CPU 与其他设备的通信连接。

为了实现 CPU 与其他设备之间的通信，S7-200 SMART CPU 为用户提供了多种通信连接方式，本书重点介绍以太网连接数据通信。

2. STEP7-Micro/WIN SMART 编程软件的使用

STEP7-Micro/WIN SMART 为用户提供了三种编程模式：LAD 梯形图、FBD 功能块图和 STL 语句表。用户可以在编程软件中进行程序编写、下载、监控和调试等。

1) STEP7-Micro/WIN SMART 编程软件的安装

用户的计算机应满足以下最低要求。

(1) 操作系统:Windows XP　SP3(仅 32 位)、Windows 7(支持 32 位和 64 位)。

(2) 至少 350 M 字节的空闲硬盘空间。

(3) 鼠标(推荐)。

用户可以从西门子公司客户支持的网站下载 STEP7-Micro/WIN SMART,在安装过程中,安装程序会自动启动并引导用户完成整个安装过程。需要注意的是,在安装时关闭防火墙、杀毒软件、输入法等其他运行程序。

2) STEP7-Micro/WIN SMART 编程软件界面

STEP7-Micro/WIN SMART 编程软件界面如图 1-37 所示,它与 STEP 7-Micro/WIN 编程软件类似,都具有友好的操作界面。

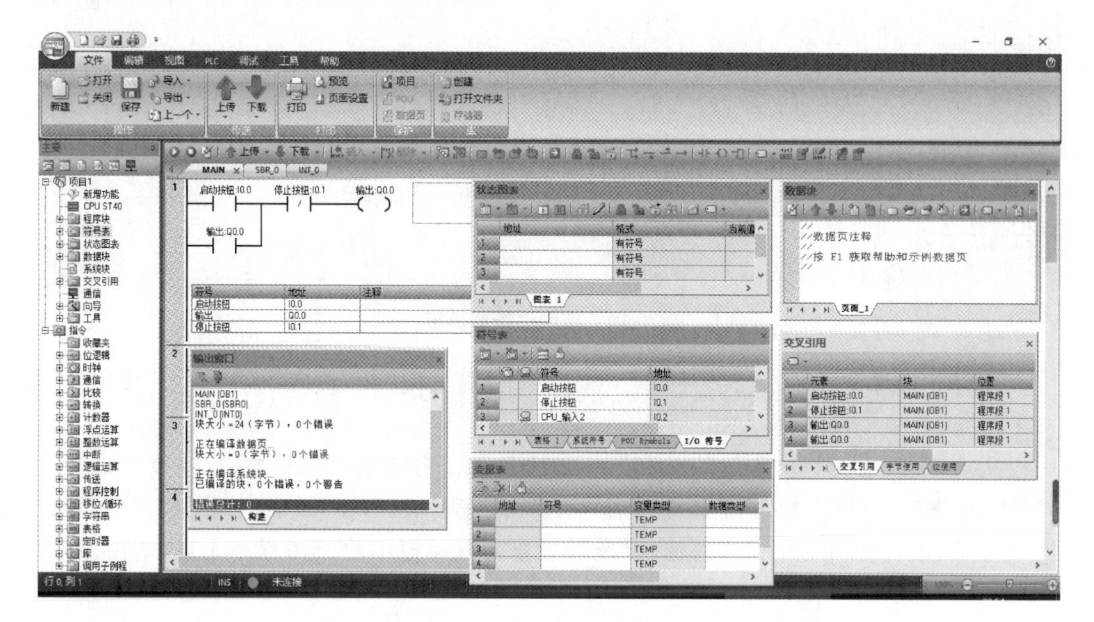

图 1-37　STEP7-Micro/WIN SMART 编程软件界面

(1) 快速访问工具栏。

快速访问工具栏显示在菜单选项卡正上方。通过快速访问文件按钮可简单、快速地访问“文件”(File)菜单的大部分功能,并可访问最近打开的文档。快速访问工具栏上的其他按钮,对应文件功能“新建”(New)、“打开”(Open)、“保存”(Save)和“打印”(Print)。

(2) 项目树。

项目树显示所有的项目对象和创建控制程序需要的指令。用户可以将单个指令从树中拖放到程序中,也可以双击指令,将其插入项目编辑器的当前光标位置。

项目树的右上角有一个“ ”图标,用户如果想要隐藏项目树,可以点击这个图标,当它变成横放时,整个项目树被隐藏起来,这样编辑区域就会变大。用户如果需要项目树一直显示,可以将该图标竖放。

(3) 导航栏。

导航栏在项目树上方显示,可快速访问项目树上的对象。导航栏具有几组图标:符号表、状态图表、数据块、系统块、交叉引用、通信,用于访问 STEP 7-Micro/WIN SMART 的不同编程功能。

（4）菜单栏。

STEP 7-Micro/WIN SMART 显示每个菜单的菜单栏，有文件、编辑、视图、PLC、调试、工具、帮助七个菜单。用户可通过单击右键并选择“最小化功能区”（Minimize the Ribbon）的方式最小化菜单功能区，以扩大编辑区域。

（5）程序编辑器。

程序编辑器是编写和编辑程序的区域，界面如图 1-38 所示，打开程序编辑器有两种方法。

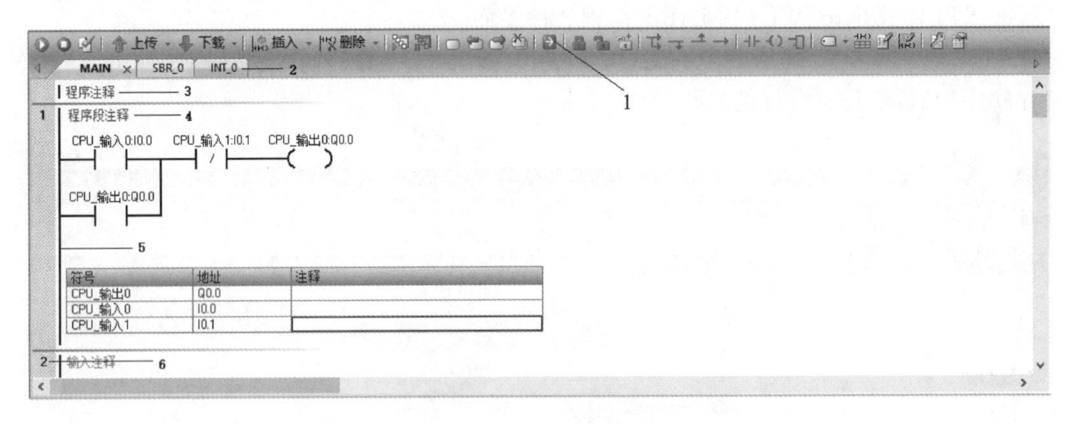

图 1-38　程序编辑器界面

一是单击菜单栏中的“文件”“新建”（或者单击“打开”按钮，或者单击“导入”按钮）以打开 STEP 7-Micro/WIN SMART 项目。

二是在项目树中打开“程序块”文件夹，方法是单击分支展开图标“⊞”，或者双击“程序块”文件夹“▣”程序块图标，然后双击主程序 OB1、子程序 SBR_X，或者中断子程序 INT_X。

①工具栏：主要有常用操作按钮，以及可放置到程序段中的通用程序元素，常用操作按钮如表 1-17 所示。

表 1-17　工具栏常用操作按钮说明

序号	操作按钮	说　明
1		将 CPU 工作模式更改为“RUN”或“STOP”，编译程序
2	上传 · 下载 ·	上传和下载传送
3	插入 · 删除 ·	针对当前所选对象的插入和删除功能
4		启动程序监视状态和暂停程序监视状态
5		书签和导航功能：切换书签，上一书签，下一书签，移除所有书签，转到指定的程序段、行或行号
6		强制功能：强制、取消强制和全部取消强制

续表

序号	操作按钮	说　　明
7		可拖动到程序段的通用程序元素，插入分支和插入触点
8		地址和注释显示功能：切换显示符号寻址、绝对地址寻址和符号/绝对寻址，符号信息表，POU 注释，程序段注释
9		设置 POU 保护和 POU 属性

②POU 选择器：能够在主程序块(MAIN)、子例程(SBR_X)或中断编程(INT_X)之间进行切换。单击 POU 选项卡上的"X"将其关闭。

③POU 注释：显示在 POU 中第一个程序段上方，提供详细的多行 POU 注释功能。每条 POU 注释最多可以有 4096 个字符。

④程序段注释：显示在程序段旁边，为每个程序段提供详细的多行注释附加功能。每条程序段注释最多可有 4096 个字符。

⑤装订线：位于程序编辑器窗口左侧的灰色区域，单击该区域可选择单个程序段，也可通过单击并拖动选择多个程序段。STEP 7-Micro/WIN SMART 还在此显示各种符号，例如书签和 POU 密码保护锁。

⑥程序段编号：每个程序段的数字标识符。编号会自动进行，取值范围为 1～65536。

(6) 状态图表。

用户可以建立一个或多个状态图表，在下载程序至 PLC 之后进行监控和调试程序操作。打开一个图表以查看或编辑该图表的内容，启动状态图表以采集状态信息。状态图表有图表状态和趋势显示两种方式，在控制程序的执行过程中，可用这两种不同方式查看状态图表数据的动态改变。

(7) 数据块。

数据块包含可向 V 存储器地址分配数据值的数据页。使用下列方法之一访问数据块：在导航栏上单击数据块按钮或者在"视图"(View)菜单的"窗口"(Windows)区域，从"组件"(Component)下拉列表中选择"数据块"(Data Block)。数据块如图 1-39 所示，将 100 赋值给 VB100，等同于用 MOV_B 将 100 传送到 VB100 中。

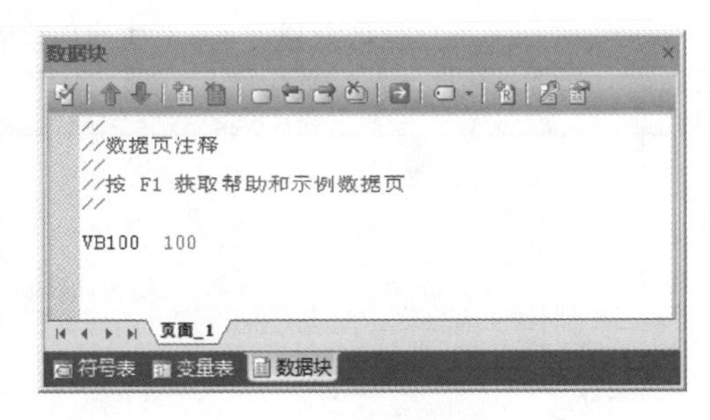

图 1-39　数据块

(8) 状态栏。

位于主窗口底部的状态栏提供在 STEP 7-Micro/WIN SMART 中执行操作的相关信息。在编辑模式下工作时，STEP 7-Micro/WIN SMART 显示编辑器信息，还可显示在线状态信息。

(9) 输出窗口。

"输出窗口"(Output Window)列出了最近编译的 POU 和在编译期间发生的所有错误。如果已打开"程序编辑器"(Program Editor)窗口和"输出窗口"(Output Window)，可在"输出窗口”(Output Window)中双击错误信息使程序自动滚动到错误所在的程序段。

纠正程序后，重新编译程序以更新“输出窗口”(Output Window)和删除已纠正程序段的错误参考。

(10) 符号表。

符号是可为存储器地址或常量指定的符号名称。用户可为下列存储器类型创建符号名：I、Q、M、SM、AI、AQ、V、S、C、T、HC。在符号表中定义的符号适用于全局。已定义的符号可在程序的所有程序组织单元(POU)中使用。如果在变量表中指定变量名称，则该变量适用于局部范围。它仅适用于定义时所在的 POU。此类符号被称为“局部变量”，与适用于全局范围的符号有区别。符号可在创建程序逻辑之前或之后进行定义。

STEP 7-Micro/WIN SMART 的符号表包括系统符号表、POU Symbols、I/O 符号和用户自定义符号表格。预定义的系统符号表提供对 PLC 特殊存储器地址的访问。

(11) 变量表。

通过变量表，可定义对特定 POU 局部有效的变量。用户在以下情况下使用局部变量：一是要创建不引用绝对地址或全局符号的可移植子例程；二是要使用临时变量(声明为 TEMP 的局部变量)进行计算，以便释放 PLC 存储器；三是要为子例程定义输入和输出。

如果以上描述不适用，则无需使用局部变量，可在符号表中定义符号值，从而将其全部设置为全局变量。

(12) 交叉引用。

调试程序时，可能需要增加、删除或编辑参数。使用“交叉引用”(Cross Reference)窗口查看程序中参数当前的赋值情况，可防止无意间重复赋值。交叉引用表以选项卡形式显示整个编译项目所用元素，及其字节和位。

3. 利用 STEP 7-Micro/WIN SMART 完成一个简单项目

用 STEP 7-Micro/WIN SMART 建立一个完整的项目——三相异步电动机的起保停控制，完成从编辑程序到下载、监控和调试程序的过程，具体的程序编写步骤如表 1-18 所示。

表 1-18　三相异步电动机的起保停控制的程序编写步骤

序号	步骤		图示
1	进行 I/O 分配、绘制 I/O 接线图	输入点为启动按钮(I0.0)、停止按钮(I0.1)，输出点为交流接触器线圈(Q0.0)。 按图连接线路	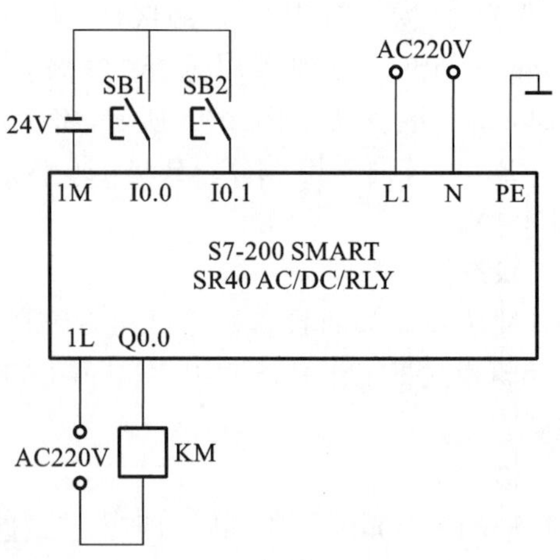 AC220V SB1 SB2 24V 1M I0.0 I0.1 L1 N PE S7-200 SMART SR40 AC/DC/RLY 1L Q0.0 AC220V KM

续表

序号	步骤		图示
2	新建项目	双击桌面图标打开 STEP 7-Micro/WIN SMART 编程软件,新建项目后点击另存为“三相异步电动机起保停控制.smart”	
3	硬件配置	双击项目树上方的“CPU CT40”图标或项目树中的“系统块”图标,弹出“系统块”对话框,选择实际使用的 CPU 模块类型“CPU SR40 AC/DC/RLY”,然后单击确认	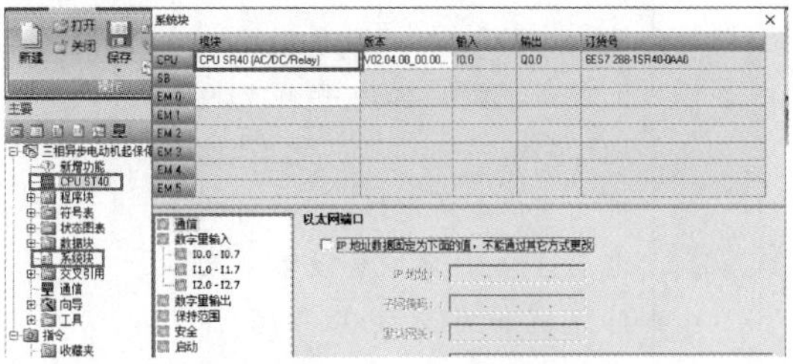
4	程序编辑	在符号表“I/O 符号”中更改 I0.0、I0.1、Q0.0 的符号名称为启动按钮、停止按钮和输出	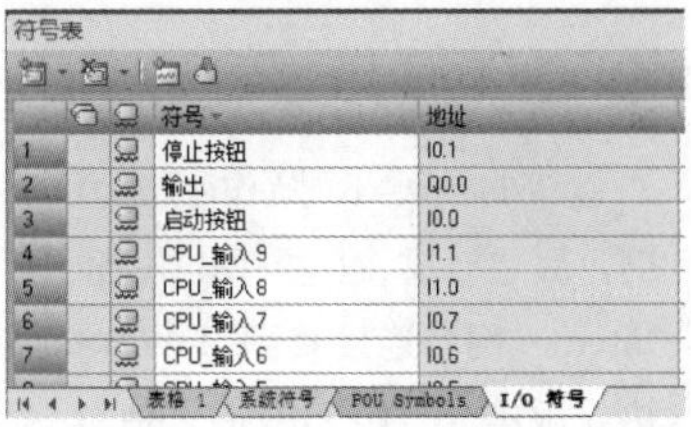
		在“程序编辑器”界面输入起保停控制的程序。 可以利用程序编辑器工具栏上的触点和线圈工具输入,也可以利用快捷键输入	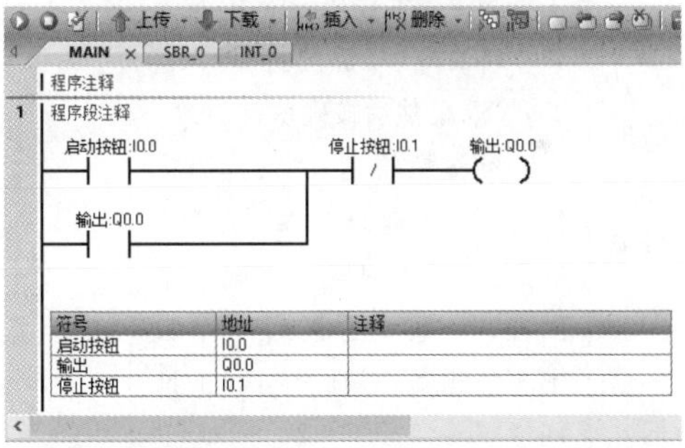
		点击“程序编辑器”“工具栏”中“编译”图标进行编译,如果程序有错误,则在输出窗口会显示错误个数及错误信息。 如果程序出现错误,则双击错误即可以直接跳转到程序对应的错误行	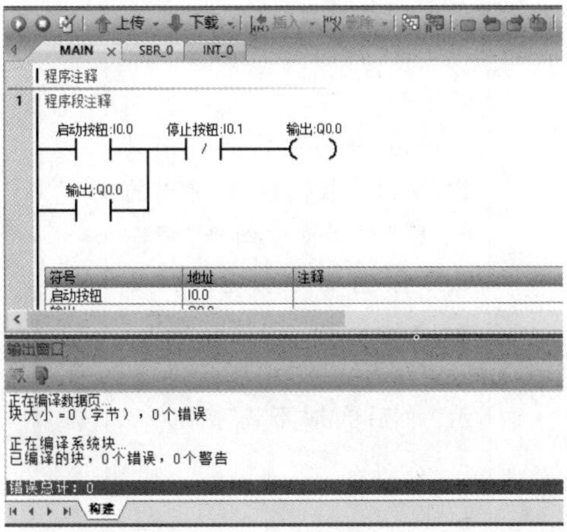

续表

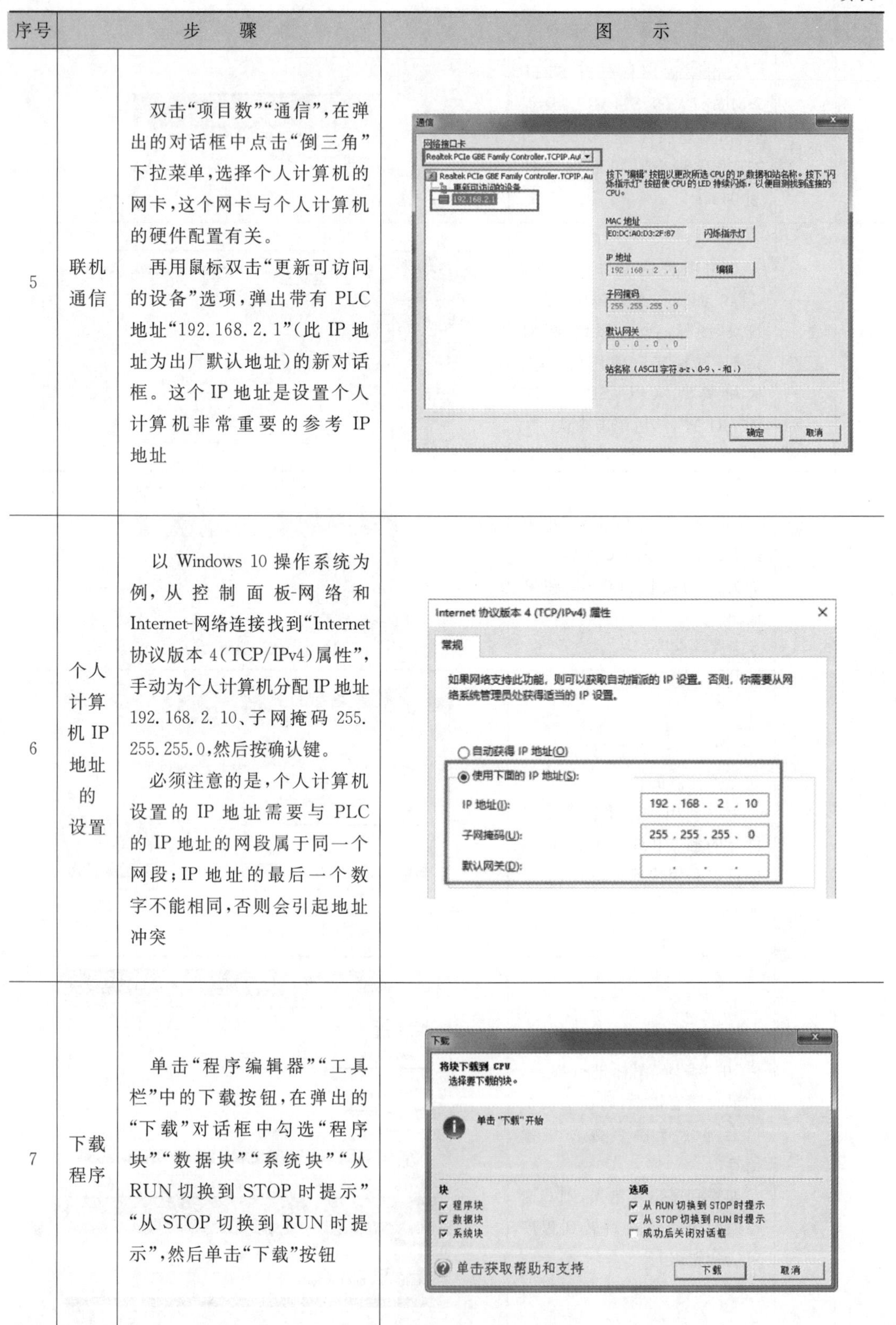

序号	步骤		图示
5	联机通信	双击“项目数”“通信”，在弹出的对话框中点击“倒三角”下拉菜单，选择个人计算机的网卡，这个网卡与个人计算机的硬件配置有关。 再用鼠标双击“更新可访问的设备”选项，弹出带有 PLC 地址“192.168.2.1”（此 IP 地址为出厂默认地址）的新对话框。这个 IP 地址是设置个人计算机非常重要的参考 IP 地址	
6	个人计算机 IP 地址的设置	以 Windows 10 操作系统为例，从控制面板-网络和 Internet-网络连接找到“Internet 协议版本 4（TCP/IPv4）属性”，手动为个人计算机分配 IP 地址 192.168.2.10、子网掩码 255.255.255.0，然后按确认键。 必须注意的是，个人计算机设置的 IP 地址需要与 PLC 的 IP 地址的网段属于同一个网段；IP 地址的最后一个数字不能相同，否则会引起地址冲突	
7	下载程序	单击“程序编辑器”“工具栏”中的下载按钮，在弹出的“下载”对话框中勾选“程序块”“数据块”“系统块”“从 RUN 切换到 STOP 时提示”“从 STOP 切换到 RUN 时提示”，然后单击“下载”按钮	

续表

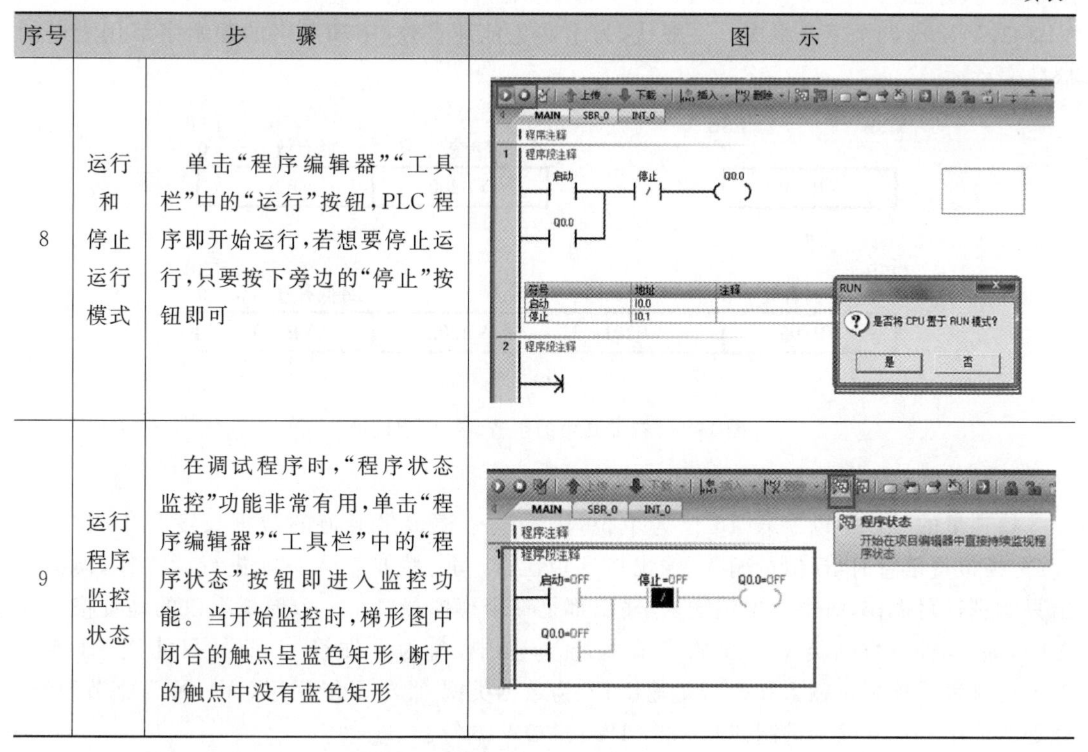

序号	步　骤		图　示
8	运行和停止运行模式	单击“程序编辑器”“工具栏”中的“运行”按钮，PLC 程序即开始运行，若想要停止运行，只要按下旁边的“停止”按钮即可	
9	运行程序监控状态	在调试程序时，“程序状态监控”功能非常有用，单击“程序编辑器”“工具栏”中的“程序状态”按钮即进入监控功能。当开始监控时，梯形图中闭合的触点呈蓝色矩形，断开的触点中没有蓝色矩形	

4. S7-200 SMART PLC 的指令系统

S7-200 SMART CPU 将信息存储在不同的存储单元，每个单元都有唯一的地址。S7-200 SMART CPU 使用数据地址访问所有的数据，称为寻址。输入/输出点、中间运算数据等具有各自的地址定义，大部分指令都需要指定数据地址。

1) S7-200 SMART PLC 的编址形式

(1) 概述。

西门子 PLC 中的存储器元件有位、字节、字、双字四种编址方式，对应的数据位数分别是 1 位、8 位、16 位、32 位。

数据寻址的格式一般通写为：ATx. y。

A——“元件符号”，也就是该数据在数据存储器中的区域地址。

T——“数据类型”，若为字节、字或双字，则 T 的取值应分别为 B(8 位)、W(16 位)和 D(32 位)；若为位寻址，则没有该项。

X——“字节地址”。

Y——“字节中的位地址”，只有位寻址时才有，地址范围为 0～7。

(2) 数字量的编址方式。

数字量的编址以 1 位字长为单位时，格式为“Ax. y”，即“元件＋字节地址. 位号”；能进行位寻址的元件有 I、Q、M、SM、L、V、S。其中，字节地址和位号都是从 0 开始，每个位都是 0～7，共 8 位，如 I0. 7、Q2. 0、M8. 6 等。

数字量的编址以字节、字或双字的字长为单位时，格式为“ATx”，即“元件＋数据类型＋起始字节地址”。如图 1-40 所示，以变量存储器为例分别存取三种长度的数据，V 表示元件名称，B 表示数据长度为字节型(8 位)，W 表示数据长度为字型(16 位)，D 表示数据长度为双字型(32 位)。VW200 由 VB200、VB201 两个字节组成;VD200 由 VB200、VB201、VB202、VB203 四个字节组成。一般地,为了避免地址重叠,字和双字的起始字节用十进制偶数表示。

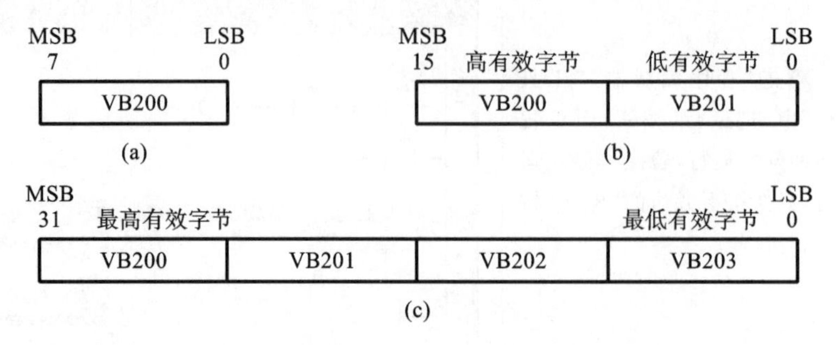

图 1-40 存储器中的字节、字、双字地址

(3) 模拟量的编址方式。

模拟量的编址是以字长 16 位为单位,因为一个模拟量通道的数据长度是 16 位。在读/写模拟量信息时,模拟量输入/输出按字单位读/写。模拟输入只能进行读操作,模拟输出只能进行写操作,每个模拟量输入/输出都是一个模拟端口。一个模拟端口的地址格式为 ATx,即"元件+数据类型+起始字节地址"。其中,A 为元件符号,此处只能用 AI 或者 AQ,分别表示模拟量输入和模拟量输出;T 为数据类型,此处只能用字(W);X 为字节地址,此处只能用 0~30 的十进制偶数,如 AIW0、AQW16 等。

2) S7-200 SMART CPU 数据存储区及寻址方式

S7-200 SMART CPU 相关数据存储区及寻址方式如表 1-19 所示。

表 1-19 S7-200 SMART CPU 相关数据存储区及寻址方式

数据存储区名称	使用说明	寻址方式
输入继电器(I)	①输入继电器用来接受外部传感器或开关元件发来的信号,是专设的输入过程映像寄存器。 ②它只能由外部信号驱动。在每次扫描周期的开始,CPU 总对物理输入进行采样,并将采样值写入输入过程映像寄存器中。 ③输入继电器一般采用八进制编号,一个端子占用一个点	位:I[字节地址].[位地址],如 I0.1。 字节、字或双字:I[长度][起始字节地址],如 IB3、IW4、ID0
输出继电器(Q)	①输出继电器是用来将 PLC 的输出信号传递给负载,是专设的输出过程映像寄存器。 ②它只能用程序指令驱动。在每次扫描周期的结尾,CPU 将输出映像寄存器中的数值复制到物理输出点上,并将采样值写入,以驱动负载。 ③输出继电器一般采用八进制编号,一个端子占用一个点	位:Q[字节地址].[位地址],如 Q0.2。 字节、字或双字:Q[长度][起始字节地址],如 QB2、QW6、QD4

续表

数据存储区名称	使 用 说 明	寻 址 方 式
变量存储区（V）	用户可以用变量存储区存储程序执行过程中控制逻辑操作的中间结果，也可以用它来保存与工序或任务相关的其他数据	位：V[字节地址].[位地址]，如 V9.2。 字节、字或双字：V[数据长度][起始字节地址]，如 VB 100、VW200、VD300
位存储区（M）	①在逻辑运算中通常需要一些存储中间操作信息的元件，它们并不直接驱动外部负载，只起中间状态的暂存作用，类似于继电器接触系统中的中间继电器。 ②在 S7-200 SMART 系列 PLC 中，可以用位存储器作为控制继电器来存储中间操作状态和控制信息，一般以位为单位使用	位：M[字节地址].[位地址]，如 M0.3。 字节、字或双字：M[长度][起始字节地址]，如 MB4、MW10、MD4
特殊存储器（SM）	S7-200 SMART CPU 提供包含系统数据的特殊存储器。SMW 表示特殊存储器字的前缀。SMB 表示特殊存储器字节的前缀。各个位寻址为 SM〈字节号〉.〈位号〉。STEP 7-Micro/WIN SMART 中的系统符号表显示特殊存储器。特殊存储器分为只读和读/写两部分。只读特殊存储器有 SMB0～SMB29、SMB480～SMB515、SMB1000～SMB1699。读/写特殊存储器有 SMB30～SMB194、SMB566～SMB749。 ①只读特殊存储器，以 SMB0 系统状态位为例进行说明：特殊存储器字节 0（SM0.0～SM0.7）包含八个位，在各扫描周期结束时，S7-200 SMART CPU 会更新这些位。 ②读/写特殊存储器可以使得 S7-200 SMART CPU 执行从特殊存储器读取组态/控制数据或者将新更改内容写入特殊存储器的系统数据中，如 SMB30（端口 0）和 SMB130（端口 1）：集成 RS485 端口（端口 0）和 CM01 信号板（SB）RS232/RS485 端口（端口 1）的端口组态；SMB34-SMB35：定时中断的时间间隔；SMB36-45（HSC0）：高速计数器组态和操作；SMB66-SMB85：PLS0 和 PLS1 高速输出等	
定时器区（T）	①在 S7-200 SMART CPU 中，定时器的作用相当于时间继电器，可用于时间增量的累计。 ②其分辨率分为三种：1 ms、10 ms、100 ms。 ③三种类型定时器：接通延时（TON）、有记忆的接通延时（TONR）、断开延时（TOF）	定时器有以下两种寻址形式。 ①当前值寻址：16 位有符号整数，存储定时器所累计的时间。 ②定时器位寻址：根据当前值和预置值的比较结果置位或者复位。 两种寻址使用同样的格式：T＋定时器编号，如 T37
计数器区（C）	①在 S7-200 SMART CPU 中，计数器用于累计从输入端或内部元件送来的脉冲数。 ②计数器有增计数器、减计数器和增/减计数器 3 种类型。 ③由于计数器频率扫描周期的限制，当需要对高频信号计数时可以用高速计数器（HSC）	计数器有以下两种寻址形式。 ①当前值寻址：16 位有符号整数，存储累计脉冲数。 ②计数器位寻址：根据当前值和预置值的比较结果置位或者复位。 计数器寻址同定时器一样，两种寻址方式使用同样的格式，即 C＋计数器编号，如 C0

续表

数据存储区名称	使用说明	寻址方式
高速计数器(HC)	①高速计数器用于对频率高于扫描周期的外界信号进行计数,高速计数器使用主机上的专用端子接收这些高速信号。 ②高速计数器是对高速事件计数,它独立于CPU的扫描周期,其数据为32位有符号的高速计算器的当前值	格式:HC[高速计数器号],如HC1
累加器(AC)	①累加器是用来暂存数据的寄存器,可以同子程序之间传递参数,以及存储计算结果的中间值。 ②S7-200 SMART CPU提供了4个32位累加器(AC0~AC3)	累加器可以按字节、字和双字的形式来存取累加器中的数值。 格式:AC[累加器号],如AC1
局部变量存储区(L)	①局部变量存储器与变量存储器很类似,主要区别在于局部变量存储器是局部有效的,变量存储器是全局有效的。 ②全局有效是指同一个存储器可以被任何程序(如主程序,中断程序或子程序)存取,局部有效是指存储区与特定的程序相关联。 ③局部变量存储器常用来作为临时数据的存储器或者为子程序传递函数	位:L[字节地址].[位地址],如L0.5。 字节、字或双字:L[长度][起始字节地址],如LB34、LW20、LD4
顺序控制继电器存储区(S)	①顺序控制继电器又称状态元件,用来组织机器操作或进入等效程序段工步,以实现顺序控制和步进控制。 ②状态元件是使用顺序控制继电器指令的重要元件,在PLC内为数字量	位:S[字节地址].[位地址],如S0.6。 字节、字或双字:S[长度][起始字节地址],如SB10、SW10、SD4
模拟量输入映像寄存器(AI)	①S7-200 SMART将模拟量值(如温度或电压)转换成1个字长(16位)的数字量。可以用区域标识符(AI)、数据长度(W)及字节的起始地址来存取这些值。 ②因为模拟输入量为1个字长,且从偶数位字节(如0、2、4)开始,所以必须用偶数字节地址(如AIW0、AIW2、AIW4)来存取这些值。 ③模拟量输入值为只读数据	格式:AIW[起始字节地址],如AIW4

续表

数据存储区名称	使用说明	寻址方式
模拟量输出映像寄存器(AQ)	①S7-200 SMART 将 1 个字长(16 位)数字值按比例转换为电流或电压。可以用区域标识符(AQ)、数据长度(W)及字节的起始地址改变这些值。 ②因为模拟量为 1 个字长,且从偶数字节(如 0、2、4)开始,所以必须用偶数字节地址(如 AQW0、AQW2、AQW4)改变这些值。 ③模拟量输出值为只写数据	格式:AQW[起始字节地址],如 AQW4

SMB0 系统状态位如表 1-20 所示。

表 1-20　SMB0 系统状态位

SM 位地址	SM 符号名称	含　义
SM0.0	Always_On	PLC 在 RUN 状态时,SM0.0 始终为 1
SM0.1	First_Scan_On	初始化脉冲,当 PLC 由 STOP 转为 RUN 时,SM0.1 接通一个扫描周期
SM0.2	Retentive_Lost	在以下操作后,CPU 将该位设置为 1 并持续一个扫描周期: • 重置为出厂通信命令; • 重置为出厂存储卡评估; • 评估程序传送卡(在此评估过程中,会从程序传送卡中加载新系统块); • CPU 在上次断电时存储的保持性记录出现问题。 该位可用作错误存储器位或调用特殊启动顺序的机制
SM0.3	RUN_Power_Up	在通过上电或暖启动条件进入 RUN 模式时,CPU 将该位设置为 TRUE 并持续一个扫描周期。该位可用于在开始操作之前给机器提供预热时间
SM0.4	Clock_60s	该位提供一个时钟脉冲。当周期时间为 1 min 时,该位有 30 s 的时间为 FALSE,有 30 s 的时间为 TRUE。该位可简单、轻松地实现延时或提供 1 min 时钟脉冲
SM0.5	Clock_1s	该位提供一个时钟脉冲。周期时间为 1 s 时,该位有 0.5 s 的时间为 FALSE,有 0.5 s 的时间为 TRUE。该位可简单、轻松地实现延时或提供一秒钟时钟脉冲
SM0.6	Clock_Scan	该位是一个扫描周期时钟,其在一次扫描时为 TRUE,在下一次扫描时为 FALSE。在后续扫描中,该位交替为 TRUE 和 FALSE。该位可用作扫描计数器输入
SM0.7	RTC_Lost	该位适用于具有实时时钟的 CPU 型号。如果实时时钟设备的时间在上电时复位或丢失,则 CPU 将该位设置为 TRUE 并持续一个扫描周期。程序可将该位用作错误存储器位或用来调用特殊启动序列

5. S7-200 SMART CPU 常用基本指令

S7-200 SMART CPU 常用基本指令格式及功能如表 1-21 所示。

表 1-21　S7-200 SMART CPU 常用基本指令格式及功能

指令名称	指令符号	指令说明		举　　例
常开输入	LD BIT	常开触点	用于网络段起始的常开/常闭触点，当位值为 1 时，常开触点闭合；当位值为 0 时，常闭触点闭合	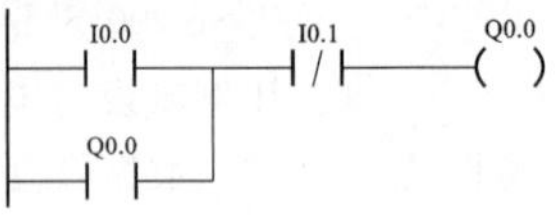 I0.0　I0.1　Q0.0 ( ) Q0.0
常闭输入	LDN BIT	常闭触点		
线圈输出	OUT BIT	线圈输出	线圈输出	
置位指令	S S-BIT，N	从起始位(S-BIT)开始的 N 个元件置 1	执行置位(置 1)/复位(置 0)指令时，从指定的位地址开始的 N 个连续的位地址都被置位或复位，N＝1～255。当置位、复位输入同时有效时，复位优先	 I0.0　Q0.0 (S) 1
复位指令	R R-BIT，N	从起始位(R-BIT)开始的 N 个元件置 0		 I0.0　Q0.0 (R) 1
接通延时定时器指令	TON	接通延时	当使能端输入有效(接通)时，定时器开始计时，当前值从 0 开始递增，增大到大于或等于设定值时，定时器输出状态位置 1(输出触点有效)，当前值的最大值为 32767	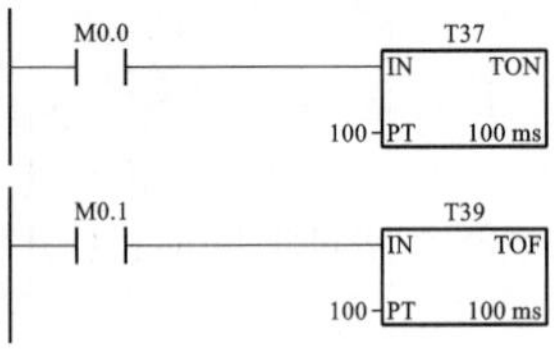 M0.0　T37 IN TON 100-PT 100 ms
保持型接通延时定时器指令	TONR	保持型	当使能端输入有效(接通)时，定时器开始计时，当前值递增，增大到大于或等于设定值时，定时器输出状态位置 1，在使能端输入无效(断开)时，当前值保持(记忆)，在使能端再次接通有效时，在原记忆值的基础上递增计时。TONR 采用线圈的复位指令进行复位操作，当复位线圈有效时，定时器当前值清零，输出状态位置为 0	M0.1　T39 IN TOF 100-PT 100 ms
断电延时定时器	TOF	断电延时	在使能端输入有效时，定时器输出状态位立即置 1，当前值复位为 0。在使能端断开时，开始计时，当前值从 0 递增，在当前值达到设定值时，定时器状态位复位为 0，并停止计时，当前值保持	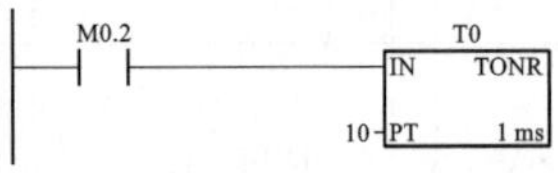 M0.2　T0 IN TONR 10-PT 1 ms

续表

指令名称	指令符号	指令说明		举　　例
加计数器指令	CTU	加1计数	CU为加1计数脉冲输入;R为复位脉冲;PV是设定值,最大范围为32767	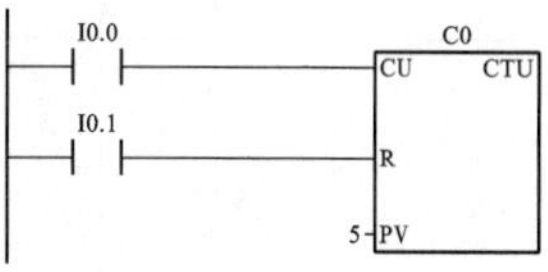 I0.0 C0 CU CTU I0.1 R 5-PV
减计数器指令	CTD	减1计数	CD为减1计数脉冲输入;LD为复位脉冲;PV是设定值,最大范围为32767	
加/减计数器指令	CTUD	加/减计数	加/减计数器有两个脉冲输入端,其中CU用于加计数,CD用于减计数,执行加/减计数时,CU/CD的计数脉冲上升沿加1/减1计数	
加法指令	ADD_I ADD_DI ADD_R	IN1+IN2 =OUT	当使能输入有效时,将两数IN1和IN2相加/减,将运算结果送到OUT指定的存储器单元输出。加/减运算IN1、IN2、OUT操作数的数据类型分别为INT、DINT、REAL	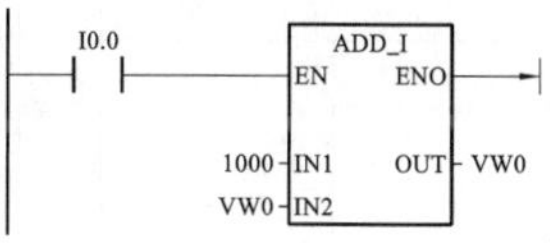 I0.0 ADD_I EN ENO 1000-IN1 OUT-VW0 VW0-IN2
减法指令	SUB_I SUB_DI SUB_R	IN1−IN2 =OUT		
加1/减1指令	INC_B INC_W INC_DW DEC_B DEC_W DEC_DW	OUT±1 =OUT	加1/减1指令用于自加/自减的操作,以实现累加计数和循环控制等程序的编写,操作数的长度为字节(无符号数)、字或双字(有符号数)	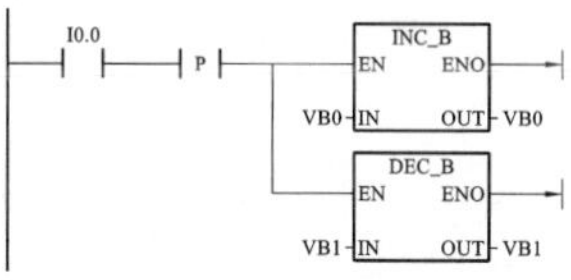 I0.0 P INC_B EN ENO VB0-IN OUT-VB0 DEC_B EN ENO VB1-IN OUT-VB1
逻辑运算指令	WAND、 WOR、 WXOR、 INV	与、或、 异或、 取反	逻辑运算是对无符号数进行的逻辑处理,主要包括逻辑与、逻辑或、逻辑异或和取反等运算指令。按操作长度可分为字节、字和双字逻辑运算	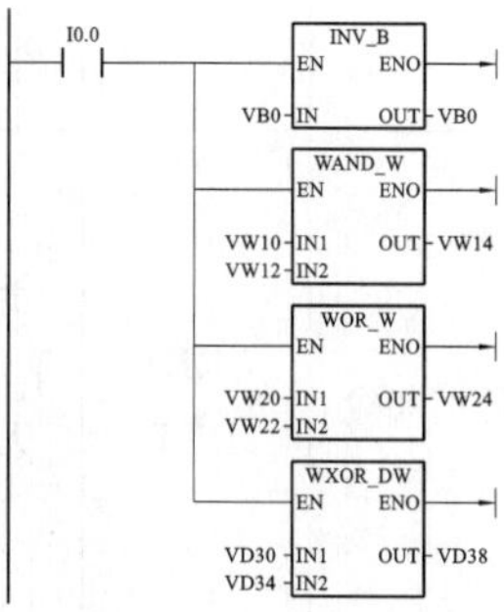 I0.0 INV_B EN ENO VB0-IN OUT-VB0 WAND_W EN ENO VW10-IN1 OUT-VW14 VW12-IN2 WOR_W EN ENO VW20-IN1 OUT-VW24 VW22-IN2 WXOR_DW EN ENO VD30-IN1 OUT-VD38 VD34-IN2

续表

指令名称	指令符号	指令说明		举例
结束指令	END	结束指令	梯形图中结束指令直接连在左侧母线上时，为无条件结束(MEND)指令，不接在左侧母线上时，为条件结束(END)指令	
跳转指令	JMP n LBL n	跳转指令 跳转标号	程序跳转指令(JMP)和跳转地址标号指令(LBL)配合使用，以实现程序的跳转。 在同一个程序内，当使能输入有效时，使程序跳转到指定标号 n 处执行，跳转标号 $n=0\sim255$。当使能输入无效时，将顺序执行程序	
循环指令	FOR [IN1,IN2, N]NEXT	循环开始 循环结束	执行任务时，可以使用循环指令。 FOR 指令表示循环开始，NEXT 指令表示循环结束。当 FOR 指令的使能输入端条件满足时，反复执行 FOR 与 NEXT 之间的指令。在 FOR 指令中，需要设置指针 INDX(或称为当前循环次数计数器)、起始值 INIT 和结束值 FINAL，它们的数据类型为整型	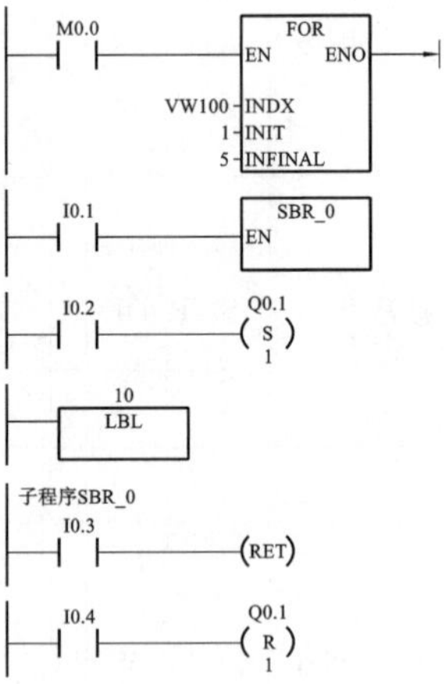 M0.0 FOR EN ENO VW100 INDX 1 INIT 5 INFINAL I0.1 SBR_0 EN I0.2 Q0.1 S 1 10 LBL 子程序SBR_0 I0.3 RET I0.4 Q0.1 R 1
子程序调用	CALL SBR0	子程序调用	将具有特定功能并且多次使用的程序段作为子程序。当主程序调用子程序并执行时，子程序执行全部指令直至结束，然后返回到主程序的子程序调用处	
返回指令	CRET RET	子程序 条件返回 无条件 返回		

项目总结与拓展

项目总结

（1）自动供料单元通常是典型自动化生产线的第一个环节，担负着给系统提供物料的任务。

（2）熟练掌握供料单元安装与调试方法，在装配时要注意按照装配流程、技术规范要求进行，程序设计时要学会分析控制要求，并合理绘制流程图和编写程序，调试时要掌握方法和技巧。

（3）掌握单电控电磁阀的用法，光电传感器、磁性开关的工作原理和使用方法。

项目测试

项目测试

项目拓展

（1）你还见过哪些供料/上料机构？它们的结构是什么样的？是如何工作的？

（2）如果要增加记录供料单元工件类型、数量的统计情况并在触摸屏上显示，应该如何完成该功能？

项目 2　安装调试加工单元

项目情境描述

项目来自某机械零部件生产企业的多机联动冲压生产线，加工的任务就是将小圆柱零件冲压到已开孔的大圆柱毛坯零件中，再由工业机器人将它输送到下一工位。

自动冲压加工单元主要应用于冲压生产线的冲压、拉伸等，是全自动化生产线重要的组成部分，本项目的两个任务就是完成生产线加工单元的安装、程序设计和调试。

项目思维导图

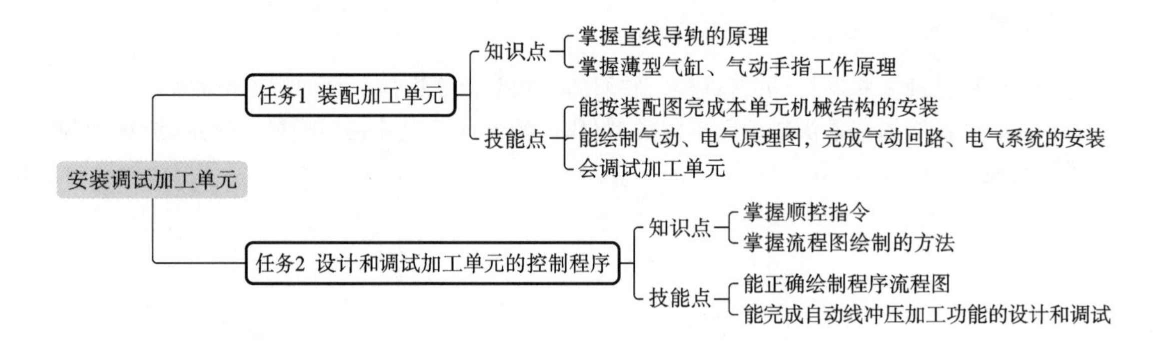

项目目标

(1) 了解加工单元的结构。
(2) 掌握直线导轨的原理及加工单元安装技能。
(3) 掌握薄型气缸、气动手指的工作原理；掌握气路、电气系统工作原理及连接。
(4) 理解并掌握加工单元的程序结构。
(5) 掌握加工单元的调试方法。
(6) 培养团队合作精神。

任务 1　装配加工单元

任务目标

(1) 认识和掌握加工单元的结构。

(2) 掌握加工单元机械结构安装的步骤和技巧。

(3) 掌握加工单元电气系统的安装规范。

(4) 掌握加工单元机械、电气系统调试的方法。

任务描述

本单元能实现工件的冲压加工,完成把待加工工件从物料台移送到加工区冲压气缸正下方、在加工区完成加工以及把加工好的工件重新送回物料台的任务。装配完成加工单元的机械、电气部分是实现加工功能的基础。

任务分组

完成学生任务分工表(参考项目 1)。

获取资讯

(1) 观察:本单元的机械结构组成,各部分结构的连接方式,特别是直线导轨这一结构。

提示　直线导轨主要用于对精度要求较高的机械结构中,直线导轨在移动元件和固定元件之间不使用中间介质,而是滚珠钢球。滚珠钢球摩擦系数小,灵敏度高,适合高速运动,能够充分满足运动部件的工作要求,如机床工具托架、拖板等。

(2) 思考:机械组件的装配顺序。

提示　本单元机械结构的装配应遵循“先下后上、先内后外、先笨重后轻巧、先精细后一般、先组件后总装”的原则。

直线导轨在使用安装时要认真、仔细,不允许强力冲压,不允许用锤直接敲击导轨,不允许通过滚动体传递压力。

(3) 观察:本单元的气动元件。动手查一查它们的型号和产品说明书,想一想它们的使用方法。

①气源装置。②电磁阀。③气缸(含气动手指)。④辅助元件。

(4) 尝试:绘制加工单元的气动原理图。

(5) 观察:本单元的电气元件及其工作原理。动手查一查它们的型号和产品说明书,想一想它们的使用方法。

①PLC。②传感器。③主令控制器。

(6) 尝试:绘制加工单元的电气原理图。

(7) 选择:装配过程中需要用工具有哪些?

提示 直线导轨要注意防锈蚀、防形变。安装直线导轨应使用专用工具,不允许徒手安装,以免汗液腐蚀导轨;不允许用锤直接敲击导轨,以免发生形变。

工作计划

由每个小组分别制定装配的工作计划,将计划的内容填入工作计划表(参考项目1)。

进行决策

(1) 各个小组阐述自己的设计方案。

(2) 各小组对其他小组的方案进行讨论、评价。

(3) 教师对每个小组的方案进行点评,选择最优方案。

课程思政

全员参与,分工协作,紧密配合,发挥个人特长,凝聚团队战斗力,共同完成装配任务。从神舟一号到神舟十四号,我国载人航天事业创造了辉煌的成就,凝聚着亿万航天人的无私奉献。据载人航天工程办公室的不完全统计,直接参与载人航天工程研发的研究所、基地、研究院一级单位就有110多家,配合参与这项工程的单位达3000多家机构,涉及研究人员超过几十万人。他们的心血和力量凝聚在运载火箭的20多万个零部件上,飞船、目标飞行器等产品的数十万个元器件上,北京航天飞行控制中心的上百万条重要软件语句中,以及更多不为人知的地方。神舟飞船的成功载人航天飞行是发扬团队精神的典型例子。在这个过程中,无数航天人始终把团队利益放在第一位,不计较个人得失,推动中国载人航天事业实现了划时代的发展。

任务实施

1. 机械结构装配

1) 清点工具和器材

认真、仔细地清点加工单元装置拆卸后的各个部件的数量、型号,将各部件按种类分别摆放,并检查器材是否损坏。其中,应特别注意精密器件线性导轨,最好不要进行拆解,也不要让滑块从线性导轨上脱落。

清点所需用到的工具、数量、型号。常用工具应准备内六角扳手、钟表螺丝刀各1套,十字螺丝刀、一字螺丝刀、剥线钳、压线钳、斜口钳、尖嘴钳各1把,万用表1只。

2) 进行机械装配

清点好工具、材料和元器件,再按表2-1的步骤进行装配。

加工单元机械装配

表 2-1　加工单元机械安装步骤

序号	步　骤	图　示	序号	步　骤	图　示
1	完成型材支架的拼装(用L形连接角钢)		5	工件夹紧装置的拼装	
2	冲压组件(薄型气缸、冲压头、冲压气缸支撑板)的拼装		6	工件夹紧装置、直线导轨的装接	
3	型材支架、冲压组件、电磁阀组安装板的装接		7	工件夹紧装置的固定	
4	直线导轨的拼装(安装时一定注意不要将滑块滑出导轨,以免滚珠掉落)		8	加工单元的固定	

提示　①拼装型材支架前,必须预先放置螺母,否则无法进行后续的装接工序。

②安装直线导轨时,要确保两导轨平直,避免出现卡阻现象;尽量不要让滑块脱离导轨,避免滑块滚珠脱落,影响导轨的直线精度。

③在安装工件夹紧装置和直线导轨之前,必须先将笔形气缸和工件夹紧装置的底座连接在一起。

2. 气路连接

(1) 先将电磁阀和汇流板组装完成并固定到阀组安装板上,再将节流阀安装到气缸上。

(2) 按照图 2-1 所示的加工单元气动控制回路工作原理图连接气路。在气路连接完毕后,应按规范绑扎。通气后,检查加工单元冲压气缸的初始位置是否为缩回位置,滑动机构上伸缩气缸的初始位置是否为伸出位置。调整好各个气缸节流阀的开口度大小,确保气缸动作时没有卡滞、没有冲击现象;还应确保各个气缸动作位置的正确性。

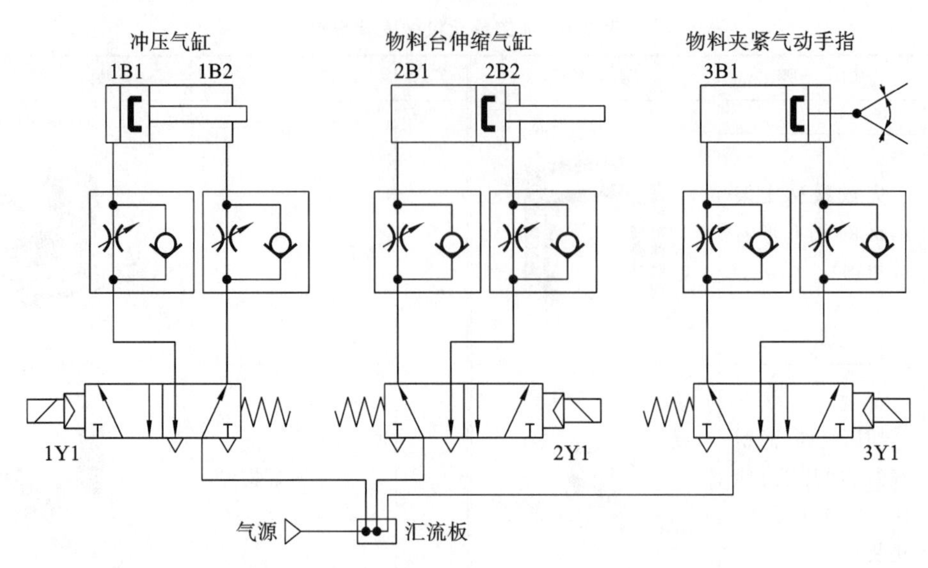

图 2-1 加工单元气动控制回路工作原理图

3. 电气系统安装

1）结构侧电气接线

结构侧电气接线安装任务包括：加工单元各气缸上的磁性开关和物料检测传感器的引出线接线；各电磁阀的引出线接线。该端口信号端子分配如表 2-2 所示。

表 2-2 加工单元结构侧的接线信号端子分配

输入信号的中间层		输出信号的中间层	
端子号	输入信号描述	端子号	输出信号描述
2	加工台物料检测	2	夹紧电磁阀
3	工件夹紧检测	3	
4	加工台伸出到位	4	伸缩电磁阀
5	加工台缩回到位	5	冲压电磁阀
6	加工压头上限位	6	
7	加工压头下限位	7	
端子 8～17 没有连接		端子 3、6～14 没有连接	

注意：

①加工单元结构侧的端子排的线路连接与供料单元类似，具体注意事项参考项目 1，这里不再赘述。

②冲压平台是前后移动的，位于平台上的气爪夹紧传感器和物料检测传感器的引出线必须要选择合理的布线路径，且要留有足够的余量。

2）PLC 侧电气接线

（1）PLC 的选型。

加工单元的输入信号包括来自按钮/指示灯模块的按钮、开关等控制信号和各种传感器检测信号，共 10 个输入控制信号；加工单元的输出信号包括按钮/指示灯模块的指示灯和各电磁阀的控制信号，共 6 个输出控制信号，数量相对较少，且输出信号均为普通的开关量信号，端口选用常见的继电器输出就能满足要求。

综上考虑，加工单元 PLC 选用 S7-200 SMART CPU SR40 AC/DC/RLY 主单元，共 24 点输入和 16 点继电器输出。加工单元 PLC 的 I/O 信号分配如表 2-3 所示。

表 2-3　加工单元 PLC 的 I/O 信号分配

序号	输入点	输入信号描述	序号	输出点	输出信号描述
1	I0.0	加工台物料检测	1	Q0.0	夹紧电磁阀
2	I0.1	工件夹紧检测	2	Q0.1	
3	I0.2	加工台伸出到位	3	Q0.2	料台伸缩电磁阀
4	I0.3	加工台缩回到位	4	Q0.3	加工压头电磁阀
5	I0.4	加工压头上限位	5	Q0.7	HL1
6	I0.5	加工压头下限位	6	Q1.0	HL2
7	I1.2	复位按钮 SB2	7	Q1.1	HL3
8	I1.3	启动按钮 SB1	8		
9	I1.4	急停按钮 SQ	9		
10	I1.5	转换开关 SA	10		

加工(装配)单元的电气系统接线

(2) PLC 的 I/O 接线图。

加工单元 PLC 的 I/O 接线图如图 2-2 所示。

(3) PLC 控制电路的接线。

清点工具、器材，按照技术规范要求连接电路。

4. 加工单元各模块的调试

1)调试方法

加工单元的电气系统调试方法与供料单元类似，请参考项目 1，按控制要求对机械结构、气动回路以及各个传感器、PLC 的信号进行调试，这里不再赘述。

2)调试记录

完成加工单元机械结构装调记录表、加工单元气动回路装调记录表、加工单元电气系统装调记录表。

加工单元机械结构装调记录表

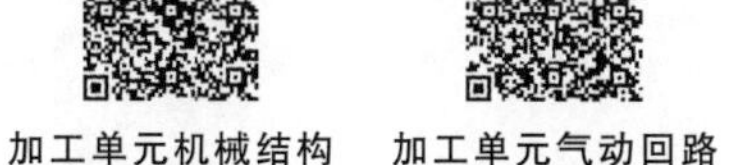

加工单元气动回路装调记录表

加工单元电气系统装调记录表

评价反馈

各小组填写表 2-4，以及任务评价表(参照项目 1)，然后汇报完成情况。

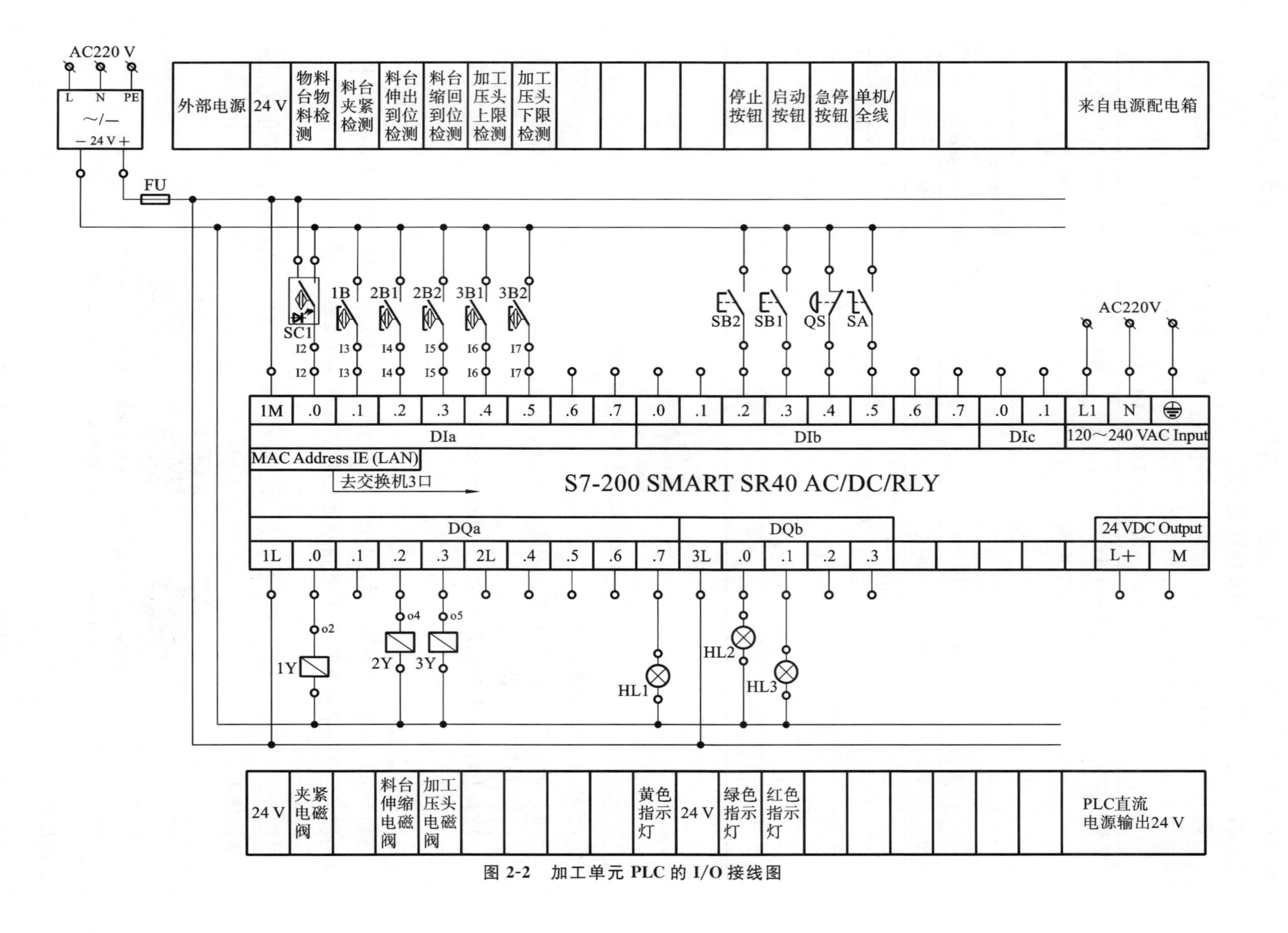

图 2-2 加工单元 PLC 的 I/O 接线图

表 2-4　任务实施考核表

工作任务	配分	评分项目	项目配分	扣分标准	得分	扣分	任务得分
设备装调及电路、气路	90	机械装调(25 分)					
		机械部件调试	15	直线导轨副调整不平行,运行卡阻等扣 2 分;部件位置配合不到位、零件松动等,每处扣 1 分。最多扣 15 分			
		合理选用工具	5	选择恰当的工具完成机械装配,选择不合理每处扣 0.5 分			
		按装配流程完成装配	5	按流程正确完成装配,不正确每处扣 1 分			
		电路连接(40 分)					
		绘制电气原理图	15	电气元件符号错误,每处扣 0.5 分;电气图绘制错误,每处扣 1 分			
		正确识图	15	连接错误,每处扣 1 分;电源接错,每处扣 10 分			
		连接工艺与安全操作	10	接线端子导线超过 2 根、导线露铜过长、布线零乱,每处扣 0.5 分,最多扣 5 分;带电操作扣 5 分			
		气路连接、调整(15 分)					
		绘制气动原理图	5	气动元件符号错误,每处扣 0.3 分;气路图绘制错误,每处扣 0.5 分			
		气路连接及工艺要求	10	漏气,调试时掉管,每处扣 1 分;气管过长,影响美观或安全,每处扣 1 分;没有绑扎带或扎带距离不恰当,每处扣 1 分;调整不当,每处扣 1 分。最多扣 10 分			
		输入/输出点测试(10 分)					
		输入/输出点测试	10	各输入/输出点不正确,每处扣 0.5分			
职业素养与安全意识	10	现场操作安全保护符合安全操作规程;工具摆放、包装物品、导线线头等的处理符合职业岗位的要求;团队有分工有合作,配合紧密;遵守纪律,尊重教师,爱惜设备和器材,保持工位的整洁					

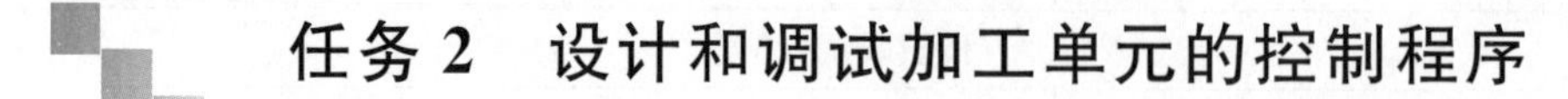

任务 2　设计和调试加工单元的控制程序

任务目标

（1）明确加工单元的控制要求。

（2）掌握加工单元程序控制结构。

（3）掌握加工单元 PLC 程序编写方法。

任务要求

加工单元运行

（1）初态检查。

设备上电，接通气源并解除急停状态。若滑动加工台伸缩气缸处于伸出位置，则加工台气动手指处于松开状态，冲压气缸处于缩回位置。若设备在上述初始状态，则“正常工作”指示灯 HL1 常亮，表示设备已准备就绪。否则，该指示灯以 1 Hz 频率闪烁。

（2）运行控制。

若设备已准备就绪，按下启动按钮，则设备进入运行状态，“设备运行”指示灯 HL2 常亮。当待加工工件送到加工台并被检出后，气动手指将工件夹紧，送往加工区域冲压，完成冲压动作后返回待料位置等待搬运单元取走工件。如果没有停止信号输入，则当冲压工件已被取走后，再有待加工工件送到加工台上时，加工单元又开始下一周期工作。

在工作过程中，若按下停止按钮，则加工单元在完成本周期的动作后停止工作，HL2 指示灯熄灭。

（3）急停处理。

当紧急按钮被按下时，本单元所有机构应立即停止运行，HL2 指示灯以 1 Hz 频率闪烁。急停按钮复位后，设备从急停前的断点开始继续运行。

任务分组

完成学生任务分工表（参考项目 1）。

获取资讯

（1）分析：本单元自动冲压、加工过程。

（2）尝试：绘制自动冲压、加工的流程图。

（3）规划：程序设计中用到的标志位。

（4）尝试：在编程软件上编写控制程序。

工作计划

由每个小组分别制定工作计划，将计划的内容填入工作计划表（参考项目 1）。

进行决策

（1）各个小组阐述自己的设计方案。

（2）各小组对其他小组的方案进行讨论、评价。

（3）教师对每个小组的方案进行点评，选择最优方案。

任务实施

1. 主程序的编写思路

为了使加工单元的编程思路更加清晰，采用一个主程序加两个子程序的结构。一个子程序是“加工控制”子程序，另一个子程序是“状态显示”子程序。主程序在每一扫描周期都调用系统“状态显示”子程序，仅当运行状态已经建立时才可能调用“加工控制”子程序。

加工单元主程序与供料单元类似，主程序流程图和梯形图可以参考供料单元进行编写。

与供料单元相比，加工单元工作任务增加了急停功能。主要考虑到在加工过程中会有紧急停止的情况，但解除紧急停止后，能由当前位置继续完成后续加工动作。只需要在急停发生时，停止主程序对“加工控制”子程序的调用，就能实现急停功能。故把“急停按钮”和“运行状态”同时作为“加工控制”子程序调用的限制条件。

2. 加工控制子程序

“加工控制”的程序编写采用顺控编程方式，加工单元的控制流程如图 2-3 所示。图中，初始步 S0.0 在主程序中，当系统准备就绪且接收到启动脉冲时被置位，启动加工控制的顺序流程循环运行；只有在接收到停止信号，且完成了一个周期的运行后，方能复位，同时解除运行状态。

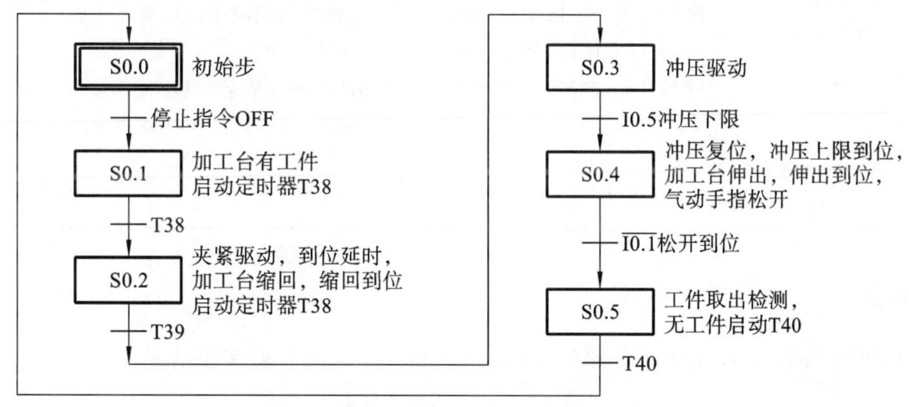

图 2-3 加工单元的控制流程

从流程图可以看到，当一个加工周期结束时，只有加工好的工件被取走后，程序才能返回 S0.0 步，这就避免出现重复加工的可能。

3. 状态显示子程序

加工单元状态显示功能比较简单，可以根据功能要求进行梯形图编程。

4. 程序调试

编写完程序应认真检查，然后下载调试程序，可参考项目 1 执行。

加工单元整体调试方法如表 2-5 所示。调试完成后将调试内容记录到加工单元运行状态调试记录表中。

加工单元运行状态调试记录表

表 2-5 加工单元整体调试方法

序号	任务	要求
1	调试准备	①安装并调节好加工单元。 ②一个按钮指示灯控制盒。 ③一个 24 V、1.5 A 直流电源。 ④0.6 MPa 的气源，吸气容量 50 L/min。 ⑤装有编程软件的 PC 机
2	开机前的检查	①检查气源是否正常、气动二联件阀是否开启、气管有没有漏气。 ②检查各工位是否有工件或其他物品。 ③检查电源是否正常。 ④检查机械结构是否连接正常。 ⑤检查是否有其他异常情况
3	下载程序	①西门子控制器：S7-200 SAMRT CPUSR40 AC/DC/RLY。 编程软件：西门子 STEP 7-MicroWIN SMART。 ②使用编程电缆将 PC 机与 PLC 连接。 ③接通电源，打开气源。 ④松开急停按钮。 ⑤模式选择开关置 STOP 位置。 ⑥打开 PLC 编程软件，下载 PLC 程序
4	通电、通气试运行	①打开气源，接通电源，检查电源电压和气源压强。 ②在编程软件上将 PLC 的模式选择置于 RUN 位置。 ③上电后观察冲压气缸是否达到初始位置(缩回)、伸缩气缸是否达到初始位置(伸出)、气动手指是否达到初始位置(松开)、相应指示灯是否点亮。 ④按下启动按钮，是否按控制要求正常进行加工。 ⑤按下停止按钮，是否将本工作周期的任务完成后停机。 ⑥按下急停按钮，是否立即停止工作状态；松开后是否从断点继续工作
5	检查、清理现场	确认工作台面上无遗留的元器件、工具和材料等物品，并整理、打扫现场

评价反馈

各小组填写表 2-6，以及任务评价表(参照项目 1)，然后汇报完成情况。

表 2-6 任务实施考核表

工作任务	配分	评分项目	项目配分	扣分标准	得分	扣分	任务得分
程序流程图	15	程序流程图绘制(15 分)					
		流程图	15	流程图设计不合理，每处扣 1 分；流程图符号不正确，每处扣 0.5 分。有创新点酌情加分，不扣分			

续表

工作任务	配分	评分项目	项目配分	扣分标准	得分	扣分	任务得分
程序设计与调试	75	梯形图设计(20 分)					
		程序结构	5	程序结构不科学、不合理,每处扣 1 分			
		梯形图	15	不能正确确定输入与输出量并进行地址分配,梯形图有错,每处扣 1 分;程序可读性不强,每处扣 0.5 分。程序设计有创新酌情加分,不扣分			
		系统自检与复位(10 分)					
		自检复位	10	初始状态指示灯、各气缸没有处于初始位置,每处扣 2 分。最多扣 10 分			
		系统运行(25 分)					
		系统正常运行	25	有一个加工工序不符合,扣 2 分;指示灯动作不正确,每处扣 1 分。最多扣 25 分			
		连续高效运行(5 分)					
		连续高效运行	5	无连续高效功能,扣 5 分			
		保护与停止(15 分)					
		正常停止	5	按下停止按钮,运行单周期后,设备不能正确停止,扣 5 分			
		停止后的再启动	5	单周期运行停止后,再次按下启动按钮设备不能正确启动,扣 5 分			
		急停操作	5	按下急停按钮,加工单元不能立即停止工作,松开急停按钮后,不能从断点继续进行加工,扣 5 分			
职业素养与安全意识	10	现场操作安全保护符合安全操作规程;工具摆放、包装物品、导线线头等的处理符合职业岗位的要求;团队有分工有合作,配合紧密;遵守纪律,尊重教师,爱惜设备和器材,保持工位的整洁					

项目知识平台

1. 加工单元的结构组成

图 2-4 所示为加工单元的前视图和后视图，加工单元的结构包括加工冲压机构和物料台及滑动机构。

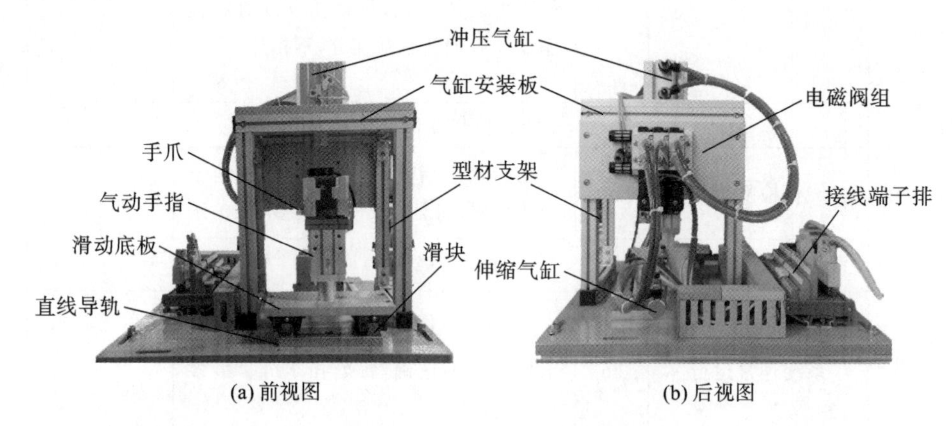

图 2-4　加工单元结构全貌

1）物料台及滑动机构

物料台用于固定工件，并把工件移到加工（冲压）机构正下方进行冲压加工。它主要由手爪、气动手指、伸缩气缸、直线导轨及滑块、磁感应接近开关、漫反射式光电传感器组成。物料台及滑动机构如图 2-5 所示。

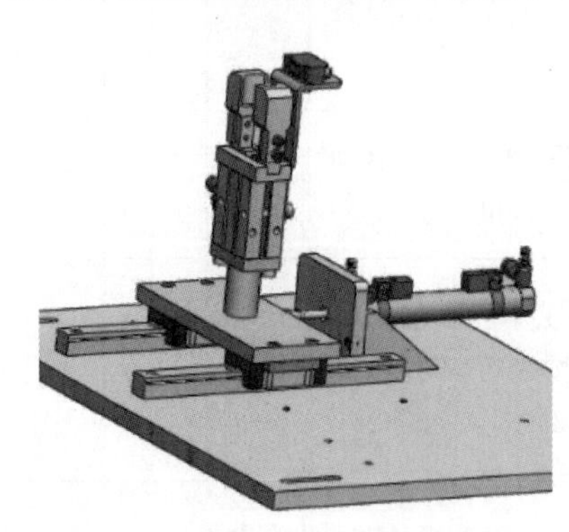

图 2-5　物料台及滑动机构

滑动物料台在系统正常工作后的初始状态为伸缩气缸伸出、物料台气动手指呈打开的状态，当输送机构把物料送到物料台上后，物料检测传感器检测到工件后，PLC 驱动气动手指夹紧工件→物料台回到冲压气缸下面的加工区→冲压气缸活塞杆向下伸出冲压工件→完成冲压动作后向上缩回→物料台重新伸出→到位后气动手指松开，完成工件加工过程，并向系统发送完成加工信号，为下一次加工做准备。

滑动物料台上安装有漫反射式光电开关。若物料台上没有工件，则漫反射式光电开关均处于常态；若物料台上有工件，光电接近开关动作，表示物料台上有工件。光电传感器的输出信号送到加工单元 PLC 的输入端，以确定物料台上是否有需要加工的工件；加工过程结束后，物料台伸出到初始位置。

安装在滑动物料台上的漫反射式光电开关仍选用 CX-441 型放大器内置型光电开关（细小光束型）。通过调整伸缩气缸上两个磁性开关的位置确定伸出、返回滑动物料台的位置，该伸缩位置要求直接位于加工冲压头的正下方；伸出位置与输送单元的抓取机械手装置配合，确保输送单元的抓取机械手能顺利地把待加工工件放到物料台上。

直线导轨是一种滚动导轨，由钢珠在滑块与导轨之间做无限滚动循环，使得负载平台能沿着导轨以高精度做线性运动，其摩擦系数可降至传统滑动导引的 1/50，从而实现高定位精度。直线导轨内部结构及外形图如图 2-6 所示，由滑块、轨道、滚珠、密封垫片、保持板、端盖板等组成。

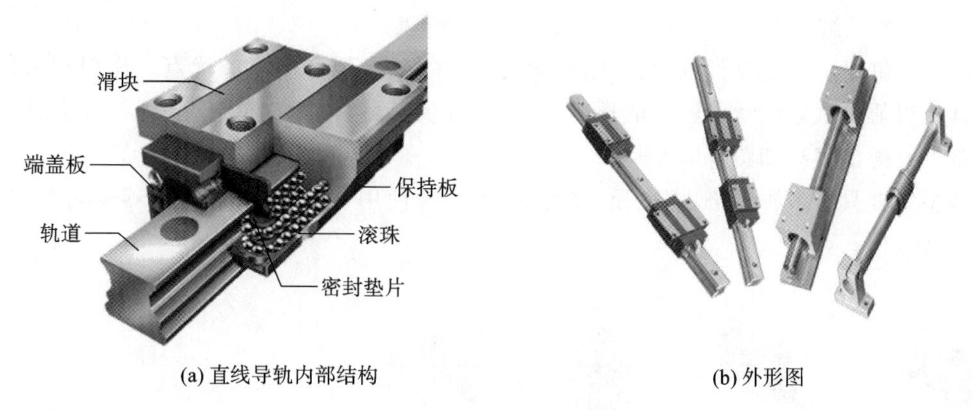

(a) 直线导轨内部结构　(b) 外形图

图 2-6　直线导轨内部结构及外形图

在直线传动领域中，直线导轨一直是关键产品，其运动阻力非常小、运动精度高、定位精度高、多方向同时具有高刚度、容许负荷大、能长时间保持高精度、可高速运动、维护简单、能耗低、价格低，目前已成为各种机床、数控加工中心、精密电子机械中不可缺少的重要功能部件。

2）冲压加工机构

冲压加工机构用于冲压工件，主要由冲压气缸、冲压头、安装板等组成。加工冲压机构如图 2-7 所示。

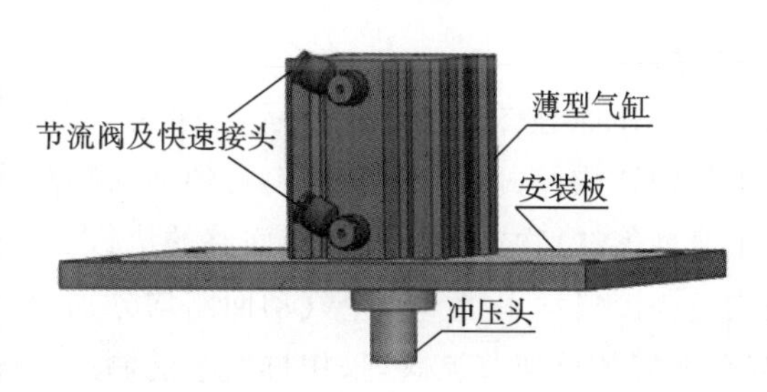

图 2-7　加工冲压机构

当工件达到冲压位置时，伸缩气缸活塞杆缩回原位，此时冲压气缸伸出，加工工件。机械加工完成后冲压气缸缩回，为下一次冲压做准备。冲压头根据工件的要求冲压，冲压头安装在冲压气缸前杆端部。安装板用于安装和固定冲压气缸。

2. 加工单元的气动系统

1）气动元件

（1）气动手指。

气动手指是一种特殊的气缸，能实现各种抓取功能，是现代气动机械手的关键部件，分为平行气爪、摆动气爪、旋转气爪、三点气爪、四点气爪等。

这种气缸的特点如下。

①所有的作用都是双向作用，能实现双向抓取，可自动对中，重复精度高。

②抓取力矩恒定。

③在气缸的两侧可安装接触式检测开关。

④有多种安装、连接方式。

气动手指外形图、内部剖面图及图形符号如图 2-8 所示。

(2) 薄型气缸。

薄型气缸是一种常见气缸，具有结构紧凑、重量轻、占用空间小等优点。作用和结构外观设计使得薄型气缸能承受较大的横向负载，无需安装附件就可直接安装于各种夹具和专用设备上。薄型气缸如图 2-9 所示。

薄型气缸具有多种规格、多缸径、多行程，可选择使用，气缸上自带传感器安装的沟槽，使用非常方便。

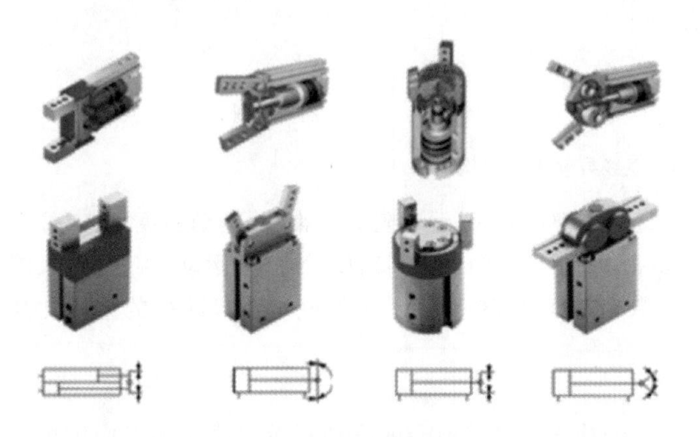

图 2-8　气动手指外形图、内部剖面图及图形符号

图 2-9　薄型气缸

2) 加工单元的气动控制回路

加工单元气动控制回路工作原理图如图 2-1 所示，加工单元由 2 个双作用冲压气缸双向调速回路和 1 个气动手指回路构成：冲压回路、物料台伸缩回路和物料夹紧回路。冲压气动回路的执行机构是一个薄型气缸；物料台伸缩气动回路的执行机构是一个笔形气缸；物料夹紧气动回路的执行机构是一个气动手指。三个气动回路均分别由一个二位五通带手动旋钮的电磁阀控制，并在气路上安装单向节流阀，采用排气节流调速工作方式进行调速控制。

加工单元的气动回路

图中 1B1 和 1B2 为安装在冲压气缸的两个极限工作位置的磁感应接近开关，2B1 和 2B2 为安装在物料台伸缩气缸的两个极限工作位置的磁感应接近开关。3B1 为安装在物料夹紧气动手指的极限工作位置的磁感应接近开关。1Y1、2Y1 和 3Y1 分别为控制冲压气缸、物料台伸缩气缸和手指气缸的电磁阀的电磁控制端。初始状态下，冲压气缸处于缩回状态；物料气爪处于放松状态；物料台伸缩气缸处于伸出状态，在进行气路安装时应予注意。冲压气缸控制电磁阀所配的快速接头口径较大，这是由于冲压气缸对气体的流量和压力要求比较高、冲压气缸的配套气管较粗。

项目总结与拓展

项目总结

（1）加工单元是自动化生产线的重要环节，完成对零部件加工、冲压的任务。

（2）熟练掌握加工单元机械装调的步骤和方法。

（3）掌握直线导轨的工作原理及使用，掌握薄型气缸、气动手指的工作原理。

项目测试

项目测试

项目拓展

假如将本单元气动手指的电磁阀改为双电控电磁阀，电气系统和程序应如何修改？

项目 3　安装调试装配单元

项目情境描述

项目来自某机械零部件生产企业的装配生产线，其任务是传送带将已加工好的毛坯工件（一组多个）传送到位，机械手将圆柱形小零件装配到毛坯工件上然后运走，继续下一轮零件的装配。

自动装配单元主要应用于灌装生产线的灌装、装配生产线的装配等，广泛应用于食品、医药、日化、机械零部件制造、五金等。它的优势是材料浪费少，在大规模生产中节约成本；根据生产流程进行控制，生产效率高；生产过程对环境污染小等。

本项目的两个任务就是完成生产线装配单元的安装、程序设计和调试。

项目思维导图

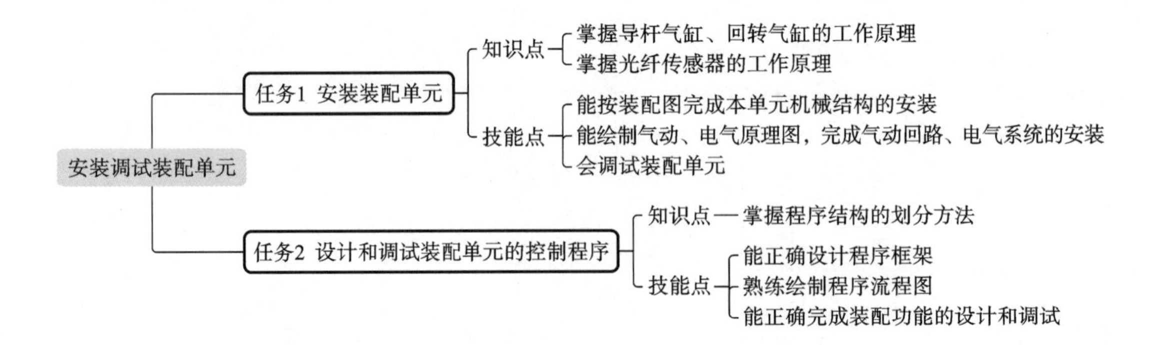

项目目标

(1) 了解装配抓取机械手的结构。

(2) 掌握装配单元结构及安装技能。

(3) 掌握气动回路工作原理及连接，掌握导杆气缸、回转气缸的工作原理。

(4) 掌握电气系统工作原理及构建，掌握光纤传感器的工作原理。

(5) 理解并掌握装配单元的程序结构。

(6) 掌握装配单元的调试方法。

(7) 培养严谨的工作作风。

(8) 培养安全规范作业意识。

任务1　安装装配单元

任务目标

(1) 认识和掌握装配单元的结构。

(2) 掌握装配单元机械结构安装的步骤和技巧。

(3) 掌握装配单元电气系统的安装规范。

(4) 掌握装配单元机械、电气系统调试的方法。

任务描述

本单元能实现大、小工件的组装作业，即实现将料仓中的小圆柱工件(黑、白两种颜色)装入物料台上的料斗。装配单元的机械、电气部分是实现装配功能的基础。

任务分组

完成学生任务分工表(参考项目1)。

获取资讯

(1) 观察：本单元的机械结构组成，各部分结构的连接方式。

(2) 思考：机械组件的装配顺序。

提示　本单元型材支架安装时相对复杂，一定要预留足够的螺母以避免返工。

(3) 观察：本单元的气动元件。动手查一查它们的型号和产品说明书，想一想它们的使用方法。

①气源装置。②电磁阀。③气缸。④辅助元件。

(4) 尝试：绘制装配单元的气动原理图。

(5) 观察：本单元的电气元件及其工作原理。动手查一查它们的型号和产品说明书，想一想它们的使用方法。

①PLC。②传感器。③主令控制器。

(6) 尝试：绘制装配单元的电气原理图。

提示　本单元的输入、输出设备数量很多，在绘制电气原理图之前应合理分配PLC的I/O端口。

(7) 选择：装配过程中需要用的工具有哪些？

工作计划

由每个小组分别制定装配工作计划，将计划的内容填入工作计划表(参考项目1)。

进行决策

(1) 各个小组阐述自己的设计方案。

(2) 各小组对其他小组的方案进行讨论、评价。

(3) 教师对每个小组的方案进行点评,选择最优方案。

任务实施

1. 机械结构装配

1) 清点工具和器材

认真、仔细清点装配单元装置拆卸后的各个部件的数量、型号,将各部件按种类分别摆放,并检查器材是否损坏。应注意区分装配机械手所使用的两个导杆气缸,检查回转气缸的摆动角度是否符合要求。

清点所需用到的工具及其数量、型号。常用工具应准备内六角扳手、钟表螺丝刀各 1 套,十字螺丝刀、一字螺丝刀、剥线钳、压线钳、斜口钳、尖嘴钳各 1 把,万用表 1 只,奶子锤 1 把。

2) 进行机械装配

装配单元机械结构安装

清点好工具、材料和元器件,再按表 3-1 所示步骤进行装配。

表 3-1 装配单元机械装配流程

序号	步骤	图示	序号	步骤	图示
1	型材支架的拼装(安装时注意预留相应的螺母)		5	小工件落料组件(气缸支撑板、气缸、推料头、挡料头)的拼装	
2	物料台组件(摆动气缸、回转物料台、大工件料斗、安装板)的拼装		6	型材支架的固定	
3	料仓组件(小工件料斗、安装板)的拼装		7	物料台组件、型材支架的装接	
4	装配机械手组件(气动手指、导杆气缸、连接件)的拼装		8	料仓组件、型材支架的装接	

续表

序号	步　骤	图　示	序号	步　骤	图　示
9	小工件分配组件、机械手安装板、型材支架的装接		11	料管的装接	
10	搬运机械手组件的装接		12	电磁阀组安装板、警示灯的装接	

提示　①拼装型材支架前，必须预留螺母，否则无法进行后续的装接工作。

②本项目机械结构相对复杂，应该遵循“先组件，后整体”的原则进行安装。

③机械手组件拼装时，一定要分清两个导杆气缸，若错装，机械手将无法正常工作。

2. 气路连接

(1) 先将电磁阀和汇流板组装好并固定到阀组安装板上，再将节流阀安装到气缸上。

(2) 按图3-1所示的装配单元气动回路工作原理图连接气路。在气路连接完毕后，应按规范绑扎。通气后，检查顶料气缸的初始位置是否为缩回位置，挡料气缸的初始位置是否为伸出位置，气动手指的初始状态是否为放松状态，装配机械手的导杆气缸的初始状态是否均为缩回状态。调整好各个气缸节流阀的开口度大小，确保气缸动作时没有卡滞、冲击的现象；还应确保各个气缸的动作位置正确。

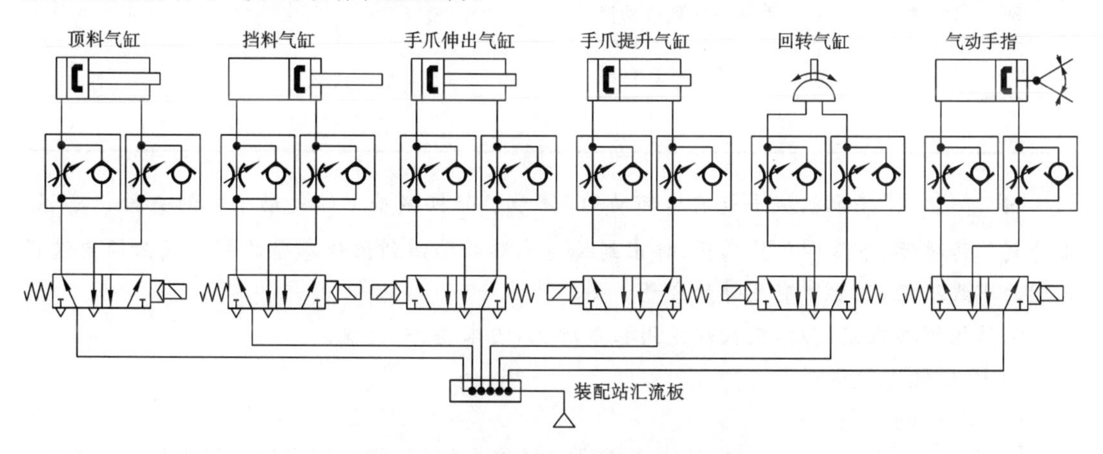

图3-1　装配单元气动回路工作原理图

3. 电气系统安装

1) 结构侧电气接线

结构侧电气安装接线任务包括：(PLC输入端)供料装置、装配机械手、回转料盘及装配台各气缸的磁性开关、各物料检测传感器的引出线接线；(PLC输出端)各电磁阀、警示灯的引出线接线。该端口接线信号端子分配如表3-2所示。

表 3-2 装配单元结构侧的接线信号端子分配

输入信号的中间层		输出信号的中间层	
端子号	输入信号描述	端子号	输出信号描述
2	零件不足检测	2	挡料电磁阀
3	零件有无检测	3	顶料电磁阀
4	左料盘零件检测	4	回转电磁阀
5	右料盘零件检测	5	手爪夹紧电磁阀
6	装配台工件检测	6	手爪下降电磁阀
7	顶料到位检测	7	手臂伸出电磁阀
8	顶料复位检测	8	红色警示灯
9	挡料状态检测	9	橙色警示灯
10	落料状态检测	10	绿色警示灯
11	摆动气缸左限位检测	11	
12	摆动气缸右限位检测	12	
13	手爪夹紧检测	13	
14	手爪下降到位检测	14	
15	手爪上升到位检测		
16	手臂缩回到位检测		
17	手臂伸出到位检测		
		端子 11～14 没有连接	

提示 ①装配机械手是前后移动的，位于装配机械手上的气动手指的夹紧传感器、上升到位传感器、下降到位传感器、伸出到位传感器和缩回到位传感器的引出线必须要选择合理的布线路径，且要留有足够的余量。

②结构侧接线完成后，应按规范用扎带绑扎，力求整齐、美观。

2）PLC 侧电气接线

（1）PLC 的选型。

装配单元的 I/O 点数较多，其输入信号包括来自按钮/指示灯模块的指示灯、开关等控制信号和各种传感器检测信号，共 20 个输入控制信号；输出信号包括按钮/指示灯模块的指示灯和各电磁阀的控制信号，共 12 个输出控制信号，数量相对较多，且输出信号均为普通的开关信号，选用常见的继电器输出端口就能满足要求。

综上考虑，供料单元 PLC 选用 S7-200 SMART CPU SR40 AC/DC/RLY 主单元，共 24 点输入和 16 点继电器输出。装配单元 PLC 的 I/O 信号分配如表 3-3 所示。

表 3-3　装配单元 PLC 的 I/O 信号分配

序号	输入点	信号名称	序号	输出点	信号名称
1	I0.0	零件不足检测	1	Q0.0	挡料电磁阀
2	I0.1	零件有无检测	2	Q0.1	顶料电磁阀
3	I0.2	左料盘零件检测	3	Q0.2	回转电磁阀
4	I0.3	右料盘零件检测	4	Q0.3	手爪夹紧电磁阀
5	I0.4	装配台工件检测	5	Q0.4	手爪下降电磁阀
6	I0.5	顶料到位检测	6	Q0.5	手臂伸出电磁阀
7	I0.6	顶料复位检测	7	Q0.6	红色警示灯
8	I0.7	挡料状态检测	8	Q0.7	橙色警示灯
9	I1.0	落料状态检测	9	Q1.0	绿色警示灯
10	I1.1	摆动气缸左限位检测	10	Q1.5	HL1
11	I1.2	摆动气缸右限位检测	11	Q1.6	HL2
12	I1.3	手爪夹紧检测	12	Q1.7	HL3
13	I1.4	手爪下降到位检测			
14	I1.5	手爪上升到位检测			
15	I1.6	手臂缩回到位检测			
16	I1.7	手臂伸出到位检测			
17	I2.4	停止按钮			
18	I2.5	启动按钮			
19	I2.6	急停按钮			
20	I2.7	工作方式选择			

(2) PLC 的 I/O 接线图。

装配单元 PLC 的 I/O 接线图如图 3-2 所示。

(3) PLC 控制电路的接线。

先清点工具、材料和元器件，再按图 3-2 完成 PLC 线路连接。

提示　连接线路时要按图接线，要遵守技术规范要求。

4. 装配单元各模块调试方法

1)调试方法

结合项目 1 给出的调试方法，按要求对装配单元的机械结构、气动回路和电气系统进行调试。

装配单元各模块调试方法如表 3-4 所示。

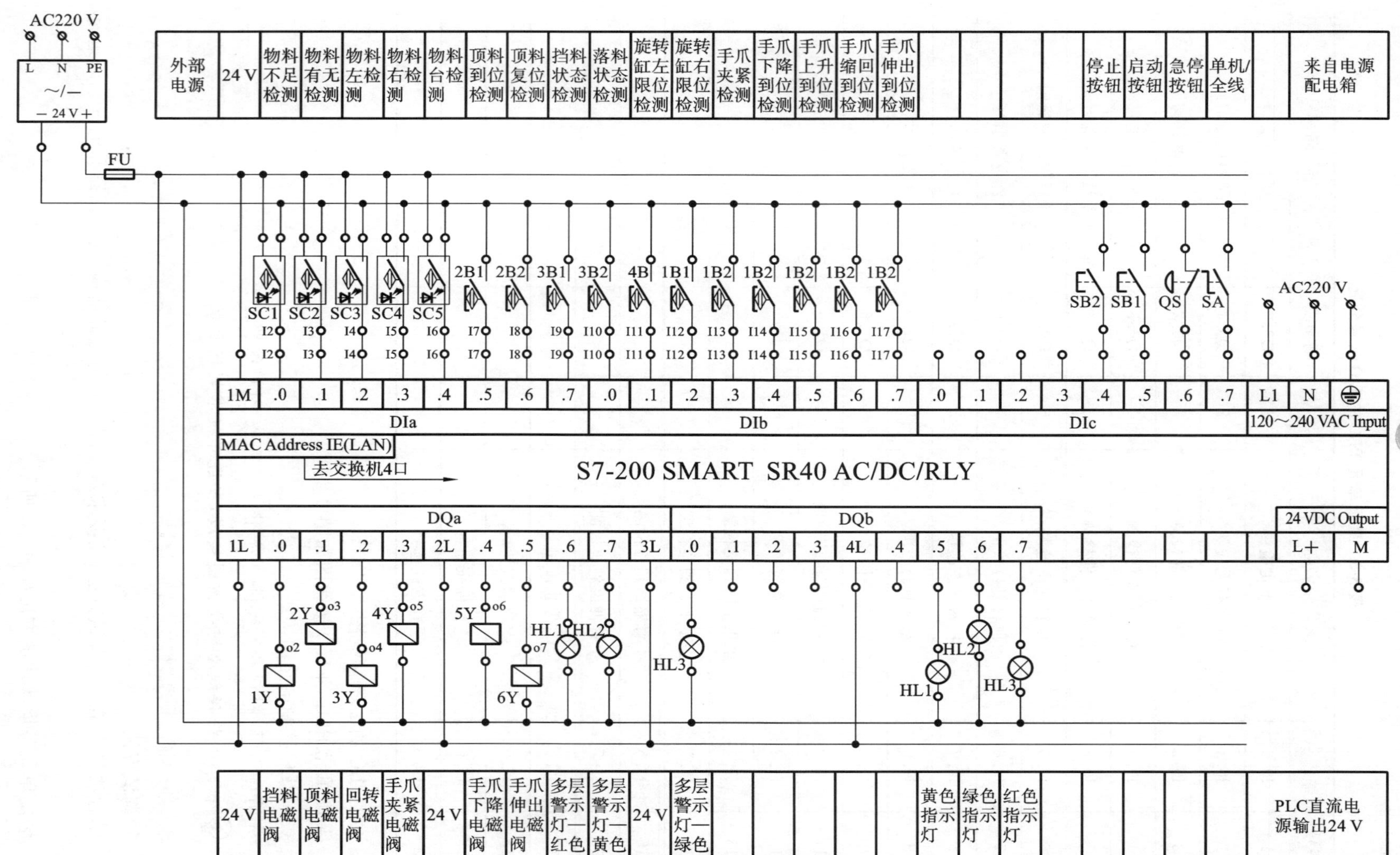

图 3-2　装配单元 PLC 的 I/O 接线图

表 3-4　装配单元各模块调试方法

任　务		描　述	准　备	执　行
检查机械结构		①检查本单元各紧固件、连接件是否正确连接。 ②检查下料、抓取位置是否准确	完成机械结构安装	①检查机械结构，适当调整各紧固件和螺钉，保证下料、装配能准确完成，没有紧固件松动。 ②检查小工件落料是否准确，调整小料仓和回转料盘的正对位置。 ③检查回转料台的回转位置是否到位，调整回转气缸的选择角度。 ④检查装配机械手抓取小工件是否准确，调整装配机械手和回转料盘的正对位置。 ⑤检查装配机械手装配小工件到大工件里是否准确，调整装配机械手伸出位置和大工件料台位置
检查电气系统	光纤传感器的调试	光纤传感器用于对装配台大工件的有无进行判断。通过调试，进行合理的检测距离设定；进行接线检查，确保与 PLC 的 I/O 分配一致	①完成设备安装。 ②关闭气源。 ③接通电源。 ④将 PLC 置于停止状态	①检测光纤传感器检测探头的安装位置是否合理（不能伸入装配台内壁，也不能过浅）。 ②检查光纤压接头是否有污染、是否压接到位。 ③将物料置于装配台中。 ④通过旋动光纤传感器的调节旋钮，找到传感器进入检测条件的点，光纤传感器和 PLC 相应的输入信号状态指示灯均点亮。 ⑤将物料取走，指示灯均熄灭

提示　①在进行传感器调试时，每次只能动作一个信号，切不可同时动作多个信号，否则很容易发生误判。

②光纤传感器的探头安装位置一定要合理，且不能受污染，不能使探头直角弯折，光纤压接头必须要压接到位。

③用于回转气缸左右限位检测和左右料台物料检测的传感器很容易混淆，一定要分清方向。

2）调试记录

完成装配单元机械结构装调记录表、装配单元气动回路装调记录表、装配单元电气系统装调记录表。

装配单元机械结构装调记录表

装配单元气动回路装调记录表

装配单元电气系统装调记录表

评价反馈

各小组填写表 3-5 以及任务评价表（参照项目 1），然后汇报完成情况。

表 3-5 任务实施考核表

工作任务	配分	评分项目	项目配分	扣分标准	得分	扣分	任务得分
设备装调及电路、气路	90	机械装调(25 分)					
		机械部件调试	15	部件位置配合不到位、零件松动等,每处扣 1 分;落料的位置调整不到位,扣 1 分;导杆气缸运行有卡阻,每处扣 1 分。最多扣 15 分			
		合理选用工具	5	选择恰当的工具完成机械装配,不合理每处扣 0.5 分			
		按装配流程完成装配	5	装配流程不合理,每处扣 1 分			
		电路连接(40 分)					
		绘制电气原理图	15	电气元件符号错误,每处扣 0.5 分;电气图绘制错误,每处扣 1 分			
		正确识图	15	连接错误,每处扣 1 分;电源接错扣 10 分			
		连接工艺与安全操作	10	接线端子导线超过 2 根、导线露铜过长、布线零乱,每处扣 1 分;带电操作扣 5 分。最多扣 10 分			
		气路连接、调整(15 分)					
		绘制气动原理图	5	气动元件符号错误,每处扣 0.3 分;气路图绘制错误,每处扣 0.5 分			
		气路连接及工艺要求	10	漏气,调试时掉管,每处扣 1 分;气管过长,影响美观或安全,每处扣 1 分;没有绑扎带或扎带距离不恰当,每处扣 1 分;调整不当,每处扣 1 分。最多扣 10 分			
		输入输出点测试(10 分)					
		输入输出点测试	10	各输入/输出点不正确,每处扣 0.5分			
职业素养与安全意识	10	现场操作安全保护符合安全操作规程;工具摆放、包装物品、导线线头等的处理符合职业岗位的要求;团队有分工有合作,配合紧密;遵守纪律,尊重教师;爱惜设备和器材,保持工位的整洁					

任务2　设计和调试装配单元的控制程序

任务目标

（1）明确装配单元的控制要求。

（2）掌握装配单元程序控制结构。

（3）掌握装配单元PLC程序编写方法。

任务要求

（1）初态检查。

装配单元的运行

装配单元各气缸的初始位置：挡料气缸处于伸出状态；顶料气缸处于缩回状态；装配机械手的升降气缸处于提升状态；伸缩气缸处于缩回状态；气爪处于松开状态，且料仓上已经有足够的小圆柱零件。

设备上电和气源接通后，各气缸满足初始位置要求，料仓上已经有足够的小圆柱零件；工件装配台上没有待装配工件。“正常工作”指示灯HL1常亮，表示设备已准备就绪；否则，该指示灯以1 Hz频率闪烁。

（2）运行控制。

①下料。

若设备已准备就绪，按下启动按钮，装配单元启动，“设备运行”指示灯HL2常亮。如果回转台上的左料盘内没有小圆柱零件，则执行下料操作；如果左料盘内有零件，而右料盘内没有零件，则执行回转台回转操作。

②装配。

如果回转台上的右料盘内有小圆柱零件且装配台上有待装配工件，则装配机械手抓取小圆柱零件，放入待装配工件中。

完成装配任务后，装配机械手应返回初始位置，等待下一次装配。

③停止运行。

若在运行过程中按下停止按钮，则供料机构应立即停止供料，在装配条件满足的情况下，装配单元在完成本次装配后停止工作。

（3）非正常情况的处理。

在运行中发生“零件不足”报警时，指示灯HL3以1 Hz的频率闪烁，HL1和HL2灯常亮；在运行中发生“零件没有”报警时，指示灯HL3以亮1 s、灭0.5 s的方式闪烁，HL2熄灭，HL1常亮。

任务分组

完成学生任务分工表（参考项目1）。

获取资讯

（1）分析：本单元下料、装配的过程。

（2）尝试：绘制自动下料、自动装配的流程图。

（3）规划：程序设计中用到的标志位。

（4）尝试：在编程软件上编写控制程序。

提示 建议将本单元按功能程序设计成落料控制子程序、装配控制子程序和指示灯显示状态子程序。

工作计划

由每个小组分别制定工作计划，将计划的内容填入工作计划表（参考项目1）。

进行决策

（1）各个小组阐述自己的设计方案。

（2）各个小组对其他小组的方案进行讨论、评价。

（3）教师对每个小组的方案进行点评，选择最优方案。

任务实施

1. 主程序的编写思路

继续前面两个单元的编程思路，主程序主要完成“初始检查状态”“准备就绪状态”“运行状态”三个标志位之间的转换程序编写；把整个装配单元的动作控制采用子程序调用的形式完成。

装配单元的动作控制分为运动控制和显示控制两大部分。指示灯显示控制用“状态显示”子程序实现；运动控制用“落料控制”“装配控制”两个子程序实现。

在主程序中，当初始状态检查结束，确认单元准备就绪时，按下启动按钮进入运行状态后，就同时调用“落料控制”和“装配控制”两个子程序。

由于装配单元涉及两个工作过程控制，在进行单元准备就绪判断时，需要确认的初始位置信号过多。可以通过采用供料初始位置标志和装配初始位置标志两个辅助继电器简化程序，如图3-3所示。

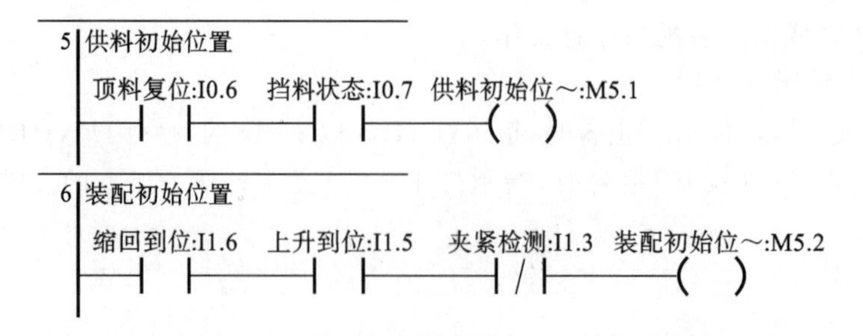

图3-3 供料初始位置标志和装配初始位置标志梯形图

2. 落料控制子程序

供料过程通过供料机构动作，使得料仓中的小圆柱零件自由下落，到达回转台左边料盘；然后回转台转动，使装有零件的料盘转移到右边，等待装配机械手抓取零件。供料过程是一个单序列步进顺序控制过程。供料控制的步进顺序流程如图 3-4 所示。图 3-4 中，初始步S0.0在主程序中，当系统准备就绪且接收到启动脉冲时被置位，启动供料控制的顺序流程循环运行；在运行中接收到停止信号，且完成了一个周期的运行后，系统复位停止。

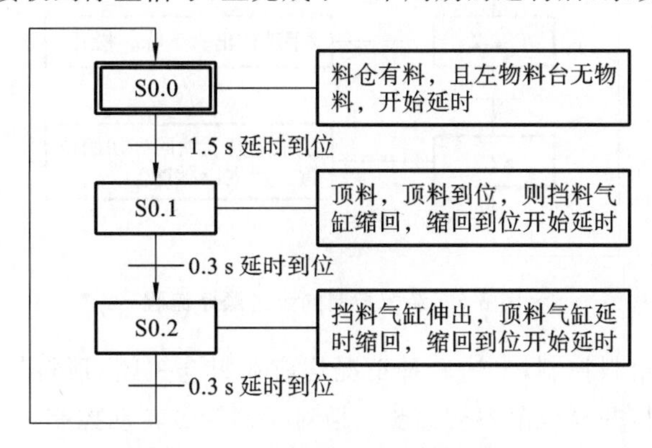

图 3-4　供料控制的步进顺序流程

供料控制过程包含两个互相联锁的过程，即落料过程和回转台转动料盘转移的过程。在小圆柱零件从料仓下落到左料盘的过程中，禁止回转台转动；反之，在回转台转动过程中，禁止打开料仓(挡料气缸缩回)落料。

实现联锁的方法：①当回转台的左限位或右限位磁性开关动作并且左料盘没有料，经定时确认后，开始落料过程；②当挡料气缸伸出到位使料仓关闭、左料盘有物料而右料盘为空，经定时确认后，回转台转动，直到限位位置停止。落料控制联锁实现梯形图如图 3-5 所示。

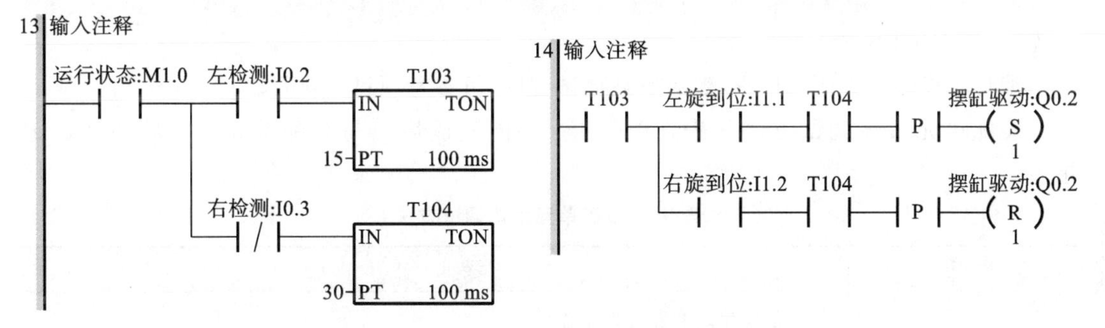

图 3-5　落料控制联锁实现梯形图

3. 装配控制子程序

装配过程是当装配台上有待装配工件，且装配机械手下方有小圆柱零件时，执行装配动作。装配过程是一个单序列步进顺序控制过程。装配控制的步进顺序流程如图 3-6 所示。图 3-6 中，初始步 S2.0 在主程序中，当系统准备就绪且接收到启动脉冲时被置位，启动装配控制的顺序流程循环运行；在运行中接收到停止信号，且完成了一个周期的运行后，系统复位停止。

停止信号的产生有两种情况：一是在运行中按下停止按钮，停止指令被置位；二是当料仓中最后一个零件落下时，检测物料有无的传感器动作(I0.1 OFF)，发出缺料报警。

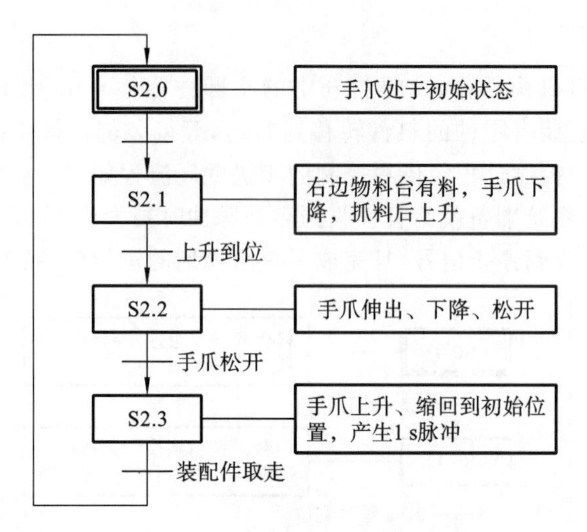

图 3-6　装配控制的步进顺序流程

对于供料过程的落料控制，上述两种情况均应在料仓关闭、顶料气缸复位到位（即返回到初始步）后停止落料，并复位落料初始步。但对于回转台转动控制，一旦发出停止指令，则应立即停止转动。

对于装配控制，上述两种情况也应在一次装配完成，装配机械手返回到初始位置后停止。仅当落料机构和装配机械手均返回到初始位置时，才能复位运行状态标志和停止指令。停止运行的操作应在主程序中编制。

4. 状态显示子程序

装配单元状态显示功能较为复杂，应将其写成独立的子程序，读者可根据功能要求自行编写梯形图。

5. 单站调试

编写完程序后应认真检查，然后下载调试程序，可参考项目 1 执行。

装配单元整体调试方法如表 3-6 所示。装配完成后填写装配单元运行状态调试记录表。

装配单元运行状态调试记录表

表 3-6　装配单元整体调试方法

序号	任　务	要　求
1	调试准备	①安装并调节好装配工作单元。 ②准备一个按钮指示灯控制盒。 ③准备一个 24 V、1.5 A 直流电源。 ④准备 0.6 MPa 的气源，吸气容量 50 L/min。 ⑤装有编程软件的 PC
2	开机前检查	①检查气源是否正常、气动二联件阀是否开启、气管是否插好。 ②检查各工位是否有工件或其他物品。 ③检查电源是否正常。 ④检查机械结构是否连接正常。 ⑤检查是否有其他异常情况

续表

序号	任务	要求
3	下载程序	①西门子控制器:S7-200 CPU SR40 AC/DC/RLY。 编程软件:西门子 STEP 7-MicroWIN SMART。 ②使用编程电缆将 PC 与 PLC 连接。 ③接通电源,打开气源。 ④松开急停按钮。 ⑤模式选择开关置 STOP 位置。 ⑥打开 PLC 编程软件,下载 PLC 程序
4	通电、通气试运行	①打开气源,接通电源,检查电源电压和气源压强。 ②在编程软件上将 PLC 的模式选择置于 RUN 位置。 ③上电后,观察各个气缸是否达到初始位置、小料仓的零件是否充足、相应指示灯是否点亮。 ④按下启动按钮,观察:当回转料台左右料盘缺料时,供料机构是否落料、回转气缸是否旋转,直至左右两个料盘均有小圆柱零件;当物料充足时是否按控制要求运行,完成装配单元的工作;当物料不足时指示灯是否闪烁,装配单元是否正常运行;当缺料时指示灯是否显示,装配单元是否停止工作。 ⑤按下停止按钮,观察:下料机构是否将本工作周期的任务完成后停机;若右边料盘有零件,装配机械手是否完成这一次装配后停机。 ⑥缺料时是否报警,系统是否自动停止运行
5	检查、清理现场	确认工作台面上无遗留的元器件、工具和材料等物品,并整理、打扫现场

评价反馈

各个小组填写表 3-7 以及任务评价表(参照项目 1),然后汇报完成情况。

表 3-7 任务实施考核表

工作任务	配分	评分项目	项目配分	扣分标准	得分	扣分	任务得分
程序流程图	15	程序流程图绘制(15 分)					
		流程图	15	流程图设计不合理,每处扣 1 分;流程图符号不正确,每处扣 0.5 分。有创新点酌情加分,不扣分			
程序设计与调试	75	梯形图设计(20 分)					
		程序结构	5	程序结构不科学、不合理,每处扣 1 分			
		梯形图	15	不能正确确定输入与输出量并进行地址分配,梯形图有错,每处扣 1 分;程序可读性不强,每处扣 0.5 分。程序设计有创新酌情加分,不扣分			

续表

工作任务	配分	评分项目	项目配分	扣分标准	得分	扣分	任务得分
程序设计与调试		系统自检与复位(10分)					
		自检复位	10	初始状态指示灯、装配单元各气缸没有处于初始位置,每处扣2分。最多扣10分			
		系统运行(25分)					
		系统正常运行	25	不能正常落料,每处扣1分;回转气缸不能正常供料,扣1分;装配机械手的工序不符合要求,扣2分。料不足、缺料时不报警或者报警状态不正确,每处扣1分;动作协调性与精度不符合要求,每处扣1分。最多扣25分			
		连续高效运行(5分)					
		连续高效运行	5	无连续高效功能,扣5分			
		保护与停止(15分)					
		正常停止	5	按下停止按钮,运行单周期后,设备不能正确停止,扣3分;按下停止按钮后,若满足装配条件,装配机械手应完成本次装配后停止运行,否则扣2分			
		停止后的再启动	5	单周期运行停止后,再次按下启动按钮,设备不能正确启动不得分			
		缺料时	5	小料仓缺料后,系统是否能自动停止运行,不能的话扣2分;向小料仓补足物料后,系统能否再次正常启动运行,不能的话扣3分			
职业素养与安全意识	10	现场操作安全保护符合安全操作规程;工具摆放、包装物品、导线线头等的处理符合职业岗位的要求;团队有分工有合作,配合紧密;遵守纪律,尊重教师;爱惜设备和器材,保持工位的整洁					

项目知识平台

1. 装配单元的结构组成

1)装配单元的结构全貌

装配单元的结构包括简易料仓、供料机构、回转物料台、装配机械手、半成品工件的定位机构、气动系统及其阀组、信号采集及其自动控制系统以及用于电器连接的端子排组件，整条生产线状态指示的信号灯，用于其他机构安装的铝型材支架及底板，传感器安装支架等其他附件。装配单元的结构全貌如图 3-7 所示。

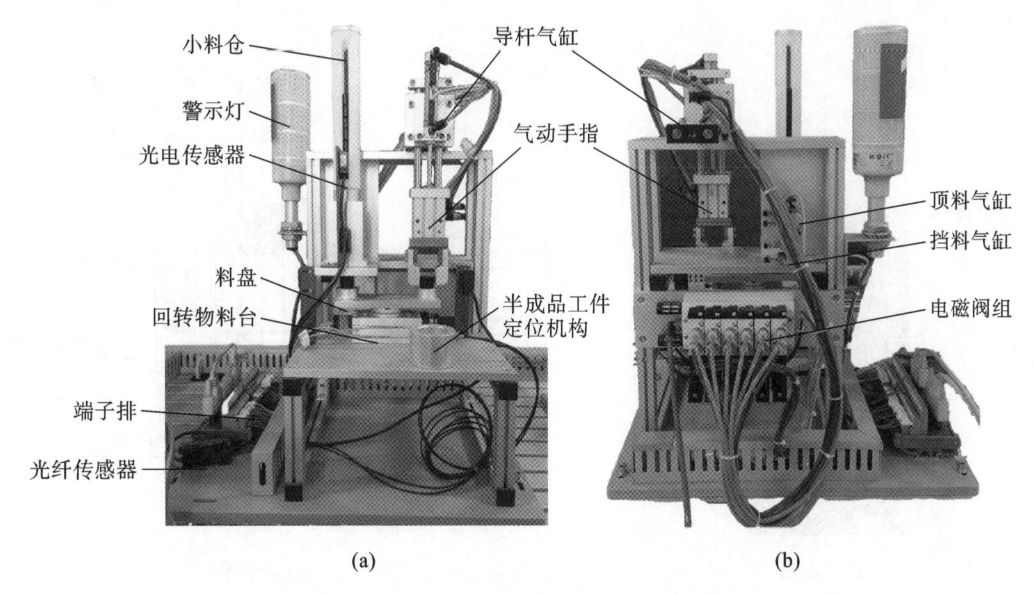

图 3-7 装配单元的结构全貌

2）简易料仓

简易料仓由塑料圆棒加工而成，其实物图与示意图如图 3-8 所示。它直接插装在供料机构的连接孔中，并在顶端装置加强金属环，以防空心塑料圆柱破损。物料被竖直放入料仓的空心圆柱内，由于两者之间有一定的间隙，物料能在重力作用下自由下落。

为了能对料仓缺料进行即时报警，在料仓的外部装有漫反射光电传感器（CX-441 型），并在料仓塑料圆柱上纵向铣槽，以使光电传感器的红外光斑能可靠照射到被检测的物料上。料仓中的物料外形一致，但颜色分为黑色和白色，光电传感器的灵敏度调整应以能检测到黑色物料为准。

3）供料机构

供料机构的动作过程是由上下两个水平动作的直线气缸在 PLC 的控制下完成的。其初始位置是上面的气缸处于活塞杆缩回位置，而下面的气缸处于活塞杆伸出位置。下面的气缸使因重力下落的物料被阻挡，故称之为挡料气缸。系统上电并正常运行后，当回转物料台旁的光电传感器检测到回转物料台需要物料时，上面的气缸在电磁阀的作用下将活塞杆伸出，把次下层的物料挡住，使其不能下落，故称之为顶料气缸。这时，挡料气缸活塞杆缩回，物料掉入回转物料台的料盘中，然后挡料气缸复位，顶料气缸活塞杆缩回，次下层物料下落，为下一次分料做好准备。在两直线气缸上均装有检测活塞杆伸出与缩回到位的磁性开关，用于动作到位检测，当系统正常工作并检测到活塞磁钢时，磁性开关的红色指示灯点亮，并将检测到的信号传送给控制系统的 PLC。

4）回转物料台

该机构由回转气缸和料盘构成，如图 3-9 所示。回转气缸驱动料盘旋转 180°，并将摆动到位信号通过磁性开关传送给 PLC，在 PLC 的控制下实现有序、往复循环动作。

回转物料台的主要器件是回转气缸，回转气缸实物图及剖视图如图 3-10 所示。回转气

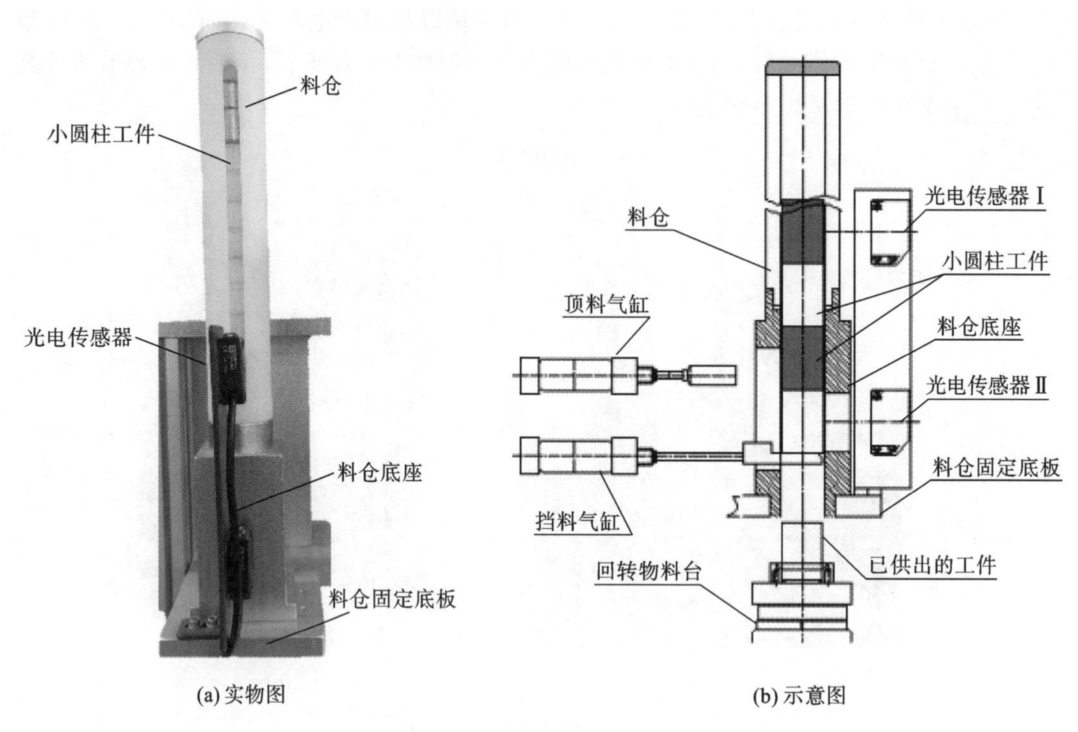

(a) 实物图　　(b) 示意图

图 3-8　简易料仓实物图与示意图

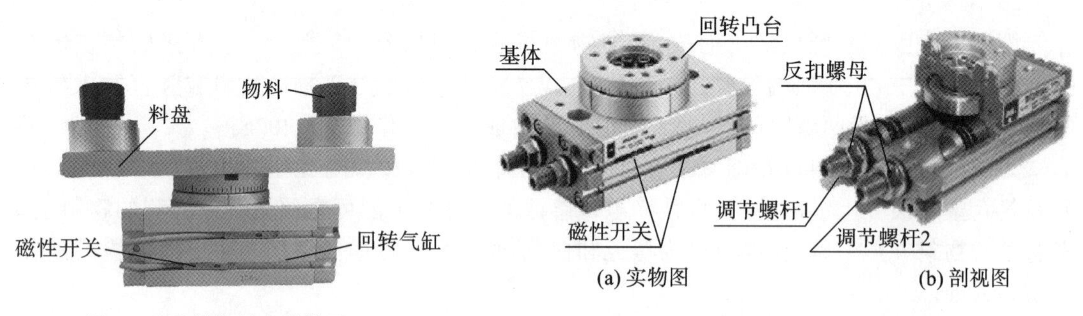

图 3-9　回转物料台结构图示

(a) 实物图　　(b) 剖视图

图 3-10　回转气缸实物图及剖视图

缸由直线气缸驱动齿轮齿条实现回转运动，回转角度在 0°～90°或 0°～180°任意可调，而且可以安装磁性开关，检测旋转到位信号，多用于方向和位置需要变换的机构。

本单元所使用的回转气缸的摆动回转角度为 0°～180°。当需要调节回转角度和调整摆动位置精度时，应首先松开调节螺杆上的反扣螺母，通过旋入和旋出调节螺杆，改变回转凸台的回转角度，调节螺杆 1 和调节螺杆 2 分别用于左旋和右旋角度的调整。当调整好摆动角度后，应将反扣螺母与基体反扣锁紧，防止调节螺杆松动从而造成回转精度降低。

回转到位的信号是通过调整回转气缸滑轨内的两个磁性开关的位置实现的。磁性开关安装在气缸体的滑轨内，松开磁性开关的紧定螺钉，磁性开关即可沿着滑轨左右移动。确定开关位置后旋紧紧定螺钉，即可完成位置的调整。

5）装配机械手

装配机械手是整个装配单元的核心。当装配机械手正下方的回转物料台上有物料，且被半成品工件定位机构传感器检测到时，机械手从初始状态开始执行装配操作过程。装配机械手整体外形如图 3-11 所示。

装配机械手是一个三维运动的机构，它由分别沿水平方向移动和竖直方向移动的两个导杆气缸和气动手指组成。导杆气缸外形如图 3-12 所示。该气缸由直线运动气缸带双导杆和其他部件组成。安装支架用于导杆导向件的安装和导杆气缸整体的固定，连接件安装板用于固定其他需要连接到该导杆气缸上的物件，并将两导杆和直线气缸活塞杆的相对位置固定，当直线气缸的一端接通压缩空气后活塞被驱动做活塞运动，活塞杆也一起移动，被连接件安装板固定到一起的两导杆也随活塞杆的伸出或缩回而运动，从而实现导杆气缸的整体功能。安装在导杆末端的行程调整板用于调整该导杆气缸的伸出行程。具体调整方法是松开行程调整板上的紧定螺钉，让行程调整板在导杆上移动，当达到理想的伸出距离后，再完全锁紧紧定螺钉，从而完成行程的调节。

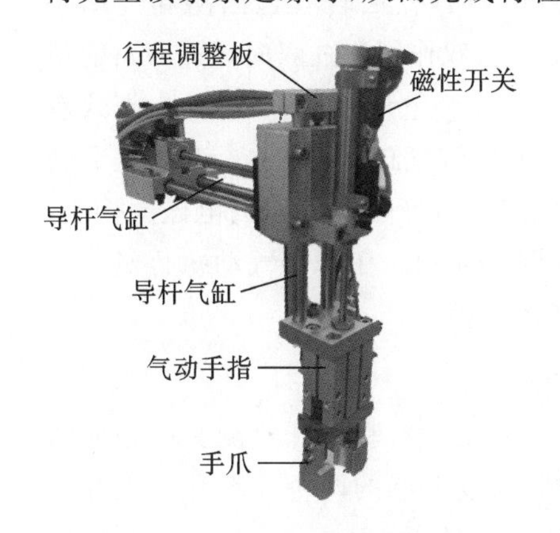

图 3-11　装配机械手整体外形

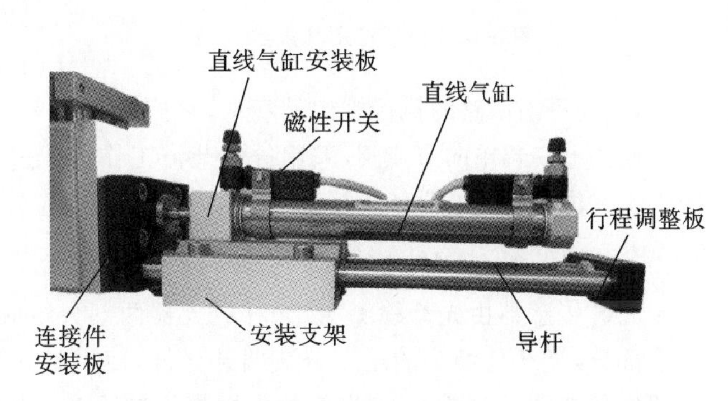

图 3-12　导杆气缸外形

装配机械手的运行过程：PLC 驱动与竖直移动气缸相连的电磁换向阀动作，由竖直移动气缸驱动气动手指向下移动；到位后，气动手指驱动手爪夹紧物料，并将夹紧信号通过磁性开关传送给 PLC；在 PLC 的控制下，竖直移动气缸复位，被夹紧的物料随气动手指一并提起；当回转物料台的料盘提升到最高位置后，水平移动气缸在与之对应的换向阀的驱动下，将活塞杆伸出，移动到气缸前端位置后，竖直移动气缸再次被驱动下移，移动到最下端位置，气动手指松开；最后经短暂延时，竖直移动气缸和水平移动气缸缩回，机械手恢复初始状态。

在整个机械手动作过程中，除气动手指松开到位无传感器检测外，其余动作的到位信号检测均采用与气缸配套的磁性开关完成。磁性开关将采集到的信号输入 PLC，由 PLC 输出信号驱动电磁阀换向，使由气缸及气动手指组成的机械手按程序自动运行。

6）半成品工件的定位机构

输送单元运送的半成品工件直接放置在该机构的物料定位孔中，由定位孔与工件之间的较小间隙配合实现定位，从而完成准确的装配动作并保证定位精度，如图 3-13 所示。

图 3-13　半成品工件的定位机构

7）警示灯

本工作单元上安装有红、橙、绿三色警示灯，它是作为整个系统警示用的。警示灯有五根引出线，其中黄、绿双色线为地线；红色线为红色灯控制线；黄色线为橙色灯控制线；绿色线为绿色灯控制线；黑色线为信号灯公共控制线。警示灯及其接线如图 3-14 所示。

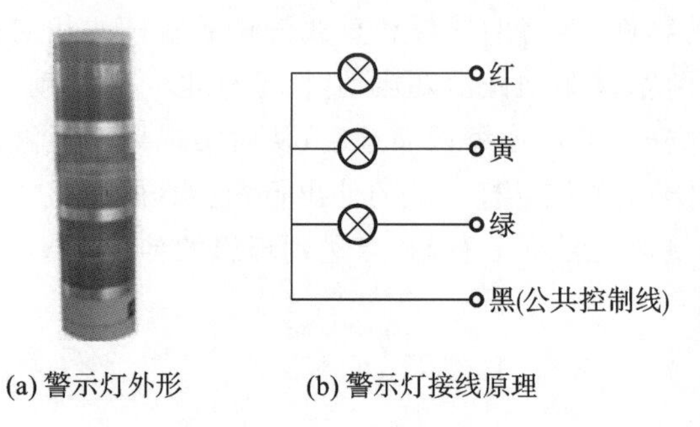

(a) 警示灯外形　(b) 警示灯接线原理

图 3-14　警示灯及其接线

装配单元气动回路

2. 装配单元的气动控制回路

装配单元气动回路工作原理图如图3-1所示，装配单元由 4 个双作用气缸双向调速回路、1 个回转气缸回路和 1 个气动手指回路构成：顶料回路、挡料回路、手爪伸出回路、手爪提升回路、回转气缸回路和气动手指回路。4 个双作用气缸双向调速回路的执行机构均是一个笔形气缸（一种单出杆式双作用气缸），回转气缸回路的执行机构是回转气缸，气动手指回路的执行机构是气爪，它们分别由一个二位五通带手动旋钮的电磁阀控制，并在回路上安装单向节流阀，采用排气节流工作方式进行调速控制。在每个气动执行机构的极限工作位置均安装磁感应接近开关用于气缸工作位置的定位检测。

3. 装配单元的传感器——光纤传感器

光纤传感器由光纤检测头、光纤放大器两部分组成，光纤放大器和光纤检测头是分离的两个部分，光纤检测头的尾端分成两条光纤，使用时分别插入放大器的两个光纤孔。光纤传感器组件如图 3-15 所示。光纤放大器的安装示意图如图 3-16 所示。

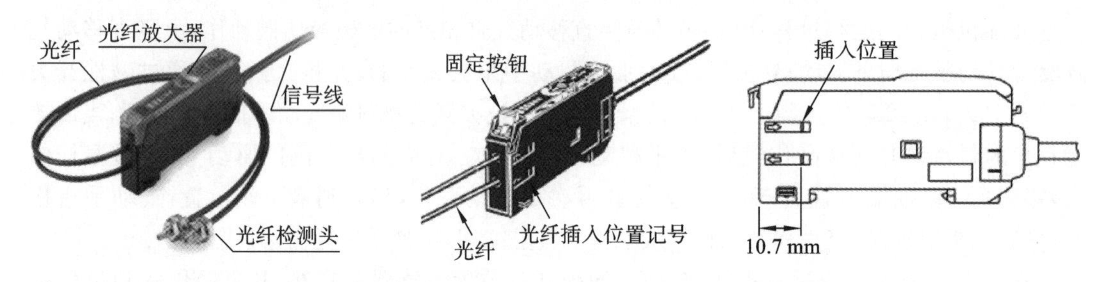

图 3-15　光纤传感器组件　　图 3-16　光纤放大器的安装示意图

光纤传感器也是光电传感器的一种。光纤传感器具有下述优点：抗电磁干扰，可工作于恶劣环境，传输距离远，使用寿命长。此外，由于光纤检测头体积较小，所以可以将其安装在空间很小的地方。

光纤传感器中放大器的灵敏度调节范围较大。当光纤传感器灵敏度调得较低时，对反射性较差的黑色物体，光电探测器无法接收到反射信号；而对反射性较好的白色物体，光电探测器可以接收到反射信号。反之，若调高光纤传感器灵敏度，则即使对反射性较差的黑色物体，光电探测器也可以接收到反射信号。

图 3-17 给出了光纤传感器放大器单元的俯视图，调节其中部的 8 旋转灵敏度高速旋钮就能进行放大器灵敏度调节（顺时针旋转灵敏度增大）。调节时，可以观察到入光量显示灯发光的变化。当探测器检测到物料时，动作显示灯会亮，提示检测到物料。

E3X-NA11 型光纤传感器电路框图如图 3-18 所示。

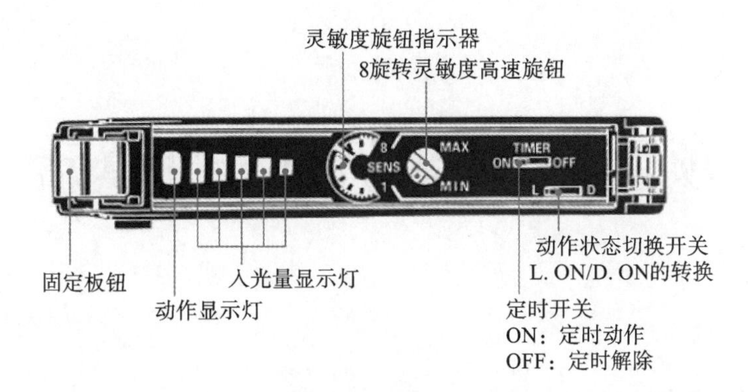

图 3-17　光纤传感器放大器单元的俯视图

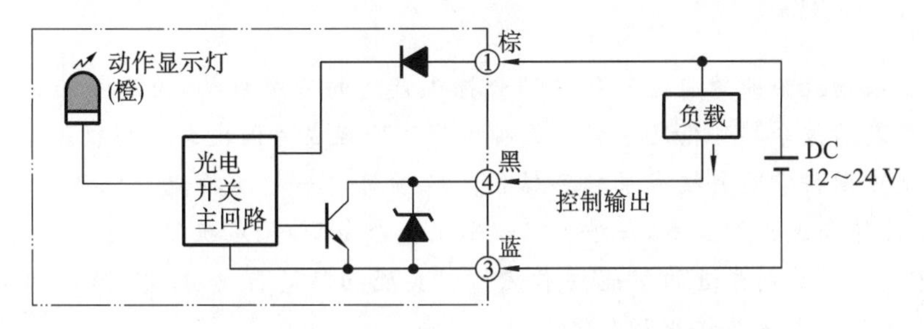

图 3-18　E3X-NA11 型光纤传感器电路框图

项目总结与拓展

项目总结

(1) 装配单元是自动化生产线的重要环节，担负着将小工件装配到大工件中的任务。

(2) 熟练掌握装配单元机械装备的步骤和方法。

(3) 掌握光纤传感器的工作原理及调整方法。

(4) 掌握导杆气缸、回转气缸的工作原理。

项目测试

项目测试

项目拓展

(1) 应怎样修改程序功能，提高装配的效率？

(2) 本单元的组合工件装配完成后记录完工后的工件数量，并将此信息在触摸屏中显示。

项目4　安装调试分拣单元

项目情境描述

项目来自某物流企业的快递包裹自动分拣生产线的分拣机构，快递纸箱由传送带上的传感器识别信息后被分拣到指定区域。这种生产线已经成为国内大中型物流不可缺少的一部分。特别是中国科学院科技成果转移转化工程项目——智能物流分拣系统，具有自主知识产权，应用图像高速识别技术，每秒可以识别上百个条形码，准确率高达99%以上，再结合传感、处理控制等一系列先进的智能技术就可以实现物品的自动、精准分拣，极大地提高了分拣效率，基本实现了分拣作业无人化。

自动分拣单元主要应用于物流分拣生产线、果蔬分拣生产线的分拣机构等，能连续、大批量地分拣货物。本项目的两个任务就是完成自动分拣单元的安装、程序设计和调试。

中科院自主研发智能物流分拣系统

项目思维导图

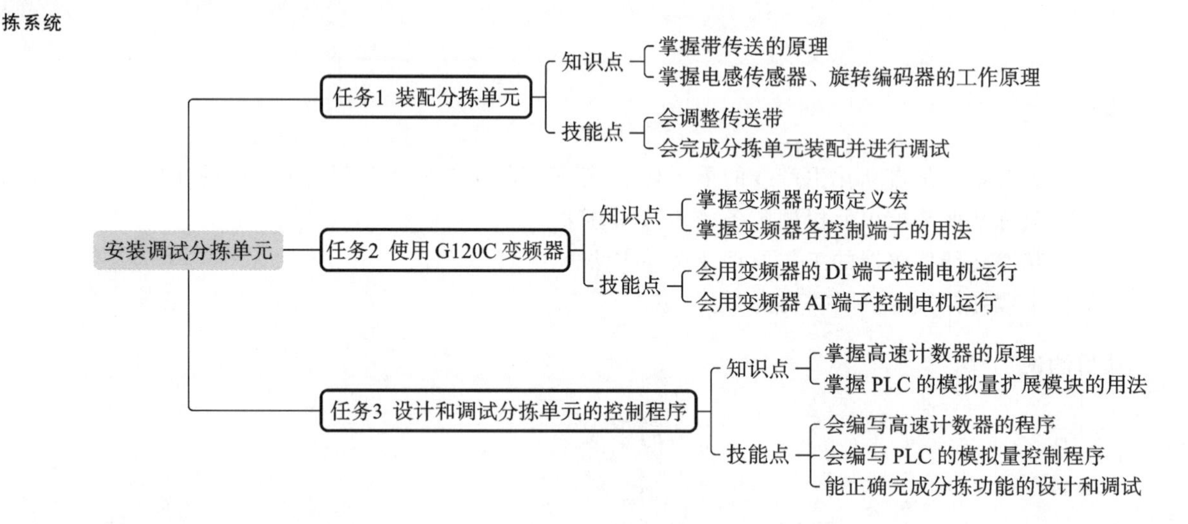

项目目标

（1）了解分拣单元的结构。

（2）掌握带传送原理及安装技能。

（3）掌握气动回路工作原理及连接。

(4) 掌握西门子 G120C 变频器的安装、接线及参数的设置。
(5) 掌握西门子 G120C 变频器的使用。
(6) 掌握旋转编码器、S7-200 SMART PLC 高速计数器的使用。
(7) 理解并掌握分拣单元的程序结构。
(8) 掌握分拣单元的调试方法。
(9) 培养科学思维。
(10) 培养精益求精的工匠精神。

任务1　装配分拣单元

任务目标

(1) 认识和掌握分拣单元的结构。
(2) 掌握分拣单元机械结构安装的步骤和技巧。
(3) 掌握分拣单元电气系统的安装规范。
(4) 掌握分拣单元机械、电气系统调试的方法。

任务描述

本单元能实现大小组合工件的分类入槽，装配完成分拣单元的机械、电气部分是实现分拣功能的基础。

任务分组

完成学生任务分工表(参考项目1)。

获取资讯

(1) 观察：本单元的机械结构组成，各部分结构的连接方式。

提示　带式输送机由不锈钢制成，具有耐高温、便于清洗等特点，由减速电机进行变频调速，用于物料的传送。

(2) 思考：机械组件的装配顺序。

提示　装配时应注意调整主动轴、从动轴的平行度以及传送带的张紧，防止皮带跑偏或者打滑影响分拣的准确性。

(3) 观察：本单元的气动元件。动手查一查它们的型号和产品说明书，想一想它们的使用方法。

①气源装置。②电磁阀。③气缸。④辅助元件。

(4) 尝试：绘制分拣单元的气动原理图。

(5) 观察:本单元的电气元件及其工作原理。动手查一查它们的型号和产品说明书,想一想它们的使用方法。

①PLC。②传感器。③主令控制器。

(6) 尝试:绘制分拣单元的电气原理图。

(7) 选择:装配过程中需要用到的工具有哪些?

工作计划

由每个小组分别制定装配的工作计划,将计划的内容填入工作计划表(参考项目1)。

进行决策

(1) 各个小组阐述自己的设计方案。

(2) 各个小组对其他小组的方案进行讨论、评价。

(3) 教师对每个小组的方案进行点评,选择最优方案。

任务实施

1. 机械结构装配

1) 清点工具和器材

认真、仔细地清点分拣单元装置拆卸后的各个部件的数量、型号,将各部件按种类分别摆放,并检查器材是否损坏。应注意区分传送带主动轴和从动轴,检查联轴器。

清点所需用到的工具及其数量、型号。常用工具应准备内六角扳手、钟表螺丝刀各1套,十字螺丝刀、一字螺丝刀、剥线钳、压线钳、斜口钳、尖嘴钳各1把,万用表1只。检查传送带机构是否水平可使用水平尺,装配联轴器时还需使用塞尺。

2) 进行机械装配

分拣单元机械结构的装配

清点好工具、材料和元器件,再按表4-1所示步骤进行装配。

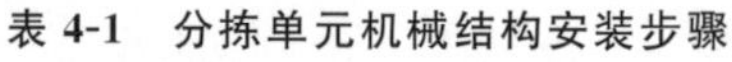
表 4-1　分拣单元机械结构安装步骤

序号	步　　骤	图　　示	序号	步　　骤	图　　示
1	将左、右铝板及其不锈钢的中间连接支撑用螺栓固定在一起		4	先将从动轴组件套入平皮带内,再安装固定端板	
2	套入输送工件的平皮带		5	先把支架、传送带定位安装,然后安装传送带的支撑组件	
3	套入主动皮带轮组件,安装轴承端板		6	安装导轨以及导轨上的滑块	

续表

序号	步　骤	图　示	序号	步　骤	图　示
7	将装配好的传送带固定在大底板上；套接联轴器，安装电机及其支撑部件		10	安装气缸及气缸支架，根据气缸位置调整，一般与料槽支架两边平衡	
8	安装分拣料槽固定座		11	安装传感器支架、导向块和编码器	
9	安装料槽和料槽支撑架				

提示　①机械机构安装好后，手动转动皮带，观察和感受皮带张力是否合适，同时保证皮带的主动轴和从动轴有足够高的平行度，防止皮带运行时打滑或跑偏。

②主动轴和从动轴的安装位置不能调换，主动轴和从动轴安装板的位置不能互换。

③装配联轴器时，注意联轴器套筒与轴承座之间的距离为0.5 mm，并用塞尺测量。

④完成分拣功能的三个气缸应处于三个料槽正中的位置。在安装分拣单元的3个气缸时，必须注意安装位置，使工件从料槽的中间推入，安装要水平，否则有可能推翻工件。

2. 气路连接

按照图4-21所示的气动回路工作原理图连接气路。在气路连接完毕后，应按规范绑扎。通气后，检查分拣单元三个气缸的初始位置是否均为缩回位置；为了准确且平稳地把工件从滑槽中间推出，需要仔细调整三个分拣气缸的位置和气缸活塞杆的伸出速度（各个气缸的节流阀的开口度大小），确保气缸动作时没有卡滞、没有冲击现象；还应确保各个气缸动作位置的正确性。

3. 电气系统安装

1）结构侧电气接线

结构侧电气接线安装任务包括：分拣单元各气缸上的磁性开关、电感接近开关、光纤传感器、旋转编码器、光电接近开关的引出线，各电磁阀的引出线。接线端子分配如表4-2所示。

表4-2　分拣单元结构侧的接线端子分配

输入信号的中间层		输出信号的中间层	
端子号	输入信号描述	端子号	输出信号描述
2	旋转编码器B相	2	
3	旋转编码器A相	3	
4	入料口检测光电接近开关	4	
5	光纤传感器	5	

续表

输入信号的中间层		输出信号的中间层	
端子号	输入信号描述	端子号	输出信号描述
6	金属传感器	6	推杆一电磁阀
7	推杆一到位传感器	7	推杆二电磁阀
9	推杆二到位传感器	8	推杆三电磁阀
10	推杆三到位传感器	9	
端子 8、11～17 没有连接		端子 2～5、9～14 没有连接	

2) PLC 侧电气接线

(1) PLC 的选型。

分拣单元的输入信号包括来自按钮/指示灯模块的指示灯信号、开关等控制信号，各组件的传感器信号等；输出信号包括输出到各分拣气缸的电磁阀的控制信号、输出到变频器的控制信号以及输出到按钮/指示灯模块的指示灯信号(以显示本单元的工作状态)。

分拣单元 PLC 应具备基本的数字量输入/输出信号和模拟量输入/输出通道。分拣单元的输入信号包括来自按钮/指示灯模块的指示灯信号、开关等主令控制信号和各种传感器检测信号，共 12 个输入控制信号；输出信号包括按钮/指示灯模块的指示灯信号、各电磁阀的控制信号和驱动变频器的启停信号，共 7 个输出控制信号，数量相对较少，且输出信号均为普通的开关量信号，端口选用常见的继电器输出就能满足要求。本单元变频器采用模拟量控制，同时考虑变频器运行频率值由数字量转换完成，还需要一通道的 D/A 转换。

综上考虑，分拣单元 PLC 选用 S7-200 SMART CPU SR40 AC/DC/RLY 主单元和 EM AM06 模拟量扩展模块，共 24 点输入和 16 点继电器输出，4 路 A/D 转换、2 路 D/A 转换。表 4-3 给出了分拣单元 PLC 的 I/O 分配表。

表 4-3　分拣单元 PLC 的 I/O 分配表

序号	输入点	输入信号描述	序号	输出点	输出信号描述
1	I0.0	旋转编码器 B 相	1	Q0.0	变频器启停控制
2	I0.1	旋转编码器 A 相	2	Q0.4	推杆一电磁阀
3	I0.3	物料口检测光电接近开关	3	Q0.5	推杆二电磁阀
4	I0.4	金属传感器	4	Q0.6	推杆三电磁阀
5	I0.5	光纤传感器	5	Q0.7	HL1
6	I0.7	推杆一到位传感器	6	Q1.0	HL2
7	I1.0	推杆二到位传感器	7	Q1.1	HL3
8	I1.1	推杆三到位传感器	8	0M	AI0－(4)
9	I1.2	停止按钮 SB2	9	0	AI0＋(3)
10	I1.3	启动按钮 SB1			
11	I1.4	急停按钮 SQ			
12	I1.5	转换开关 SA			

(2) PLC 的 I/O 接线图。

分拣单元 PLC 的 I/O 接线图如图 4-1 所示。

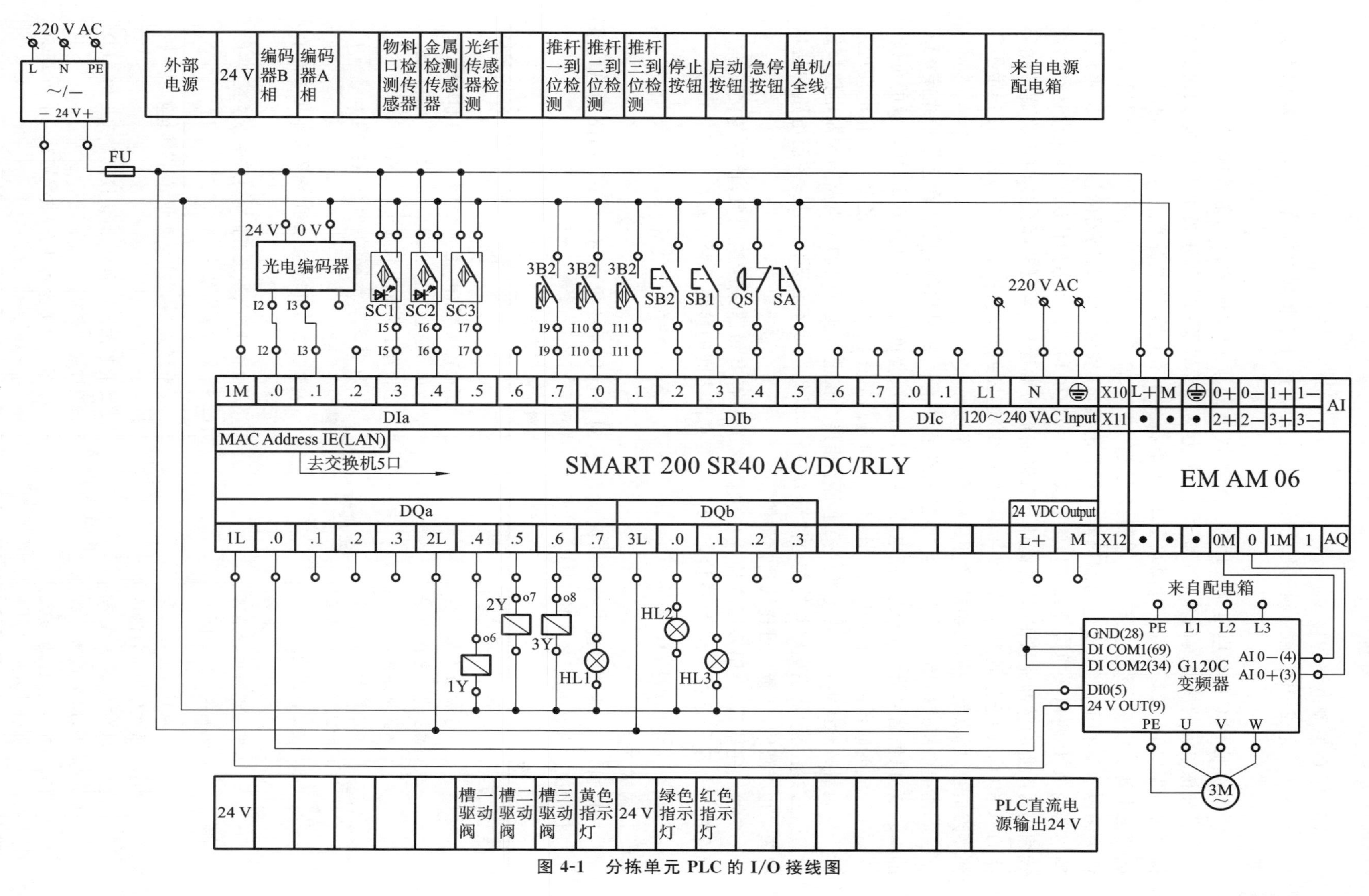

图 4-1　分拣单元 PLC 的 I/O 接线图

(3) PLC控制电路的接线。

分拣单元电气系统接线

按图4-1完成PLC和变频器部分的线路连接。在开始装配之前,清点工具、材料和元器件。

①本单元PLC的供电电源采用220 V交流电源,同时保证PLC可靠接地。

②分拣单元的旋转编码器有5根线:红色为旋转编码器的电源正极引出线,必须接到结构侧接线端口的+24 V稳压电源端子上,不能接到带有内阻的电源端子Vcc上;黑色为编码器的电源负极引出线,连接到结构侧接线端的0 V端子上;绿色为编码器A相引出线、白色为编码器B相引出线、黄色为编码器Z相引出线,在安装旋转编码器的接线时,应将旋转编码器的A、B两相脉冲信号线连接到PLC的I0.0和I0.1。考虑到传送带在正向运行时旋转编码器产生的脉冲能被PLC的高速计数器捕捉为增计数,所以实际接线时应将旋转编码器的A相(绿线)连接到PLC的I0.1,B相(白线)连接到PLC的I0.0,本项目中传送带不需要零点信号,所以旋转编码器的Z相可以不用连接。

③连接电感式传感器时应注意:电感式传感器有三根引出线,其中黑色信号线接PLC的输入端、棕色信号线接PLC直流电源24 V的正极、蓝色信号线接直流24 V电源的负极。

④完成变频器的三相主电路的连接和控制电路的连接,以便PLC能驱动三相电动机运行。变频器必须接地且与电动机的接地端子相接。在进行变频器的主电路与控制电路接线时,应注意将变频器主电路与控制电路分开布线,以免造成不必要的干扰;控制电路的连接线应采用屏蔽线,屏蔽层可连接到控制侧。

⑤接线完毕后,应用万用表检查各电源端子是否有短路或断路现象;检查各接线排与PLC的I/O端子是否一一对应;检查PLC与变频器之间的接线是否正确。

4. 分拣单元各模块调试方法

1)调试方法

按控制要求、结合项目1给出的调试方法,对分拣单元的机械结构、气动回路和电气系统进行调试。分拣单元各模块调试方法如表4-4所示。

表4-4 分拣单元各模块调试方法

任务		描述	准备	执行
检查机械结构		①检查本单元各紧固件、连接件是否正确连接。 ②检查传送带上主动轴、从动轴安装是否正确。 ③检查三个推料气缸正对位置是否为料槽正中心位置	完成机械结构安装	①检查机械结构,适当调整各紧固件和螺钉,保证传送带输送工件能准确完成,没有紧固件松动。 ②检查主动轴、从动轴安装是否正确。 ③检查皮带张紧度,调整从动轴上的调节螺栓。 ④检查电动机轴、主动轴、编码器轴是否同轴安装。 ⑤检查推料气缸是否正对料槽中心位置,调整推料气缸滑块位置
检查电气系统	电感接近开关的调试	电感接近开关安装在传送带检测区域的传感器支架上,用来检测工件外壳是否为金属外壳	①安装传感器。 ②连接传感器。 ③接通电源	①调整电感接近开关的位置,以便检测到金属外壳。 ②能检测到金属外壳,该接近开关上的LED指示灯应该点亮。 ③不能检测金属外壳,该接近开关上的LED指示灯熄灭

续表

任务		描述	准备	执行
检查电气系统	光纤传感器和放大器	光纤传感器安装在传送带检测区域的传感器支架上，用来分辨小工件的颜色。 光纤放大器安装在DIN导轨上	①安装传感器和放大器。 ②连接传感器和放大器。 ③接通电源	①仔细调整光纤头到工件的位置。 ②调整光纤放大器的灵敏度大小以检测金属芯或白芯、无法检测黑芯小工件为适宜
	旋转编码器	旋转编码器的旋转轴(空心轴)与传送带的主动轴相连，用来检测和计算工件在传送带上的位移量	①安装传感器。 ②连接传感器。 ③接通电源	①调整旋转编码器的旋转轴、传送带主动轴、三相减速电动机的转轴与联轴器成一条直线。 ②手动移动传送带，观察PLC的输入点(I0.0、I0.1)有无变化。 ③通过监控高速计数器HC0的当前值实现角位移的计数
	三相减速电动机和变频器的调试	驱动传送带，将工件传送到相应分拣位置进行分拣	①安装减速电动机和变频器。 ②断电连接相应的控制线和电源线。 ③接通电源	①用万用表检查三相电动机和变频器的接线正确后方可接通电源。 ②通过操作变频器BOP-2面板试运行，检测传送带机构的安装质量。 • 参数设置：首先快速调试，进入“SETUP”菜单，执行完“RESET”后，根据提示设置快速调试的参数。再设置点动速度和持续运行速度。 设置点动速度：进入“PARAMS”菜单，找到P1058参数并将JOG速度设置为150 r/min。 设置持续运行速度：切换BOP-2上的“HAND AUTO”至手动模式，然后进入“CONTROL”菜单，找到“SETPOINT”，设定SP持续运行速度为600 r/min。 • 功能测试：返回“MONITOR”菜单的转速显示界面。 按面板的启动键，变频器拖动电动机以600 r/min的速度运行，按停止键，电动机停止。如果在“CONTROL”菜单中选择JOG为ON，则按下启动键时，电动机运行，松开时，电动机停止运行，速度为150 r/min。如果在该速度下能正常驱动传送带运行，则说明传送带的张紧度调整适当。 传送带机构经过试运行后，还应注意观察它的运行情况，防止传送带打滑、工件跑偏等情况发生

提示 ①在传送带入料口位置安装漫反射式光电传感器，用以检测是否有工件传送过来并进行分拣。有工件时，漫反射式光电传感器将信号传输给PLC，用户PLC程序输出启动变频器信号，从而驱动三相减速电动机启动，将工件输送至分拣区。该光电开关灵敏度的调整以能在传送带上方检测到工件为准，过高的灵敏度会引入干扰。

②两个光纤传感器分别设置在传送带上方。光纤传感器由光纤探头和光纤放大器组成，这是两个独立的部分，光纤探头尾端分为两根光纤，分别插入放大器的两个光纤孔。光纤传感器的放大器具有较大范围的灵敏度调节。当光纤传感器的灵敏度调低时，反射率差的黑色物体不能接收到光电探测器的反射信号，而反射率好的白色物体可以接收光电探测器的反射信号。反之，如果提高光纤传感器的灵敏度，即使对反射率较差的黑色物体，光电探测器也能接收到反射信号。因此，可以通过调节灵敏度来判断黑白物体，将两种材料分开，完成自动分拣过程。

2)调试记录

完成分拣单元机械结构装调记录表、分拣单元气动回路装调记录表、分拣单元电气系统装调记录表。

分拣单元机械结构装调记录表

分拣单元气动回路装调记录表

分拣单元电气系统装调记录表

评价反馈

各个小组填写表4-5，以及任务评价表（参照项目1），然后汇报完成情况。

表4-5 任务实施考核表

工作任务	配分	评分项目	项目配分	扣分标准	得分	扣分	任务得分
设备装调及电路、气路	90	机械装调（25分）					
		机械部件调试	15	部件位置配合不到位、零件松动等，每处扣1分；主动轴、从动轴装反，扣2分；传送带打滑或张紧度不合适，每处扣1分；电机主轴、传送带主动轴、编码器轴不同轴，扣2分。最多扣15分			
		合理选用工具	5	选择恰当的工具完成机械装配，不合理每处扣0.5分			
		按装配流程完成装配	5	按错误流程完成装配，每处扣1分			
		电路连接（45分）					
		绘制电气原理图	10	电气元件符号错误，每处扣0.5分；电气图绘制错误，每处扣1分			

续表

工作任务	配分	评分项目	项目配分	扣分标准	得分	扣分	任务得分
设备装调及电路、气路		正确识图	20	连接错误,每处扣1分;电源接错,扣10分			
		变频器	5	变频器接线错误,扣1分;参数设置不合理,每处扣1分。最多扣5分			
		连接工艺与安全操作	10	接线端子导线超过2根、导线露铜过长、布线零乱,每处扣1分;带电操作扣5分。最多扣5分			
		气路连接、调整(10分)					
		绘制气动原理图	5	气动元件符号错误,每处扣0.3分;气路图绘制错误,每处扣0.5分			
		气路连接及工艺要求	5	漏气,调试时掉管,每处扣1分;气管过长,影响美观或安全,每处扣1分;没有绑扎带或扎带距离不恰当,每处扣1分;调整不当,每处扣1分。最多扣5分			
		输入/输出点测试(10分)					
		输入/输出点测试	10	各输入/输出点不正确,每处扣0.5分			
职业素养与安全意识	10	现场操作安全保护符合安全操作规程;工具摆放、包装物品、导线线头等的处理符合职业岗位的要求;团队有分工有合作,配合紧密;遵守纪律,尊重教师,爱惜设备和器材,保持工位的整洁					

任务2 使用G120C变频器

子任务1 PLC以开关量方式控制变频器的应用——正反转控制

任务目标

(1) 了解变频器的工作原理。

(2) 掌握变频器的面板拆装、线路连接、参数设置。

(3) 掌握利用 PLC 驱动变频器进行正反转运行的方法。

任务要求

要求 PLC 以开关量方式控制变频器驱动电机正反转,正转、反转速率为 1000 r/min。

任务分组

完成学生任务分工表(参考项目 1)。

获取资讯

(1) 了解:变频器的工作原理。

(2) 认识:G120C 变频器的面板。

①按键。②菜单。③显示图标。

(3) 观察:G120C 变频器的接线端子。

①主电路接线端子。②数字量输入端。③数字量输出端。

(4) 观察:本任务的电气元件及其工作原理。

①PLC。②三相减速电机。③主令控制器。

(5) 思考:G120C 变频器的宏程序 1 的用法。

(6) 尝试:绘制本任务电气原理图。

(7) 尝试:在编程软件上编写控制程序。

工作计划

由每个小组分别制定工作计划,将计划的内容填入工作计划表(参考项目 1)。

进行决策

(1) 各个小组阐述自己的设计方案。

(2) 各个小组对其他小组的方案进行讨论、评价。

(3) 教师对每个小组的方案进行点评,选择最优方案。

任务实施

1. 清点工具和器材

使用本项目任务 1 已经装配好的分拣单元装置。

清点所需用到的工具及其数量、型号。常用工具应准备十字螺丝刀、一字螺丝刀、剥线钳、压线钳、斜口钳、尖嘴钳各 1 把,万用表 1 只。

2. 控制电路图

按图 4-2 连接 PLC 以开关量方式控制变频器驱动电机正反转的电路图。

3. 参数设置

PLC 以开关量方式控制变频器驱动电机正反转的参数设置如表 4-6 所示。

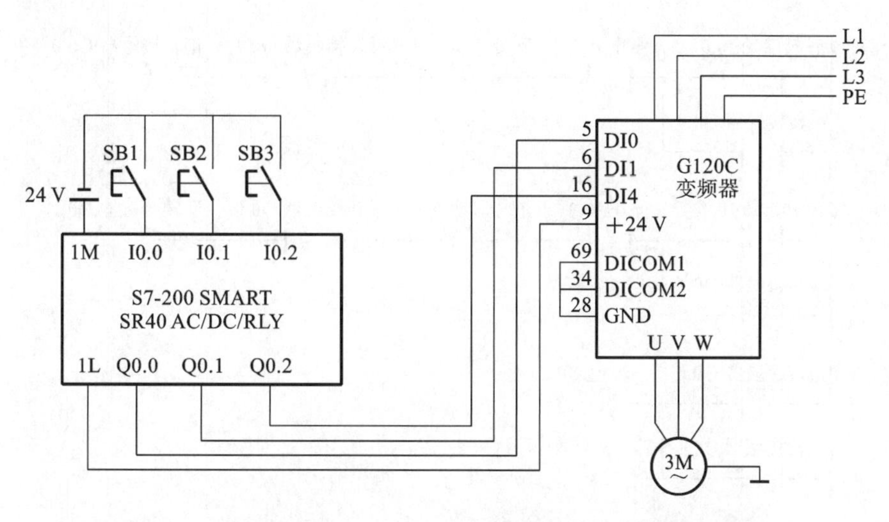

图 4-2　PLC 以开关量方式控制变频器驱动电机正反转的电路图

表 4-6　PLC 以开关量方式控制变频器驱动电机正反转的参数设置

序号	参数号	默认值	设定值	功能和含义
1	P10	0	30	恢复出厂设置
2	P970	0	1	
3	P3	3	3	设置访问级别为专家级
4	P10	0	1	进入快速调试
5	P15	7	1	选择宏程序 1
6	P304	400	380	电动机额定电压(V)
7	P305	1.9	0.13	电动机额定电流(A)
8	P307	0.75	0.03	电动机额定功率(kW)
9	P311	1395	1300	电动机额定转速(r/min)
10	P640	0.19	0.52	电动机极限参数防止出现 F7801 过电流报警，该值最大为 4.0×P305(A)
11	P1003	0.000	1000	固定转速 3(r/min)
12	P1080	0	0	电动机最低转速(r/min)
13	P1082	1500	1500	电动机最高转速(r/min)
14	P1120	10	0.5	斜坡发生器上升时间(s)
15	P1121	10	0.5	斜坡发生器下降时间(s)
16	P1900	2	0	电动机数据检查
17	P10	0	0	电动机就绪
18	P971	0	1	保存驱动对象

4. 控制程序

PLC 以开关量方式控制变频器驱动电机正反转的梯形图如图 4-3 所示。

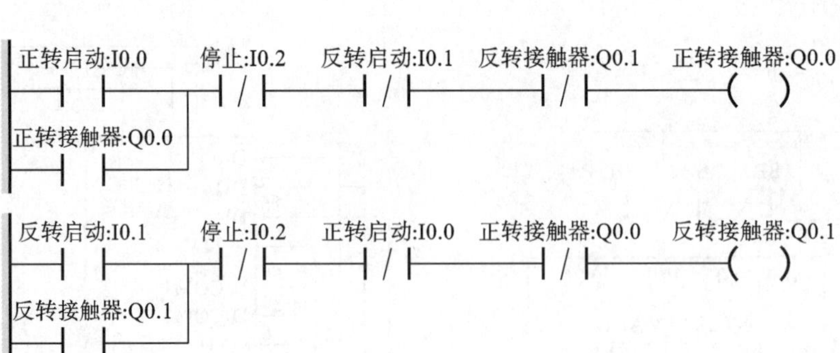

图 4-3　PLC 以开关量方式控制变频器驱动电机正反转的梯形图

5. 程序调试

连接好 PLC、变频器和电动机之间的线路，确认无误后通电。设置好变频器参数，下载程序，进行调试。按下正转启动按钮 SB1，接通 Q0.0 和 Q0.2，电机以 1000 r/min 速度正转；按下停止按钮 SB3，电机停转；按下反转启动按钮 SB2，接通 Q0.1 和 Q0.2，电机以 1000 r/min速度反转；按下停止按钮 SB3，电机停转。

评价反馈

各个小组填写表 4-7，以及任务评价表（参照项目 1），然后汇报完成情况。

表 4-7　任务实施考核表

工作任务	配分	评分项目	项目配分	扣分标准	得分	扣分	任务得分
设备装调	90	电路连接（40 分）					
		绘制电气原理图	15	电气元件符号错误，每处扣 0.5 分；电气图绘制错误，每处扣 1 分			
		正确识图	15	连接错误，每处扣 1 分；电源接错，扣 10 分			
		连接工艺与安全操作	10	接线端子导线超过 2 根、导线露铜过长、布线零乱，每处扣 1 分；带电操作扣 5 分。最多扣 5 分			
		梯形图设计（20 分）					
		程序结构	5	程序结构不科学、不合理，每处扣 1 分			
		梯形图	15	不能正确确定输入与输出量并进行地址分配，梯形图有错，每处扣 1 分；程序可读性不强，每处扣 0.5 分。程序设计有创新酌情加分，无创新点，不扣分			

续表

工作任务	配分	评分项目	项目配分	扣分标准	得分	扣分	任务得分
设备装调		参数设置(10分)					
		参数	10	能根据任务要求正确设置变频器参数,参数设置不正确或者不全,每处扣1分			
		调试运行(20分)					
		正常启停	5	按下启动按钮,电机按设置的加速时间启动运行;按下停止按钮,电机按设置的减速时间停止。电机启停不按照要求扣5分			
		系统功能	15	正反转功能不能正常实现,运行速度不能按照要求完成,每处扣2分			
职业素养与安全意识	10	现场操作安全保护符合安全操作规程;工具摆放、包装物品、导线线头等的处理符合职业岗位的要求;团队有分工有合作,配合紧密;遵守纪律,尊重教师,爱惜设备和器材,保持工位的整洁					

子任务2 PLC以开关量方式控制变频器的应用——三段速控制

任务目标

(1) 了解变频器的工作原理。

(2) 掌握变频器的参数设置。

(3) 掌握变频器的预定义宏程序的使用方法。

(4) 掌握利用PLC驱动变频器三段速运行的方法。

任务要求

按下开始按钮SB1,电机以300 r/min转动2 s,然后以400 r/min转动3 s,再以700 r/min的速度稳定转动,按下停止按钮SB2后电机停止运转。

任务分组

完成学生任务分工表(参考项目1)。

获取资讯

(1) 思考:G120C变频器的宏程序1、宏程序3的用法。

(2) 尝试:绘制本任务电气原理图。

(3) 尝试:在编程软件上编写控制程序。

工作计划

由每个小组分别制定工作计划，将计划的内容填入工作计划表（参考项目 1）。

进行决策

（1）各个小组阐述自己的设计方案。

（2）各个小组对其他小组的方案进行讨论、评价。

（3）教师对每个小组的方案进行点评，选择最优方案。

任务实施

1. 清点工具和器材

使用本项目任务 1 已经装配好的分拣单元装置。

清点所需用到的工具及其数量、型号。常用工具应准备十字螺丝刀、一字螺丝刀、剥线钳、压线钳、斜口钳、尖嘴钳各 1 把，万用表 1 只。

2. 线路连接

按图 4-4 PLC 以开关量方式控制变频器三段速运行的电路图进行线路连接。

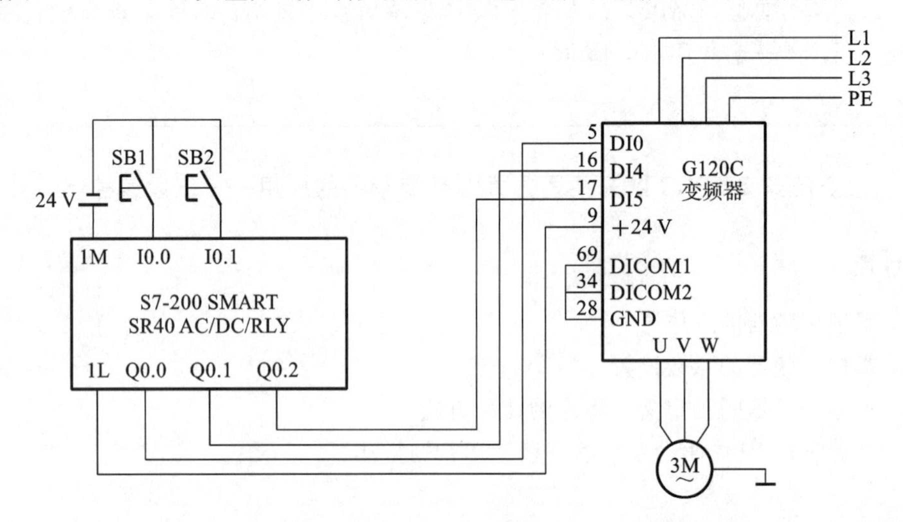

图 4-4　PLC 以开关量方式控制变频器三段速运行的电路图

3. 参数设置

PLC 以开关量方式控制变频器三段速运行的参数设置如表 4-8 所示。

表 4-8　PLC 以开关量方式控制变频器三段速运行的参数设置

序号	参数号	默认值	设定值	功能和含义
1	P10	0	30	恢复出厂设置
2	P970	0	1	
3	P3	3	3	设置访问级别为专家级
4	P10	0	1	进入快速调试
5	P15	7	1	选择宏程序 1

续表

序号	参数号	默认值	设定值	功能和含义
6	P304	400	380	电动机额定电压(V)
7	P305	1.9	0.13	电动机额定电流(A)
8	P307	0.75	0.03	电动机额定功率(kW)
9	P311	1395	1300	电动机额定转速(r/min)
10	P640	0.19	0.52	电动机极限参数，防止出现 F7801 过电流报警，该值最大为 4.0×P305(A)
11	P1003	0.000	300	固定转速 3(r/min)
12	P1004	0.000	400	固定转速 4(r/min)
13	P1080	0	0	电动机最低转速(r/min)
14	P1082	1500	1500	电动机最高转速(r/min)
15	P1120	10	0.5	斜坡发生器上升时间(s)
16	P1121	10	0.5	斜坡发生器下降时间(s)
17	P1900	2	0	电动机数据检查
18	P10	0	0	电动机就绪
19	P971	0	1	保存驱动对象

4. 控制程序

三段速梯形图如图 4-5 所示。

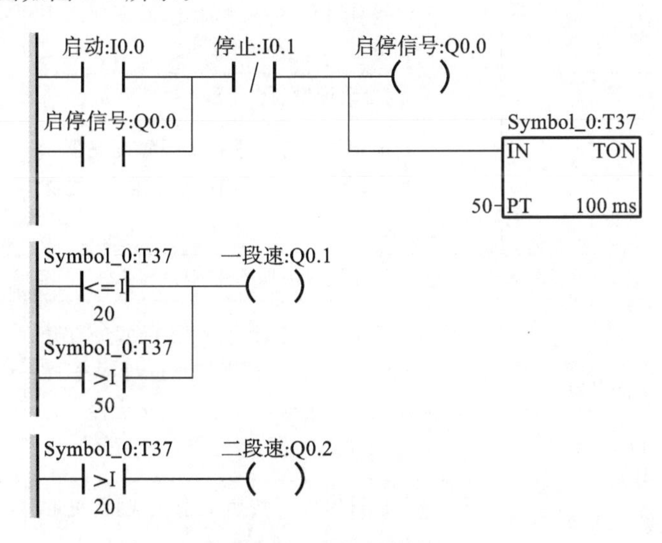

图 4-5　三段速梯形图

5. 程序调试

连接好 PLC、变频器和电动机之间的线路，确认无误后通电。设置好变频器参数，下载程序进行调试。按下开始按钮 SB1，电机以 300 r/min 转动 2 s，然后以 400 r/min 转动 3 s，再以 700 r/min 稳定转动运行，按下停止按钮 SB2 后电机停止运转。

读者还可以选用宏程序 3 完成本项目的任务。

评价反馈

各个小组填写表4-9，以及任务评价表（参照项目1），然后汇报完成情况。

表4-9　任务实施考核表

工作任务	配分	评分项目	项目配分	扣分标准	得分	扣分	任务得分
设备装调	90	电路连接（40分）					
		绘制电气原理图	15	电气元件符号错误，每处扣0.5分；电气图绘制错误，每处扣1分			
		正确识图	15	连接错误，每处扣1分；电源接错，扣10分			
		连接工艺与安全操作	10	接线端子导线超过2根、导线露铜过长、布线零乱，每处扣1分；带电操作，扣5分。最多扣5分			
		梯形图设计（20分）					
		程序结构	5	程序结构不科学、不合理，每处扣1分			
		梯形图	15	不能正确确定输入与输出量并进行地址分配，梯形图有错，每处扣1分；程序可读性不强，每处扣0.5分。程序设计有创新酌情加分，无创新点不扣分			
		参数设置（15分）					
		参数	15	能根据任务要求正确设置变频器参数，参数设置不正确或者不全，每处扣1分			
		调试运行（15分）					
		正常启停	5	按下启动按钮，电机按设置的加速时间启动运行；按下停止按钮，电机按设置的减速时间停止。电机启停不按照设置扣5分			
		系统功能	10	运行速度不按照要求完成，每处扣2分；变速时间不正确，每处扣2分			
职业素养与安全意识	10	现场操作安全保护符合安全操作规程；工具摆放、包装物品、导线线头等的处理符合职业岗位的要求；团队有分工有合作，配合紧密；遵守纪律，尊重教师，爱惜设备和器材，保持工位的整洁					

子任务3 PLC以模拟量方式控制变频器的应用

任务目标

(1) 进一步了解变频器的工作原理。

(2) 掌握变频器模拟量控制的参数设置。

(3) 掌握变频器的预定义宏程序的使用方法。

(4) 掌握利用PLC驱动变频器完成模拟量调节运行的方法。

任务要求

按下正转启动按钮SB1,电机以30 Hz速度正转启动运行;按下停止按钮SB3,电机停止运转。按下反转启动按钮SB2,电机以25 Hz速度正转启动运行;按下停止按钮SB3,电机停止运转。要求电机运行速度以模拟量值给出。

任务分组

完成学生任务分工表(参考项目1)。

获取资讯

(1) 观察:G120C变频器的接线端子。

①模拟量输入端。②模拟量输出端。

(2) 观察:本任务的电气元件及其工作原理。

①PLC。②EM AM06模块。③三相减速电机。④主令控制器。

(3) 思考:G120C变频器的宏程序12、17、18的用法,以及它们的区别。

(4) 尝试:绘制本任务电气原理图。

(5) 尝试:在编程软件上编写控制程序。

工作计划

由每个小组分别制定装配的工作计划,将计划的内容填入工作计划表(参考项目1)。

进行决策

(1) 各个小组阐述自己的设计方案。

(2) 各个小组对其他小组的方案进行讨论、评价。

(3) 教师对每个小组的方案进行点评,选择最优方案。

任务实施

1. 清点工具和器材

使用本项目任务1已经装配好的分拣单元装置。

清点所需用到的工具及其数量、型号。常用工具应准备十字螺丝刀、一字螺丝刀、剥线钳、压线钳、斜口钳、尖嘴钳各1把,万用表1只。

2. 控制电路图

PLC 以模拟量方式控制变频器的电路图如图 4-6 所示。利用扩展模块 EM AM06 的模拟量输出通道来完成。

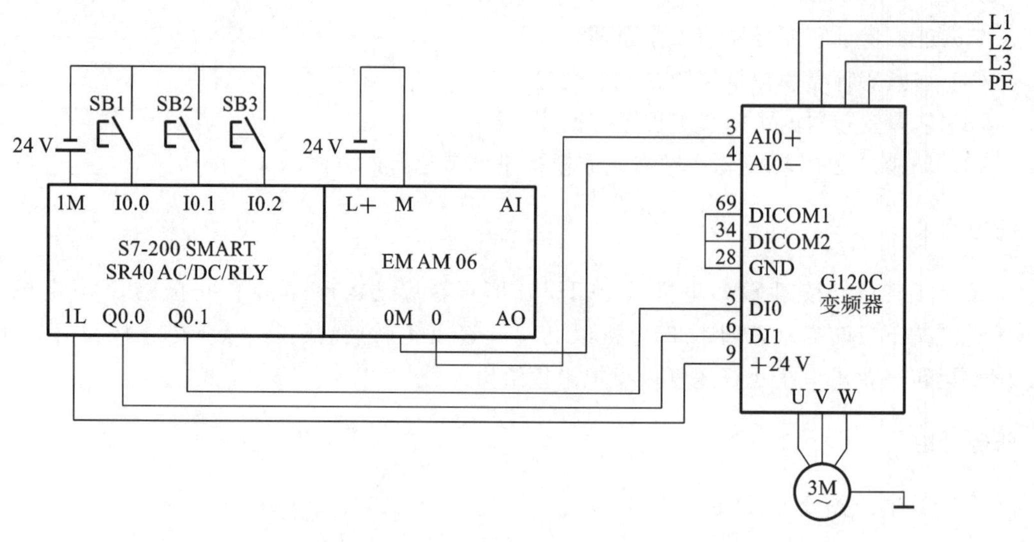

图 4-6 PLC 以模拟量方式控制变频器的电路图

3. 参数设置

PLC 以模拟量方式控制变频器的参数设置如表 4-10 所示。

表 4-10 PLC 以模拟量方式控制变频器的参数设置

序号	参数号	默认值	设定值	功能和含义
1	P10	0	30	恢复出厂设置
2	P970	0	1	
3	P3	3	3	设置访问级别为专家级
4	P10	0	1	进入快速调试
5	P15	7	17	选择宏程序 17
6	P304	400	380	电动机额定电压(V)
7	P305	1.9	0.13	电动机额定电流(A)
8	P307	0.75	0.03	电动机额定功率(kW)
9	P311	1395	1300	电动机额定转速(r/min)
10	P640	0.19	0.52	电动机极限参数防止出现 F7801 过电流报警,该值最大为 4.0×P305(A)
11	P0756[0]	4	30	单极电压输入(0～10 V)
12	P1080	0	0	电动机最低转速(r/min)
13	P1082	1500	1500	电动机最高转速(r/min)
14	P1120	10	0.5	斜坡发生器上升时间(s)
15	P1121	10	0.5	斜坡发生器下降时间(s)
16	P1900	2	0	电动机数据检查
17	P10	0	0	电动机就绪
18	P971	0	1	保存驱动对象

4. 控制程序

变频器的频率调节通过 PLC 给定数字量并转化为变频器的模拟量输出。完成 D/A 转换的是模拟量扩展模块 EM AM06。由于 EM AM06 的模拟量输出通道 0 的地址是 AQW16,所以用作输出地址通道。

而单极性电压对应的数字量满量程为 0～27648,单极性电压为 0～10 V,所以 27648 对应单极性电压最大值为 10 V,也就是变频器最高频率为 50 Hz,那么可以计算出 1 Hz 对应的数字量是 27648/50＝552.96,由于存在转换误差,所以我们将这个值调整到 557,即 EM AM06 数字量输入和模拟量输出(频率)的关系如图 4-7 所示。

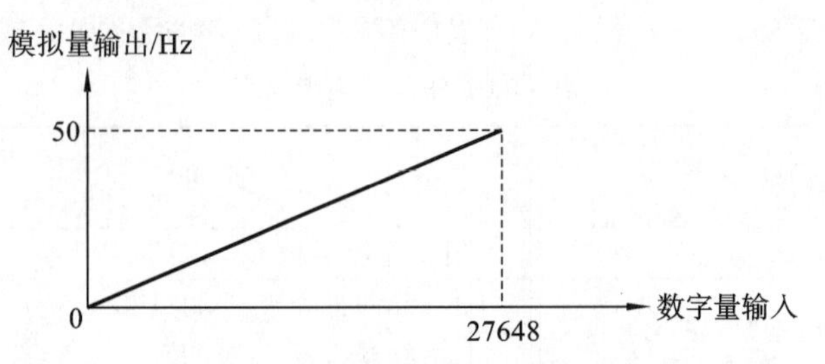

图 4-7　EM AM06 数字量输入和模拟量输出(频率)的关系

编程时只要将所需的变频器运行频率值乘以 557,再通过 AQW16 送出即可。模拟量控制梯形图如图 4-8 所示。

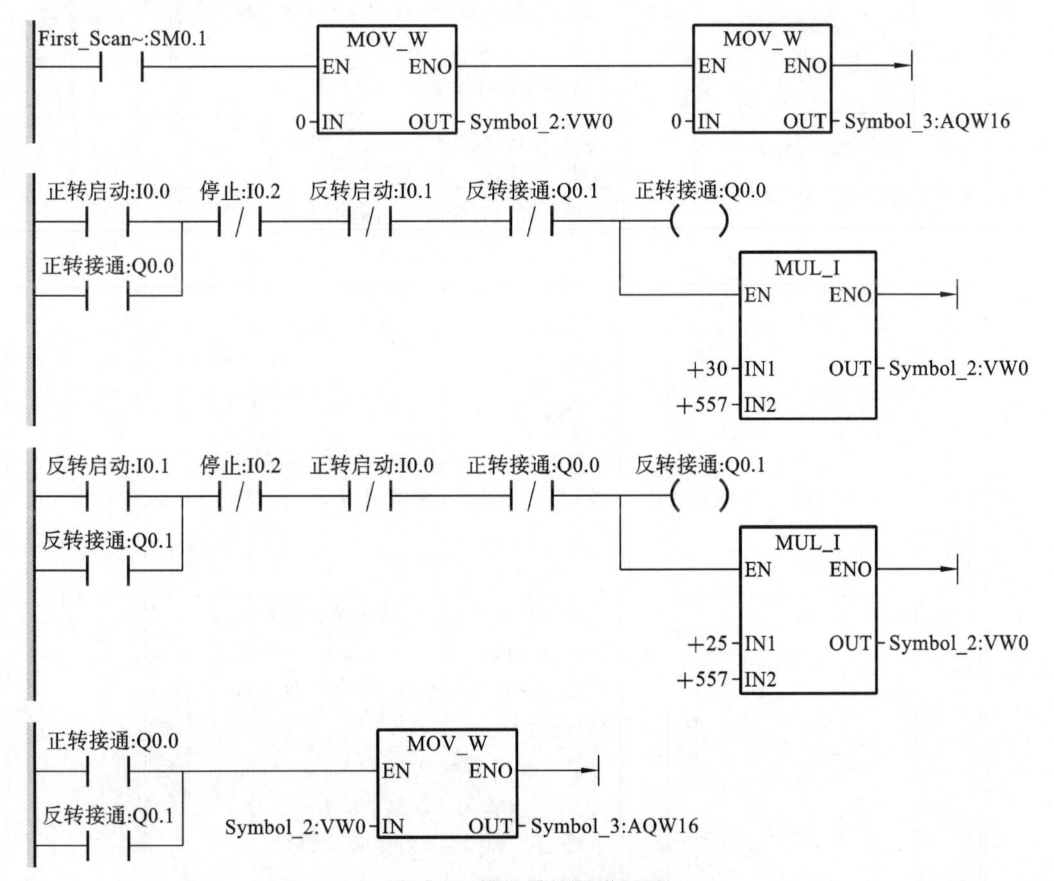

图 4-8　模拟量控制梯形图

5. 程序调试

连接好 PLC、变频器和电动机之间的线路，确认无误后通电。设置好变频器参数，下载程序进行调试。按下正转启动按钮 SB1，电机以 30 Hz 速度正转启动运行；按下停止按钮 SB3，电机停止运转。按下反转启动按钮 SB2，电机以 25 Hz 速度正转启动运行；按下停止按钮 SB3，电机停止运转。

读者还可以用宏程序 12 或者 18 完成本任务。

评价反馈

各个小组填写表 4-11，以及任务评价表（参照项目 1），然后汇报完成情况。

表 4-11　任务实施考核表

<table>
<tr><th>工作任务</th><th>配分</th><th>评 分 项 目</th><th>项目配分</th><th>扣 分 标 准</th><th>得分</th><th>扣分</th><th>任务得分</th></tr>
<tr><td rowspan="12">设备装调</td><td rowspan="12">90</td><td colspan="5">电路连接(40 分)</td><td rowspan="12"></td></tr>
<tr><td>绘制电气原理图</td><td>15</td><td>电气元件符号错误，每处扣 0.5 分；电气图绘制错误，每处扣 1 分</td><td></td><td></td></tr>
<tr><td>正确识图</td><td>15</td><td>连接错误，每处扣 1 分；电源接错，扣 10 分</td><td></td><td></td></tr>
<tr><td>连接工艺与安全操作</td><td>10</td><td>接线端子导线超过 2 根、导线露铜过长、布线零乱，每处扣 1 分；带电操作扣 5 分。最多扣 5 分</td><td></td><td></td></tr>
<tr><td colspan="5">梯形图设计(20 分)</td></tr>
<tr><td>程序结构</td><td>5</td><td>程序结构不科学、不合理，每处扣 1 分</td><td></td><td></td></tr>
<tr><td>梯形图</td><td>15</td><td>不能正确确定输入与输出量并进行地址分配，梯形图有错，每处扣 1 分；程序可读性不强，每处扣 0.5 分。程序设计有创新酌情加分，无创新点不扣分</td><td></td><td></td></tr>
<tr><td colspan="5">参数设置(15 分)</td></tr>
<tr><td>参数</td><td>15</td><td>能根据任务要求正确设置变频器参数，参数设置不正确或者不全，每处扣 1 分</td><td></td><td></td></tr>
<tr><td colspan="5">调试运行(15 分)</td></tr>
<tr><td>正常启停</td><td>5</td><td>按下启动按钮，电机按设置的加速时间启动运行；按下停止按钮，电机按设置的减速时间停止。电机启停不按照设置扣 5 分</td><td></td><td></td></tr>
<tr><td>系统功能</td><td>10</td><td>运行速度不按照要求完成，每处扣 2 分；不能实现正反转，每处扣 2 分；电机运行速度不以模拟量给出，扣 2 分</td><td></td><td></td></tr>
</table>

续表

工作任务	配分	评分项目	项目配分	扣分标准	得分	扣分	任务得分
职业素养与安全意识	10	现场操作安全保护符合安全操作规程；工具摆放、包装物品、导线线头等的处理符合职业岗位的要求；团队有分工有合作，配合紧密；遵守纪律，尊重教师，爱惜设备和器材，保持工位的整洁					

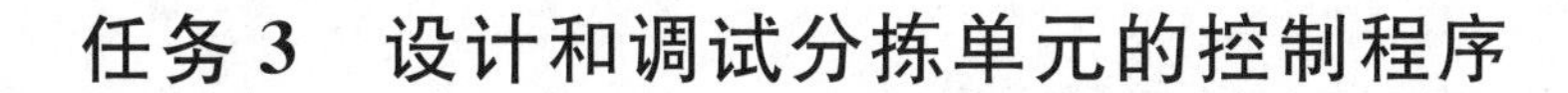

任务 3　设计和调试分拣单元的控制程序

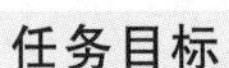

任务目标

(1) 明确分拣单元的控制要求。

(2) 掌握变频器的参数设置。

(3) 掌握分拣单元程序控制结构。

(4) 掌握分拣单元 PLC 程序编写方法。

(5) 掌握分拣单元系统联调的方法。

任务要求

分拣单元的运行

分拣单元的功能是将不同颜色、不同材质的工件从不同的料槽中分拣出来。需分拣的组合工件如图 4-9 所示。当工件被放到传送带上并被入料口光电传感器检测到时，即启动变频器，工件被送到分拣区进行分拣。

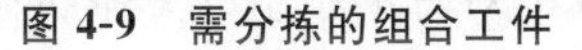

图 4-9　需分拣的组合工件

1. 工作目标

本单元的工作目标是完成白芯金属工件、白芯塑料工件和黑芯工件（金属或塑料）的分拣。为了在分拣时准确推出工件，需要使用旋转编码器进行定位检测。并在推料缸前的适当位置检测出工件材料和芯件颜色属性。

2. 初态检查

设备通电并接通气源后，若工作单元的三个气缸均处于缩回位置，电动机处于停止状态，“准备就绪”指示灯 HL1 常亮，则表示设备准备好。否则，该指示灯以 1 Hz 频率闪烁。

3. 运行控制

如果设备准备就绪，按下启动按钮，系统启动运行，“设备运行”指示灯 HL2 常亮。在传送带进料口手动放下组合工件时，变频器（采用模拟量控制方式）即启动，驱动电动机以 30

Hz 的固定频率运行，把工件送至分拣区。

如果工件为白芯金属工件，则该工件到达 1 号滑槽中间时，传送带停止，工件被推入槽位 1 中。

如果工件为白芯塑料工件，则该工件到达 2 号滑槽中间时，传送带停止，工件被推到槽位 2 中。

如果工件为黑芯工件，则该工件到达 3 号滑槽中间时，传送带停止，工件被推到槽位 3 中。

工件被推入滑槽后，本工作单元的一个工作周期结束。只有当工件被推入滑槽后，才能再次向传送带下料。

如果在运行过程中按下停止按钮，则该工作单元在当前循环工作周期结束后停止运行。

任务分组

完成学生任务分工表(参考项目 1)。

获取资讯

(1) 分析：本单元物料分拣的过程。

(2) 尝试：绘制物料分拣的流程图。

(3) 思考：变频器的控制模式以及参数设置。

(4) 思考：物料在传送带上如何进行定位控制。

提示 利用旋转编码器产生的高速输出脉冲可以定位物料在传送带的位置，PLC 在捕获高速脉冲信号时通常使用高速计数器。

(5) 尝试：在编程软件上编写控制程序。

工作计划

由每个小组分别制定装配工作计划，将计划的内容填入工作计划表(参考项目 1)。

进行决策

(1) 各个小组阐述自己的设计方案。

(2) 各个小组对其他小组的方案进行讨论、评价。

(3) 教师对每个小组的方案进行点评，选择最优方案。

任务实施

1. 变频器参数设置

根据任务描述的控制要求，G120C 变频器为模拟量输入控制，可以参考任务 2 的子任务 3 的参数设置，这里不再赘述。

2. 主程序的编写思路

分拣单元的程序和前几个单元类似，都有一个主程序和两个子程序。两个子程序分别是分拣控制子程序和高速计数子程序。本单元指示灯的工作状态要求比较简单，可以直接编写在主程序中。

主程序的流程与前面所述的几个单元是类似的，这里就不再赘述了，但应该要注意的是，由于用高速计数器编程，必须在上电的第 1 个扫描周期调用 HSC0_INIT 子程序，用来定义并使能高速计数器。

除此之外，由于本单元变频器采用模拟量控制，需要在主程序中给定变频器运行的速度，通过 EM AM06 模块转换输出。变频器频率值给定梯形图如图 4-10 所示。

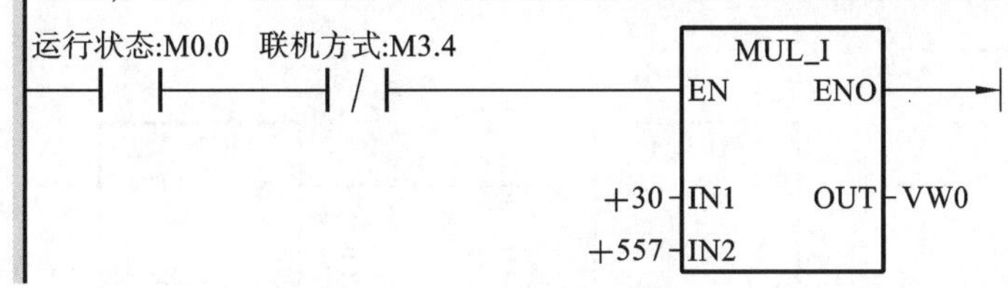

图 4-10　变频器频率值给定梯形图

3. 高速计数器子程序

根据分拣单元旋转编码器输出的脉冲信号形式（A/B 相正交脉冲，Z 相脉冲不使用，无外部复位和启动信号）容易确定所采用的计数模式为模式 9，选用的计数器为 HSC0，B 相脉冲从 I0.0 输入，A 相脉冲从 I0.1 输入，计数倍频设定为 4 倍频。分拣单元高速计数器编程要求较简单，不考虑中断子程序、设定值等。利用 HSC 指令向导生成子程序，利用向导生成子程序的过程参考表 4-19。

4. 工件在传送带上位置脉冲数的测量

在本任务中，对高速计数器进行编程的目的是根据 HC0 的当前值确定工件的位置，并将其与存储在指定变量存储器中的具体位置数据进行比较，从而确定程序执行的方向。

将变频器的频率设置为 5 Hz，将工件放在入料口中心处，按图 4-11 导入程序并启动传送带，使工件运行到料槽 1 的推杆中心位置，观察程序中 HC0 值（或 VD0 当前值），数值作为工件从进料口到料槽 1 中心位置脉冲数的估计值，将此估计值记录在 VD14 中；同理，可以得到从进料口到传感器检测区域、料槽 2 中心位置和料槽 3 中心位置的脉冲数估计值，分别记录在 VD10、VD18 和 VD22 中。

经过反复测算，根据实际位置误差，按 1 个脉冲大约为 0.27 mm 调整传送带上 4 个特定位置的脉冲数，最终实现准确定位和分拣，并将 4 个数据分别写入 VD10～VD22 中。

工件在传送带上的位置数据如下。

（1）进料口到传感器检测位置的脉冲数为 1350，存储在 VD10 单元中（双整数）。

（2）进料口到料槽 1 位置的脉冲数为 2480，存储在 VD14 单元中。

（3）进料口到料槽 2 位置的脉冲数为 3920，存储在 VD18 单元中。

（4）进料口到料槽 3 位置的脉冲数为 5400，存储在 VD22 单元中。

可以在编程时利用 MOV_DW 指令对上述各 V 存储器赋值；也可以使用数据块对上述 V 存储器赋值，在 STEP 7-MicroWIN SMART 界面项目指令树中选择“数据块”“页面_1”，在所出现的数据页界面上逐行键入 V 存储器起始地址、数据值及其注释（可选），允许用逗号、制表符或空格作地址和数据的分隔符号。使用数据块对 V 存储区赋值如图 4-12 所示。

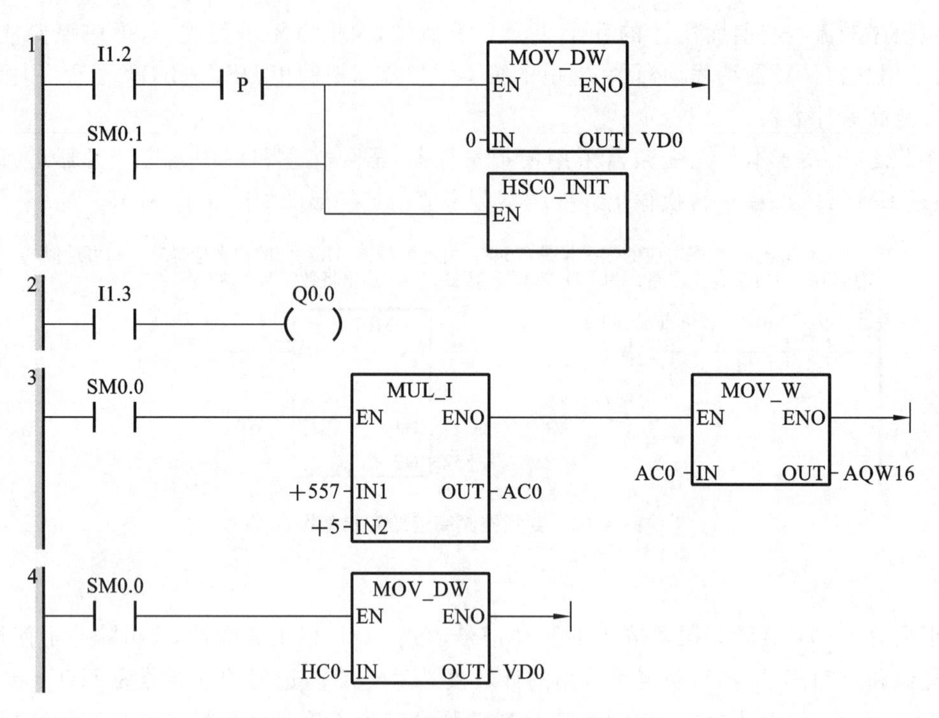

图 4-11　传送带位置测试梯形图

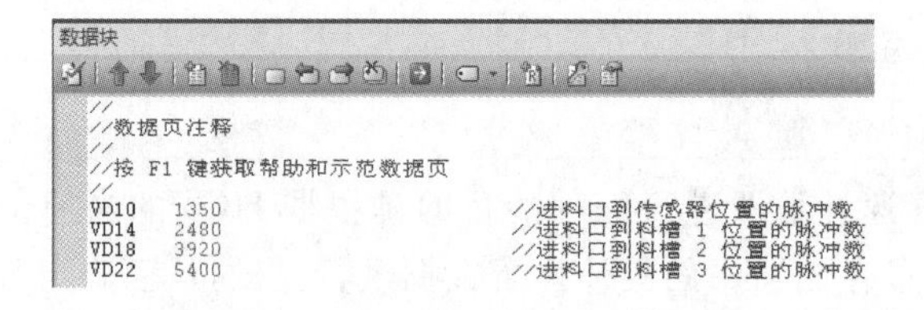
数据块

//
//数据页注释
//
//按 F1 键获取帮助和示范数据页
//
VD10　1350　//进料口到传感器位置的脉冲数
VD14　2480　//进料口到料槽 1 位置的脉冲数
VD18　3920　//进料口到料槽 2 位置的脉冲数
VD22　5400　//进料口到料槽 3 位置的脉冲数

图 4-12　使用数据块对 V 存储区赋值

提示　传送带上 4 个特定位置数据均从进料口开始计算，因此，每当待分拣工件下料到进料口，电机开始启动时，必须对 HC0 的当前值（存储在 SMD48 中）进行一次清零操作。

要想实现工件在传送带上的精确定位，就要对工件在传送带上的位置脉冲数进行反复测量和计算，还要分析在测算中产生误差的原因以及如何减小误差，用科学思维方式进行测算。邓稼先在担任原子弹的理论设计负责人后，带头攻关原子弹的理论设计，同时带领大学生整理苏联专家留下来的俄文资料和原子弹模型。在设计过程中，邓稼先在周光召的帮助下以科学、严谨的计算推翻了苏联专家原有的结论，重新确定了核爆大气压数字，从而解决了中国原子弹试验成败的关键性难题。数学家华罗庚称，这是“集世界数学难题之大成”的成果。

5. 分拣控制子程序

分拣单元的分拣控制流程图如图 4-13 所示。

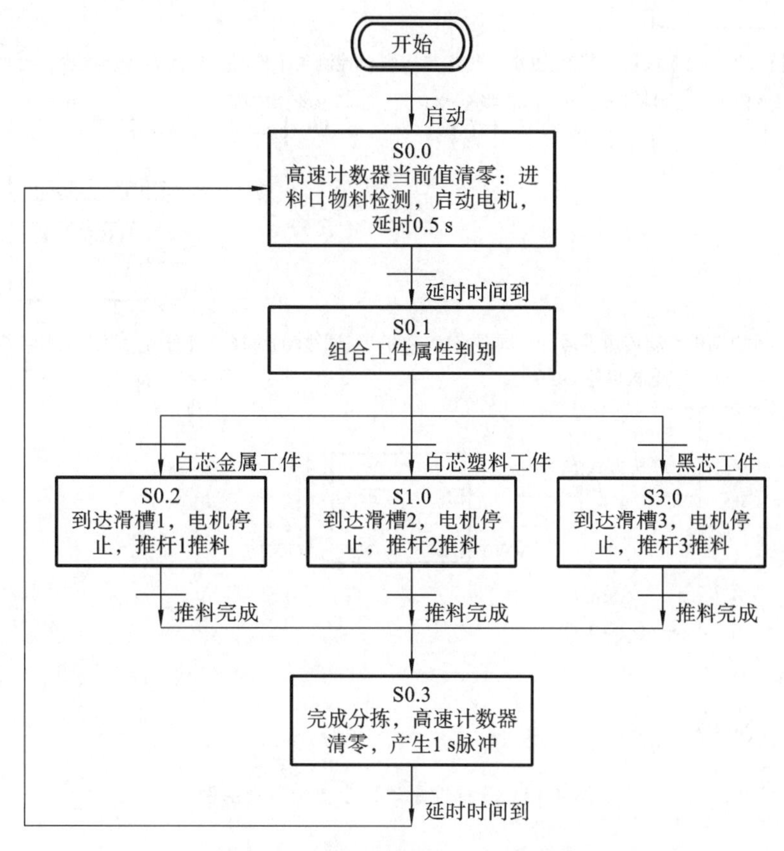

图 4-13　分拣单元的分拣控制流程图

本单元的分拣控制也是一个选择分支的步进顺控，如图 4-13 所示。当在传送带的进料口检测到组合工件时，电机启动，工件被传送到传送带上。当组合工件通过传感器检测区域(S0.1)时，进行组合工件的属性判别。根据判别结果，将工件分别送入分拣单元的相应槽中。各槽分拣气缸将组合工件推入槽内，同时停止电机：白芯金属工件被分拣到 1 槽，白芯塑料工件被分拣到 2 槽，黑芯工件被分拣到 3 槽。

(1) 当待分拣的组合工件被下料到进料口后，将 HC0 当前值清零并启动高速计数器(可以直接调用 HSC0_INIT 清零，也可以直接将 SMB48 寄存器的值清零)，以给定的频率启动变频器以驱动电机运转。分拣控制子程序初始步梯形图如图 4-14 所示。

(2) 当工件通过传感器检测区域(光纤探头和电感传感器)时，根据两个传感器是否工作识别工件的属性，确定控制程序的流向，如图 4-15 所示。HC0 的当前值与传感器位置值的比较可以通过触点比较指令实现。

(3) 根据工件属性和分拣任务要求，在相应的料槽中心位置将工件推料入槽。分拣完成后，步进顺控子程序返回初始步。料槽 1 的推杆 1 动作步梯形图如图 4-16 所示，推杆 2、3 动作与推杆 1 动作类似，请读者自行完成程序编写。

(4) 分拣完成后，延时 1 s，返回初始步，如图 4-17 所示。

(5) 再分别对每个料槽分拣入槽的工件数进行计数，如图 4-18 所示。

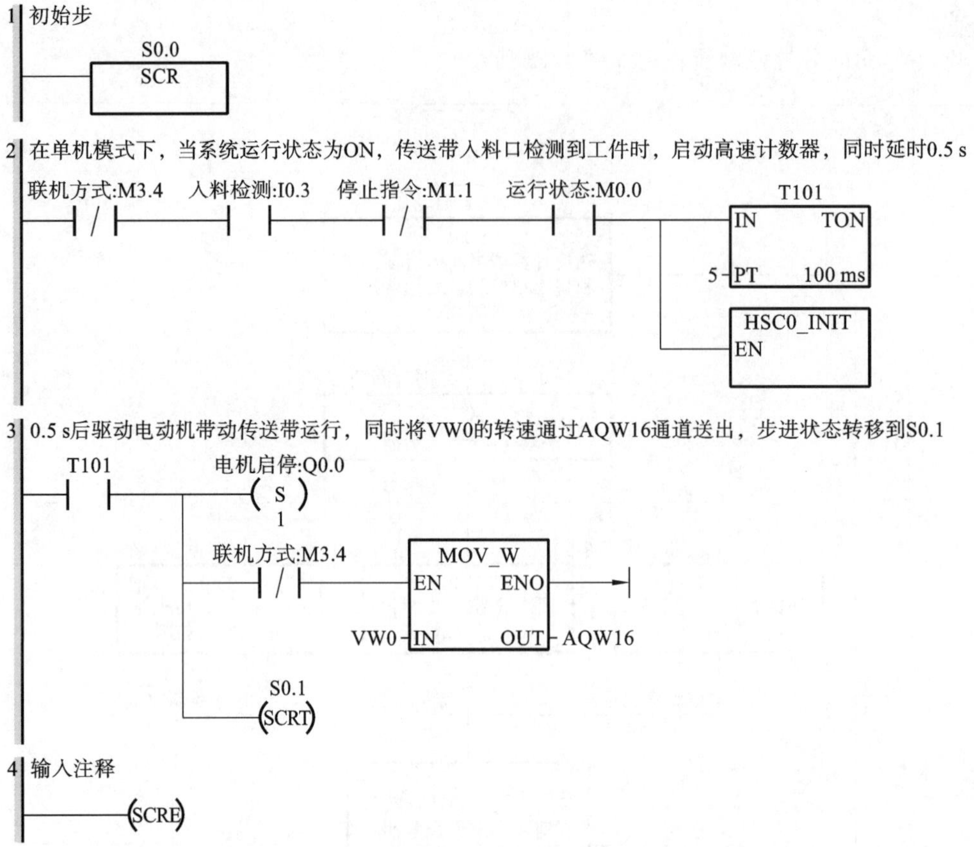

1 初始步

S0.0
SCR

2 在单机模式下，当系统运行状态为ON，传送带入料口检测到工件时，启动高速计数器，同时延时0.5 s

联机方式:M3.4 入料检测:I0.3 停止指令:M1.1 运行状态:M0.0

T101
IN TON
5-PT 100 ms

HSC0_INIT
EN

3 0.5 s后驱动电动机带动传送带运行，同时将VW0的转速通过AQW16通道送出，步进状态转移到S0.1

T101 电机启停:Q0.0
(S)
1

联机方式:M3.4
MOV_W
EN ENO
VW0-IN OUT-AQW16

S0.1
(SCRT)

4 输入注释

(SCRE)

图 4-14 分拣控制子程序初始步梯形图

课程思政

在本环节中用到了顺控结构中的选择分支进行程序编写，只有当条件满足时才能选择进入其中某一条分支结构中。其实在我们的人生道路上也会遇到很多的选择，我们在面对五花八门的选择时到底应如何做成正确的抉择呢？尤其是在面对国家民族大义时。“中国航天之父”“中国导弹之父”“火箭之王”“中国自动化控制之父”钱学森给我们做了好榜样。新中国成立之初，钱学森毅然放弃了海外优渥的物质生活，回归祖国，为新中国的科技事业奋斗，为新中国的发展做出了不可估量的贡献。

作为当代大学生更要牢固树立正确的人生观、价值观和世界观，树立良好的个人理想信念，为实现中华民族伟大复兴而奋斗！

6. 程序调试

编写完程序应认真检查，然后下载调试程序，可参考项目 1 执行。

分拣单元的调试方法如表 4-12 所示。

4 组合工件的检测及程序流向判断

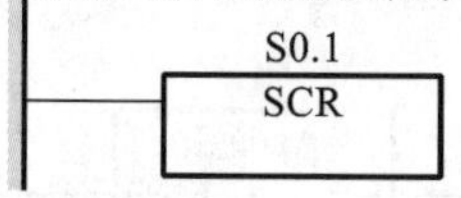

5 当工件移动至电感传感器时，进行金属外壳工件的检测并置位标志位M4.0

金属检测:I0.4　金属保持:M4.0　(S)　1

6 当工件移动至光纤传感器下方时，进行白色芯工件的检测并置位标志位M4.1

HC0 |>=D| VD10　HC0 |<=D| 1460　白色检测:I0.5　白色保持:M4.1　(S)　1

7 程序流向判断：
当检测为白色芯金属件时，步进程序转移到S0.2
当检测为白色芯塑料件时，步进程序转移到S1.0
当检测为黑芯工件时，步进程序转移到S2.0

HC0 |>=D| 2000　白色保持:M4.1　金属保持:M4.0　S0.2 (SCRT)
白色保持:M4.1　金属保持:M4.0 |/|　S1.0 (SCRT)
白色保持:M4.1 |/|　S2.0 (SCRT)

8 输入注释

(SCRE)

图 4-15　判断工件属性及程序流向梯形图

9 料槽1动作

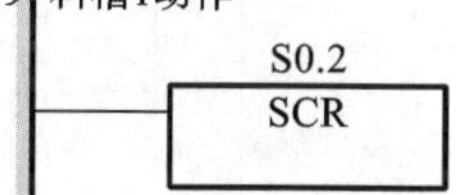

10 当工件移动到推杆1前方位置时，电动机停止，驱动料槽1气缸推料入槽，同时复位标志位M4.0

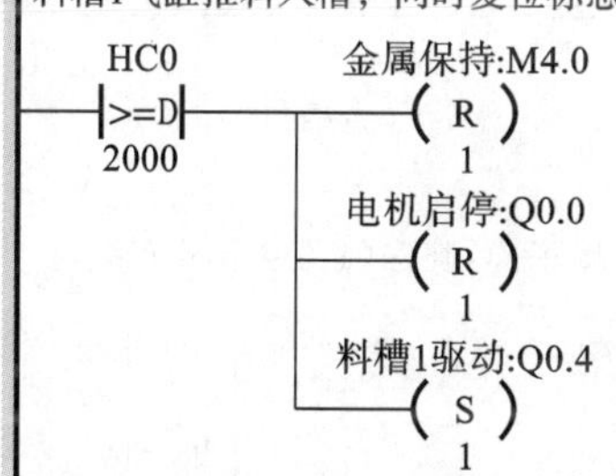

11 当磁性开关检测到气缸伸出到位(推杆1到位)后，复位料槽1的气缸，同时步进程序转移到S0.3

推杆1到位:I0.7　P　料槽1驱动:Q0.4　(R)　1
S0.3 (SCRT)

12 输入注释

(SCRE)

图 4-16　料槽 1 的推杆 1 动作步梯形图

21 推料完成

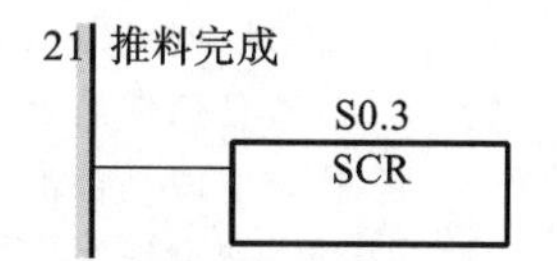

22 延时1 s返回初始步

SM0.0　T102　IN TON　10-PT 100 ms

23 输入注释

T102　S0.0 (SCRT)

24 输入注释

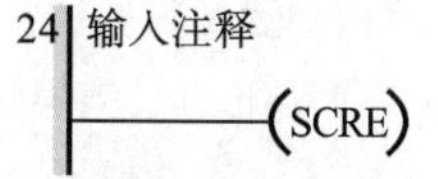

图 4-17　推料完成返回初始步梯形图

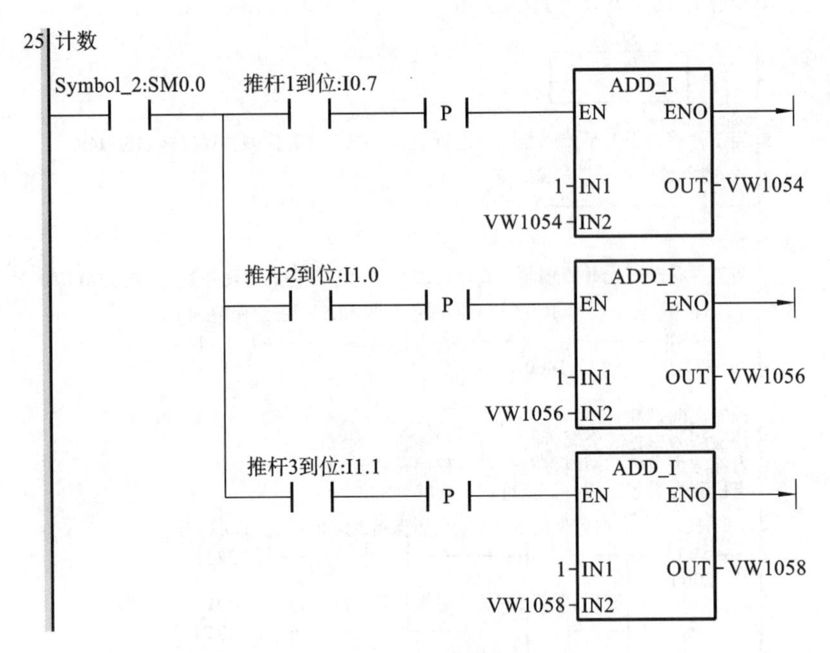

图 4-18　计数的梯形图

分拣单元运行状态调试情况

表 4-12　分拣单元的调试方法

序号	任　务	要　求
1	调试准备	①安装并调节好分拣单元工作站。 ②一个按钮指示灯控制盒。 ③一个 24 V、1.5 A 直流电源。 ④0.6 MPa 的气源，吸气容量 50 L/min。 ⑤装有编程软件的 PC 机
2	开机前的检查	①检查气源是否正常、气动二联件阀是否开启、气管是否插好。 ②检查各工位是否有工件或其他物品。 ③检查电源是否正常，检查变频器是否连接正确，确保强弱电分开布线。 ④检查机械结构是否连接正常。 ⑤检查是否有其他异常情况
3	下载程序	①西门子控制器：S7-200 SMART SR-40 AC/DC/RLY。 编程软件：西门子 STEP 7-MicroWIN SMART。 ②使用编程电缆将 PC 机与 PLC 连接。 ③接通电源，打开气源。 ④松开急停按钮。 ⑤模式选择开关置 STOP 位置。 ⑥打开 PLC 编程软件，下载 PLC 程序

续表

序号	任　务	要　求
4	通电、通气试运行	①打开气源，接通电源，检查电源电压和气源压强，松开急停按钮。 ②将编程软件上的模式选择开关调到 RUN 位置。 ③上电后观察分拣单元各气缸是否达到初始位置，相应指示灯是否点亮。 ④按下启动按钮，传送带是否按控制要求运行，完成分拣单元的工作。 ⑤按下停止按钮，是否将本工作周期的分拣任务完成后停机
5	检查、清理现场	确认工作台面上无遗留的元器件、工具和材料等物品，并整理、打扫现场

评价反馈

各个小组填写表 4-13，以及任务评价表（参照项目 1），然后汇报完成情况。

表 4-13　任务实施考核表

工作任务	配分	评分项目	项目配分	扣分标准	得分	扣分	任务得分
程序流程图	15	程序流程图绘制（15 分）					
		流程图	15	流程图设计不合理，每处扣 1 分；流程图符号不正确，每处扣 0.5 分。有创新点酌情加分，不扣分			
程序设计与调试	75	参数设置（10 分）					
		参数	10	参数设置不合理，每处扣 0.5 分			
		梯形图设计（20 分）					
		程序结构	5	程序结构不科学、不合理，每处扣 1 分			
		梯形图	15	不能正确确定输入与输出量并进行地址分配，梯形图有错，每处扣 1 分；程序可读性不强，每处扣 0.5 分。程序设计有创新酌情加分，无创新点不扣分			
		系统自检与复位（10 分）					
		自检复位	10	初始状态指示灯、分拣各气缸没有处于初始位置，每处扣 2 分。最多扣 10 分			
		系统运行（20 分）					
		系统正常运行	20	有一种工件工序不符合，扣 2 分；变频器运行不符合，每处扣 2 分；分拣动作不符合，工件不按照任务要求分拣入槽，每处扣 1 分；工件未被推入槽或因推力过大被推倒，每处扣 0.5 分。最多扣 20 分			

续表

工作任务	配分	评分项目	项目配分	扣分标准	得分	扣分	任务得分
程序设计与调试		连续高效运行(5 分)					
		连续高效运行	5	无连续高效功能,扣 5 分			
		保护与停止(10 分)					
		正常停止	5	按下停止按钮,运行单周期后,设备不能正确停止,扣 5 分			
		停止后的再启动	5	单周期运行停止后,再次按下启动按钮,设备不能正确启动,扣 5 分			
职业素养与安全意识	10	现场操作安全保护符合安全操作规程;工具摆放、包装物品、导线线头等的处理符合职业岗位的要求;团队有分工有合作,配合紧密;遵守纪律,尊重教师,爱惜设备和器材,保持工位的整洁					

项目知识平台

分拣单元的结构组成

1. 分拣单元的结构全貌

分拣单元的结构全貌如图 4-19 所示。

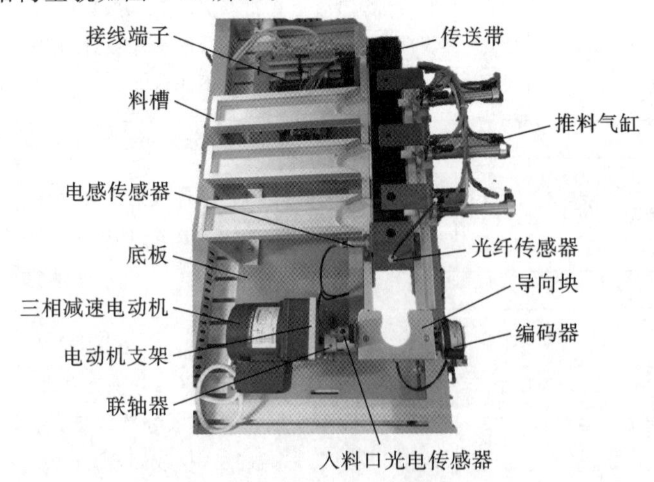

图 4-19　分拣单元的结构全貌

分拣单元主要结构为:传送和分拣机构、传动机构、变频器模块、电磁阀组、接线端口、PLC 模块、底板等。传送和分拣机构用于传送已经加工、装配好的工件,在金属传感器和光纤传感器检测并进行分拣,它主要由传送带、料槽、推料(分拣)气缸、漫反射式光电传感器、编码器、金属传感器、光纤传感器、磁感应接近式传感器组成。

传送带用于传送机械手输送的加工好的工件至分拣区。导向器是用纠偏机械手输送的工件。3 个料槽分别用于存放加工好的白芯金属工件、白芯塑料工件和黑芯工件。

2. 传送带及传动机构

传送带部件的主要功能是把机械手输送过来的工件进行传输,输送至分拣区。主要由皮带、皮带支撑架、主动轴组件、从动轴组件、导轨、滑块、导向块等组成。其中,主动轴和轴承端板构成主动轴组件,连接减速电机和编码器;从动轴、固定端板、受压弹簧、调节螺栓等构成从动轴组件,受压弹簧主要起缓冲减震作用,调节螺栓主要用于调整传送带的张紧度。

分拣单元传动机构如图 4-20 所示。它采用三相减速电机拖动传送带以输送物料。它主要由电动机支架、电动机、联轴器等组成。

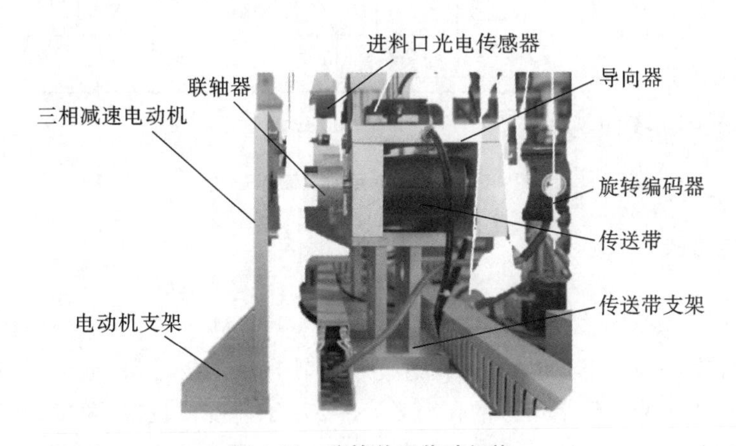

图 4-20　分拣单元传动机构

电动机是传动机构的主要部分,电动机转速的快慢由变频器来控制,其作用是带动传送带从而输送物料。电动机支架用于固定电动机。联轴器用于把电动机的轴和传送带主动轮的轴连接起来,从而组成一个传动机构。

在安装和调整传动机构时,需要注意如下两点。

(1) 传动机构安装基线(导向器中心线)与传送单元滑动导轨中心线重合。

(2) 电动机的转轴和传送带主动轴重合。

3. 分拣机构

分拣机构主要由分拣气缸和出料滑槽构成。分拣气缸将不同材质、颜色的组合工件推送到相应的出料滑槽中。出料滑槽用于存放加工好的黑色、白色工件,还安装了传感器用于工件属性的判别。

分拣单元的气动回路

分拣单元的气动原理图如图 4-21 所示,分拣单元由 3 个双作用气缸双向调速回路构成:分拣一回路、分拣二回路和分拣三回路。3 个气动回路的执行机构均是一个笔形气缸

（一种单出杆式双作用气缸），分别由一个二位五通带手动旋钮的电磁阀控制，并在气路上安装了单向节流阀，采用排气节流调速工作方式进行调速控制。

分拣单元气动回路

图 4-21 中 1B1、2B1 和 3B1 分别为安装在各分拣气缸前极限工作位置的磁性开关。1Y1、2Y1 和 3Y1 分别为控制 3 个分拣气缸电磁阀的电磁控制端。

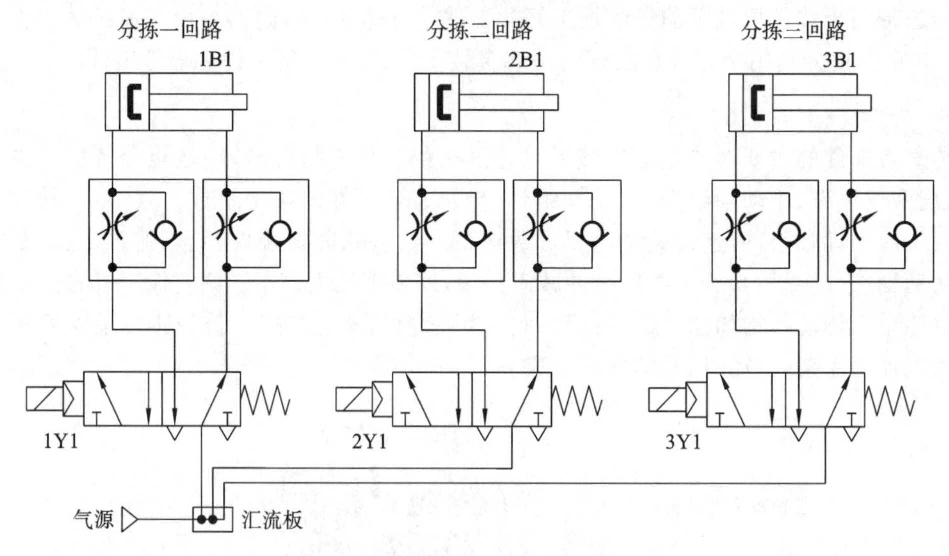

图 4-21　分拣单元的气动原理图

分拣单元的传感器

1. 旋转编码器

增量式旋转编码器的内部结构

增量式旋转编码器的工作原理

增量式旋转编码器的外形和接线端子

旋转编码器是一种基于光电效应，通过光信号转换成电信号，将输出至转轴上的机械、几何位移量转换成脉冲或数字信号的传感器，主要用于速度或位置（角度）检测。典型的旋转编码器由光栅盘（光电码盘）和光电检测装置组成。光栅盘是在一定直径上由若干个矩形狭缝等分而成的圆盘。由于光电码盘与电动机同轴，当电动机转动时，光栅盘与电动机同速转动，经发光二极管等电子元件组成的检测装置检测并输出若干脉冲信号，其内部构造图如图 4-22 所示；可以通过计算旋转编码器每秒输出的脉冲数来反映电动机当前的转速。旋转编码器内部还集成了驱动电路，具有过电压、过电流、过热、欠压等故障检测以及保护电路，在主回路中还加入软启动电路，以减小启动过程对驱动器的冲击影响。

一般来说，旋转编码器根据脉冲产生方式的不同可分为增量式和绝对式两大类。增量式旋转编码器常用于自动化生产线上。增量式编码器直接利用光电转换原理输出三组方波脉冲 A、B、Z 相；A 相与 B 相的相位差为 90°，用于辨向：当 A 相脉冲超前 B 相时为正转方向，B 相脉冲超前 A 相时为反转方向。码盘每转一圈产生一个 Z 相脉冲，用于参考点定位。即使旋转编码器的分辨率改变，它的相位数也不会改变。增量式编码器输出的三组方波脉冲如图 4-23 所示。

自动线分拣单元采用这种通用型旋转编码器，A、B 两相具有 90°相位差，用于计算工件在传送带上的位置。旋转编码器直接连接到传送带主动轴上，它的三相脉冲采用 NPN 型集电极开路输出，分辨率 500 线，工作电源为直流 12～24 V。本工作单元不使用 Z 相脉冲，A、B 两相输出端子直接连接到 PLC（S7-200 SMART CPU SR40 主单元）的高速计数器输入端子。

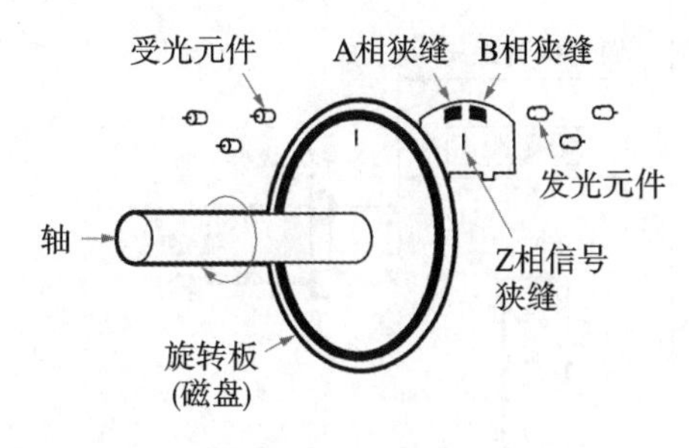

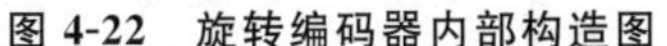
图 4-22　旋转编码器内部构造图

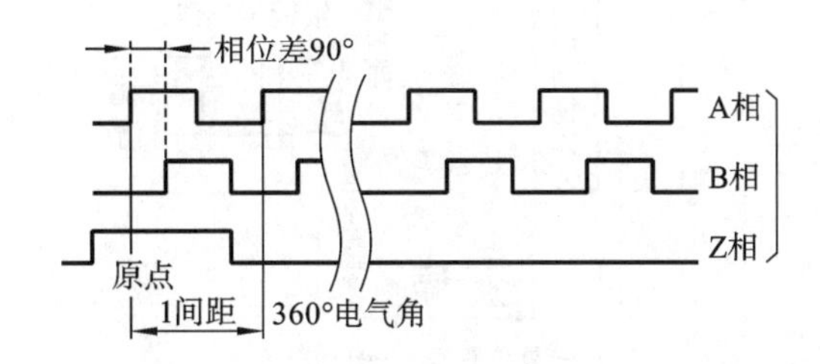

图 4-23　增量式编码器输出的三组方波脉冲

2. 电感式接近开关

电感式接近开关由三大部分组成:振荡器、开关电路及放大输出电路。振荡器在传感器表面产生一个交变电磁场,当金属目标接近这一磁场并达到感应距离时,在金属表面产生的涡流会吸收振荡器的能量,使振荡减弱到静止状态。振荡器的振荡和停止状态转换为电信号,电信号通过整形放大器转换成二进制开关信号,经功率放大后输出,触发驱动控制器件,从而达到非接触式检测的目的。

电感式接近开关是一种利用涡流效应制成的传感器。涡流效应是指当金属物体处于交变磁场中时,金属内部会产生交变的电涡流,与产生它的磁场发生反应的物理效应。如果交变磁场是由感应线圈产生的,则感应线圈中的电流会发生变化以平衡涡流产生的磁场。

利用此原理将高频振荡器(LC 振荡器)的电感线圈作为检测元件,当被测金属物体靠近电感线圈时产生涡流效应,引起振荡器振幅或频率的变化,由传感器的信号调理电路(包括检波、放大、整形、输出等电路)将该变化转换成开关量输出,从而达到检测目的。电感式接近开关原理图如图 4-24 所示。

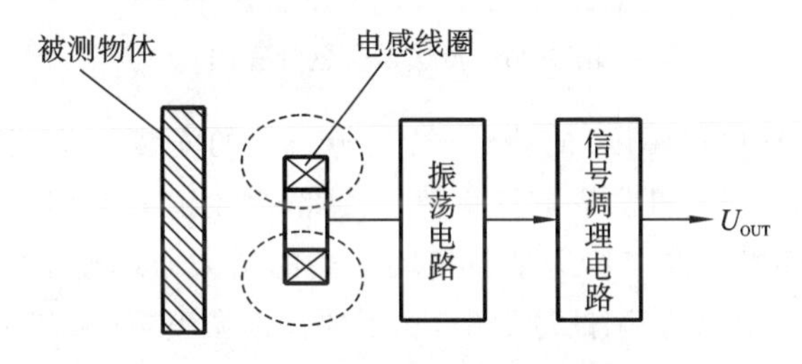

图 4-24　电感式接近开关原理图

在选择和安装接近开关时,必须仔细考虑检测距离和设置距离,以确保生产线上的传感器可靠动作。安装距离说明如图 4-25 所示。

传送带位移的脉冲当量

在计算工件在传送带上的位置时,需要确定每两个脉冲之间的距离,即脉冲当量。分拣单元主动轴的直径 $d=43$ mm,因此减速电机每转一圈,工件在皮带上的移动距离 $L=\pi d=3.14\times43=135.02$ mm。因此,脉冲当量 $\mu=L/500\approx0.27$ mm(500 线为旋转编码器分辨率)。

按如图 4-26 所示的安装尺寸,当工件从下料口中心线移至传感器中心时,旋转编码器约发出 435 个脉冲;移至第一个推杆中心点时,约发出 620 个脉冲;移至第二个推杆中心点时,约发出 974 个脉冲;移至第三个推杆中心点时,约发出 1298 个脉冲。

应该注意的是,上述脉冲当量的计算只是理论上的,实际上各种误差因素在所难免,如

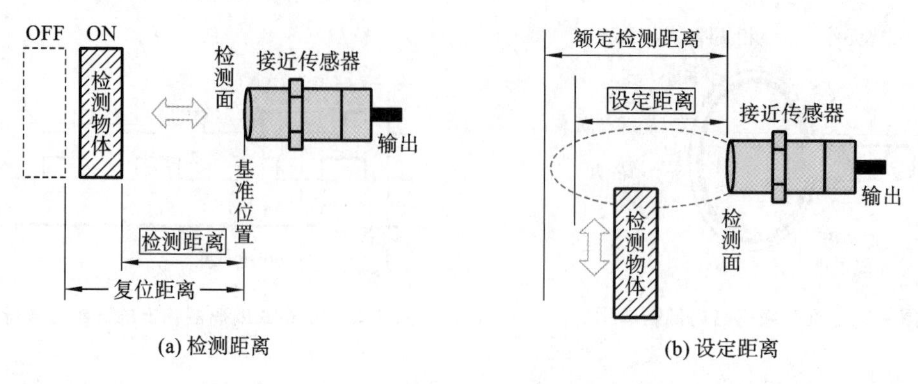

图 4-25 电感式接近开关安装距离说明

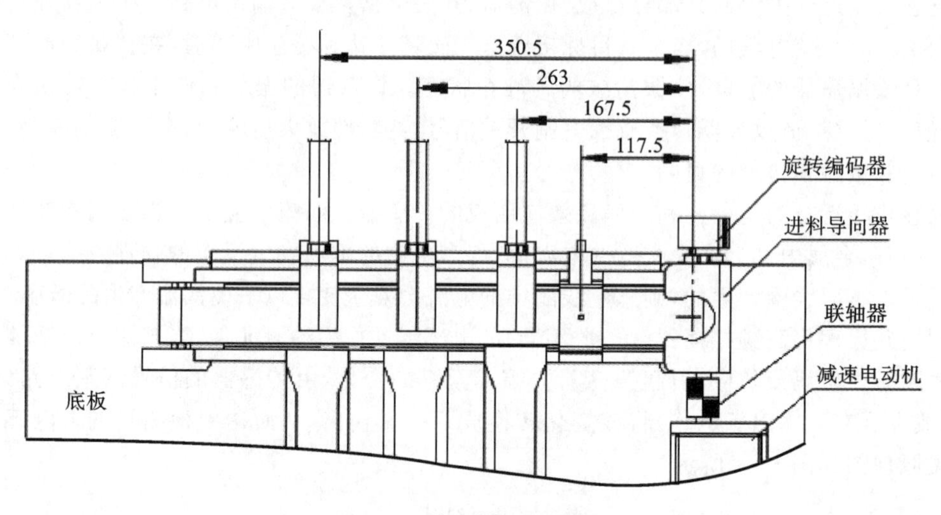

图 4-26 传送带位置计算图

传送带主动轴直径(包括皮带厚度)的测量误差、传送带的安装偏差,以及张力、分拣单元在工作台上的整体定位偏差等,都会影响计算值。因此,理论值只能作为估算值。脉冲当量误差引起的累积误差会随着工件在传送带上移动距离的增大而迅速增大,甚至达到无法容忍的地步。因此,在分拣单元安装调试过程中,除了要仔细调整,尽量减少安装偏差外,还需要现场测试脉冲当量。

高速计数器的使用

1. S7-200 SMART CPU 的脉冲输出功能

普通计数器受 CPU 扫描速度的影响,按顺序扫描工作。在每个扫描周期内,计数脉冲只能累加一次。由于脉冲信号频率高于 PLC 的扫描频率,如果仍然使用普通计数器进行累加,势必会丢失大量输入脉冲信号。在 PLC 中,可以使用高速计数器指令对频率高于扫描的输入信号进行计数。S7-200 SMART CPU 提供 4 个高速计数器,编号分别为 HSC0～HSC3,可测量高达 200 kHz 的脉冲信号。

高速计数器的编程方法有两种:一种是使用梯形图或语句表进行普通编程,另一种是使用 STEP 7-Microwin SMART 编程软件进行引导式编程。无论哪种方法,首先要根据计数输入信号的形式和要求确定计数方式,然后选择计数器编号并确定输入地址。

1）高速计数器占用的输入端子及功能

分拣单元配置的 PLC 是 S7-200 SMART CPU SR40 AC/DC/RLY 主机，集成有 4 点的高速计数器，编号为 HSC0～HSC3，每个编号的计数器均配备固定地址输入端子。同时，高速计数器可以配置八种模式中的任何一种。

高速计数器的固定地址输入端和计数模式如表 4-14 所示。

表 4-14　高速计数器的固定地址输入端和计数模式

模式	中断描述	输入点		
	HSC0	I0.0	I0.1	I0.4
	HSC1	I0.1		
	HSC2	I0.2	I0.3	I0.5
	HSC3	I0.3		
0	带有内部方向控制的单相计数器	脉冲		
1		脉冲		复位
3	带有外部方向控制的单相计数器	脉冲	方向	
4		脉冲	方向	复位
6	带有两路脉冲输入的双相计数器	加脉冲	减脉冲	
7		加脉冲	减脉冲	复位
9	A/B 相正交计数器	脉冲 A	脉冲 B	
10		脉冲 A	脉冲 B	复位

2）高速计数器的工作模式

(1) HSC 的模式 0 和 1 计数。

这种工作模式下只有一个脉冲输入端，采用内部方向控制进行向上计数或向下计数。该位为 1，向上计数；该位为 0，向下计数。如图 4-27 所示，当时钟信号在上升沿，且内部方向控制为 1 时，计数器当前值加 1；内部方向控制为 0，且时钟在上升沿时，计数器当前值减 1。

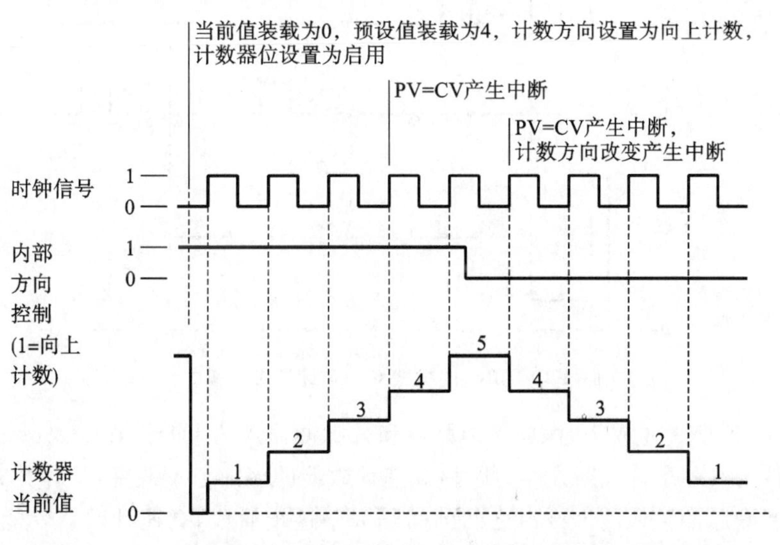

图 4-27　HSC 的模式 0 和 1 计数工作模式

(2) HSC 的模式 3 和 4 计数。

这种工作模式下有一个脉冲输入端，有一个方向控制端，外部方向输入信号等于 1 时，向上计数；外部方向输入信号等于 0 时，向下计数。如图 4-28 所示，当时钟信号在上升沿，且外部方向控制为 1 时，计数器当前值加 1；外部方向控制为 0，且时钟在上升沿时，计数器当前值减 1。

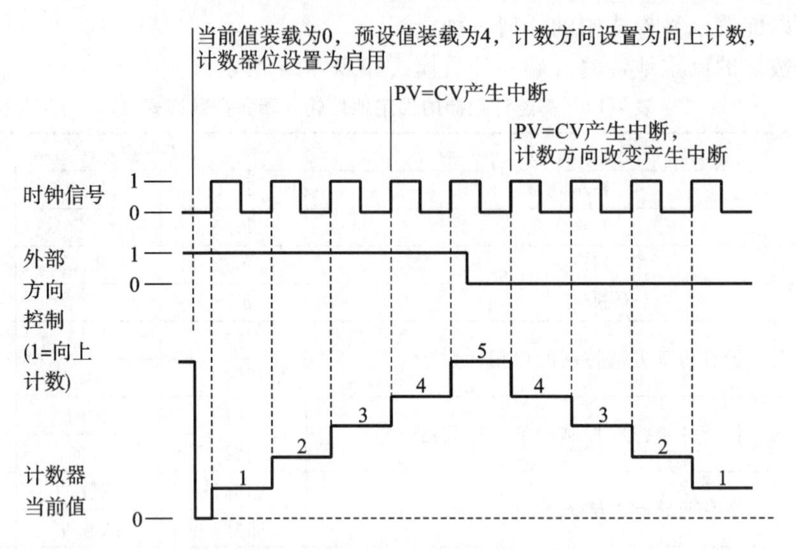

图 4-28 HSC 的模式 3 和 4 计数工作模式

(3) HSC 的模式 6 和 7 计数。

这种工作模式下有两个脉冲输入端，即向上计数脉冲和向下计数脉冲。如图 4-29 所示，当向上计数脉冲在上升沿时，计数器当前值加 1；向下计数脉冲在上升沿时，计数器当前值减 1。

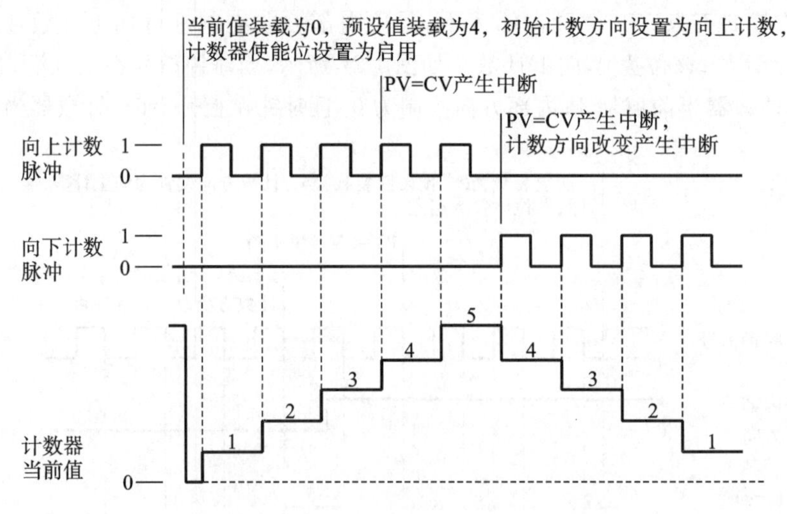

图 4-29 HSC 的模式 6 和 7 计数工作模式

使用 HSC 的模式 6 或 7 时，如果加脉冲和减脉冲输入的上升沿在 0.3 μs 内发生，高速计数器可能认为这些事件同时发生，此时，高速计数器的当前值不改变，且计数方向不改变。只要加脉冲和减脉冲输入的上升沿之间的间隔大于这个时段，高速计数器就能够单独捕获每个事件。在这两种情况下，均不生成错误，而且高速计数器保持正确计数值。

(4) HSC 的模式 9 和 10 计数。

这种工作模式下有两个脉冲输入端，输入的两路脉冲相位(A 相、B 相)相差 90°(正交)，当 A 相超前 B 相 90°时，为加计数；当 A 相滞后 B 相 90°时，为减计数。在这种计数方式下，可选择 1×模式（单倍频，一个时钟脉冲计一个数）和 4×模式（四倍频，一个时钟脉冲计四个数）。两种工作模式分别如图 4-30 和图 4-31 所示。

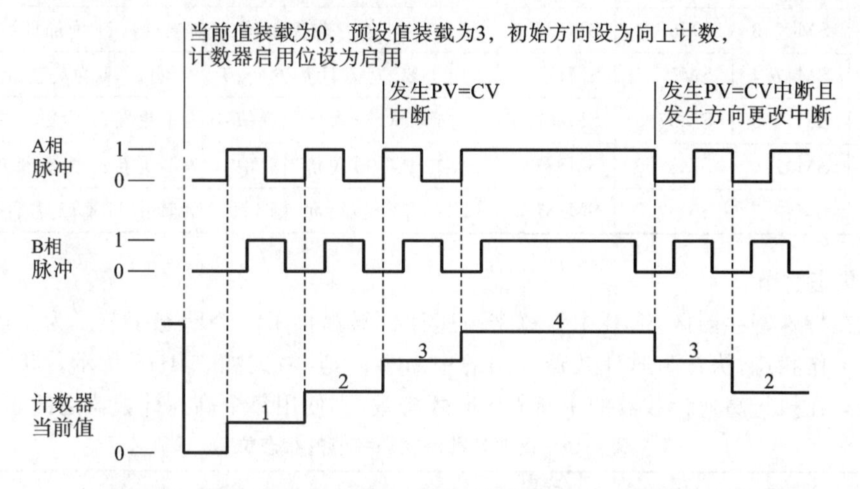

图 4-30　HSC 的模式 9 和 10 计数工作模式（A、B 正交相位 1×）

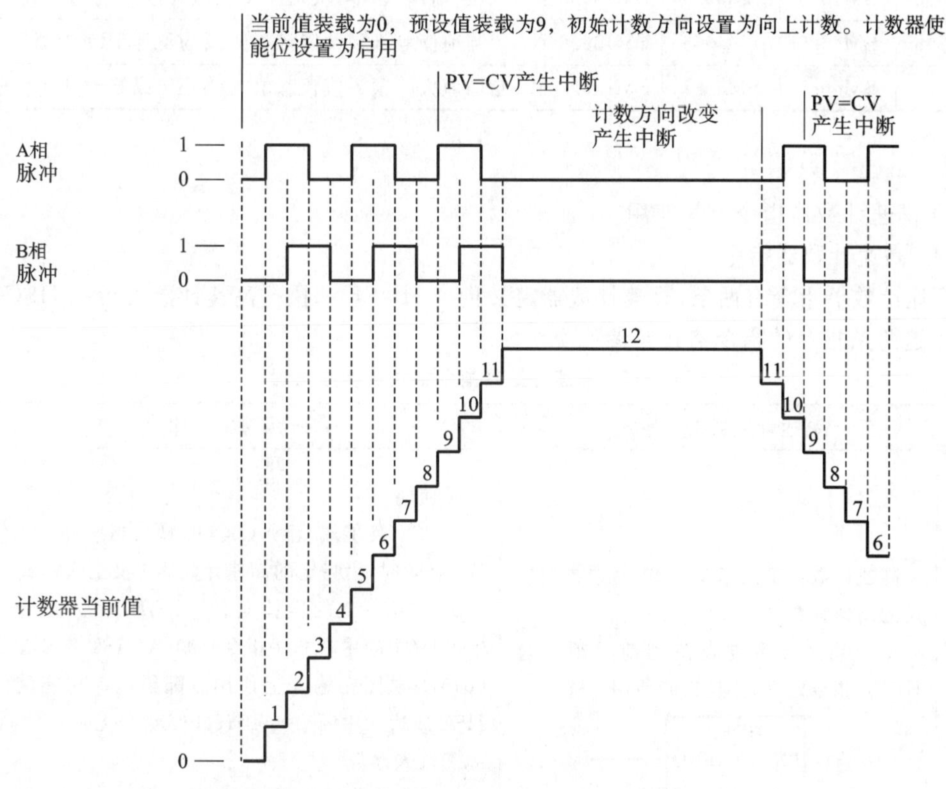

图 4-31　HSC 的模式 9 和 10 计数工作模式（A、B 正交相位 4×）

3）高速计数器的控制字和状态字

（1）控制字节。

在定义了计数器和工作模式之后，还设置了高速计数器的相关控制字节。每个高速计数器都有一个控制字节，用于确定是否允许或禁止计数器计数、方向控制（仅模式 0、1）或所有其他模式的初始化计数方向、加载当前值和预设值。高速计数器的控制字节如表 4-15 所示。

表 4-15　高速计数器的控制字节

HSC0	HSC1	HSC2	HSC3	说　明
SM37.3	SM47.3	SM57.3	SM137.3	计数方向控制位:0 为减计数;1 为加计数
SM37.4	SM47.4	SM57.4	SM137.4	向 HSC 写入计数方向:0 为不更新;1 为更新计数方向
SM37.5	SM47.5	SM57.5	SM137.5	向 HSC 写入新预置值:0 为不更新;1 为更新预置值
SM37.6	SM47.6	SM57.6	SM137.6	向 HSC 写入新当前值:0 为不更新;1 为更新初始值
SM37.7	SM47.7	SM57.7	SM137.7	HSC 指令执行允许控制:0 为禁止 HSC;1 为启用 HSC

(2) 状态字节。

系统在特殊寄存器区 SMB 中为每个高速计数器提供了一个状态字节。为了监控高速计数器的工作状态,执行高速计数器引用的中断事件,其格式如表 4-16 所示。状态字节的状态位只有在执行高速计数器的中断程序时才有效,不使用每个高速计数器的低 5 位。

表 4-16　高速计数器状态字节的状态位

HSC0	HSC1	HSC2	HSC3	说　明
SM36.5	SM46.5	SM56.5	SM136.5	当前计数方向状态位:0 为减计数;1 为加计数
SM36.6	SM46.6	SM56.6	SM136.6	当前值等于预设值状态位:0 为不等于;1 为等于
SM36.7	SM46.7	SM56.7	SM136.7	当前值大于预置值状态位:0 为小于或等于;1 为大于

2. 高速计数器的编程

1) 高速计数器指令及其使用

(1) 高速计数器指令。

高速计数器指令有两条:高速计数器定义指令 HDEF 和执行高速计数器指令 HSC。表 4-17 是这两条指令的指令格式及参数说明。

表 4-17　高速计数器指令格式及参数说明

序号	高速计数器指令格式	参 数 说 明
1	高速计数器定义指令 HDEF,选择要使用的高速计数器的操作模式。 每个高速计数器在使用前必须通过 HDEF 指令定义,并且只能使用一次 HDEF EN　ENO HSC MODE	①使能。 • EN(使能端)输入(BOOL 型):当准许输入使能 EN 有效时,为指定的高速计数器定义工作模式。 • ENO=0 的出错条件:0003H(输入点冲突)、0004H(中断中有非法指令)、000A(HSC 重复定义)、0016H(试图在输入上使用分配给运动功能使用的 HSC 或边缘中断)、0090H(HSC 编号无效)。 ②输入参数。 • HSC(高速计数器的编号)输入(BYTE 型):常量,设定高速计数器的编号,范围为 0～3。 • MODE(高速计数器的工作模式)输入(BYTE 型):常量,设定高速计数器的工作模式,范围为 0～10(其中 2、5、8 无效)

续表

序号	高速计数器指令格式	参 数 说 明
2	执行高速计数器指令 HSC，该指令的作用是根据高速计数器相关的特殊继电器确定控制方式和工作状态，使高速计数器的设置生效，并根据指令的工作模式执行计数操作 HSC EN　ENO N	①使能。 • EN(使能端)输入(BOOL 型)：当准许输入 EN 使能有效时，启动 N 号高速计数器工作。 • ENO＝0 的出错条件：0001H(HSC 在 HDEF 之前执行)、0005H(HSC、PLS 同时操作)、0090H(HSC 编号无效)。 ②输入参数。 • N(高速计数器的编号)输入(BYTE 型)：常量，设定高速计数器的编号，范围为 0～3

(2) 高速计数器指令的使用。

每个高速计数器都有一个 32 位的初始值和一个 32 位的预置值，它们都是有符号整数数据。除了控制字节、当前值和设置值之外，每个高速计数器的当前值可以使用数据类型 HC(高速计数器的当前值)加上计数器编号(0～5)读取，如 HC0。为了将新的当前值和设置值加载到高速计数器中，必须先将当前值和设置值作为双字数据类型加载到表 4-18 中列出的特殊寄存器中，然后执行 HSC 指令以将新值传递给高速计数器。

表 4-18　HSC0～HSC3 当前值和设定值占用的特殊寄存器

要装入的数值	HSC0	HSC1	HSC2	HSC3
新当前值	SMD38	SMD48	SMD58	SMD138
新设定值	SMD42	SMD52	SMD62	SMD142

(3) 高速计数器指令的初始化。

由于高速计数器的 HDEF 指令在进入 RUN 模式后只能执行一次，所以一般以子程序的形式进行初始化，以减少程序的运行时间，优化程序结构。下面以 HC1 为例介绍高速计数器各工作模式的初始化步骤。

①利用 SM0.1 调用初始化子程序。

②在初始化子程序中，根据需要将控制字加载到 SMB47 中。例如，SMB47＝16＃F8，表示：允许写入新的当前值，允许写入新的设定值，计数方向为递增计数，启动和复位信号为高电平有效。

③执行 HDEF 指令，其输入参数如下：HSC 端为 1(选择高速计数器 1 号)，MODE 端为 0/1(对应工作模式 0/模式 1)。

④将所需的当前计数值加载到 SMD48 中(0 可用于清零高速计数器)。

⑤将所需设定值加载到 SMD52 中。

⑥如果要捕获当前值等于设定值的中断事件，编写中断事件关联的中断服务程序 12。

⑦如果要捕获外部复位中断事件，编写与中断事件 28 号相关联的中断服务程序。

⑧执行 ENI 指令，使能全局中断。

⑨执行 HSC 指令。

⑩退出初始化子程序。

2）高速计数器指令向导编程

高速计数器除了利用专门的指令进行编程外，还可以通过编程软件中的指令向导自动生成对应的子程序。表 4-19 列出了 HSC 指令向导生成的过程。

表 4-19　HSC 指令向导生成的过程

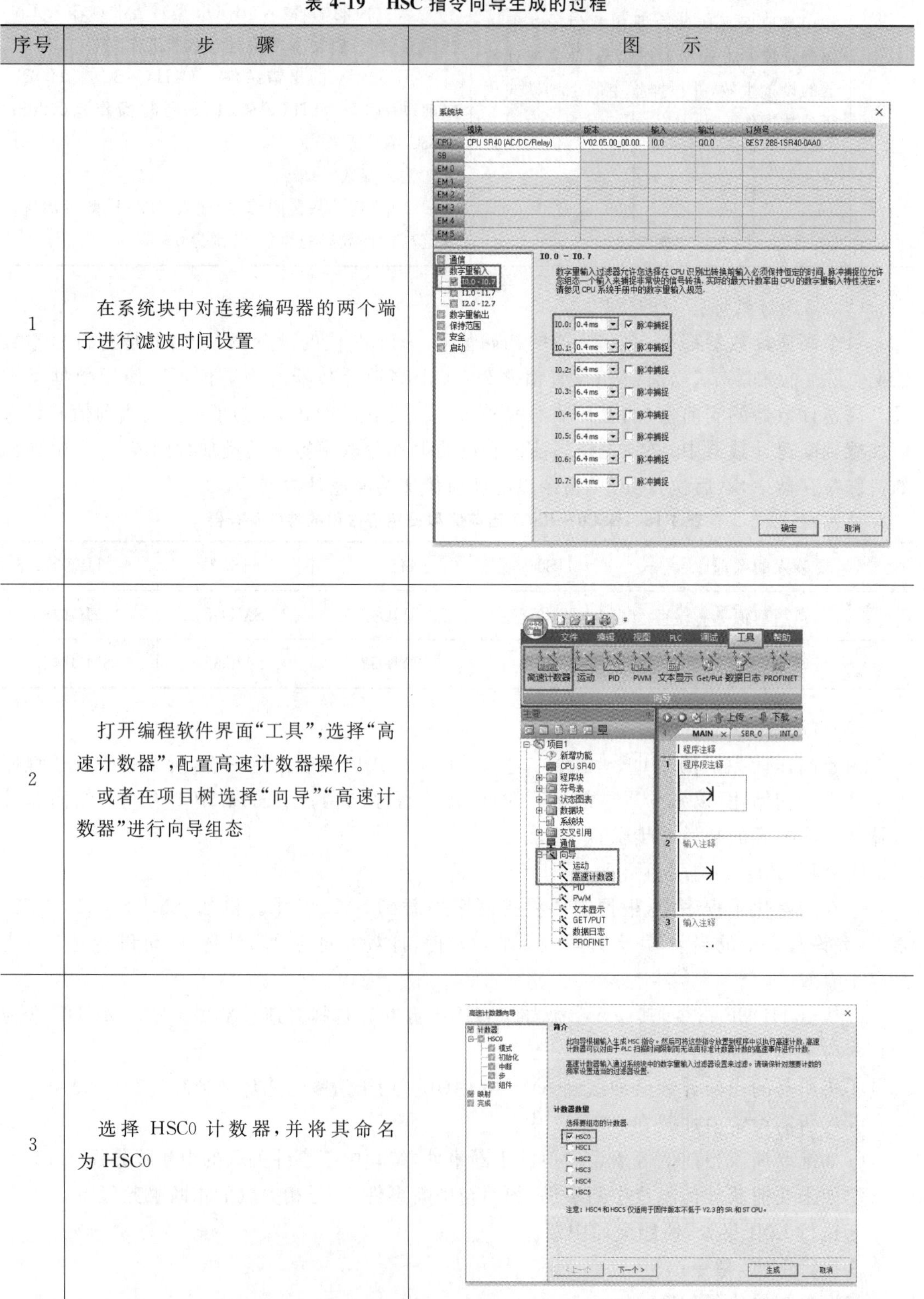

序号	步　　骤	图　　示
1	在系统块中对连接编码器的两个端子进行滤波时间设置	
2	打开编程软件界面“工具”，选择“高速计数器”，配置高速计数器操作。 或者在项目树选择“向导”“高速计数器”进行向导组态	
3	选择 HSC0 计数器，并将其命名为 HSC0	

续表

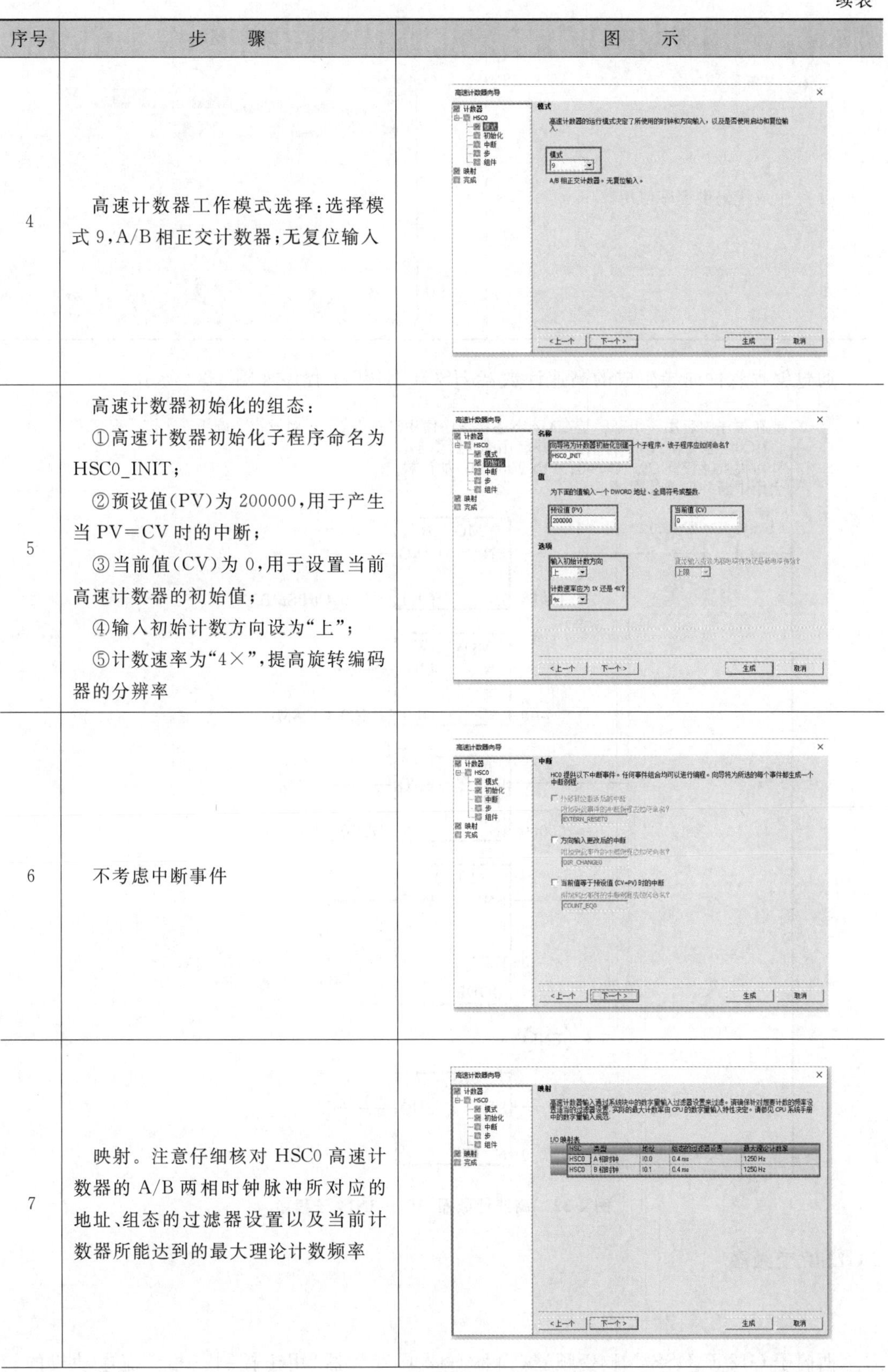

序号	步 骤	图 示
4	高速计数器工作模式选择：选择模式 9，A/B 相正交计数器；无复位输入	
5	高速计数器初始化的组态： ①高速计数器初始化子程序命名为 HSC0_INIT； ②预设值(PV)为 200000，用于产生当 PV＝CV 时的中断； ③当前值(CV)为 0，用于设置当前高速计数器的初始值； ④输入初始计数方向设为“上”； ⑤计数速率为“4×”，提高旋转编码器的分辨率	
6	不考虑中断事件	
7	映射。注意仔细核对 HSC0 高速计数器的 A/B 两相时钟脉冲所对应的地址、组态的过滤器设置以及当前计数器所能达到的最大理论计数频率	

续表

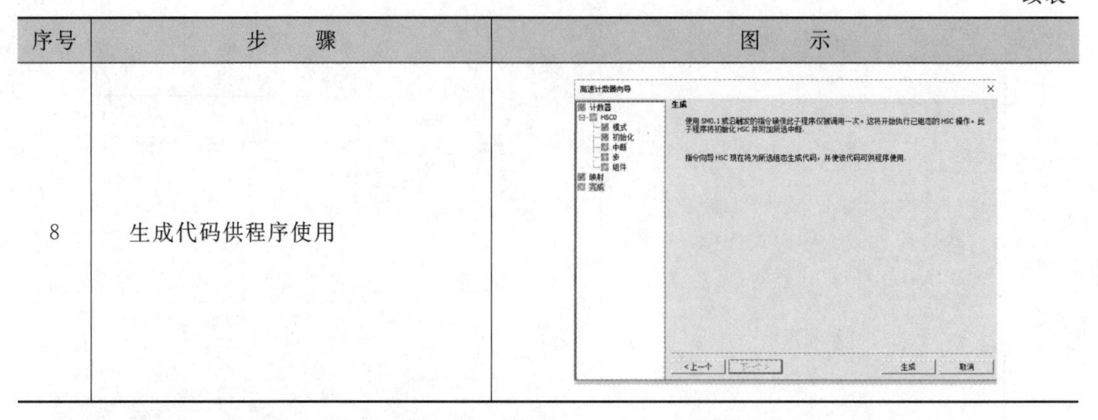

序号	步　骤	图　示
8	生成代码供程序使用	

通过编程软件向导生成的高速计数器 HSC0_INIT 子程序如图 4-32 所示。

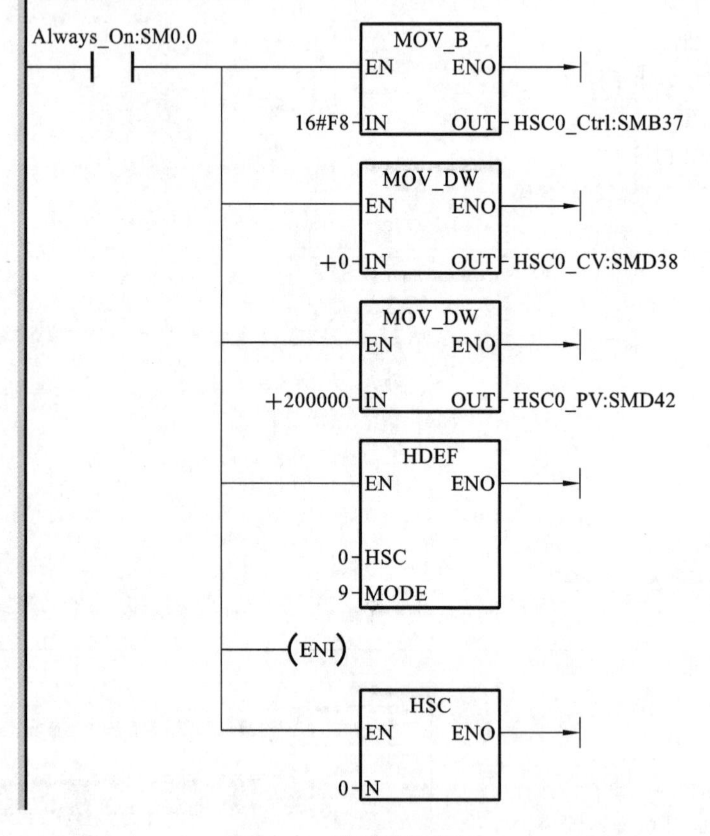

图 4-32　高速计数器 HSC0_INIT 子程序

G120C 变频器

1. G120C 变频器概述

西门子 G120C USS/MB 变频器（简称 G120C 变频器）用于控制三相交流电动机的转

速，是 MM420 系列变频器的升级替换版。其功率模块用于给电动机供电，可选功率范围为 0.55～18.5 kW；其操作设备可以是基本操作面板（BOP-2）和智能操作面板（IOP）。分拣单元中使用的 G120C 变频器无过滤器，带有 USS 现场总线，选择的是基本操作面板 BOP-2。变频器的额定参数如下。

（1）电源电压：380～480 V，三相交流。

（2）额定输出功率：0.75 kW。

（3）额定输出电流：2.2 A。

（4）操作面板：基本操作面板（BOP-2），插装在变频器上。

（5）I/O 接口：6DI、2DO、1AI、1AO。

（6）现场总线集成：USS/MODBUS RTU。

2. G120C 变频器的接线

1）变频器基本操作面板 BOP-2 的安装

如图 4-33 所示，将 BOP-2 操作面板的下侧插入转换器的相应插槽中，然后将面板的上侧推入转换器的凹槽中，直到听到制动卡片在变频器上卡紧的声音，表示操作面板安装成功。要卸下面板，只需按住制动卡片，将其从变频器的凹槽中取出。

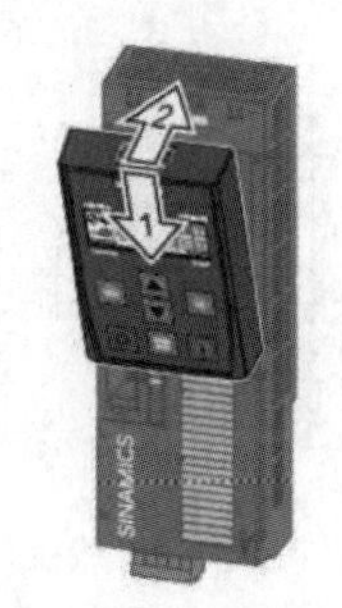

(a) 插入BOP-2　(b) 取出BOP-2

图 4-33　BOP-2 操作面板拆装图示

2）变频器端子及接线

在变频器的正面，打开盖板后可以看到很多接线端子，如图 4-34 所示。

（1）变频器的主电路接线。

变频器主电路端、制动电阻、主电路接线图如图 4-35 所示。注意地线 PE 必须接变频器接地端和交流电动机外壳。主电路接线时，变频器模块面板上的 L1、L2、L3 三端接三相电源，接地端接保护地线；三个电动机输出端 U、V、W 接三相电动机（不能接错电源，否则会损坏变频器）。还需要注意的是，当电机高速运转时，需要立即停止转动，需要使用制动电阻。

（2）变频器控制电路的接线。

变频器控制电路的接线端包括控制电源端、数字量输入端、数字量输出端、模拟输入端、模拟输出端。接线方式包括外部电源接线和内部电源接线；开关闭合后，开关量输入分为高、低电平。图 4-36 是这 4 种接线方式：①内部电源接法，输入为高电平；②外接电源接法，输入为高电平；③内部电源接法，输入为低电平；④外接电源接法，输入为低电平。

本项目采用的是第一种接线方式。

3. G120C 变频器的 BOP-2 操作面板

图 4-37 是基本操作面板（BOP-2）的外形。BOP-2 可以更改变频器的各个参数，还可以监控变频器的运行情况。BOP-2 的液晶显示屏可以显示选择的功能信息，参数的序号和数值，以及设定值和实际值。

（1）BOP-2 操作面板的功能键及其说明如表 4-20 所示。

（2）BOP-2 操作面板屏幕图标。

BOP-2 操作面板的液晶屏上有一些表示变频器运行状态的图标，它们的含义如表 4-21

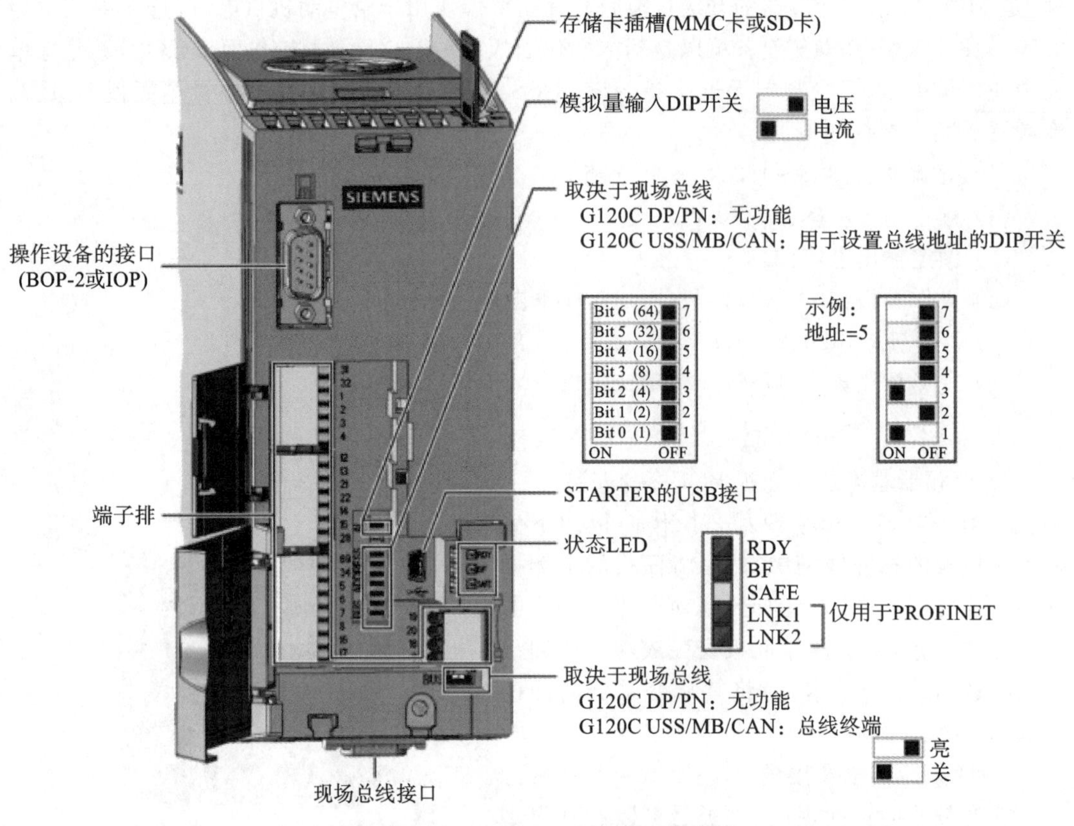

图 4-34　G120C 变频器的控制接口端子

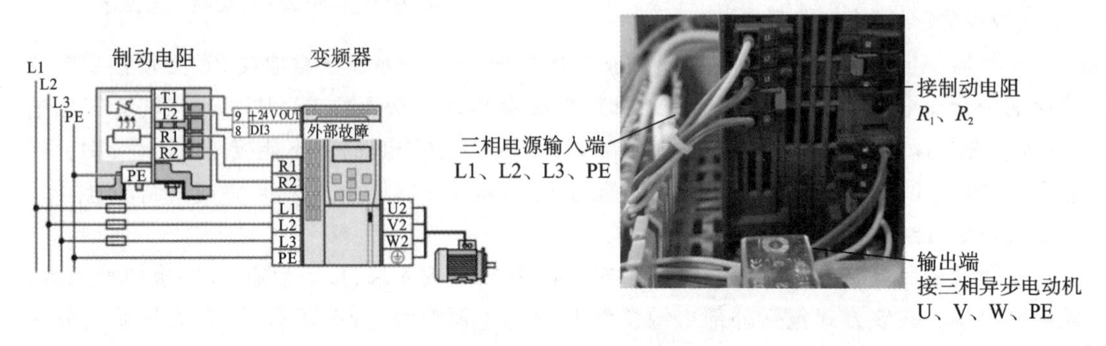

图 4-35　G120C 变频器的接线图

所示。

4. BOP-2 操作面板的菜单显示

BOP-2 操作面板的液晶屏上有 6 个操作菜单，它们的说明如表 4-22 所示。

5. G120C 变频器的参数设置

1）参数号和参数名称

参数号是指该参数的编号。参数号形如 P××××[0...n]的由一个“P”或者“r”、参数号由可选用的下标或位数组组成。在参数号的前面冠以一个小写字母“r”时，参数为“只读”。所有其他参数号前面都有一个大写字母“P”。××××表示参数号。[0...n]表示该

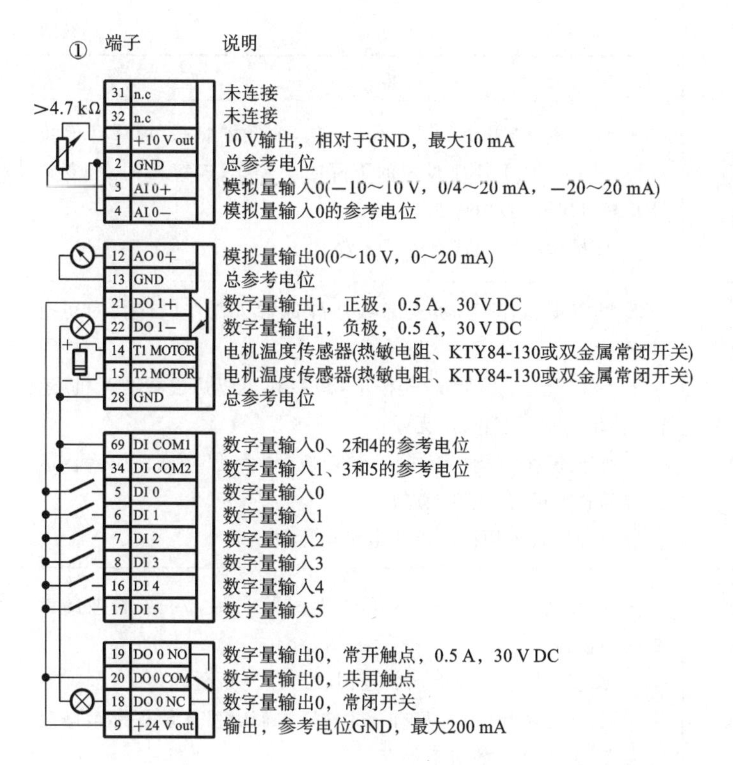

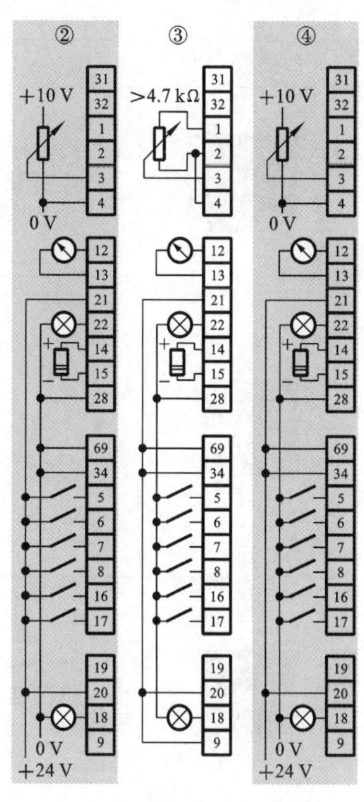

图 4-36　G120C 变频器的控制台

参数是一个带下标的参数或者数据组参数。可调参数都可以在最大值及最小值范围内进行设置。例如，参数 P3 表示参数的访问等级，需要将它设置成对应访问级别的数值后才能显示和修改相应级别的参数。它有 2 个可设置值，分别是 3-标准、4-专家。

2）参数设置方法

用 BOP-2 可以修改和设置系统参数，参数值的修改是在菜单“PARAMS”和“SETUP”中进行的。更改参数数值的步骤可大致归纳为：①查找所选定的参数号；②进入参数值访问级，修改参数值；③确认并存储修改好的参数值。

图 4-37　BOP-2 操作面板

BOP-2 参数的操作方法如图 4-38 所示。

表 4-20　BOP-2 操作面板的功能键及其说明

按键/显示	功　能	说　明
STANDARD	状态显示	LCD 显示变频器的相关信息
I	开机/运行键	• 该按键在“手动”模式下有效，用于启动变频器（点动或连续运行）。 • 该按键在“自动”模式下无效

续表

按键/显示	功　能	说　明
	关机/停止键	• 该按键在“手动”模式下按一次，变频器将按“OFF1”停止运行，并在参数 P1121 设定的下降时间停车；连续按两次，变频器将按“OFF2”自由停车。 • 该按键在“自动”模式下无效
HAND AUTO	手动/自动键	改变 BOP 操作(手动)与总线或外部端子操作(自动)的切换按键。 • 该按键在“手动”模式按下，切换到“自动”模式，“开机/运行键”和“关机/停止键”无效。 • 该按键在“自动”模式按下，切换到“手动”模式。“开机/运行键”和“关机/停止键”有效。 这两种模式的切换可以在电机运行时实现
ESC	退出键	• 长按该按键不超过 2 s，可以返回上一级，或正在修改的参数值不被保存。 • 长按该按键超过 3 s，将返回状态监控画面。 注意：在参数设置时，只有预先按下“确认键”才能保存被修改的参数，否则该参数值不保存
OK	确认键	• 在菜单选择时，确认选择的菜单项。 • 当参数设置时，确认选择的参数和修改的数值，并返回上一级。 • 在故障诊断时，按下该键清除故障
	向上键	• 在菜单选择时，返回上一级屏幕。 • 当参数设置时，增加参数号或参数值。 • 如果是“手动”模式＋点动操作模式，长时间同时按住“向上键”和“向下键”可以实现正反转操作切换功能
	向下键	• 在菜单选择时，进入下一级屏幕。 • 当参数设置时，减小参数号或参数值

表 4-21　BOP-2 操作面板屏幕图标含义

图　标	功　能	状　态	描　述
	控制模式	手动模式	该图标仅在“手动”模式下显示
	变频器状态	运行状态	表示变频器处于运行状态
JOG	点动模式	变频器点动运行	表示变频器处于点动运行状态

续表

图　标	功　能	状　态	描　述
	故障和报警	图标闪烁显示为故障，图标静止显示为报警	变频器故障时该图标闪烁，这时变频器自动停止运行； 当变频器处于报警状态时不会自动停止运行，而是提示变频器处于报警状态

表 4-22　BOP-2 操作面板的操作菜单说明

菜　单	说　明
MONITORING	指示变频器和电动机运行的实际状态
CONTROL	表示使用 BOP 操作变频器，可以激活设定值、点动运行和反向运行模式
DIAGNOSTICS	显示故障、报警，以及历史和状态等
PARAMETER	查看并设置参数值
SETUP	对变频器进行快速调试等基本操作
EXTRAS	对变频器进行附加功能操作，如复制和保存数据等

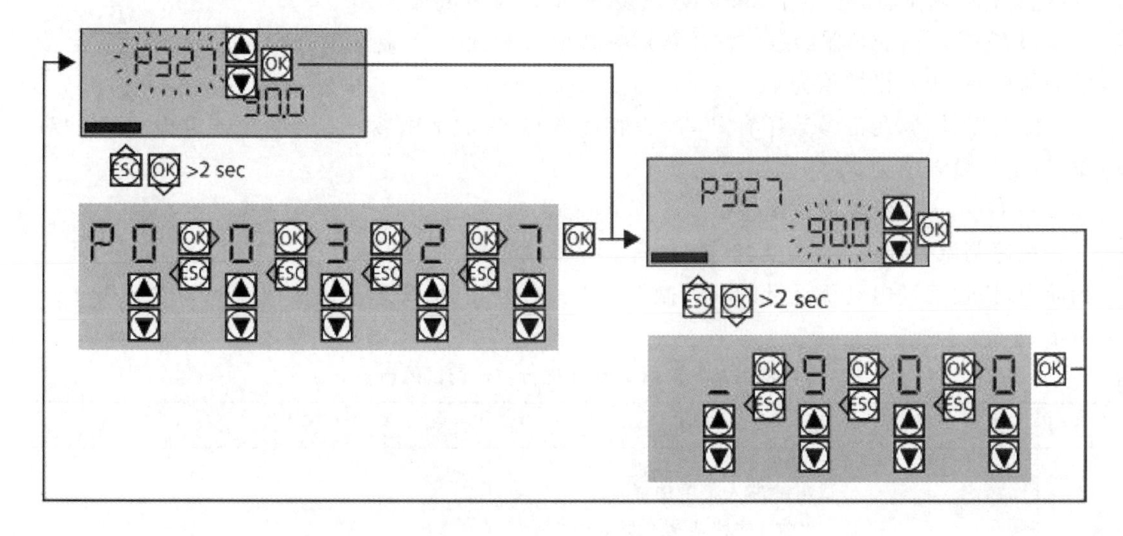

图 4-38　BOP-2 参数的操作方法

BOP-2 参数的修改方法如图 4-39 所示。

6. 利用 BOP-2 面板完成对 G120C 变频器的基本调试

1）G120C 变频器的基本调试步骤

变频器的基本调试一般分为两个步骤：一是复位变频器的参数，即恢复出厂值；二是对变频器进行快速调试。所以当我们设置参数时，也是按这个顺序进行的。

2）G120C 变频器的参数复位设置

第一次使用 G120C 变频器时，在调试过程中出现异常，或在使用后需要重新调试时，都需要将变频器恢复到出厂设置。通过 BOP-2 恢复出厂设置有两种方法：一种是通过

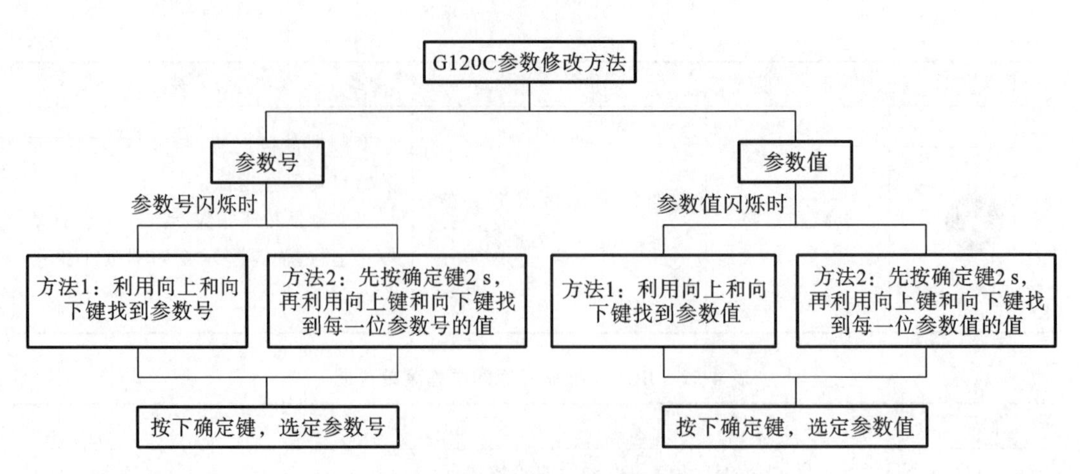

图 4-39　BOP-2 参数的修改方法

"EXTRAS"菜单项的"DRVRESET"实现，另一种是在快速调速"SETUP"菜单项中集成"RESET"。

变频器参数恢复出厂设置

另外，还可以参考 MM420 变频器恢复出厂值的方法，分别将 P0010 设置为 30、P0970 设置为 1，从而进行参数复位。

其中，P10 是变频器调试参数筛选。它的常用参数值有 0-就绪、1-快速调试、2-功率单元调试、3-电机调试、15-数据组、30-参数复位等，出厂设置值为 1。

P970 是复位变频器参数。它的常用参数值有 0-无效、1-启动参数的复位、5-启动安全参数的复位等，出厂设置值为 0。

除此以外，常用的参数还有 P971(保存参数)。它的常用参数值有 0-无效、1-保存驱动对象等，出厂设置值为 0。

3）G120C 变频器的快速调试

变频器快速调试

快速调试是通过设置电机参数、变频器的命令源、频率给定源等基本设置信息，从而达到简单、快速启动电动机运行的一种操作模式。使用 BOP-2 进行快速调试的步骤如表 4-23 所示。

表 4-23　使用 BOP-2 进行快速调试的步骤

序号	步骤	操　作	图　示
1	开始快速调试	• 按退出键进入菜单选择。 • 通过"向上键"或者"向下键"选择"SETUP"菜单，点击"OK"键(此后系统会自动显示快速调试需要设置的参数，用户就可以根据提示进行相关参数的设置)	ESC > ▲▼ > SETUP > OK
2	变频器参数恢复出厂值	• 当液晶屏显示"RESET"时，点击"OK"键。 • 通过"向上键"或者"向下键"选择"YES"，点击"OK"键。 • 屏幕显示"BUSY"，然后消失，此时变频器的参数复位完成	RESET > OK > ▲▼ > YES > OK > BUSY

续表

序号	步骤	操作	图示
3	选择应用等级	• 按“OK”键进入“DRV APPL”，选择应用等级设置。 • 将P96参数设置为1，即标准驱动控制(变频器选择配套的电动机数据)。 电动机的应用等级有3种：P96＝0，专家模式，通过P1300设置电动机控制方式；P96＝1，标准驱动方式，P1300默认设置为VIF控制；P96＝2，动态驱动模式，P1300默认设置为矢量控制。根据实际情况进行选择	DRV APPL > OK > 1 > OK
4	电动机相关参数设置	• 根据电动机铭牌数据对电动机标准P100、变频器输入电源电压P210、电动机类型P300、是否87 Hz?、电动机电压P304、电动机额定电流P305、电动机额定功率P307、电动机额定频率P310、电动机额定转速P311、电机冷却方式P335、工艺应用P501等进行设置。 • 图示为电源频率P100的设置步骤，对“EUR USA”选择0(选择0表示50 Hz，选择1表示60 Hz)	EUR USA > OK > 0 > OK
5	指定宏程序参数P15	• 选择变频器输入/输出接口的预定义配置。此项设置存储在参数编号15中，用“MAc PAr”(宏定义)表示。G120C变频器为命令源和设定值来源提供不同的预定义宏。 • 按“OK”键进入“MAc PAr”宏参数定义。 • 显示宏12(Std ASP)，确定命令源为DI 0，设定值来源为电位计。 • 保留数值并确认，此时表示变频器的启动信号来自数字输入DI 0，设定值由电位计设定	OK > MAc PAr > ▲▼ > OK
6	最小频率P1080、最大频率P1082	• 按“OK”键激活设置参数“MIN RPM”下的最小频率。 • 通过“向上键”或者“向下键”改写数值，最后点击“OK”键	MIN RPM > OK > ▲▼ > OK

续表

序号	步骤	操作	图示
7	斜坡上升时间P1120和斜坡下降时间P1121	• 在参数“RAMP UP”下设置斜坡上升时间(P1120)。 • 在参数“RAMP DWN”下设置斜坡下降时间(P1121),数值的单位均为 s	RAMP UP > OK > ▲▼ > OK RAMP DWN > OK > ▲▼ > OK
8	电动机数据检测P1900	• 输入电机数据后,建议执行激活数据识别功能。对输入的电机数据进行验证和优化调整。 • 按“OK”键,选择“MOT ID”,再按“向上键”,将显示数值改为 1	MOT ID > OK > ▲ > 1
9	完成快速调试	• 当液晶屏显示“FINISH”时,按“OK”键。 • 选择“YES”,并按“OK”键完成快速调试	FINISH > OK > ▲ > YES > OK

按照以上快速调试的设置方法,完成变频器对电机相关参数、频率源、设定值、最小频率、加减速时间等的参数设置,并且执行电机数据识别,可以按照开启 DI 0 启动电机进行调试。

4) G120C 变频器的预定义宏

G120C 变频器提供了 17 种已经定义好的接口设置(预定义宏,分别是 1～5、7～9、12～15、17～21)。从中选择合适的设置(宏程序),然后根据所选设置连接端子。

预定义宏的设定方法:首先将 P10 设置为 1,然后修改对应的输入/输出接口的预定义参数 P15,最后将 P10 的值恢复为 0。

表 4-24 是 G120C 变频器常用的预定义宏程序,其他的预定义宏程序请读者翻阅 G120C 变频器使用说明书。

表 4-24　G120C 变频器常用的预定义宏程序

预定义宏	图示
宏程序 1:两个固定转速。 P1003 为固定转速 3; P1004 为固定转速 4。 DI 4 和 DI 5 为高电平:变频器的频率是固定转速 3 和固定转速 4 的代数和	5 DI 0 ON/OFF1(右侧) 6 DI 1 ON/OFF1(左侧) 7 DI 2 应答故障 16 DI 4 转速固定设定值 3 17 DI 5 转速固定设定值 4 18 DO 0 故障 19 20 21 DO 1 报警 22 12 AO 0 转速实际值
宏程序 3:四个固定转速。 P1001 为固定转速 1; P1002 为固定转速 2; P1003 为固定转速 3; P1004 为固定转速 4。 多个 DI 为高电平:变频器根据固定转速加速	5 DI 0 带转速固定设定值 1 的 ON/OFF1 6 DI 1 转速固定设定值 2 7 DI 2 应答故障 16 DI 4 转速固定设定值 3 17 DI 5 转速固定设定值 4 18 DO 0 故障 19 20 21 DO 1 报警 22 12 AO 0 转速实际值

续表

<table>
<tr><th>预定义宏</th><th>图　示</th></tr>
<tr><td>宏程序 7：PROFIBUS 和 JOG 两种控制方式的切换。
利用数字量输入 DI 3 的值控制两种切换方式，DI 3＝OFF 为远程控制，DI 3＝ON 为本地控制。
远程控制需要 GSD 文件，具体内容请读者自行查阅 G120C 变频器说明书。
本地控制数字量输入 DI 0 控制 JOG 1，点动速度在 P1058 中设置；DI 1 控制 JOG 2，点动速度在 P1059 中设置</td><td>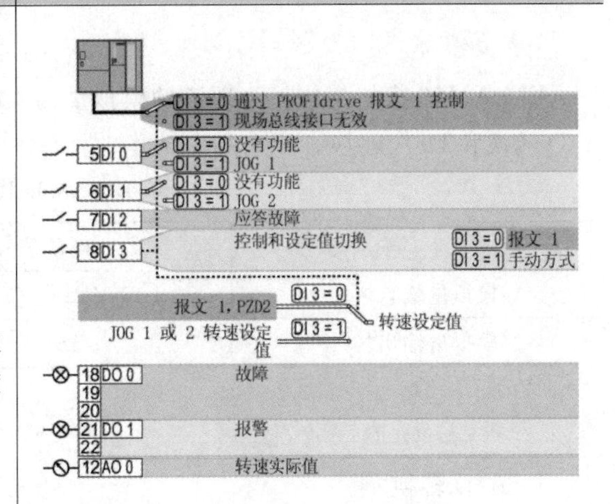
</td></tr>
<tr><td>宏程序 12：利用 I/O 端子启动模拟量控制。
电机的启停控制由 DI 0 完成，电机的换向由 DI 1 完成。
模拟量输入由 P756[0]设置，电压为－10～10 V</td><td>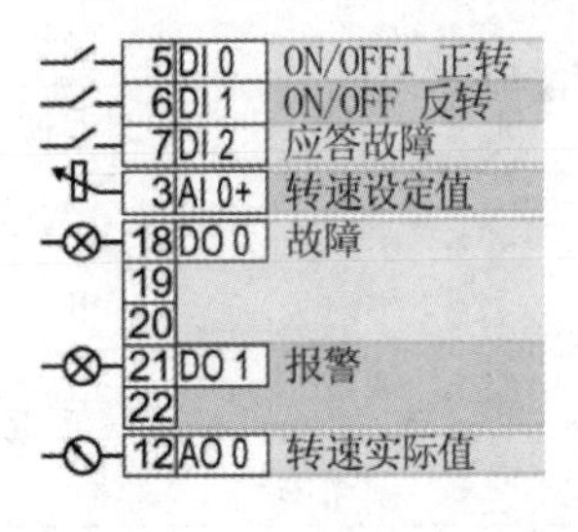
</td></tr>
<tr><td>宏程序 17：双方向两线制控制模拟量调速。
电机正转启动由 DI 0 控制，电机反转启动由 DI 1 控制。应注意的是，方向的切换只能在变频器停止时进行操作，如果 DI 0 和 DI 1 同时接通变频器，则按之前的方向启动运行。
模拟量输入由 P756[0]设置，电压为－10～10 V。
宏程序 18 同样是双方向两线制控制模拟量调速，它与宏程序 17 的区别在于，方向的切换可以在任意时刻进行，如果 DI 0 和 DI 1 同时接通变频器，则按 OFF1 下降停车</td><td>5 DI 0　ON/OFF1　正转
6 DI 1　ON/OFF　反转
7 DI 2　应答故障
3 AI 0+　转速设定值
18 DO 0　故障
19
20
21 DO 1　报警
22
12 AO 0　转速实际值</td></tr>
<tr><td>宏程序 21：USS 通信控制。
电机的启停、换向和速度都由 USS 通信控制。
USS 通信控制字和状态字的具体内容请读者自行查阅 G120C 变频器说明书</td><td>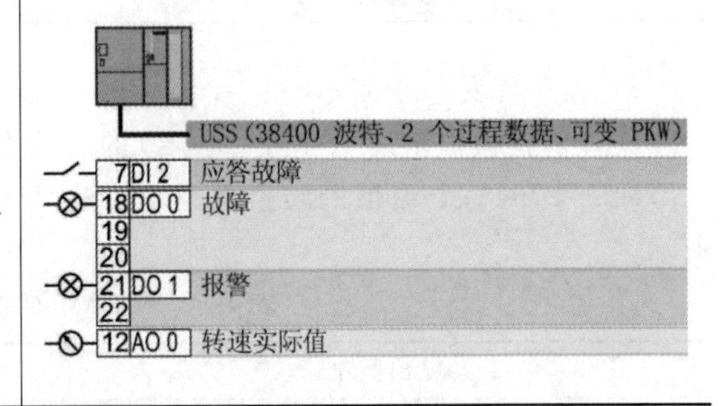
</td></tr>
</table>

模拟量输入/输出模块 EM AM06

1. 模拟量输入/输出模块 EM AM06 上的模拟量端子

EM AM06 模块集成了 4 通道的模拟量输入端口和 2 通道的模拟量输出端口，分别完成 A/D 转换和 D/A 转换。EM AM06 模拟量 I/O 规格如表 4-25 所示。

表 4-25　EM AM06 模拟量 I/O 规格

	电压信号	电流信号
模拟量输入×4	±10 V、±5 V、±2.5 V	0～20 mA
模拟量输出×2	±10 V	0～20 mA

2. A/D 和 D/A 转换

1) A/D 转换

A/D 转换得到的 13 位二进制代码中，最高位是符号位，余下 12 位表示输入信号的数据大小。

A/D 转换模拟量对数字量的转换关系：当模拟量输入为 0～10 V 时，在 PLC 中对应的数字量满量程是 0～27648；当模拟量输入为－10～0 V 时，在 PLC 中对应的数字量满量程是－27648～0。EM AM06 模拟量输入规范如表 4-26 所示。

表 4-26　EM AM06 模拟量输入规范

输入数量		4 点
类型		电压或电流(差动)：可 2 个为一组
信号范围	电压	±10 V、±5 V、±2.5 V
	电流	0～20 mA
数据字格式	满量程范围	－27648～27648
分辨率	电压	12 位＋符号位
	电流	12 位
隔离		无
精度	0/25～55 ℃，电压	满量程的±0.1%/±0.2%
	0/25～55 ℃，电流	满量程的±0.2%/±0.3%
模数转换时间		625 μs(400 Hz 抑制)

2) D/A 转换

D/A 转换模拟量对数字量(电压)的转换关系是在 PLC 中对应的数字量满量程是－27648～27648；电流值的转换关系是 0～27648。EM AM06 模拟量输出规范如表 4-27 所示。

表 4-27　EM AM06 模拟量输出规范

输出数量	2 点
输出类型	电压或电流

续表

模拟量输入字节		单端
范围	电压	±10 V
	电流	0～20 mA
数据字格式	满量程范围(电压)	－27648～27648
	满量程范围(电流)	0～27648
分辨率	电压	11 位,加 1 符号位
	电流	11 位
隔离		无
精度	0/25～55 ℃	满量程的±0.5%/±1.0%
稳定时间 (新值的 95%)	电压	300 μs(R),750 μs(1 μF)
	电流	600 μs(1 mH),2 ms(10 mH)

3. EM AM06 端子分布

EM AM06 模块的模拟量端口分布如图 4-40 所示。它有三组连接器端口,分别是 X10、X11、X12,连接器端口必须镀金以让表面的电流顺利通过。

模拟量输出通道可用于电流输出或者电压输出,在分拣单元中,模拟量输出的信号作为变频器的频率信号,它是一个电压信号,所以连接时应将 A0M、A0 端口连接到变频器的模拟量输入端。

EM AM06 引脚如表 4-28 所示。

4. EM AM06 模拟量通道编址

EM AM06 模块的通道地址由系统自动编址,其模拟量通道编址如表 4-29 所示。

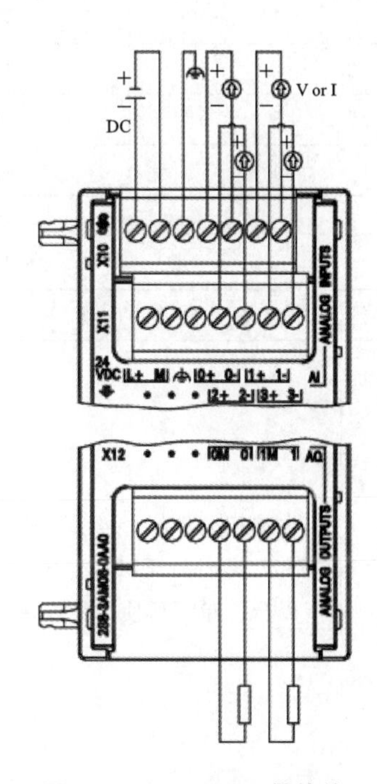

图 4-40　EM AM06 模块的模拟量端口分布

在 S7-200 SMART CPU 中,A/D、D/A 转换都不需要进行专门编程,转换的过程由 CPU 自动完成,用户只需要读取程序中 AIW 和 AQW 的数据。数据的计算可通过 S7-200 SMART 提供的数据转换和数据运算类指令进行编程。

需要注意的是,AQW 不能用作数据运算类指令的输出操作数,可用其他寄存器元件(如 VW)转换运算结果,然后用 MOV_W 指令将 VW 的运算结果发送给 AQW。

5. EM AM06 模拟量模块组态

在编程时,需要预先在编程软件的系统块中对 EM AM06 模块进行组态,选择输入/输出的类型。EM AM06 模拟量模块的组态如表 4-30 所示。

表 4-28　EM AM06 引脚

引　　脚	X10(镀金)	X11(镀金)	X12(镀金)
1	L+(24 V DC)	无连接	无连接
2	M(24 V DC)	无连接	无连接
3	功能性接地	无连接	无连接
4	AI 0+	AI 2+	AQ 0M
5	AI 0−	AI 2−	AQ 0
6	AI 1+	AI 3+	AQ 1M
7	AI 1−	AI 3−	AQ 1

表 4-29　EM AM06 模拟量通道编址

序　　号	通　　道	模拟量输入编址	模拟量输出编址
1	通道 0	AIW16	AQW16
2	通道 1	AIW18	AQW18
3	通道 2	AIW20	
4	通道 3	AIW22	

表 4-30　EM AM06 模拟量模块的组态

序号	操 作 步 骤	图　　示
1	在编程软件的“系统块”中，选择“CPU”类型和“EM0”类型。 以分拣单元所使用的模块为例	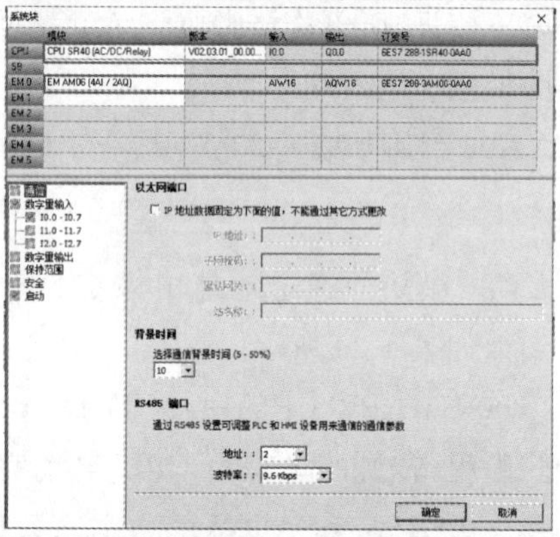
2	选中“EM AM06 模块”，设置“模拟量输出”“通道 0”的类型为电压，范围为±10 V，其他设置成默认值	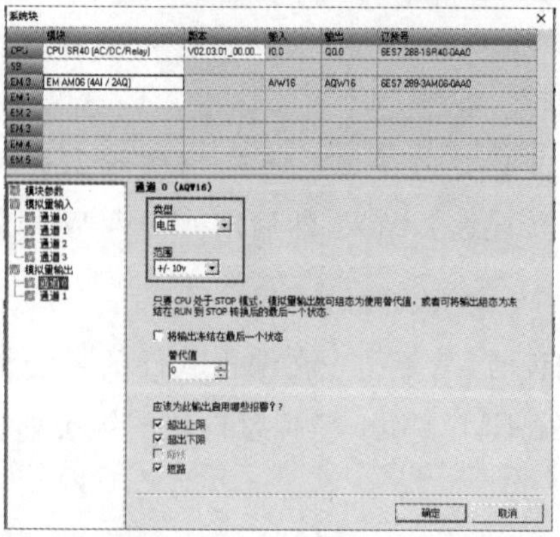

续表

序号	操作步骤	图　示
3	(可选)选中“EM AM06 模块”,设置“模拟量输入”“通道 0”的类型。可根据实际情况选择电压、电流以及它们的对应范围	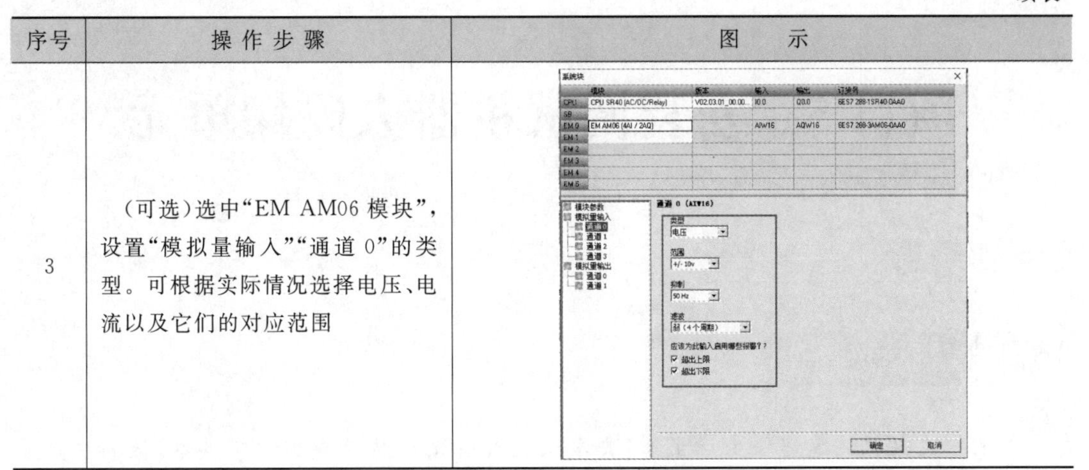

项目总结与拓展

项目总结

(1) 分拣机构是一种常见的自动化生产线,担负着将物料或者零件按类别分拣,并准确送入指定位置的任务。

(2) 熟练掌握变频器的接线、参数设置。

(3) 熟练掌握用指令向导进行 PLC 高速计数器编程的方法。

项目测试

项目测试

项目拓展

(1) 用 G120C 变频器的数字量功能完成电动机的驱动控制,要求运行时传送带先以 400 r/min 速度进行废料清理,再以 600 r/min 速度完成物料分拣。

(2) 在进行工件属性判别时,还有哪些更好的办法在传送带高速运行时能准确地区分工件的属性?

(3) 若要区分组合工件外壳的属性,应该如何实现?动动手安装传感器,再修改分拣单元的程序,完成该功能。

项目5　安装调试机器人码垛单元

项目情境描述

项目来自某机械零部件生产企业，要求改进其仓储机构以减少人工成本、提高生产效率，任务是将3种圆柱形组合零件分别码垛入库，由人工码垛变为自动码垛。码垛机器人是一种能模拟人的手、臂的部分动作，按照预定程序、轨迹及其他控制要求，实现对工件抓取、搬运的自动化装置，是一种典型的机电一体化产品，并在智能化、多功能化、柔性自动化、产品质量提高、在恶劣环境下代替人类工作等方面发挥重大作用。

机器人码垛单元主要应用于各类生产线的分拣、入库、码垛等，广泛应用于仓储、制造、机场、港口、烟草、饮料及包装等行业。本项目主要完成物料入库处理，以及对库里的物料进行拆分出库。项目的任务就是完成机器人码垛单元的安装、程序设计和调试。

项目思维导图

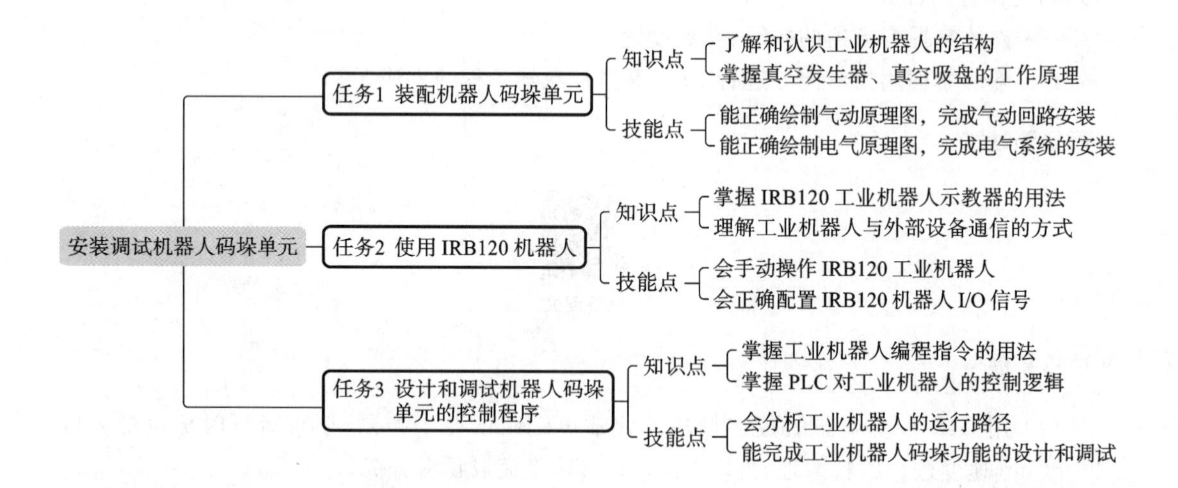

项目目标

(1) 了解机器人码垛单元结构。

(2) 掌握机器人码垛单元气动回路工作原理及连接，掌握真空发生器、真空吸盘的工作原理。

(3) 掌握机器人码垛单元电气原理及连接。

(4) 掌握 ABB 机器人的手动操作及 I/O 信号配置。

(5) 掌握 ABB 机器人的程序设计及调试。

(6) 掌握 S7-200 SMART PLC 与机器人的通信控制。

(7) 掌握机器人码垛单元的程序设计与调试。

(8) 培养学生“安全第一、预防为主”的意识。

(9) 培养学生踏实、务实的实干精神,精益求精的工匠精神。

任务 1　装配机器人码垛单元

任务目标

(1) 认识和掌握机器人码垛单元的结构。

(2) 掌握机器人码垛单元气动回路安装的步骤和技巧。

(3) 掌握机器人码垛单元电气系统的安装规范。

(4) 掌握机器人码垛单元电气系统调试的方法。

任务要求

本单元能实现组合工件的入库和库中组合工件拆分出库处理,对分拣单元已经完成分拣的不同类型的组合工件,按照其类型分别放置到码垛盘中的不同列;当供料单元和装配单元缺料时,自动进入码垛盘的第 3 列(可根据实际需求自行增加拆解列)拆解工件芯和工件,运行至送料点,将工件芯和工件交给输送单元上层机械手,由上层机械手到对应单元进行上料,装配完成机器人码垛单元的气动回路,电气部分是实现机器人码垛单元功能的基础。

任务分组

完成学生任务分工表(参考项目 1)。

获取资讯

(1) 观察:本单元的机械结构组成,各结构的连接方式。

(2) 观察:本单元的气动元件。动手查一查它们的型号和产品说明书,想一想它们的使用方法。

①气源装置。②电磁阀。③真空发生器、真空吸盘。④气动手指。

(3) 尝试:绘制机器人码垛单元的气动原理图。

(4) 观察:本单元的电气元件及其工作原理。动手查一查它们的型号和产品说明书,想一想它们的使用方法。

①PLC。②工业机器人。③主令控制器。④中间继电器。

(5) 尝试:绘制本单元的电气原理图。

提示 本单元的PLC输入/输出点与工业机器人的I/O板进行信号交换,注意理清它们之间的联系。

(6) 选择:装配过程中需要用的工具有哪些?

工作计划

由每个小组分别制定装配工作计划,将计划的内容填入工作计划表(参考项目1)。

进行决策

(1) 各个小组阐述自己的设计方案。
(2) 各个小组对其他小组的方案进行讨论、评价。
(3) 教师对每个小组的方案进行点评,选择最优方案。

任务实施

1. 认识机器人码垛单元

机器人码垛单元如图5-1所示,主要由机器人本体、码垛盘、夹具、按钮盒构成。机器人码垛单元功能如表5-1所示。为了能够实现机器人码垛单元的机器人任务和与其他单元的联机控制任务,机器人码垛单元还包含了PLC、按钮指示灯模块、接线端子、电磁阀阀岛等元件。

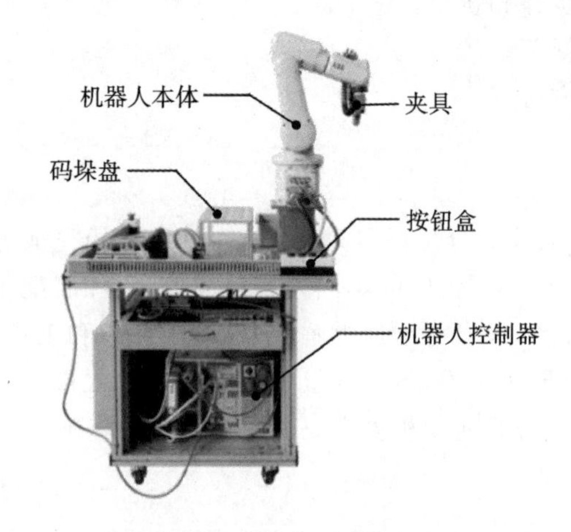

图5-1 机器人码垛单元

2. 清点工具和器材

认真、仔细清点机器人码垛单元装置拆卸后的末端夹具和码垛盘的数量、型号,将各部件按种类分别摆放,并检查器材是否损坏。注意观察两种不同的末端夹具。

清点所需用到的工具及其数量、型号。常用工具应准备内六角扳手、钟表螺丝刀各1套,十字螺丝刀、一字螺丝刀、剥线钳、压线钳、斜口钳、尖嘴钳各1把,万用表1只。

表5-1 机器人码垛单元功能

序号	名称	功能
1	机器人本体	运行轨迹
2	码垛盘	存放物料
3	夹具	夹取搬运工价
4	按钮盒	控制机器人工位选择
5	机器人控制器	控制机器人运行

3. 气路连接

机器人码垛单元的气路连接需要连接的部件有电磁阀阀岛、机器人基座进气口、机器人4轴出气口、末端吸盘和夹爪气缸，各部分元件如图5-2所示。其中机器人基座进气口的气路1～3与机器人4轴出气口气路1～3分别一一对应相同(气路4备用)。各元件之间的气路连接如表5-2所示。在气路连接完毕后，应按规范绑扎，气路连接应均匀、美观，不能交叉、打折。通气后，检查机器人码垛单元的夹爪气缸的初始位置是否为松开位置；为了准确且平稳地夹紧和松开组合工件，吸取和松开工件，需要手动测试夹爪电磁阀和吸盘电磁阀，以验证夹爪能够正常夹紧和松开，吸盘能够正常吸取和松开。

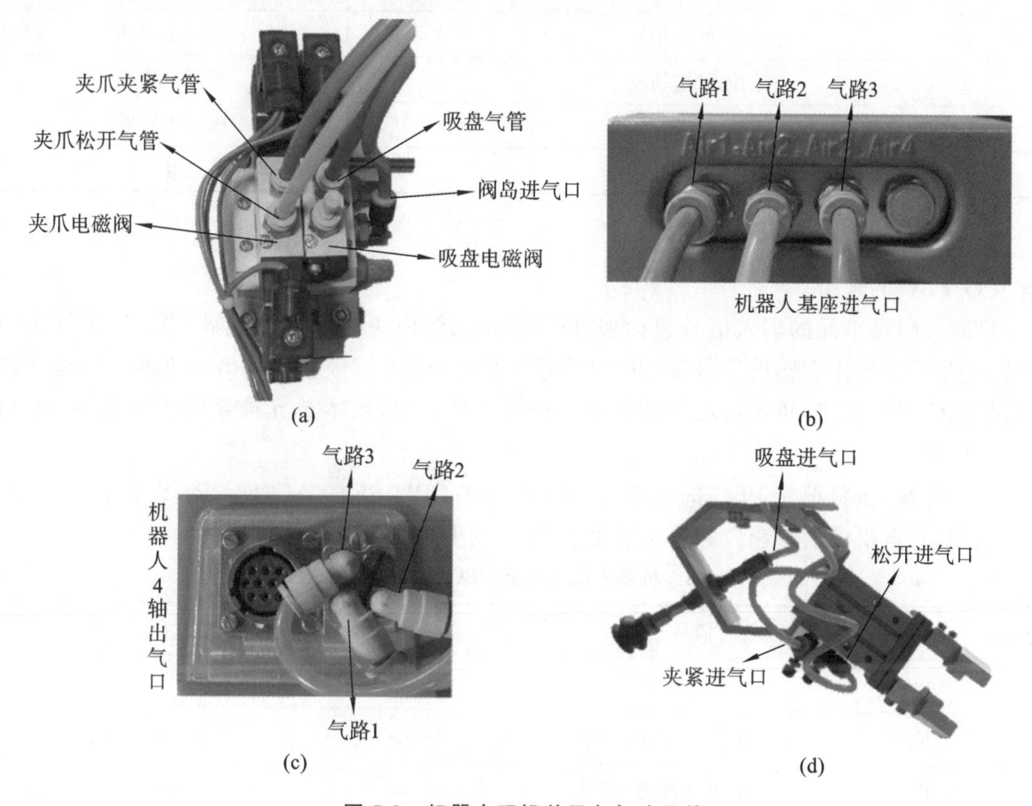

图5-2　机器人码垛单元各气路元件

表5-2　机器人码垛单元气路连接

连接对象1	连接对象2	连接材料	说　明
气动三联件出气口	阀岛进气口	8 mm外径的蓝色气管	为整个气路供气
夹爪夹紧气管	基座进气口气路1	8 mm外径的蓝色气管	使得夹爪气缸夹紧
4轴出气口气路1	夹爪气缸夹紧进气口	4 mm外径的螺旋橙色气管	
夹爪松开气管	基座进气口气路2	8 mm外径的橙色气管	使得夹爪气缸松开
4轴出气口气路2	夹爪气缸松开进气口	4 mm外径的螺旋橙色气管	
吸盘气管	基座进气口气路3	8 mm外径的蓝色气管	使得吸盘具有吸力
4轴出气口气路3	吸盘进气口	4 mm外径的螺旋橙色气管	

4. 电气系统安装

1）结构侧电气接线

实训台面结构侧电气安装接线任务包括：机器人码垛单元工位 1、2、3 选择按钮，机器人控制的夹爪电磁阀、吸盘电磁阀的引出线。机器人码垛单元结构侧接线端子分配如表 5-3 所示。

表 5-3　机器人码垛单元结构侧接线端子分配

输入信号的中间层		输出信号的中间层	
端子号	输入信号描述	端子号	输出信号描述
2	工位 1(按钮)	2	夹紧电磁阀
3	工位 2(按钮)	3	松开电磁阀
4	工位 3(按钮)	4	吸盘电磁阀
端子 5～14 没有连接		端子 5～14 没有连接	

2）PLC 侧电气接线

(1) PLC 的选型。

机器人码垛单元的输入信号包括来自按钮/指示灯模块的指示灯控制信号、开关等主令信号，机器人动作标志输出信号等，共 12 个输入信号；输出信号包括输出到机器人的运动控制信号和输出到按钮/指示灯模块的指示灯控制信号，以显示本单元或系统工作状态，共 11 个输出信号。

综上考虑，供料单元 PLC 选用 S7-200 SMART CPU SR40 AC/DC/RLY 主单元，共 24 点输入和 16 点继电器输出。表 5-4 给出了 PLC 的 I/O 分配表。

表 5-4　机器人码垛单元 PLC 的 I/O 分配表

序号	输入点	输入信号描述	序号	输出点	输出信号描述
1	I0.0	工位 1 按钮	1	Q0.0	电机使能
2	I0.1	工位 2 按钮	2	Q0.1	主程序启动
3	I0.2	工位 3 按钮	3	Q0.2	工位 1
4	I0.3	机器人复位完成	4	Q0.3	工位 2
5	I0.4	机器人吸料完成	5	Q0.4	工位 3
6	I0.5	机器人夹料完成	6	Q0.5	电机断使能
7	I0.6	拆解完成信号	7	Q0.6	系统缺料
8	I0.7	机器人放下拆解物料	8	Q0.7	上机械手夹取机器人传送工件完成
11	I1.2	停止按钮	11	Q1.5	黄色指示灯
12	I1.3	启动按钮	12	Q1.6	绿色指示灯
13	I1.4	急停按钮	13	Q1.7	红色指示灯
14	I1.5	转换开关			

(2) PLC侧的电气接线图。

PLC侧电气接线包括PLC的I/O接线，以及PLC和机器人之间通信使用的中间继电器接线图。机器人码垛单元PLC的I/O接线图如图5-3所示，继电器接线图如图5-4所示。

(3) 机器人码垛单元电路的接线。

按图5-3、图5-4完成PLC的I/O接线和通信继电器的线路连接。在开始装配之前，清点工具、材料和元器件。

①PLC的供电电源采用220 V交流电源，同时保证PLC可靠接地。

②机器人与通信继电器之间的连接由两根10芯电缆连接，依据标识XS12和XS14区分输入和输出电缆。依据图5-4，分别根据电缆的颜色依次将输入、输出电缆连接至通信继电器KA1～KA13上。

③接线完毕后，应用万用表检查各电源端子是否有短路或断路现象；检查各接线排与PLC的I/O端子是否一一对应。

提示　①进行本单元任务作业时，佩戴好安全帽、穿好电工鞋；两个同学一组，一个同学操作示教器，另一个同学操作急停按钮等主令控制开关，两人都应与作业区保持一定距离，防止高速运转的机器伤人。

②开机前应确保本体动作范围内无人无杂物。

③使用示教器时应轻拿轻放，严禁拍打、撞机、摔落，不操作示教器时应将它放置于控制箱右侧挂钩上，防止摔落、损坏，严禁戴手套操作示教器，示教器线缆严禁缠绕，否则容易造成损坏。

④工作台面严禁放置任何杂物，工具(锉刀、榔头、钳子等)放置于机器人碰不到的指定位置，严禁随意摆放。

课程思政

牢固树立安全生产理念。所谓安全生产是指在生产经营活动中采取相应的防控措施，保证工作人员的安全和健康，保护设备设施不受损害，保护环境，使生产活动顺利进行的相关活动和措施。

安全重于泰山，只有在安全的条件下才能开展机器人作业。在操作调试机器人时，需要佩戴好安全帽、低速操作运行机器人，并做好时刻按下急停按钮的安保措施，按规程和规范操作，时刻把“安全第一，预防为主”的理念融入自己的潜意识中，确保不让机器伤害他人、不让机器伤害自己。

5. 机器人码垛单元各模块调试方法

结合项目1给出的调试方法，按要求对本单元进行调试。

完成机器人码垛单元气动回路装调记录表、机器人码垛单元电气系统装调记录表。

机器人码垛单元气动回路装调记录表

机器人码垛单元电气系统装调记录表

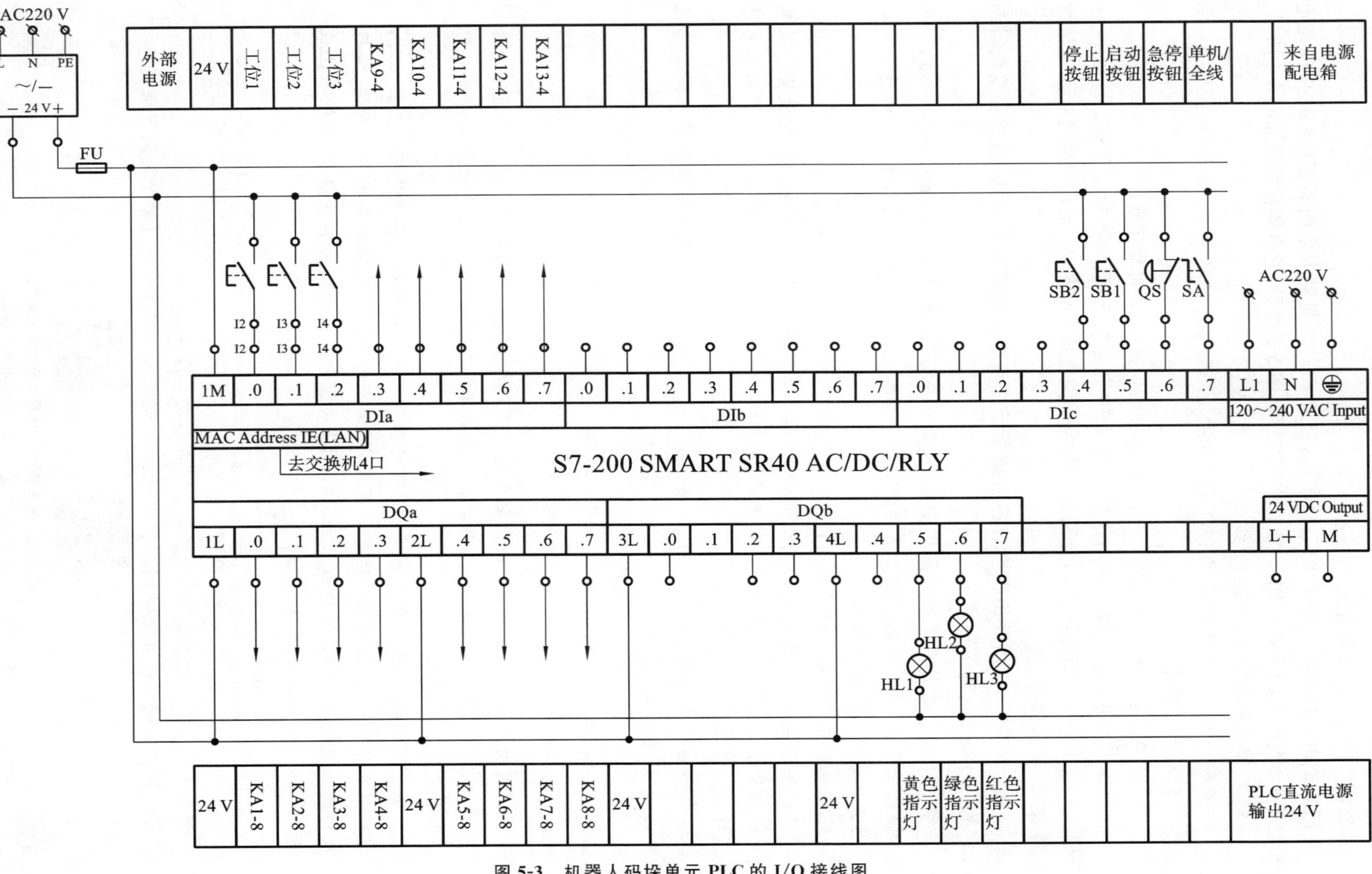

图 5-3 机器人码垛单元 PLC 的 I/O 接线图

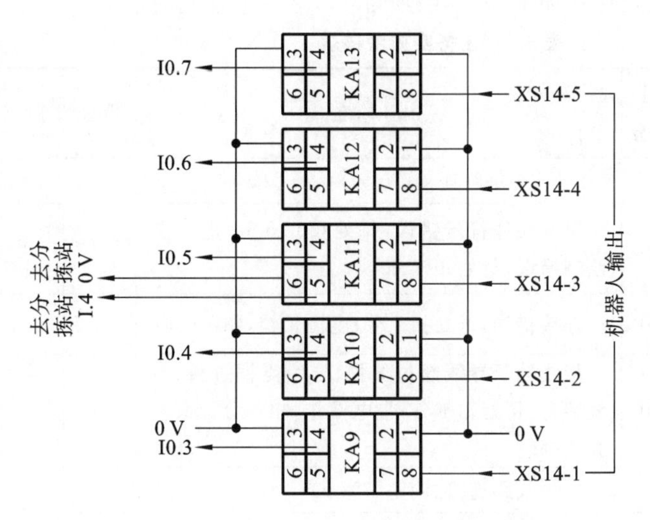

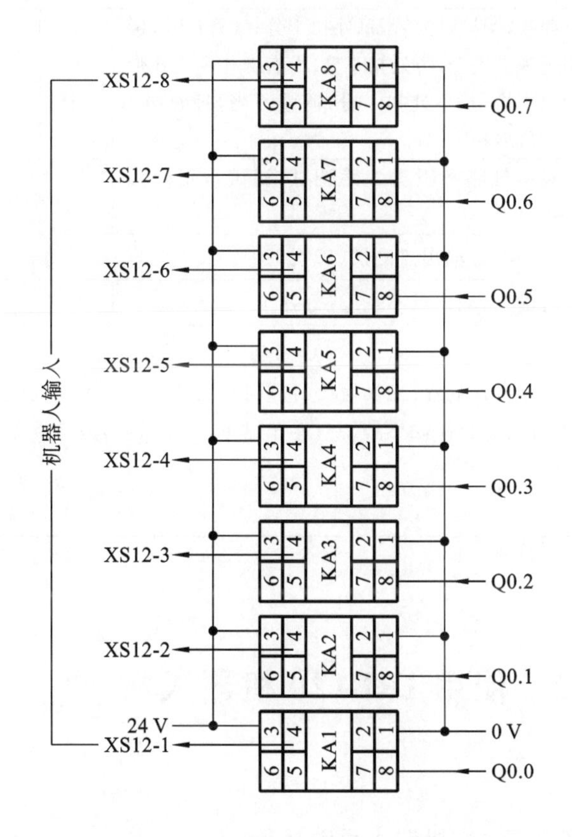

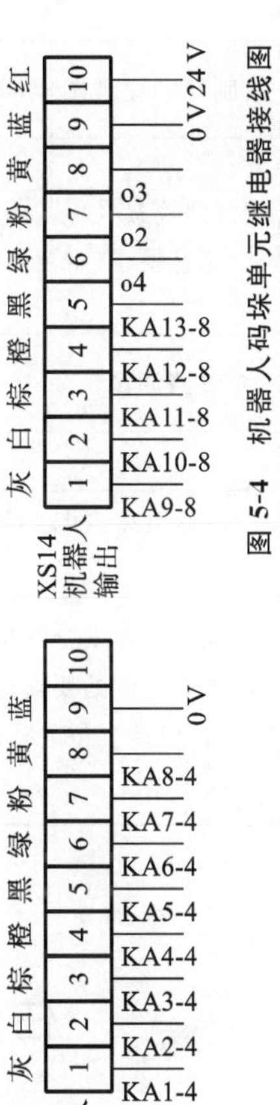

图 5-4　机器人码垛单元继电器接线图

评价反馈

各个小组填写表 5-5，以及任务评价表（参照项目 1），然后汇报完成情况。

表 5-5　任务实施考核表

工作任务	配分	评分项目	项目配分	扣分标准	得分	扣分	任务得分
设备装调及电路、气路	90	电路连接（50 分）					
		绘制电气原理图	20	电气元件符号错误，每处扣 0.5 分；电气图绘制错误，每处扣 1 分			
		正确识图	20	连接错误，每处扣 1 分；电源接错，扣 10 分			
		连接工艺与安全操作	10	接线端子导线超过 2 根、导线露铜过长、布线零乱，每处扣 1 分；带电操作，扣 5 分。最多扣 10 分			
		气路连接、调整（25 分）					
		绘制气动原理图	10	气动元件符号错误，每处扣 0.3 分；气路图绘制错误，每处扣 0.5 分			
		气路连接及工艺要求	10	漏气，调试时掉管，每处扣 1 分；气管过长，影响美观或安全，每处扣 1 分；没有绑扎带或扎带距离不恰当，每处扣 1 分；调整不当，每处扣 1 分。最多扣 10 分			
		气路调试	5	夹爪气路和吸盘气路调试，调试不正确扣 5 分			
		输入/输出点测试（15 分）					
		输入/输出点测试	15	各输入/输出点不正确，每处扣 1 分			
职业素养与安全意识	10	现场操作安全保护符合安全操作规程；工具摆放、包装物品、导线线头等的处理符合职业岗位的要求；团队有分工有合作，配合紧密；遵守纪律，尊重教师，爱惜设备和器材，保持工位的整洁					

任务 2　使用 IRB120 机器人

子任务 1　机器人手动运行

任务目标

（1）掌握机器人示教器的使用。

（2）掌握机器人轴运动模式的手动操作。

（3）掌握机器人线性运动和重定位运动的手动操作。

任务要求

机器人码垛单元是利用机器人将分拣单元分拣好的组合工件由工位1、2、3分别夹取到码垛盘上存放；当系统需要时，由码垛盘将组合工件拆分后由夹具夹取，然后交给上机械手，上料机械手为前面单元上料。机器人在完成码垛入盘和拆分任务时，需要对机器人进行示教点程序设计，而手动操作机器人是机器人示教点程序设计的必要操作，因此，掌握机器人的手动运行是完成机器人码垛单元机器人任务的必要技能基础。

任务分组

完成学生任务分工表（参考项目1）。

获取资讯

（1）了解：工业机器人结构、原理。

（2）观察：工业机器人示教器。

①按键。②操作界面。③显示图标。

（3）观察：工业机器人控制柜各操作端子。

（4）思考：工业机器人手动操作步骤。

工作计划

由每个小组分别制定工作计划，将计划的内容填入工作计划表（参考项目1）。

进行决策

（1）各个小组阐述自己的设计方案。

（2）各个小组对其他小组的方案进行讨论、评价。

（3）教师对每个小组的方案进行点评，选择最优方案。

任务实施

1. 清点器材

使用本项目任务1已经装配好的机器人码垛单元装置，检查机器人本体、示教器和控制柜。操作工业机器人时应戴好安全帽。

2. 机器人单轴手动操作

机器人的手动操作模式一共有三种：单轴手动运行、线性手动运行和重定位手动运行。单轴手动运行和线性手动运行用于调节机器人TCP（工具中心点）到达不同的位置，重定位手动运行用于调节机器人的姿态。

ABB IRB120机器人由6个伺服电机分别驱动机器人的6个关节轴（见图5-5），每次手动操纵一个关节轴的运动就称为单轴运动。

单轴手动操作步骤如下。

(1) 将控制柜上机器人状态切换到手动限速状态(小手标志),如图 5-6 所示。

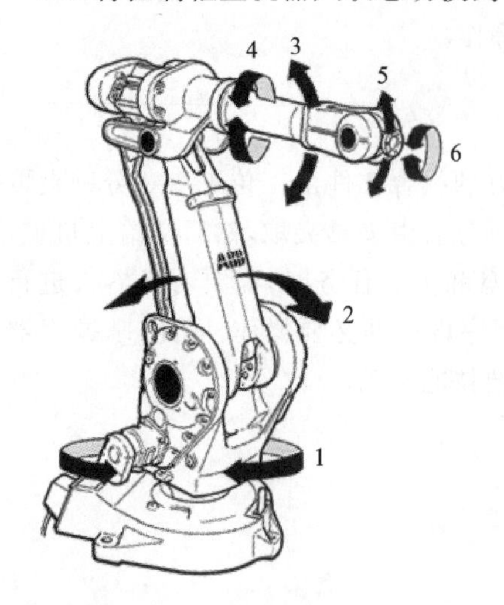

图 5-5　机器人的 6 个关节

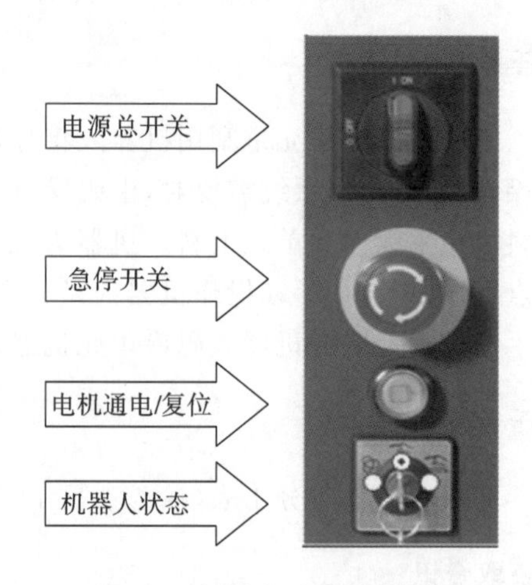

图 5-6　机器人手动模式选择

(2) 在示教器菜单单击“手动操纵”,进入“手动操作”功能界面,如图 5-7 所示。

(3) 在“手动操作”功能界面,单击“动作模式”,再选择操作模式“轴 1-3”,如图 5-8 所示。

(4) 模式确定后,左手按下使能按钮,进入“电机开启”状态。此时示教器状态栏能看到“电机开启”字样。

(5) 根据示教器提示的操纵杆方向(图 5-9 中箭头方向代表轴运动的正方向),完成对应轴的手动操作。功能界面中“1～6”时刻显示每个轴的具体运行角度。

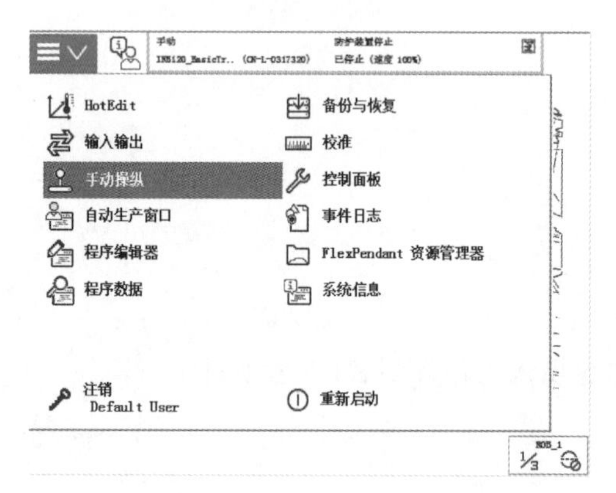

图 5-7　机器人手动操纵功能界面

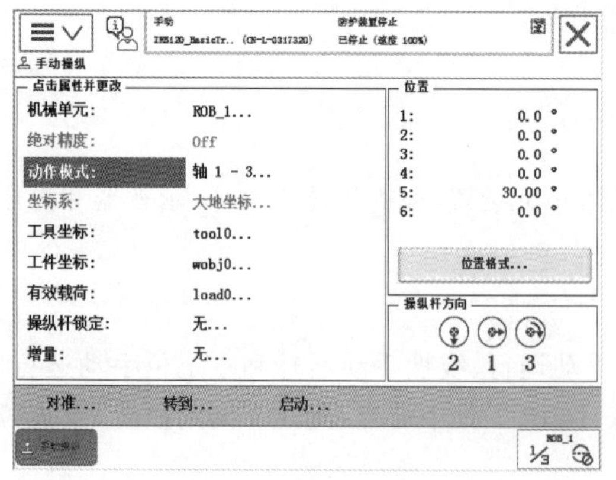

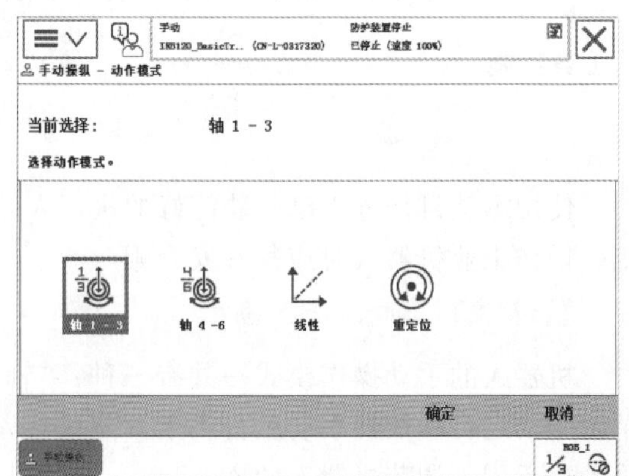

图 5-8　“轴 1-3”模式选择

(6) “轴 4-6”的操作与“轴 1-3”一样。重复以上步骤,完成“轴 4-6”的操作。

3. 机器人单轴线性操作

机器人的线性运动是指安装在机器人第六轴法兰盘上的工具 TCP 在空间中做线性运动，即沿着指定的坐标轴方向做直线运动。

单轴线性操作步骤如下。

(1) 与单轴手动操作一样，需要将机器人状态切换到“手动限速”状态，然后进入“手动操纵”功能界面，选择“线性”运行模式，如图 5-10 所示。

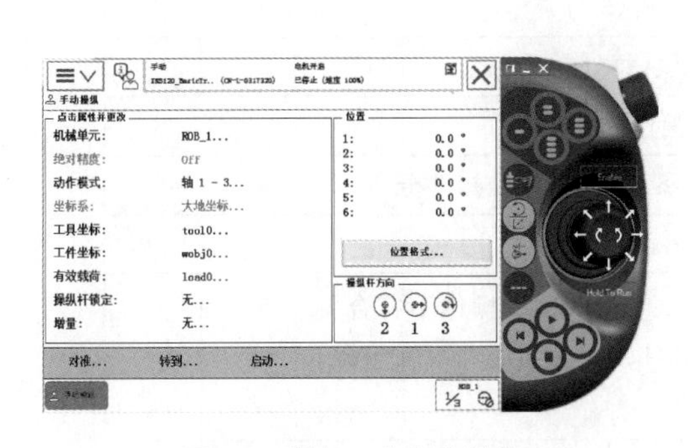

图 5-9　“轴 1-3”手动操作

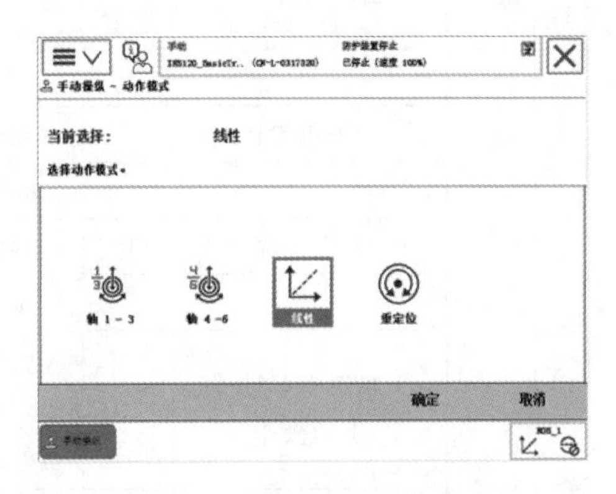

图 5-10　“线性”模式选择

(2) 在“手动操纵”功能界面中，单击“工具坐标”，进入“工具坐标”中选择要操纵的工具 TCP，如图 5-11 所示，选择“tool1”为需要线性操纵的 TCP。

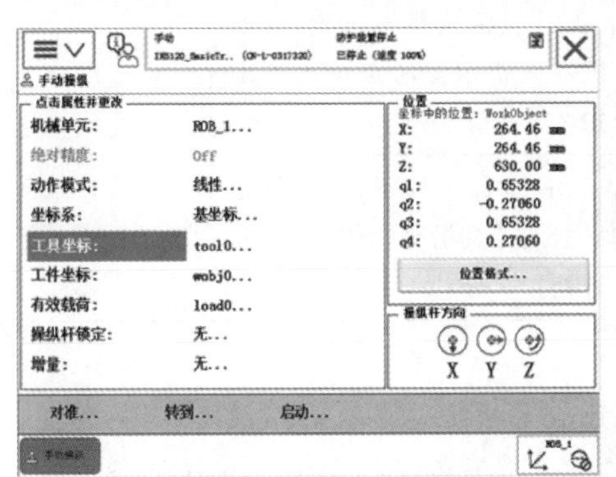

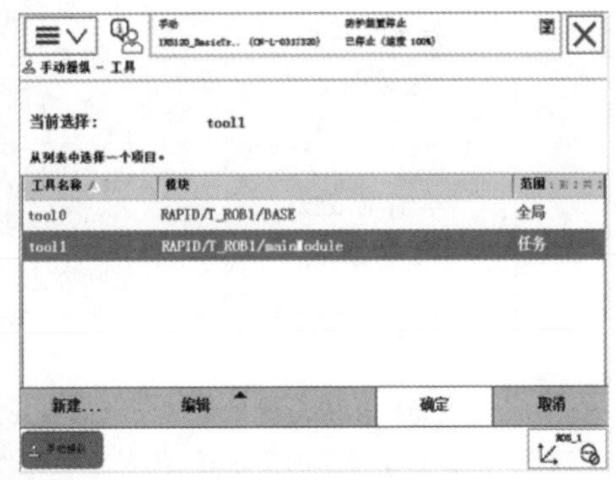

图 5-11　工具坐标选择

(3) 模式和工具坐标选择好后，使能电机，进入“电机开启”状态，然后根据“手动操纵”功能界面中的操纵杆方向(见图 5-12)操作机器人，可以使得机器人在当前选择的工件坐标系下进行不同坐标轴方向的线性运动。功能界面中的“X～q4”时刻显示 TCP 在当前工件坐标系下的位置和姿态。

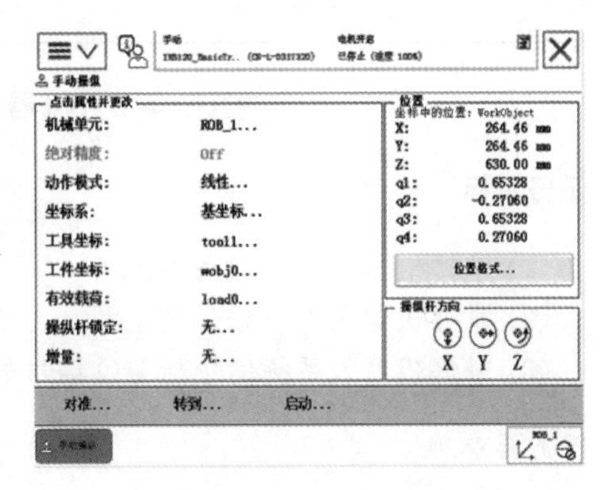

图 5-12　“线性”手动操作

4. 扩展练习

根据单轴手动操作和单轴线性手动操作的步骤，完成机器人工作范围内的指定参考点触碰训练和单轴重定位手动操作训练。

评价反馈

各小组填写表5-6,以及任务评价表(参照项目1),然后汇报完成情况。

表5-6　任务实施考核表

<table>
<tr><th>工作任务</th><th>配分</th><th>评分项目</th><th>项目配分</th><th>扣分标准</th><th>得分</th><th>扣分</th><th>任务得分</th></tr>
<tr><td rowspan="11">设备调试</td><td rowspan="11">90</td><td colspan="5">开机、关机(5分)</td><td rowspan="11"></td></tr>
<tr><td>开关机操作</td><td>5</td><td>顺序错误,每处扣1分</td><td></td><td></td></tr>
<tr><td colspan="5">示教器操作(35分)</td></tr>
<tr><td>操作步骤</td><td>35</td><td>操作步骤不正确,每处扣3分</td><td></td><td></td></tr>
<tr><td colspan="5">调试运行(50分)</td></tr>
<tr><td>机器人单轴手动操作</td><td>10</td><td>机器人6个轴的手动操作不符合要求,每处扣1分。发生碰撞、轴超限,每处扣1分</td><td></td><td></td></tr>
<tr><td>机器人单轴线性操作</td><td>10</td><td>机器人工具坐标选择不正确,每处扣1分;X、Y、Z轴的单轴线性操作不符合要求,每处扣1分</td><td></td><td></td></tr>
<tr><td>指定参考点触碰训练</td><td>15</td><td>机器人工具坐标选择不正确,每处扣2分;机器人指定参考点位置不正确,每处扣2分</td><td></td><td></td></tr>
<tr><td>单轴重定位手动操作</td><td>15</td><td>机器人工具坐标选择不正确,每处扣2分;机器人工具沿坐标轴转动,改变姿态,每处扣2分</td><td></td><td></td></tr>
<tr><td>职业素养与安全意识</td><td>10</td><td colspan="5">现场操作安全保护符合安全操作规程;工具摆放、包装物品、导线线头等的处理符合职业岗位的要求;团队有分工有合作,配合紧密;遵守纪律,尊重教师,爱惜设备和器材,保持工位的整洁</td><td></td></tr>
</table>

子任务2　机器人通信I/O信号配置

任务目标

(1) 掌握机器人I/O设备的配置。
(2) 掌握机器人I/O信号的配置。
(3) 掌握机器人系统信号与I/O信号的关联。

任务要求

机器人码垛单元中,机器人完成工件的入库和拆分出库任务,但是机器人在进行任务时，什么时候开始去夹取工件、具体到工位 1、2、3 中的哪个工位夹取组合工件、什么时候需要对工件进行拆分出库都是由外部的 PLC 进行通信控制的。而 PLC 与机器人之间的通信控制是由机器人的 I/O 设备上的 I/O 信号与 PLC 的 I/O 信号进行相互传递从而控制信号的。因此，能够正确配置机器人的 I/O 设备、I/O 信号，能够正确关联机器人的系统信号与 I/O 信号是机器人码垛单元能够正确完成码垛入库和拆分工件出库任务的基本保证。

任务分组

完成学生任务分工表(参考项目 1)。

获取资讯

(1) 观察：ABB 标准 I/O 板 DSQC651 端子。

(2) 思考：I/O 板配置的步骤。

工作计划

由每个小组分别制定工作计划，将计划的内容填入工作计划表(参考项目 1)。

进行决策

(1) 各个小组阐述自己的设计方案。

(2) 各个小组对其他小组的方案进行讨论、评价。

(3) 教师对每个小组的方案进行点评，选择最优方案。

任务实施

1. 清点器材

使用本项目任务 1 已经装配好的机器人码垛单元装置，检查 I/O 板是否安装好。操作工业机器人时应戴好安全帽。

2. 机器人 I/O 设备的配置

ABB 标准 I/O 板 DSQC651 和 DSQC652 是最为常用的模块，任务以 DSQC651 为例，完成设备的配置。DSQC651 配置参数如表 5-7 所示。

表 5-7　DSQC651 配置参数

参数名称	设定值	说明
Name	board10	设定 I/O 板在系统中的名字
Network	DeviceNet	I/O 板连接的总线
Address	10	设定 I/O 板在总线中的地址

I/O 设备的配置步骤如下。

(1) 在菜单中单击“控制面板”，进入“控制面板”功能界面，单击“配置”项，进入“配置”的功能界面，如图 5-13 所示。

(2) 在“配置”的功能界面中，双击“DeviceNet Device”网络，进入后单击“添加”，进入设备配置界面，如图 5-14 所示。

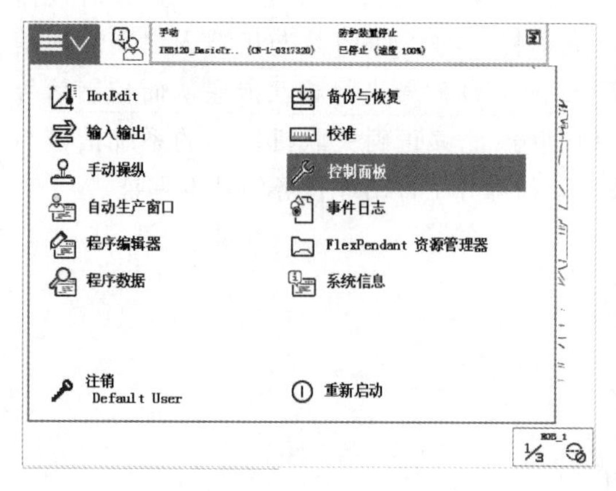

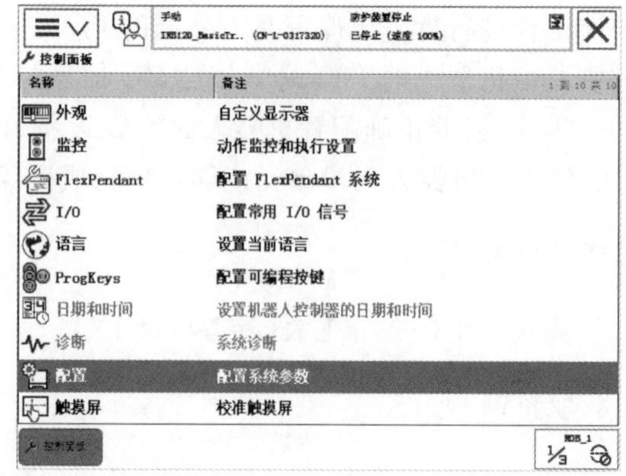

图 5-13 “配置”的功能界面

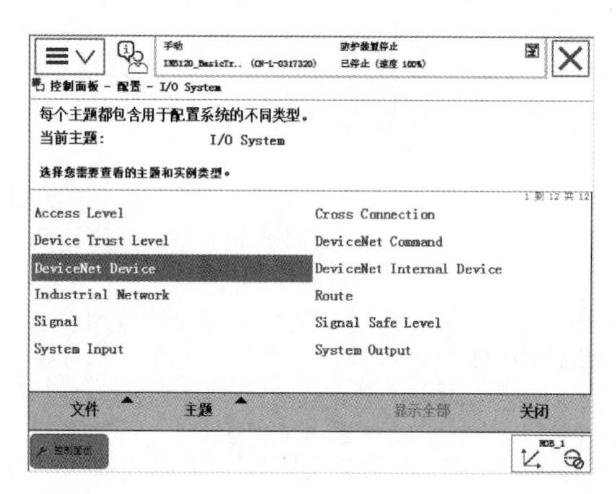

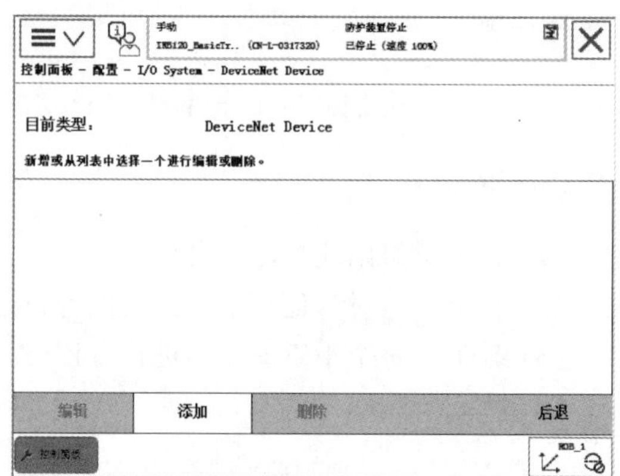

图 5-14 “DeviceNet Device”网络新建界面和设备配置界面

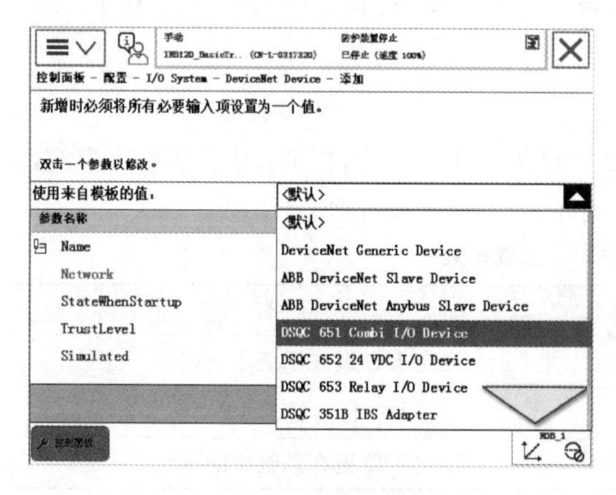

图 5-15 设备选取

（3）在“使用来自模板的值”项，单击下拉菜单，然后选择“DSQC 651 Combi I/O Device”，如图 5-15 所示。

（4）设备配置确定后，设置“Name”属性为“board10”，“Address”属性为“10”，完成设备的名称和地址配置，如图 5-16 所示，然后单击“确定”，选择重启示教器，设备 DSQC651 就配置完成且生效。

3. 机器人 I/O 信号的配置

我们已经完成标准 I/O 板的配置，但是想要在机器人中使用 I/O 板上的 I/O 通道，还需要对 I/O 板的每个通道进行 I/O 信号配置，信号配置完成后，方可在程序中或在示教器中对 I/O 板上的 I/O 通道信号进行读写操作，从而实现机器人的 I/O 通信。任务以 DSQC651 设备“board10”上的数字输入信号和数字输出信号配置为例。

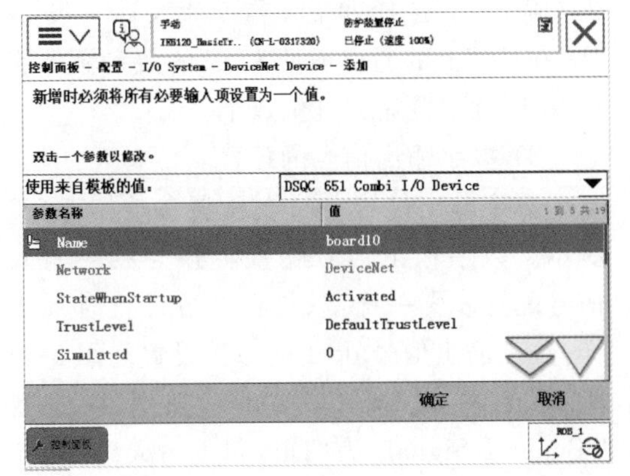

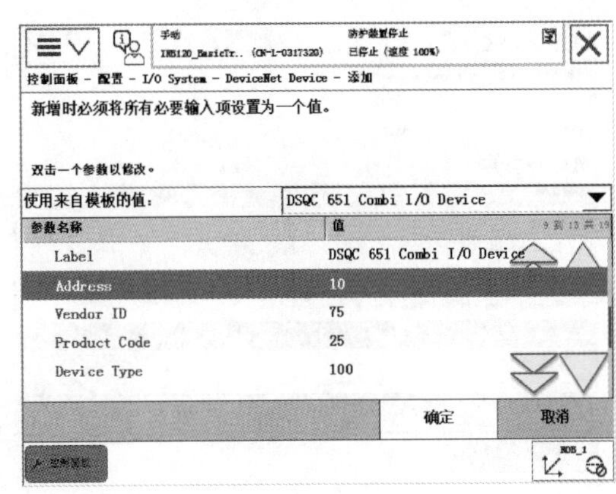

图 5-16　名称与地址设置

1）数字输入信号的配置

（1）数字输入信号的配置参数。

数字输入信号 di 1 的配置参数如表 5-8。

表 5-8　数字输入信号 di 1 的配置参数

参 数 名 称	设　定　值	说　　明
Name	di 1	设定数字输入信号的名字
Type of Signal	Digital Input	设定信号的类型
Assigned to Device	board10	设定信号所在的 I/O 模块
Device Mapping	0	设定信号所占用的地址

（2）数字输入信号配置步骤。

①在菜单中，选择“控制面板”，并进入“配置”功能界面；在“配置”功能界面中，双击“Signal”，进入信号“配置”功能界面，如图 5-17 所示。

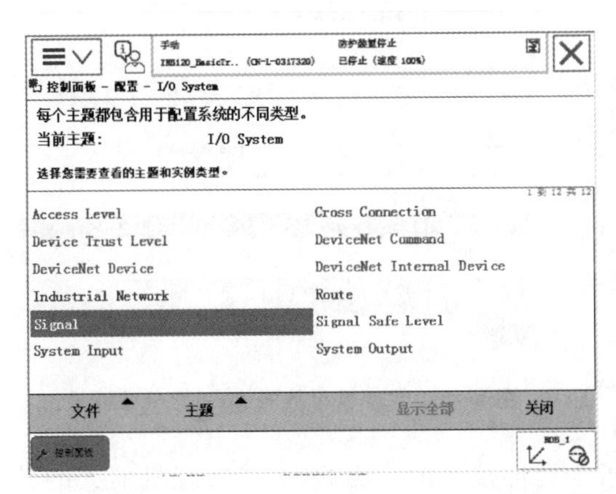

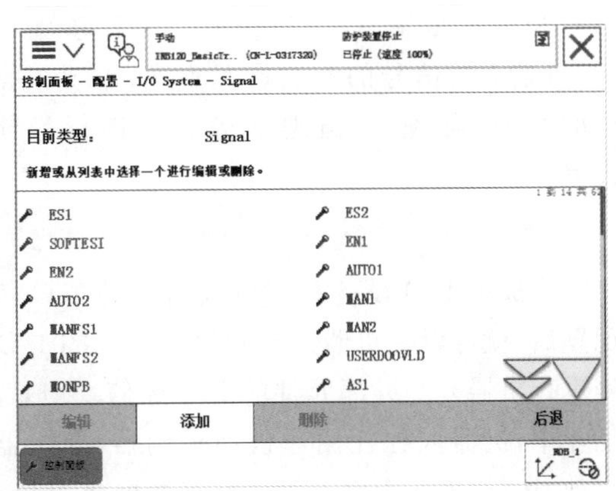

图 5-17　信号“配置”功能界面

②在界面中单击“添加”，为系统添加一个信号，在信号参数设置界面中，按照表 5-8 设置其名称“Name”为“di 1”、信号类型“Type of Signal”为“Digital Input”、设备分配“Assigned to Device”为“board10”、通道地址“Device Mapping”为“0”，如图 5-18 所示。设置完成后，单

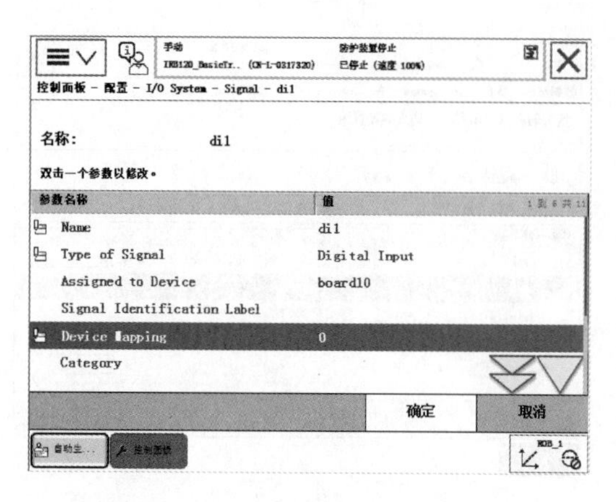

图 5-18　数字输入信号 di 1 的参数设置

击“确定”，选择重启，重启后，I/O 设备“board10”上的通道地址为“0”的数字输入信号“di1”就配置完成且生效了。

2）数字输出信号的配置

数字输出信号 do 1 的配置参数如表 5-9 所示。数字输出信号配置步骤与数字输入信号配置步骤一样，只是在参数设置时不一样，数字输出信号 do 1 的参数设置如图 5-19 所示，名称“Name”为“do 1”、信号类型“Type of Signal”为“Digital Output”、设备分配“Assigned to Device”为“board10”、通道地址“Device Mapping”为“32”。设置完成后，单击“确定”，选择重启，重启后，I/O 设备“board10”上的通道地址为“32”的数字输出信号“do 1”就配置完成且生效了。

表 5-9　数字输出信号 do 1 的配置参数

参数名称	设定值	说明
Name	do 1	设定数字输出信号的名字
Type of Signal	Digital Output	设定信号的类型
Assigned to Device	board10	设定信号所在的 I/O 模块
Device Mapping	32	设定信号所占用的地址

机器人的 I/O 信号不仅能够配置数字输入输出信号、数字输出信号，还能配置组输入/输出信号和模拟量输入/输出信号。配置步骤都一样，只是不同信号的参数设置不同，需要根据信号的类型、设备、通道地址等参数进行具体的设置。

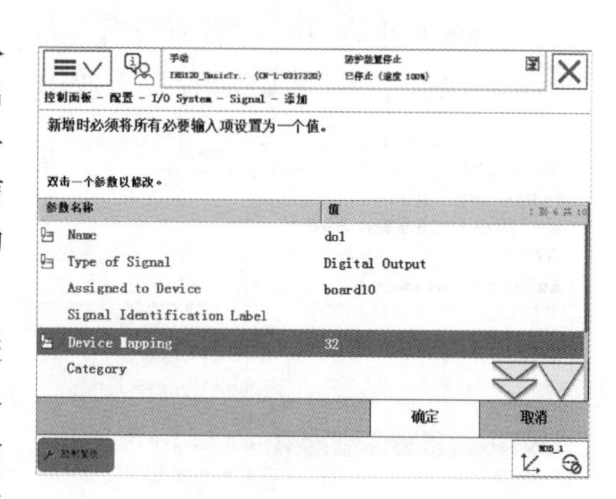

图 5-19　数字输出信号 do 1 的参数设置

4. 机器人系统信号与 I/O 信号的关联

完成了 I/O 设备和 I/O 设备上的 I/O 信号配置后，就可以在机器人中利用配置好的 I/O 信号进行机器人与外部元件的 I/O 通信。但是，在工业中，机器人往往用作被动控制器，即机器人启动、运行、停止等都是由外部控制器或控制指令元件控制的。因此，为了实现机器人的外部控制，需要将机器人的系统信号与 I/O 信号关联，然后外部控制器或控制元件通过控制 I/O 信号达到控制机器人的目的。任务以机器人的电机启动信号“Motors On”和电机状态信号“Motors On State”分别关联到数字输入信号“di 1”和数字输出信号“do 1”。

1）电机启动信号“Motors On”和数字输入信号“di1”关联步骤

（1）在菜单中，选择“控制面板”，并进入“配置”功能界面；在“配置”功能界面中，双击“System Input”进入系统输入信号配置功能界面，单击“添加”，进入配置界面，如图 5-20 所示。

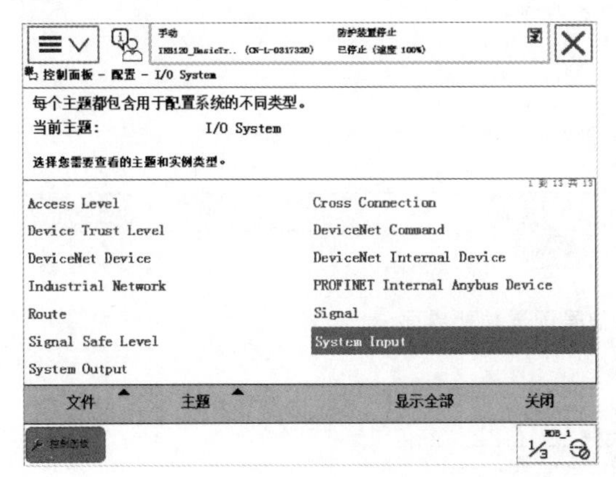

图 5-20　系统输入信号配置功能界面

（2）进入配置界面后，将参数“Signal Name”设置为“di 1”，参数“Action”设置为“Motors On”，单击“确定”，选择重启，如图 5-21所示。重启后，即将系统的动作电机开启“Motors On”与数字输入信号“di 1”关联成功，当机器人处于自动运行模式时，若“di1”信号由“0”变为“1”，则机器人会自动使能，进入电机开启状态。

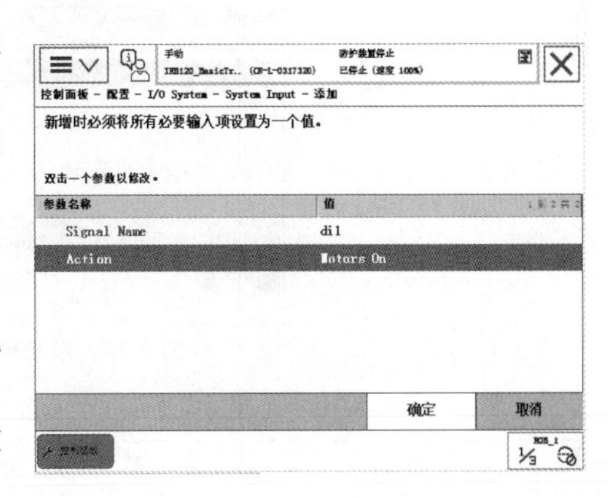

图 5-21　系统输入信号参数设置

2）电机状态信号“Motors On State”和数字输出信号“do 1”关联步骤

（1）在菜单中，选择“控制面板”，并进入“配置”功能界面；在“配置”功能界面中，双击“System Output”进入系统输出信号配置功能界面，单击“添加”，进入配置界面，如图 5-22 所示。

（2）进入配置界面后，将参数“Signal Name”设置为“do 1”，参数“Status”设置为“Motors On State”，单击“确定”，选择重启，如图 5-23 所示。重启后，即将系统的状态信号电机状态信号“Motors On State”与数字输出信号“do 1”关联成功，当机器人处于“电机开启”状态时，“do 1”信号为“1”；当机器人处于“电机停止”状态时，“do 1”信号为“0”。

机器人为我们提供了若干系统输入信号和输出信号，利用系统的输入信号和输出信号，我们可以使用外部的控制器或控制指令元件轻松地实现机器人的控制和了解机器人的运行情况。

5. 扩展练习

（1）根据 I/O 设备、I/O 信号配置方法，练习组输入、输出信号的配置。

（2）按照表 5-10 所示的参数，完成机器人码垛单元的设备配置、信号配置及系统信号的关联。

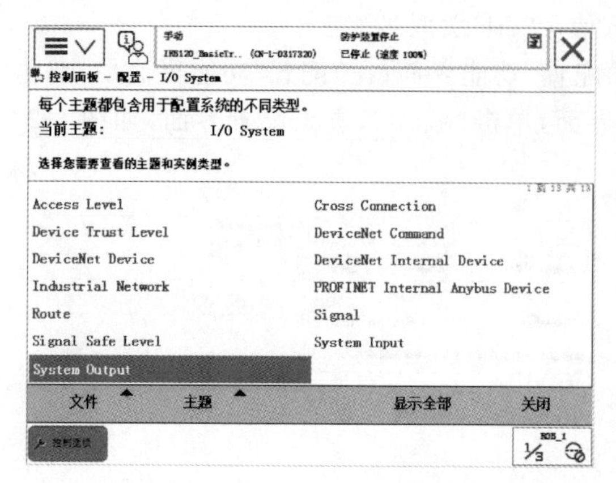

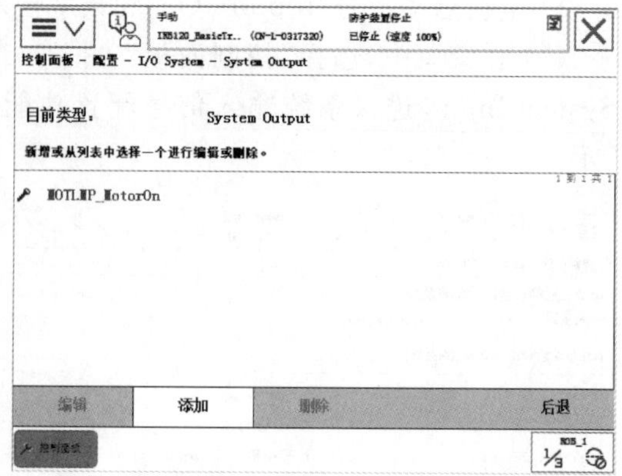

图 5-22　系统输出信号配置功能界面

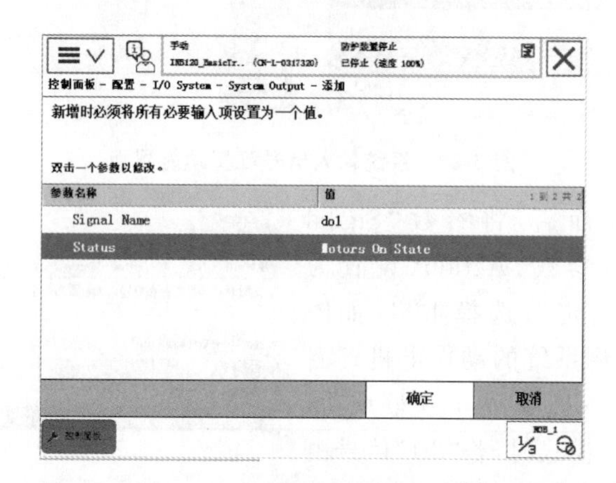

图 5-23　系统输出信号参数设置

表 5-10　机器人码垛单元的设备配置、信号配置及系统信号关联情况

<table>
<tr><th colspan="5">I/O 设备配置</th></tr>
<tr><td>Name</td><td>Network</td><td>Address</td><td>—</td><td>—</td></tr>
<tr><td>d652</td><td>DeviceNet</td><td>10</td><td>—</td><td>—</td></tr>
<tr><th colspan="5">I/O 信号配置</th></tr>
<tr><td>Name</td><td>Type of Signal</td><td>Device Mapping</td><td>Assigned to Device</td><td>说明</td></tr>
<tr><td>di 1</td><td>Digital Input</td><td>0</td><td rowspan="8">d652</td><td>电机使能</td></tr>
<tr><td>di 2</td><td>Digital Input</td><td>1</td><td>主程序启动</td></tr>
<tr><td>di 3</td><td>Digital Input</td><td>2</td><td>工位 1</td></tr>
<tr><td>di 4</td><td>Digital Input</td><td>3</td><td>工位 2</td></tr>
<tr><td>di 5</td><td>Digital Input</td><td>4</td><td>工位 3</td></tr>
<tr><td>di 6</td><td>Digital Input</td><td>5</td><td>电机断使能</td></tr>
<tr><td>di 7</td><td>Digital Input</td><td>6</td><td>系统缺料</td></tr>
<tr><td>di 8</td><td>Digital Input</td><td>7</td><td>上机械手夹取机器人传送工件完成</td></tr>
</table>

续表

<table>
<tr><th colspan="5">I/O 设备配置</th></tr>
<tr><td>do 1</td><td>Digital Output</td><td>0</td><td rowspan="5">d652</td><td>机器人复位完成</td></tr>
<tr><td>do 2</td><td>Digital Output</td><td>1</td><td>机器人吸料完成</td></tr>
<tr><td>do 3</td><td>Digital Output</td><td>2</td><td>机器人夹料完成</td></tr>
<tr><td>do 4</td><td>Digital Output</td><td>3</td><td>拆解完成信号</td></tr>
<tr><td>do 5</td><td>Digital Output</td><td>4</td><td>机器人放下拆解物料</td></tr>
<tr><th colspan="5">系统信号关联</th></tr>
<tr><td colspan="3">信号名称</td><td colspan="2">系统动作或状态</td></tr>
<tr><td colspan="3">di 1</td><td colspan="2">Motors On</td></tr>
<tr><td colspan="3">di 2</td><td colspan="2">"Start at Main"参数 1——"CYCLE"</td></tr>
<tr><td colspan="3">di 6</td><td colspan="2">Motors Off</td></tr>
<tr><td colspan="3">do 4</td><td colspan="2">Emergency Stop</td></tr>
</table>

评价反馈

各小组填写表 5-11，以及任务评价表(参照项目 1)，然后汇报完成情况。

表 5-11　任务实施考核表

<table>
<tr><th>工作任务</th><th>配分</th><th>评分项目</th><th>项目配分</th><th>扣分标准</th><th>得分</th><th>扣分</th><th>任务得分</th></tr>
<tr><td rowspan="8">设备调试</td><td rowspan="8">90</td><td colspan="5">示教器操作(25 分)</td><td rowspan="9"></td></tr>
<tr><td>操作步骤</td><td>25</td><td>操作步骤不正确，每处扣 3 分</td><td></td><td></td></tr>
<tr><td colspan="5">调试运行(65 分)</td></tr>
<tr><td>机器人 I/O 设备配置</td><td>10</td><td>设备名称、地址不正确，每处扣 2 分</td><td></td><td></td></tr>
<tr><td>机器人 I/O 信号的配置</td><td>10</td><td>机器人数字量输入、数字量输出信号的名称、地址不正确，每处扣 2 分</td><td></td><td></td></tr>
<tr><td>机器人系统信号与 I/O 信号的关联</td><td>10</td><td>信号关联不正确，每处扣 2 分</td><td></td><td></td></tr>
<tr><td>扩展训练</td><td>35</td><td>机器人 I/O 设备配置、机器人 I/O 信号配置、机器人系统信号与 I/O 信号的关联不正确，每处扣 2 分</td><td></td><td></td></tr>
<tr></tr>
<tr><td>职业素养与安全意识</td><td>10</td><td colspan="5">现场操作安全保护符合安全操作规程；工具摆放、包装物品、导线线头等的处理符合职业岗位的要求；团队有分工有合作，配合紧密；遵守纪律，尊重教师，爱惜设备和器材，保持工位的整洁</td></tr>
</table>

任务3　设计和调试机器人码垛单元的控制程序

任务目标

（1）掌握机器人码垛单元PLC对机器人的控制逻辑。

（2）掌握机器人码垛单元PLC的程序设计。

（3）掌握机器人的任务路径运行逻辑。

（4）掌握机器人的任务程序设计。

（5）掌握机器人程序的调试方法。

（6）掌握机器人码垛单元的动作调试。

任务要求

机器人单元的运行

机器人码垛单元的功能按照控制按钮发出的命令，由机器人夹取分拣的组合工件并放置到码垛盘上实现。当供料单元或装配单元缺料时（本工作单元单站自动运行时，用触摸屏上的按钮分别模拟“系统缺料”和“上机械手夹取拆解物料完成”这两个信号），机器人用码垛盘拆卸工件，并将拆卸后的零件交给输送单元上机械手，由上机械手去完成上料。具体控制要求如下。

（1）系统复位过程：机器人码垛单元上电后，按下启动按钮，使得系统开始运行，PLC发送启动信号给机器人，机器人开启电机并运行主程序，机器人调用复位程序并回原点，回原点后，机器人发送回到原点的信号给PLC，PLC收到信号后开始运行动作控制程序，包括夹取工件入盘和拆解工件。

（2）夹取工件入盘的过程：系统运行中，当分拣单元完成组合工件分拣至工位1（或工位2、工位3）时，按下按钮上对应的工位1按钮，PLC得到工位1按钮控制命令后，发送工位1控制命令给机器人，机器人收到工位1控制命令后，开始运行机器人到工位1夹取位置点夹取工件，运行至路径过渡点，运行至码垛盘第1列的放置点放置工件，回到原点，完成1个工件的放置。每个工件放置过程一致，只是放置点位置是机器人程序依据已有工件数量自行计算。

（3）拆解过程：系统运行中，当PLC收到缺料信号时，发送缺料拆解信号给机器人，机器人根据码垛盘第3列的工件数量自动计算拆解位置，首先机器人由原点运行至吸盘拆解位置，吸取工件芯，送至工件芯送料位置，发送吸料完成信号给PLC，PLC收到信号后由联机运行通信信号告知上机械手，上机械手运行至工件芯送料位置夹取工件芯，夹取完成后发送信号给PLC，PLC发送上机械手取料完成信号给机器人，机器人收到信号后松开吸盘、放开工件芯，并告知输送单元上机械手，同时回到原点；待第3列所有工件芯拆解完成后，机器人由原点运行至夹爪拆解工件位置，夹取工件，送至工件送料位置，发送夹料完成信号给PLC，PLC收到信号后由联机运行通信信号告知输送单元上机械手，输送单元上机械手运行至工件送料位置夹取工件，夹取完成后发送信号给PLC，PLC发送输送单元上机械手取料完成信号给机器人，机器人收到信号松开夹爪、放开工件，并告知输送单元上机械手，同时回到原点，直到第3列所有的工件拆解完成。

任务分组

完成学生任务分工表(参考项目1)。

获取资讯

(1) 分析：本单元码垛入库、拆分出库的过程。

(2) 尝试：绘制码垛入库、拆分出库的流程图。

(3) 思考：PLC和机器人的信息交互。

提示　通常ABB机器人支持的通信方式有普通I/O、总线、网络等，机器人的通信方式直接决定了它能否集成到系统中，以及支持的控制复杂度等。

(4) 尝试：在编程软件上编写控制程序。

工作计划

由每个小组分别制定工作计划，将计划的内容填入工作计划表(参考项目1)。

进行决策

(1) 各个小组阐述自己的设计方案。

(2) 各个小组对其他小组的方案进行讨论、评价。

(3) 教师对每个小组的方案进行点评，选择最优方案。

任务实施

1. PLC程序设计

1) 程序流程图

机器人码垛单元的PLC程序主要实现机器人的动作控制，包含5个功能程序：机器人初始状态检查、机器人复位、机器人运行控制、机器人拆解控制、单元状态信号显示。其中机器人运行控制分为手动模式和自动模式。图5-24为机器人码垛单元PLC程序流程图，PLC开始运行，按下启动按钮后，开启机器人的初态检查状态，初态检查时会使能机器人电机及使能机器人运行主程序，机器人会自动运行复位程序；机器人复位完成后，开始进入运行控制，运行控制过程中，根据供料单元或装配单元是否缺料的信号(机器人单站自动运行时，用触摸屏上的按钮分别模拟“系统缺料”和“上机械手夹取拆解物料完成”这两个信号)，分别进入缺料或料充足的工艺路径；缺料时，控制机器人进入码垛盘拆解组合工件，并将拆解零部件搬运至上机械手接收料的位置，将零部件交给输送单元上机械手，然后回到原点继续运行；料充足时，根据分拣单元分拣结果指定的工位信号，控制机器人进入相应的工作夹取组合工件，放入码垛盘中对应的位置，然后回到原点继续运行；运行过程中，任意时刻按下停止按钮，运行过程结束，机器人停止运行。机器人码垛单元的状态信号主要是分情况点亮按钮和对应指示灯，在主程序中依据各种状态点亮即可，比较简单。

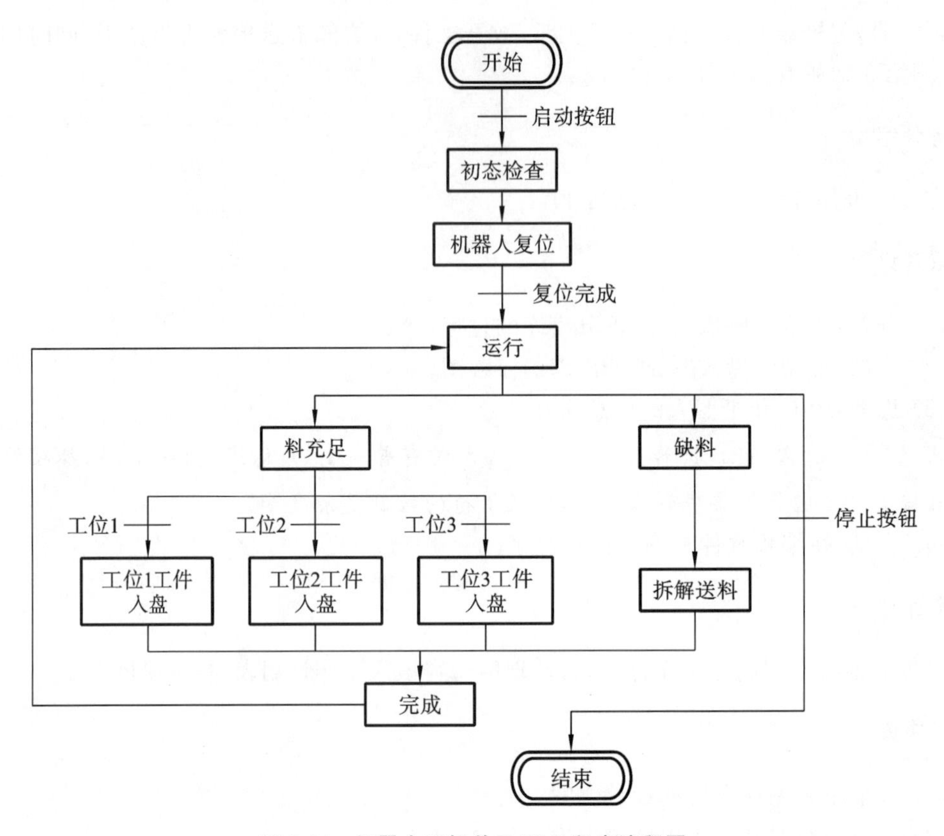

图 5-24　机器人码垛单元 PLC 程序流程图

2）机器人码垛单元主程序

机器人码垛单元的 PLC 程序包括一个主程序和运行控制、复位两个子程序。主程序主令信号的逻辑判断和前几个工作单元类似，包括上电复位初始化、单机/联机判断、准备就绪等，区别在于启停控制、初态检查和缺料控制。

（1）PLC 上电运行后，按下启动按钮时，进入初态检查，初态检查开始自动运行复位程序，如图 5-25 所示。

（2）主程序中，当系统收到缺料信号时，运行机器人缺料控制程序，如图 5-26 所示，系统缺料信号接通，同时接通机器人的输入信号 DI7，此时，机器人收到缺料信号，开始运行码垛盘内组合工件拆解程序，拆解完成后送至送料点，等待输送单元上机械手抓取零部件完成后，上机械手夹取拆解物料完成信号接通，机器人 DI8 接通，然后机器人回到原点，继续等待控制命令。

（3）单元运行过程中，任意时刻按下停止按钮，立即断开运行，且给出 motor_off 信号到机器人，停止机器人电机，使得机器人停止运行，如图 5-27 所示。

（4）信号状态显示程序逻辑简单，依据状态点亮不同颜色的指示灯即可，如图 5-28 所示。单元未准备就绪时（机器人没有回到原点），黄色指示灯闪烁，频率 1 Hz；单元准备就绪（机器人回到原点），未运行时（机器人没有运行），黄色指示灯常亮；单元运行时（机器人运行中），绿色指示灯常亮，黄色指示灯熄灭。

3）机器人码垛单元运行控制子程序

图 5-29 为机器人在料充足的情况下运行控制子程序，在单机模式下，通过按下工位按

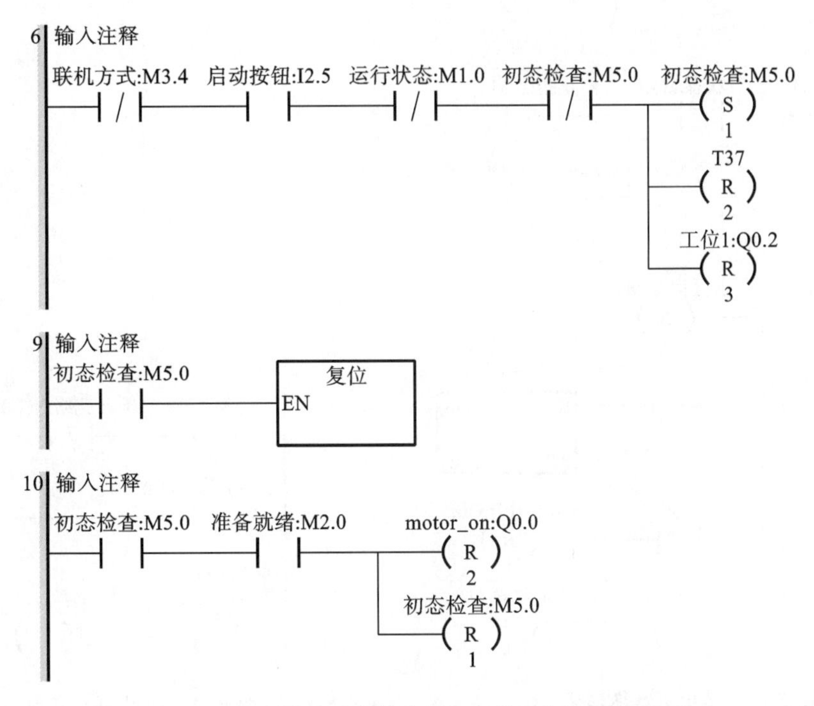

图 5-25　初态检查使能和调用复位子程序梯形图

钮控制机器人到达指定的工位夹取组合工件，然后自动放到码垛盘中。

4）机器人码垛单元复位子程序

复位子程序中，利用接通“motor_on”使能机器人电机，接通“start_at_main”使能机器人运行主程序，如图 5-30所示，机器人在主程序进行初态检测时调用复位子程序。

14 输入注释
上机械手夹取拆解物料完成:M6.1　　DI8:Q0.7

15 输入注释
系统缺料:M6.0　　DI7:Q0.6

图 5-26　缺料操作梯形图

2. 机器人程序设计

本单元的机器人主要完成组合工件入库和拆解库内工件并送至送料点的任务。机器人程序主要包含三个部分：机器人复位程序、机器人夹取工件入盘程序、机器人拆解工件送料程序。

1）机器人的 I/O 信号表

机器人在运行过程中，运行动作主要靠 PLC 输出的控制命令进行，使用标准 I/O 设备“d652”上的 I/O 信号来实现。机器人的 I/O 信号及对应的 PLC 信号如表 5-12 所示。

2）机器人控制程序

(1) 机器人主程序。

PLC 运行初态检查时，机器人开始运行主程序，调用机器人复位程序，运行至机器人原点，并复位码垛盘相关计数器。机器人主程序和复位程序如图 5-31 和图 5-32 所示。

机器人主程序中，首先调用复位程序“CSH”，使得机器人回到原点，PLC 收到机器人回到原点信号后，开始运行。如果 PLC 中“物料缺料”信号不接通，代表不缺料，机器人“DI7”等于“0”，便调用机器人夹取工件入盘程序“RUN”；若“物料缺料”信号接通，代表缺料，机器人“DI7”等于“1”，此时根据码垛盘第 3 列的工件数量“GW3”判断是否运行机器人拆解工件程序“CRUN”。

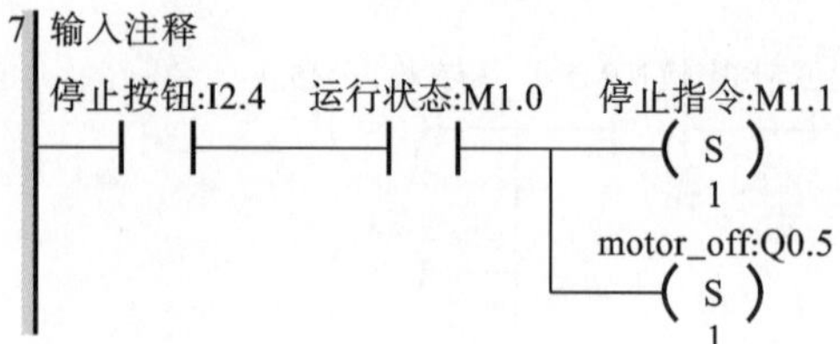

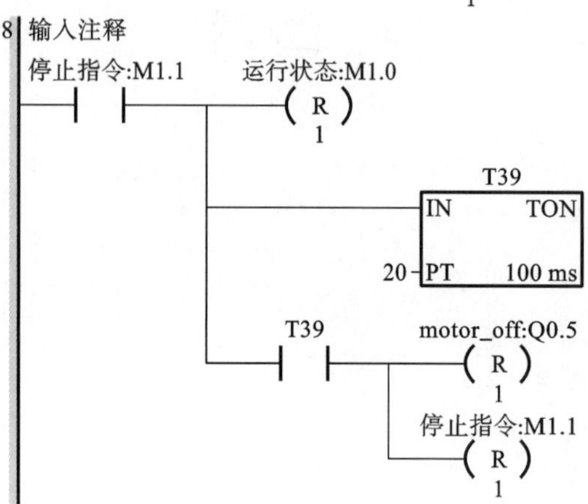

图 5-27　停止运行梯形图

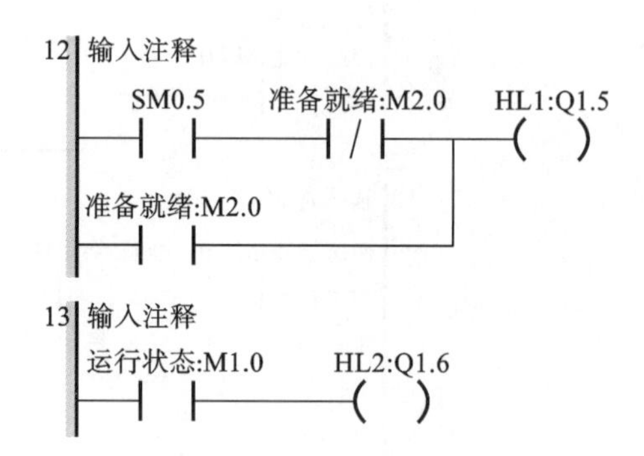

图 5-28　指示灯状态显示梯形图

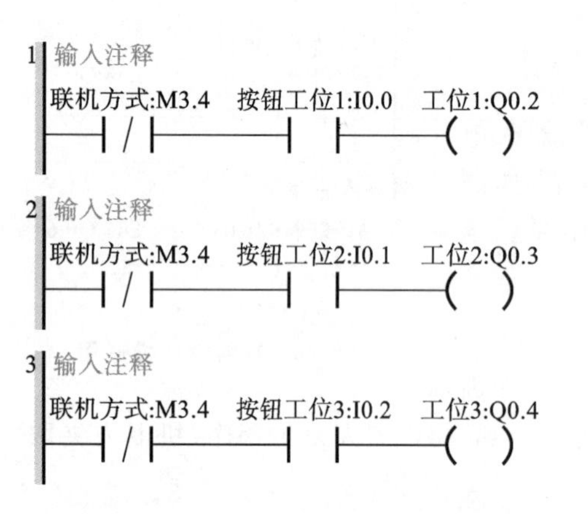

图 5-29　(料充足)运行控制子程序梯形图

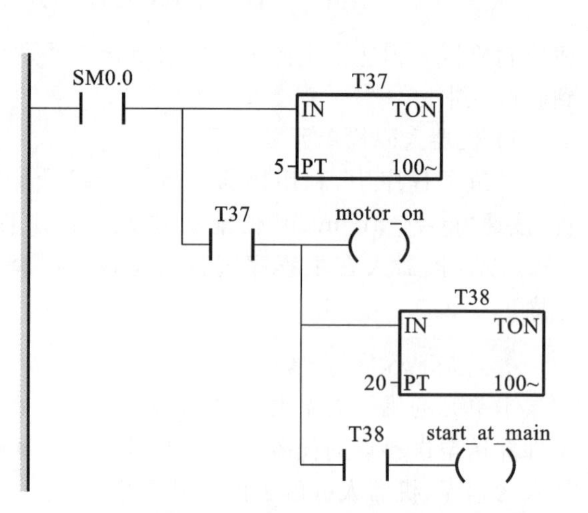

图 5-30　复位子程序梯形图

表 5-12　机器人的 I/O 信号及对应的 PLC 信号

输 入 信 号			输 出 信 号		
机器人 DI	PLC 连接信号	说明	机器人 DO	PLC 连接信号	说明
di 1	Q0.0	电机使能	do 1	I0.3	机器人复位完成
di 2	Q0.1	主程序启动	do 2	I0.4	机器人吸料完成
di 3	Q0.2	工位 1	do 3	I0.5	机器人夹料完成
di 4	Q0.3	工位 2	do 4	I0.6	拆解完成信号
di 5	Q0.4	工位 3	do 5	I0.7	机器人放拆解物料
di 6	Q0.5	电机断使能	do 6	—	吸盘电磁阀

续表

输入信号			输出信号		
机器人 DI	PLC 连接信号	说明	机器人 DO	PLC 连接信号	说明
di 7	Q0.6	系统缺料	do 7	—	夹紧电磁阀
di 8	Q0.7	上机械手夹取机器人传送工件完成	do 8	—	松开电磁阀

```
PROC main()
    CSH;!调用复位程序
    WHILE TRUE DO
        WHILE DI7=0 DO !判断是否缺料，DI7=0时，不缺料
            Reset DO4;
            RUN;!运行夹取工件入盘程序
            WaitTime 0.3;
        ENDWHILE
        WHILE DI7=1 and GW3<>0 DO !判断是否缺料，DI7=1时，缺料，GW3<>0，判断盘第3列是否有工件，不等于0，有工件
            CRUN;!运行拆解工件程序
            Waittime  0.3;
        ENDWHILE
        WHILE DI7=1 and GW3=0 DO !判断是否缺料，DI7=1时，缺料，GW3<>0，判断盘第3列是否有工件，等于0，无工件
            set DO4;
            Waittime  0.3;
        ENDWHILE
    ENDWHILE
ENDPROC
```

图 5-31 机器人主程序

```
PROC CSH()
    GW1:=0;!复位码垛盘第1列工件计数器
    GW2:=0;!复位码垛盘第2列工件计数器
    GW3:=0;!复位码垛盘第3列工件计数器
    GW3X:=0;!复位拆解吸盘吸取位置计数器
    GW3D:=0;!复位拆解夹爪夹取位置计数器
    Reset DO2;!复位吸料完成信号
    Reset DO3;!复位夹料完成信号
    Reset DO4;!复位拆解完成信号
    Reset DO7;!复位夹爪夹紧电磁阀
    Reset DO6;!复位吸盘电磁阀
    Set DO8;!置位夹爪松开电磁阀
    WaitTime 0.3;
    Reset DO8;!复位夹爪松开电磁阀
    MoveAbsJ jpos10\NoEOffs,V200,fine,tool0;!运行机器人到原点jpos10
    Set DO1;!置位机器人复位完成信号
    WaitTime 1;
    Reset DO1;!复位机器人复位完成信号
ENDPROC
```

图 5-32 机器人复位程序

机器人复位程序运行时，首先清零相关计数器，然后复位所有发送给 PLC 的动作状态标志信号，且将机器人运行至原点 jpos10，然后置位复位完成信号 1 s，在 PLC 收到信号后做进一步的控制。

(2) 机器人夹取工件入盘程序。

系统料充足时，调用夹取工件入盘程序“RUN”，如图 5-33 所示。

程序运行时，根据不同的工位信号，调用不同的放置位置计算程序“BM”第 1 列放置位置、“HM”第 2 列放置位置或“JM”第 3 列放置位置，如图 5-34 所示。

程序中，规定工位 1 的工件放置到码垛盘第 1 列，工位 2 的工件放置到码垛盘第 2 列，工位 3 的工件放置到码垛盘第 3 列。在放置工件时，又需要根据码垛盘每列的现有工件数确定是否还存在空位，如果存在空位，就调用“YX”夹取工件放置到码垛盘程序，如图 5-35

```
PROC RUN()
    IF DI3=1 THEN!工位1信号接通
        BM;!调用码垛盘第1列存放位置计算程序
        IF GW1<=6  THEN !判断码垛盘第1列工件数量是否已满
            YX;!调用夹取工件放置到码垛盘程序
        ELSE
            FL;!调用夹取工件回到原点程序
        ENDIF
    ENDIF
    IF DI4=1 THEN!工位2信号接通
        HM;!调用码垛盘第2列存放位置计算程序
        IF GW2<=6 THEN  !判断码垛盘第2列工件数量是否已满
            YX;
        ELSE
            FL;
        ENDIF
    ENDIF
    IF DI5=1 THEN!工位3信号接通
        JM;!调用码垛盘第3列存放位置计算程序
        IF GW3<=6 THEN !判断码垛盘第3列工件数量是否已满
            YX;
            GW3X:=GW3;
            GW3D:=GW3;
        ELSE
            FL;
        ENDIF
    ENDIF
ENDPROC
```

图 5-33　机器人夹取工件入盘程序“RUN”

```
PROC BM()
    GW1:=GW1+1;!第1列工件计数器+1
    TEST GW1    !根据GW1的值
    CASE 1:
        pDB:=p101;!确定放置位置p101
    CASE 2:
        pDB:=p102;!确定放置位置p102
    CASE 3:
        pDB:=p103;!确定放置位置p103
    CASE 4:
        pDB:=p104;!确定放置位置p104
    CASE 5:
        pDB:=p105;!确定放置位置p105
    CASE 6:
        pDB:=p106;!确定放置位置p106
    ENDTEST
ENDPROC
```

```
PROC HM()
    GW2:=GW2+1;!第2列工件计数器+1
    TEST GW2    !根据GW2的值
    CASE 1:
        pDB:=p111;!确定放置位置p111
    CASE 2:
        pDB:=p112;!确定放置位置p112
    CASE 3:
        pDB:=p113;!确定放置位置p113
    CASE 4:
        pDB:=p114;!确定放置位置p114
    CASE 5:
        pDB:=p115;!确定放置位置p115
    CASE 6:
        pDB:=p116;!确定放置位置p116
    ENDTEST
ENDPROC
```

```
PROC JM()
    GW3:=GW3+1;!第3列工件计数器+1
    TEST GW3    !根据GW3的值
    CASE 1:
        pDB:=p121;!确定放置位置p121
    CASE 2:
        pDB:=p122;!确定放置位置p122
    CASE 3:
        pDB:=p123;!确定放置位置p123
    CASE 4:
        pDB:=p124;!确定放置位置p124
    CASE 5:
        pDB:=p125;!确定放置位置p125
    CASE 6:
        pDB:=p126;!确定放置位置p126
    ENDTEST
ENDPROC
```

图 5-34　机器人放置位置计算程序“BM”“HM”“JM”

所示，否则调用“FL”夹取工件回原点程序，如图 5-36 所示。

(3) 机器人拆解工件送料程序。

系统缺料时，调用拆解工件程序“CRUN”，如图 5-37 所示。程序运行时，首先判断码垛盘第 3 列的工件芯数量，有工件芯就调用吸盘拆解工件芯位置计算程序“CXJM”(见图 5-38)和吸盘拆解工件芯程序“CXYX”(见图 5-39)。等到所有的工件芯拆解完成后，判断码垛盘第 3 列的工件数量，有工件就调用夹爪拆解工件位置计算程序“CDJM”(见图 5-40)和夹爪拆解工件程序“CDYX”(见图 5-41)。拆解过程中，每拆解一个零部件(芯或工件)就将其送至送料点，交给输送单元上机械手。拆解完成后回原点等待指令。

3. 程序调试

1) 编程检查

编写完程序应认真检查。在检查程序时，重点检查 PLC 程序与机器人程序的动作逻辑，确保机器人任务动作逻辑正确。

```
PROC YX()
    IF DI3 = 1 THEN !根据工位1信号确定夹取工件位置1, p11
        pLC := p11;
    ENDIF
    IF DI4 = 1 THEN !根据工位2信号确定夹取工件位置2, p12
        pLC := p12;
    ENDIF
    IF DI5 = 1 THEN !根据工位3信号确定夹取工件位置3, p13
        pLC := p13;
    ENDIF
    MoveJ Offs(pLC,0,0,30), v200, z1, tool0;!运行到夹取工件位置正上方
    MoveL pLC,v50,fine,tool0;!直线运行到夹取工件位置
    Set DO7;!夹紧夹爪夹取工件
    WaitTime 1;
    Reset DO7;
    MoveL Offs(pLC,0,0,50), v50, z1, tool0;!运行到夹取工件位置正上方
    Set DO3;
    WaitTime 1;
    Reset DO3;
    MoveJ p21,v200,z10,tool0;!运行到过度点P21
    MoveJ Offs(pDB,0,0,50),v200,z10,tool0;!运行到放置工件位置正上方
    MoveL pDB,v50,fine,tool0;!直线运行到放置工件位置
    Set DO8;!松开夹爪放置工件
    WaitTime 1;
    Reset DO8;
    MoveL Offs(pDB,0,0,50),v50,z10,tool0;!运行到放置工件位置正上方
    MoveAbsJ jpos10\NoEOffs,V200,fine,tool0;!运行到原点
ENDPROC
```

图 5-35　机器人夹取工件放置到码垛盘程序“YX”

```
PROC FL()
    IF DI3 = 1 THEN !根据工位1信号确定夹取工件位置1, p11
        pLC := p11;
    ENDIF
    IF DI4 = 1 THEN !根据工位2信号确定夹取工件位置2, p12
        pLC := p12;
    ENDIF
    IF DI5 = 1 THEN !根据工位3信号确定夹取工件位置3, p13
        pLC := p13;
    ENDIF
    MoveJ Offs(pLC,0,0,30), v200, z1, tool0;!运行到夹取工件位置正上方
    MoveL pLC,v50,fine,tool0;!直线运行到夹取工件位置
    Set DO7;!夹紧夹爪夹取工件
    WaitTime 1;
    Reset DO7;
    MoveL Offs(pLC,0,0,50), v50, z1, tool0;
    Set DO3;
    WaitTime 1;
    Reset DO3;
    MoveJ p21,v200,fine,tool0;!运行到过度点P21
    Set DO8;!松开夹爪放置工件
    WaitTime 1;
    Reset DO8;
    MoveAbsJ jpos10\NoEOffs,V200,fine,tool0;!运行到原点
ENDPROC
```

图 5-36　机器人夹取工件回原点程序“FL”

```
PROC CRUN()
    IF GW3X >= 1 THEN!判断第3列工件芯的数量，大于等于1时，可以运行拆解芯
        CXJM;!调用吸盘拆解工件芯位置程序
        CXYX;!调用吸盘拆解工件芯程序
    ELSE
        IF GW3D >= 1 THEN!判断第3列工件的数量，大于等于1时，可以运行拆解工件
            CDJM;!调用夹爪拆解工件位置程序
            CDYX;!调用夹爪拆解工件程序
        ELSE
            Set DO4;!拆解完成后置位拆解完成信号
            GW3:=0;
        ENDIF
    ENDIF
ENDPROC
```

图 5-37　机器人拆解工件程序“CRUN”

```
PROC CXJM()
    TEST GW3X !根据第3列工件芯数量GW3X的值
    CASE 1:
        pDB:=p131;!确定吸盘拆解工件芯位置p131
    CASE 2:
        pDB:=p132;!确定吸盘拆解工件芯位置p132
    CASE 3:
        pDB:=p133;!确定吸盘拆解工件芯位置p133
    CASE 4:
        pDB:=p134;!确定吸盘拆解工件芯位置p134
    CASE 5:
        pDB:=p135;!确定吸盘拆解工件芯位置p135
    CASE 6:
        pDB:=p136;!确定吸盘拆解工件芯位置p136
    ENDTEST
     GW3X:=GW3X-1;!拆解后3列工件芯计数器-1
ENDPROC
```

图 5-38 机器人吸盘拆解工件芯位置计算程序"CXJM"

```
PROC CXYX()
    MoveJ Offs(pDB,0,0,50),v200,z10,tool0;!运行到吸盘拆解位置点正上方
    MoveL pDB,v50,fine,tool0;!直线运行到吸盘拆解位置点
    Set DO6;!打开吸盘吸取工件芯
    WaitTime 1;
    MoveL Offs(pDB,0,0,50),v50,z10,tool0;!运行到吸盘拆解位置点正上方
    MoveJ Offs(P31,0,0,40), v200, z10, tool0;!运行到工件芯送料点正上方
    MoveL P31, v50, fine, tool0;!运行到工件芯送料点
    WaitTime 0.5;
    Set DO2;!置位吸料完成信号
    WaitDI DI8, 1;!收到上料机械手取料完成信号
    WaitTime 1;
    Reset DO6;!关闭吸盘方可工件芯
    WaitTime 0.5;
    MoveJ Offs(P31,0,0,40), v200, z10, tool0;!运行到工件芯送料点正上方
    Reset DO2;
    Set DO5;!置位机器人放下拆解物料信号
    MoveAbsJ jpos10\NoEOffs,V200,fine,tool0;!运行原点
    Reset DO5;!复位机器人放下拆解物料信号
    WaitTime 0.5;
ENDPROC
```

图 5-39 机器人吸盘拆解工件芯程序"CXYX"

```
PROC CDJM()
    TEST GW3D !根据第3列工件芯数量GW3X的值
    CASE 1:
        pDB:=p121;!确定夹爪拆解工件位置p121
    CASE 2:
        pDB:=p122;!确定夹爪拆解工件位置p122
    CASE 3:
        pDB:=p123;!确定夹爪拆解工件位置p123
    CASE 4:
        pDB:=p124;!确定夹爪拆解工件位置p124
    CASE 5:
        pDB:=p125;!确定夹爪拆解工件位置p125
    CASE 6:
        pDB:=p126;!确定夹爪拆解工件位置p126
    ENDTEST
     GW3D:=GW3D-1;!拆解后3列工件计数器-1
ENDPROC
```

图 5-40 机器人夹爪拆解工件位置计算程序"CDJM"

```
PROC CDYX()
    MoveJ Offs(pDB,0,0,50),v200,z10,tool0;!运行到夹爪拆解位置点正上方
    MoveL pDB,v50,fine,tool0;!直线运行到夹爪拆解位置点
    Set DO7;!夹爪夹紧工件
    WaitTime 1;
    Reset DO7;!复位夹爪夹紧信号
    MoveL Offs(pDB,0,0,50),v50,z10,tool0;!运行到夹爪拆解位置点正上方
    MoveJ p21,v200,z100,tool0;!运行到过度点P21
    MoveJ p22,v200,z100,tool0;!运行到夹爪工具点P22
    MoveJ Offs(P32,0,0,30), v100, z10, tool0;!运行到工件送料点正上方
    MoveL P32, v50, fine, tool0;!运行到工件送料点
    WaitTime 0.5;
    Set DO3;!置位夹料完成信号
    WaitDI DI8, 1;!收到上料机械手取料完成信号
    WaitTime 1;
    Set DO8;!夹爪松开工件
    WaitTime 0.5;
    MoveJ Offs(P32,0,0,30), v100, z10, tool0;!运行到工件送料点正上方
    WaitTime 1;
    Reset DO8;!复位夹爪松开信号
    Set DO5;!置位机器人放下拆解物料信号
    Reset DO3;
    MoveAbsJ jpos10\NoEOffs,V200,fine,tool0;!运行原点
    Reset DO5;
    WaitTime 0.5;
ENDPROC
```

图 5-41 机器人夹爪拆解工件程序"CDYX"

2）机器人示教各位置点

机器人的程序在示教器中设计完成且逻辑检查后，需要对每个位置点进行示教。使用机器人手动操作，使机器人运行到目标点，然后通过修改位置来示教各目标位置点。机器人程序中需要示教的点如图 5-42 所示。

P11～P13 分别为分拣单元工位 1～3 的夹爪夹取组合工件位置点；P21 为机器人夹取工件后到码垛盘放置工件时的路径过渡点，防止机器人无法直接运行到码垛盘的放置位置。P101～P106 为码垛盘第 1 列的夹爪松开放置工件位置点；P111～P116 为码垛盘第 2 列的夹爪松开放置工件位置点；P121～P126 为码垛盘第 3 列的夹爪松开放置工件位置点，也是拆解任务中夹爪夹取工件位置点；P131～P136 为码垛盘第 3 列的拆解任务中吸盘拆解工件芯的吸取位置点。jpos10 为机器人原点；P22 为夹爪工具原点；P31 为吸盘吸取工件芯后送料给上机械手的工件芯送料点；P32 为夹爪夹取工件后送料给上机械手的工件送料点。

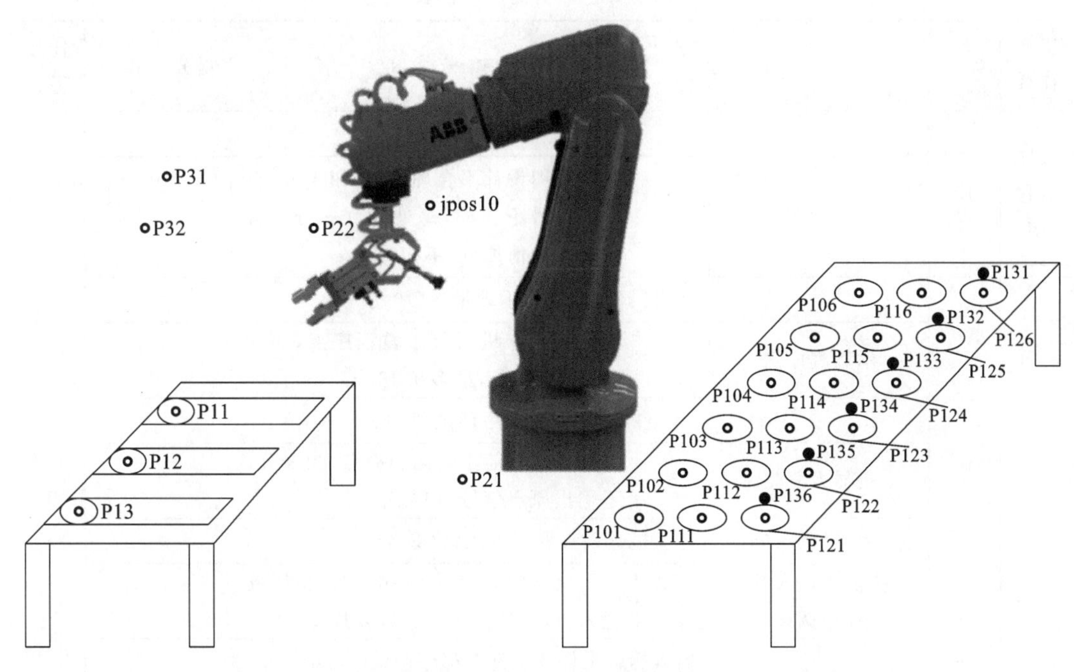

图 5-42　机器人程序的示教点

3）下载并调试程序

机器人码垛单元的程序调试主要包括机器人动作任务手动调试、PLC 控制机器人动作任务调试。

在机器人程序设计完成后，通过手动操作进行各目标点的位置示教。目标点位置示教完成后，将机器人切换至手动运行模式，分别对“YX”“FL”“CDYX”“CSH”4 个任务路径的例行程序进行手动调试。其中，“YX”为夹爪搬运组合工件到码垛盘放置的例行程序，“FL”为夹爪搬运组合工件到原点的例行程序，“CXYX”为夹爪拆解工件到送料点的例行程序，“CSH”为复位例行程序。调试时，注意路径运行是否正确、是否存在安全问题，同时在路径目标点正确的情况下，对各目标点的位置进行合理优化，使得运行更加顺畅和准确；特别注意工件工位夹取位置点和放置位置点，以及吸盘拆卸吸取工件芯位置点的准确性。

机器人码垛单元运行调试情况

机器人认路路径例行程序调试无误后，将机器人切换到自动运行模式，且将自动运行速度设置到 25%的慢速，然后结合 PLC，进行整个单元的单站调试。通过手动放置不同工位的组合工件，调试机器人放置工件任务，对每个放置点都进行调试运行；通过手动设置缺料信号，调试机器人拆解任务，对每个拆解位置点进行调试运行。

在 PLC 程序调试时，调试系统的运行指示程序。在动作任务程序调试无误后，可以选取任意动作任务测试系统停止功能，确保系统停止功能可用。

4. 调试结果

将本单元运行调试情况记录到机器人码垛单元运行调试情况中。

评价反馈

各小组填写表 5-13，以及任务评价表(参照项目 1)，然后汇报完成情况。

表 5-13 任务实施考核表

工作任务	配分	评分项目	项目配分	扣分标准	得分	扣分	任务得分
程序流程图	15	程序流程图绘制(15分)					
		流程图	15	流程图设计不合理,每处扣1分;流程图符号不正确,每处扣0.5分。有创新点酌情加分,不扣分			
程序设计与调试	75	机器人程序点手动示教(10分)					
		示教程序点	10	手动操作机器人示教程序点,缺少1点扣0.5分,最多扣10分			
		机器人复位程序调试(5分)					
		机器人复位	5	机器人不能正确回到原点,扣3分;不输出原点信号,扣2分			
		机器人夹取工件入盘(20分)					
		夹取工件入盘程序调试	20	不能正确夹取,每处扣2分;错误放置入盘,每处扣1分。最多扣20分			
		机器人拆解工件及工件芯程序调试(20分)					
		拆解程序调试	20	不能正确拆解工件芯,每处扣2分;不能正确拆解工件,每处扣2分。最多扣20分			
		PLC控制机器人自动运行调试(20分)					
		联调	20	不能正确控制机器人夹取工件,扣5分;不能正确控制机器人放置工件,扣5分;不能正确控制机器人拆解工件,扣5分;无停止功能,扣3分;无状态显示功能,扣2分			
职业素养与安全意识	10	现场操作安全保护符合安全操作规程;工具摆放、包装物品、导线线头等的处理符合职业岗位的要求;团队有分工有合作,配合紧密;遵守纪律,尊重教师,爱惜设备和器材,保持工位的整洁					

项目知识平台

机器人码垛单元的结构组成

机器人码垛单元的结构如图5-43所示。其主要结构为机器人、夹爪吸盘工具、示教器、码垛盘、工位按钮盒、系统按钮单元、PLC、电磁阀、接线端子等。码垛盘分为3列，第1列用于存放分拣单元工位1分拣的组合工件，第2列用于存放分拣单元工位2分拣的组合工件，第3列用于存放分拣单元工位3分拣的组合工件，每列可以存储6个工件，共可以存放18个工件。机器人将组合工件放置入盘时使用夹爪；机器人将第3列工件拆解交给输送单元上机械手时使用夹爪和吸盘。工位按钮盒用于单机运行时，通过人为按下工位按钮确定机器人夹取对应工位的工件并放置入盘。系统按钮单元用于启动机器人码垛单元运行及停止，同时显示机器人状态。示教器用于机器人的操作，PLC实现机器人的外部控制。

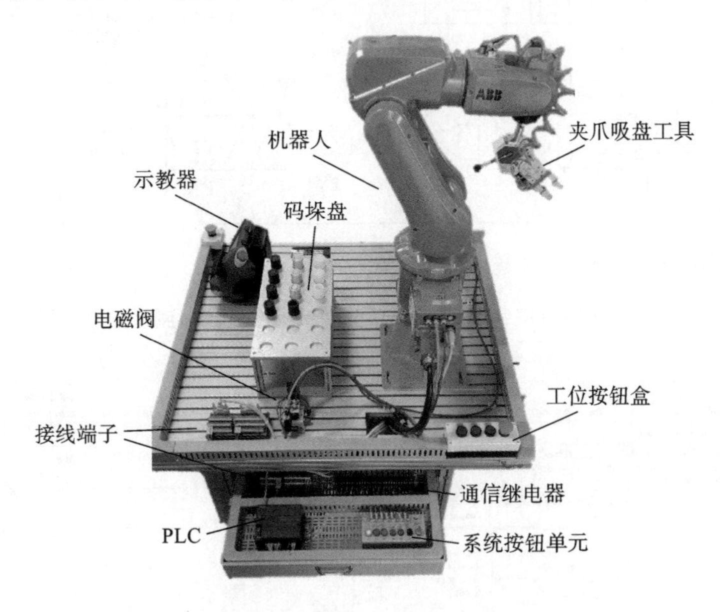

图5-43 机器人码垛单元的结构

机器人码垛单元的气动回答

机器人码垛单元的气动回路工作原理如图5-44所示。图中1Y1和1Y2为夹爪气缸的控制线圈，分别控制夹爪的打开和关闭，使用一个二位五通电磁阀；2Y1控制真空发生器，其动作时，真空发生器工作，利用正压产生负压，从而使得吸盘气路产生真空，使得吸盘具有吸力，能够吸取工件芯，使用一个二位五通电磁阀。

机器人码垛单元的气动回路

机器人常用的程序指令

1. 赋值指令“:=”

赋值指令“:=”是用于对程序数据进行赋值，赋值可以是一个常量或数学表达式。我们就以添加一个常量赋值为例说明此指令的使用，常量赋值“reg1:=5;”。

添加常量赋值指令的操作如下。

(1) 在指令列表中选择“:=”，在弹出“插入表达式”对话框中，点击“更改数据类型…”，选择num数字型数据，如图5-45所示。

(2) 在列表中找到“num”并选中，点击“确定”，选中“reg1”，选中“〈EXP〉”并蓝色高亮显示，打开“编辑”菜单，选择“仅限选定内容”，通过软键盘输入数字“5”，然后点击“确定”，就能在程序中看到所增加的指令，如图5-46、图5-47、图5-48所示。

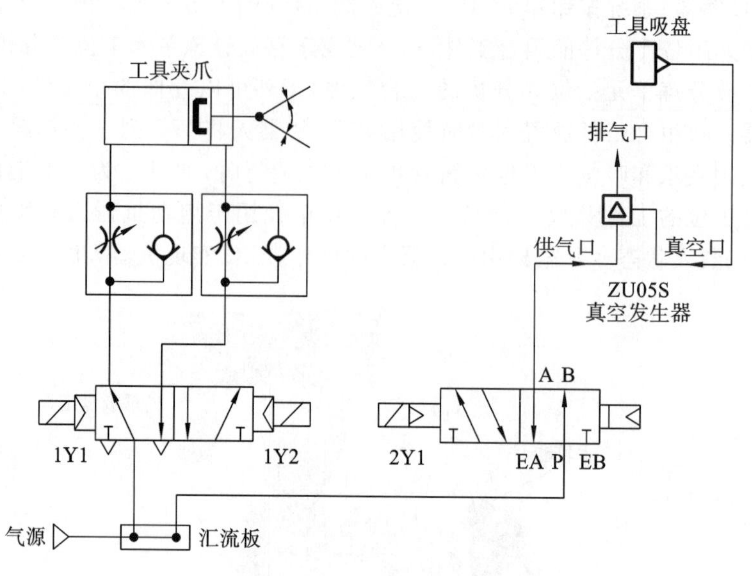

图 5-44　机器人码垛单元的气动回路工作原理

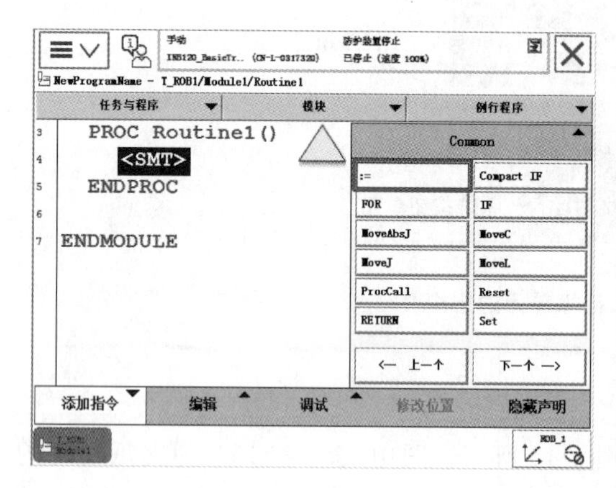

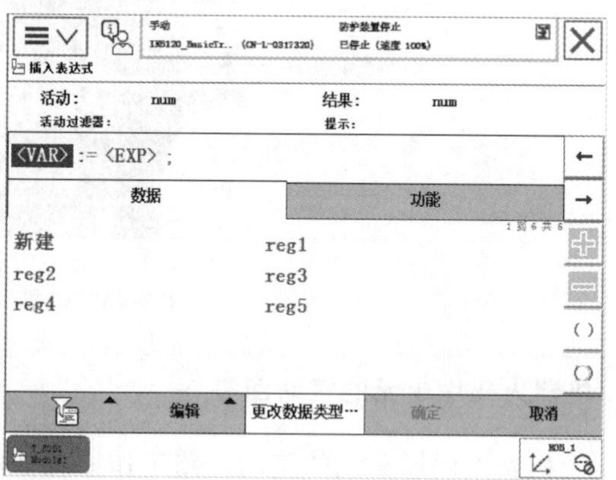

图 5-45　num 指令添加

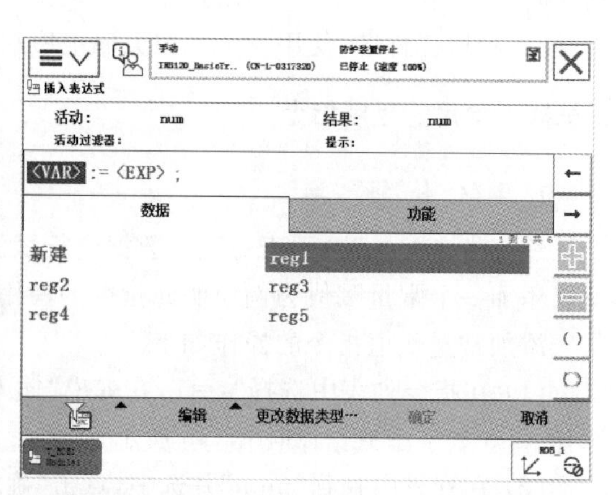

图 5-46　数据类型和变量选取

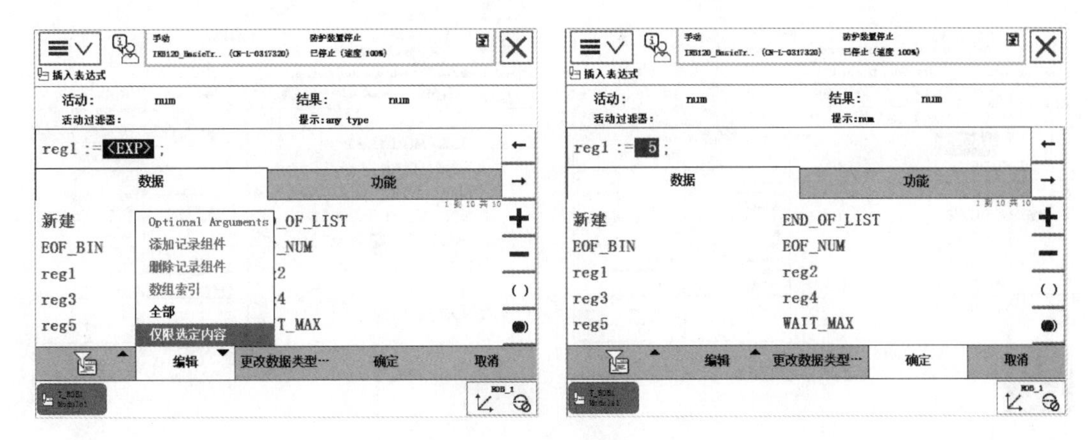
图 5-47　输入选定内容

2. 线性运动指令“MoveL”

线性运动是机器人的 TCP 从起点到终点之间的路径始终保持为直线的运动，一般在焊接、涂胶等对路径要求高的场合使用此指令。线性运动示意图如图 5-49 所示。

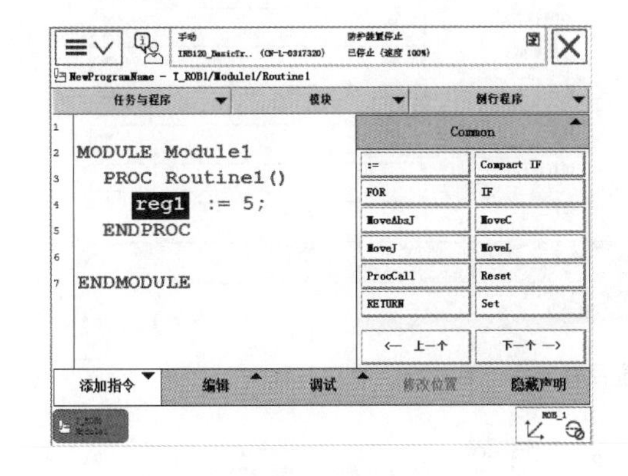
图 5-48　常量赋值指令添加完成

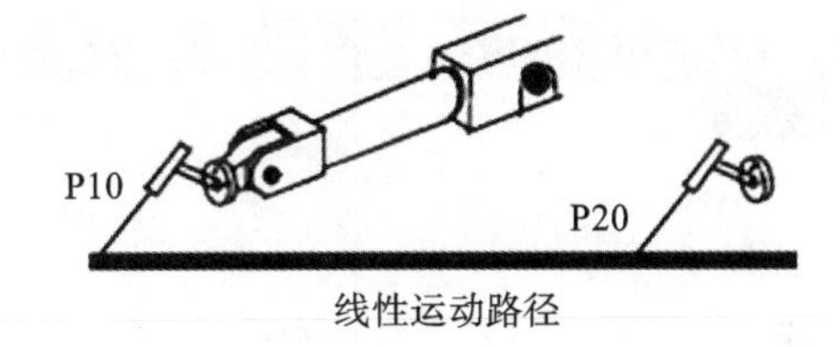

图 5-49　线性运动示意图

线性运动指令的操作如下。

(1) 选中“〈SMT〉”为添加指令的位置，在指令列表中选择“MoveL”，选中“ * ”号并蓝色高亮显示，再单击“ * ”号，将“ * ”号用变量名字代替，如图 5-50 所示。

(2) 点击“新建”，对目标点数据属性进行设定后，点击“确定”，“ * ”号已经被 P10 目标点变量代替，点击“确定”，就可以看到运动指令被添加到程序中，如图 5-51、图 5-52 所示。

线性运动指令中，需要添加的程序数据参数说明如表 5-14 所示。

3. 关节运动指令“MoveJ”

关节运动指令是在对路径精度要求不高的情况下，机器人的工具中心点 TCP 从一个位置移动到另一个位置的指令，两个位置之间的路径不一定是直线，如图 5-53 所示。关节运动指令适合机器人大范围运动时使用，不容易出现在运动过程中关节轴进入机械死点的问题。

关节运动指令“MoveJ”的操作步骤与线性运动指令“MoveL”一致，程序数据参数也是一致的，只是在运行时，两者的路径不一致，一个路径是直线路径，另一个路径是由机器人控制器自行计算的路径，不一定是直线路径。

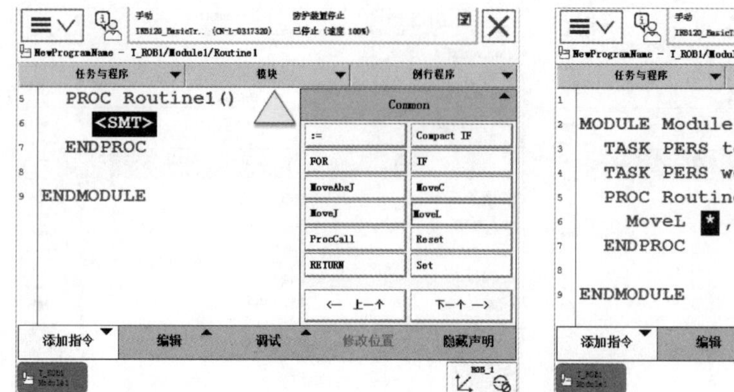

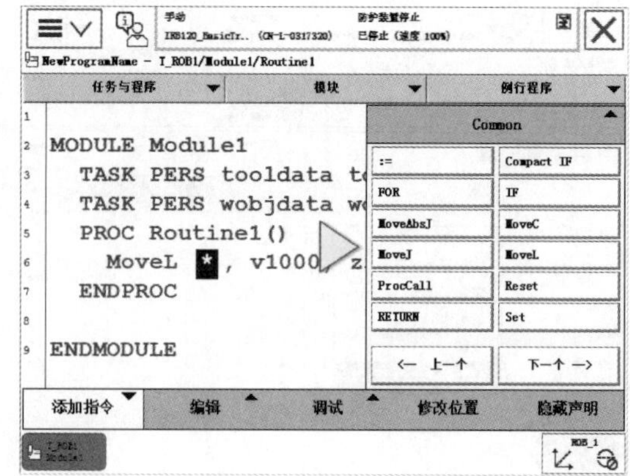

图 5-50　添加线性运动指令“MoveL”

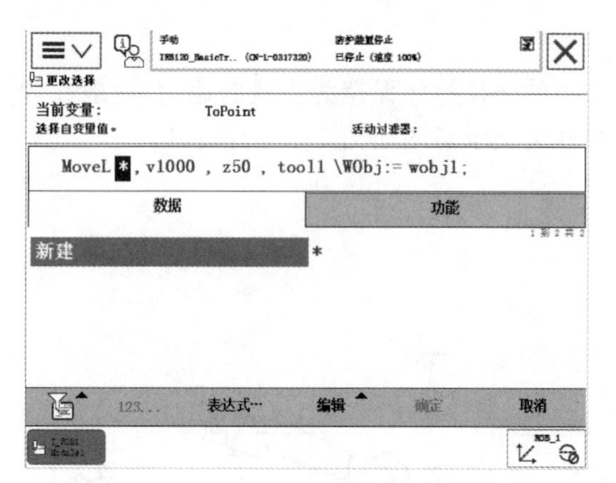

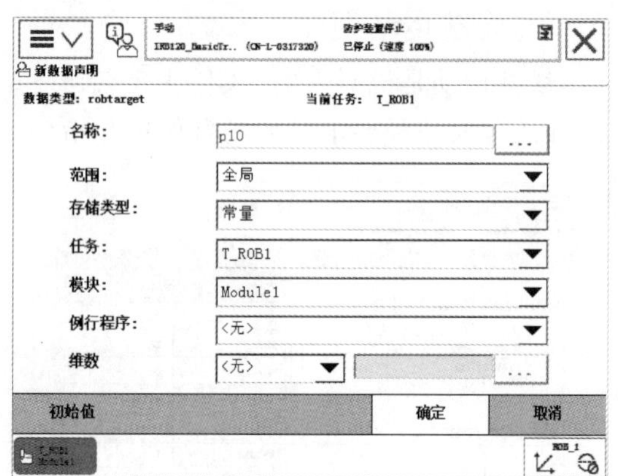

图 5-51　新建目标点

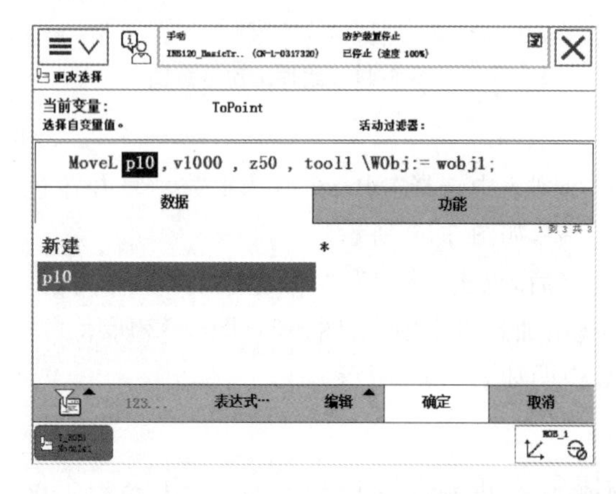

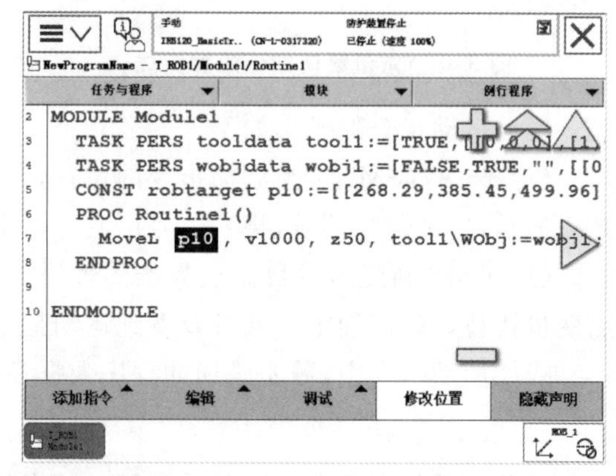

图 5-52　“MoveL”指令添加完成

MoveL 和 MoveJ 指令的实际使用例子如下。

指令：　　　　MoveL p1,v200,z10,tool1\Wobj:=wobj1;

机器人的 TCP 从当前位置向 p1 点(见图 5-54)以线性运动方式前进，速度是 200 mm/s，转弯区数据是 10 mm，距离 p1 点还有 10 mm 的时候开始转弯，使用的工具数据是 tool1，工件坐标数据是 wobj1。

表 5-14　线性运动指令程序数据参数说明

参　数	含　义
P10	目标位置点数据,定义当前机器人 TCP 在当前工件坐标系中的位置,通过单击“修改位置”可将目标点位置修改至想要的位置
V1000	运行速度数据,1000 mm/s,定义 TCP 移动的最大速度
Z50	转弯区域数据,定义转弯大小,单位为 mm
tool1	工具数据,定义当前指令使用的工具坐标
wobj1	工件数据,定义当前指令使用的工件坐标

指令：　　　　MoveL p2,v100,fine,tool1\Wobj:=wobj1;

机器人的 TCP 从 p1 向 p2 点(见图 5-54)以线性运动方式前进,速度是 100 mm/s,转弯区数据是 fine,机器人在 p2 点稍做停顿,使用的工具数据是 tool1,工件坐标数据是 wobj1。

指令：　　　　MoveJ p3,v500,fine,tool1\Wobj:=wobj1;

机器人的 TCP 从 p2 向 p3 点(见图 5-54)以关节运动方式前进,速度是 100 mm/s,转弯区数据是 fine,机器人在 p3 点停止,使用的工具数据是 tool1,工件坐标数据是 wobj1。

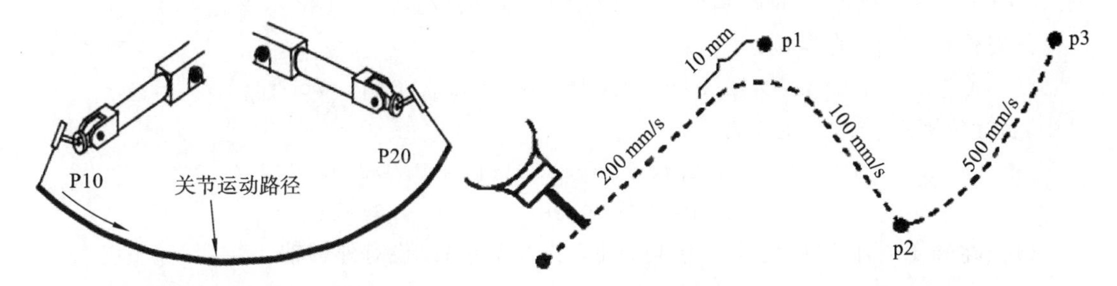

图 5-53　关节运动指令示意图　　　　图 5-54　MoveL 与 MoveJ 实用示例

关于转弯区:fine 指机器人 TCP 达到目标点,在目标点速度降为零,机器人动作有所停顿然后向下一个点运动,如果是一段路径的最后一个点,一定要为 fine。转弯区数值越大,机器人的动作路径就越圆滑与流畅。

4. 圆弧运动指令“MoveC”

圆弧路径在机器人可到达的空间范围内定义三个位置点:第一个点是圆弧的起点,第二个点是圆弧的曲率,第三个点是圆弧的终点,如图 5-55 所示。

圆弧运动指令“MoveC”的操作步骤与线性运动指令操作一致,其指令实例如图 5-56 所示,其程序数据说明如表 5-15 所示。

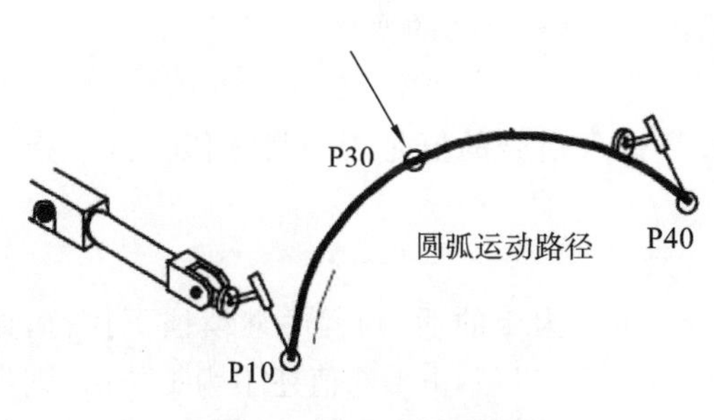

图 5-55　圆弧路径示意图

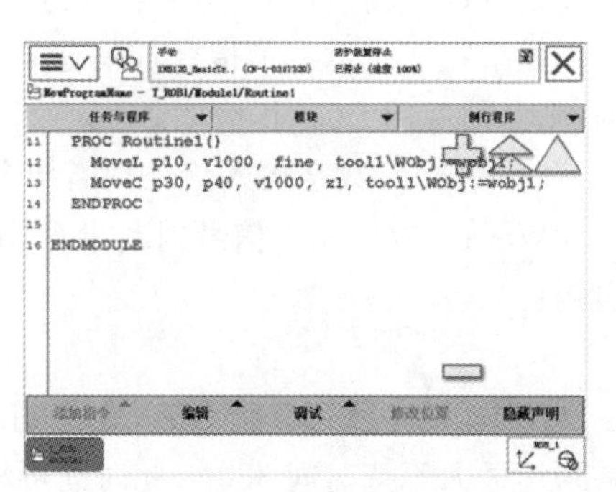

图 5-56　圆弧指令实例

表 5-15 圆弧运动指令程序数据说明

参 数	含 义
P10	圆弧的第 1 个点，一般不出现在圆弧指令中，由上一次运动指令指定；圆弧起点由执行圆弧指令前，机器人的当前位置指定
P30	圆弧的第 2 个点
P40	圆弧的第 3 个点，圆弧终点
V1000	运行速度数据，1000 mm/s
Z1	转弯区域数据，定义转弯大小，单位为 mm
tool1	工具数据，定义当前指令使用的工具坐标
wobj1	工件数据，定义当前指令使用的工件坐标

5. 绝对位置运动指令“MoveAbsJ”

绝对位置运动指令是机器人运动使用 6 个轴和外轴的角度值定义目标位置数据。MoveAbsJ 常用于机器人 6 个轴回到机械零点(0 度)的位置。

绝对位置运动指令实例：

```
MoveAbsJ jpos20,v200,fine,tool0\WObj:=wobj0;
```

其中，目标位置点 jpos20 定义为

```
CONST jointtarget jpos20:=[[0,0,0,0,30,0],
[9E+09,9E+09,9E+09,9E+09,9E+09,9E+09]];
```

jpos20 点在轴 1～轴 4 为 0°、轴 5 为 30°、轴 6 为 0°的位置，没有外部轴。

6. IO 控制指令

IO 控制指令用于控制 IO 信号，以达到与机器人周边设备进行通信的目的。

1）Set 数字信号置位指令

Set 数字信号置位指令用于将数字输出置位为“1”。指令实例：

```
Set do 1;
```

含义是将数字输出信号 do 1 置位为 1。

2）Reset 数字信号复位指令

Reset 数字信号复位指令用于将数字输出复位为“0”。指令实例：

```
Reset do 1;
```

含义是将数字输出信号 do 1 复位为 0。

如果在 Set、Reset 指令前有运动指令 MoveJ、MoveL、MoveC、MoveAbsJ 的转变区数据，则必须使用 fine 才可以准确到达目标点后输出 IO 信号状态的变化。

3）WaitDI 数字输入信号判断指令

WaitDI 数字输入信号判断指令用于判断数字输入信号的值是否与目标值一致。指令实例：

```
Wait di1,1;
```

在例子中，程序执行此指令时，等待 di 1 的值为 1。di 1 为 1 的话，则程序继续往下执行，如果到达最大等待时间 300 s(此时间可根据实际进行设定)以后，di 1 的值还不为 1 的话，则机器人报警或进入出错处理程序。

7. 逻辑判断指令

逻辑判断指令是用于对条件进行判断后，执行相应的操作，是 RAPID 中重要的组成。

1) Compact IF 紧凑型条件判断指令

指令实例：

```
IF flag1=TRUE Set do 1;
```

如果 flag1 的状态为 TRUE，则 do 1 被置位为 1。Compact IF 紧凑型条件判断指令用于当一个条件满足了以后，就执行一句指令。

2) IF 条件判断指令

指令实例：

```
IF num1=1 THEN
  flag1:=TRUE;
ELSEIF num1=2 THEN
  flag1:=FALSE;
ELSE
  Set do 1;
ENDIF
```

含义：如果 num1 为 1，则 flag1 会赋值为 TRUE；如果 num1 为 2，则 flag1 会赋值为 FALSE；除了以上两种条件之外，执行 do 1 置位为 1。

IF 条件判断指令就是根据不同的条件去执行不同的指令。条件判定的条件数量可以根据实际情况进行增加与减少。

3) WHILE 条件判断指令

指令实例：

```
WHILE num1>num2 DO
  num1:=num1- 1;
ENDWHILE
```

含义：在 num1＞num2 的情况下，就一直执行 num1：＝num1－1 操作。

WHILE 条件判断指令用于在给定条件满足的情况下，一直重复执行对应的指令。

8. 等待指令

指令实例：

```
WaitTime 4;
Reset do 1;
```

含义：等待 4 s 以后，程序向下执行 Reset do 1 指令。

WaitTime 时间等待指令用于程序在等待一个指定的时间以后继续向下执行。

9. ProcCall 调用例行程序指令

通过使用此指令在指定的位置调用例行程序。

指令操作如下。

(1) 选中"〈SMT〉"为要调用的例行程序位置。

(2) 在指令列表中选择"ProcCall"指令。

(3) 选中要调用的例行程序"Routine1"，然后单击"确定"，如图 5-57 所示。

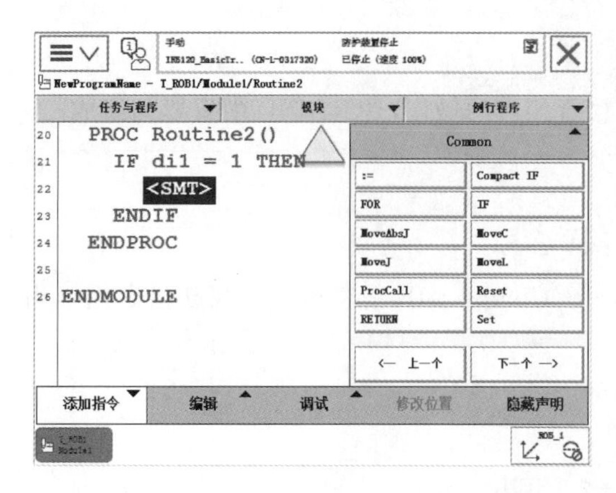

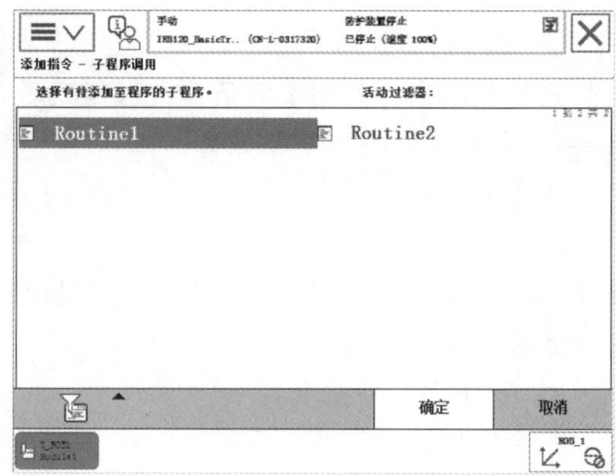

图 5-57　例行程序调用

（4）调用例行程序指令执行的结果，如图 5-58 所示。

建立一个可用的机器人程序并调试运行

编制一个程序的基本流程如下。

（1）确定需要程序模块的数量。程序模块的数量是由应用的复杂性决定的，如可以将位置计算、程序数据、逻辑控制等分配到不同的程序模块，方便管理。

（2）确定各个程序模块中要建立的例行程序，不同的功能放到不同的程序模块中去，如夹具打开、夹具关闭这样的功能就可以分别建立成例行程序，方便调用与管理。

1. 建立 RAPID 程序实例

确定工作要求如下。

（1）机器人空闲时，在位置点 pHome 等待。

（2）如果外部信号 di1 输入为 1，则机器人沿着物体的一条边从 p10 到 p20 走直线，结束以后回到 pHome 点，如图 5-59 所示。

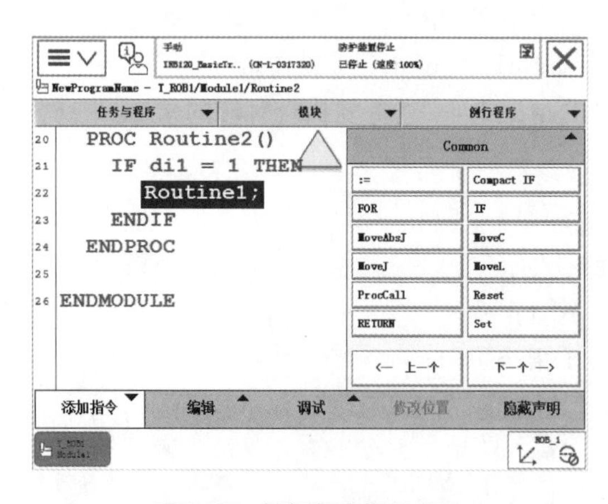

图 5-58　例行程序调用结果

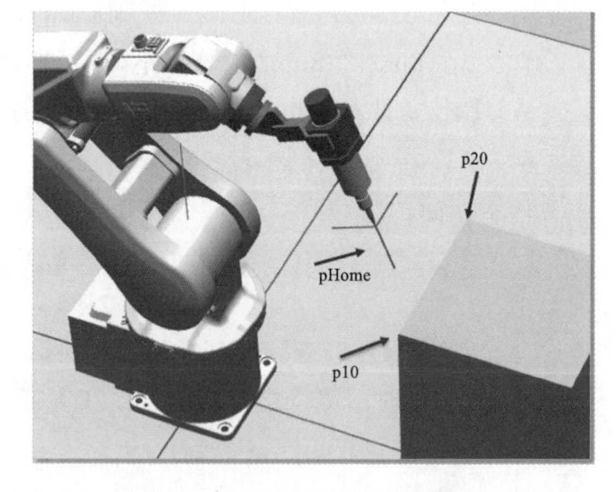

图 5-59　程序实例的工作要求

操作步骤如下。

（1）单击左上角主菜单按钮，选择“程序编辑器”，单击“取消”，如图 5-60 所示。

（2）点击左下角文件菜单里的“新建模块”，单击“是”进行确定，在定义程序模块的名称后，单击“确定”，如图 5-61 所示。

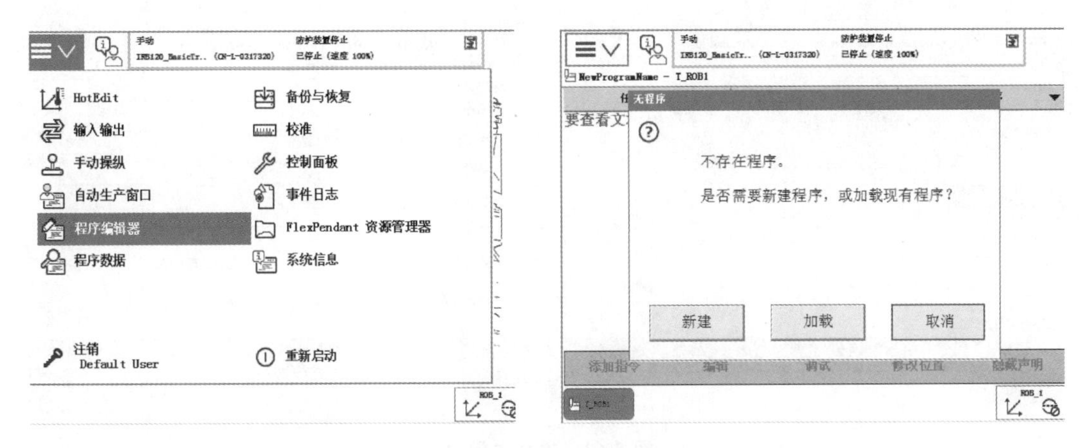

图 5-60　进入程序编辑器

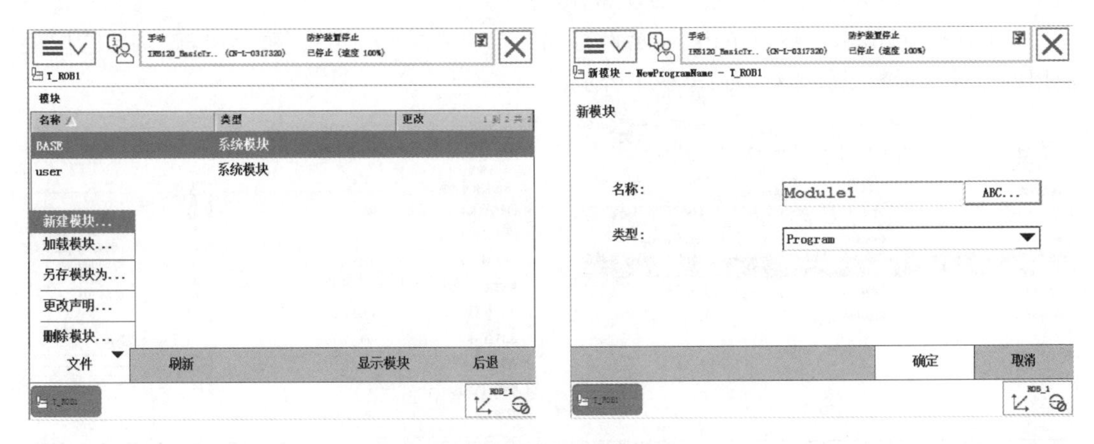

图 5-61　新建程序模块

(3) 选中“Module1”，单击“显示模块”，然后单击“例行程序”，如图 5-62 所示。

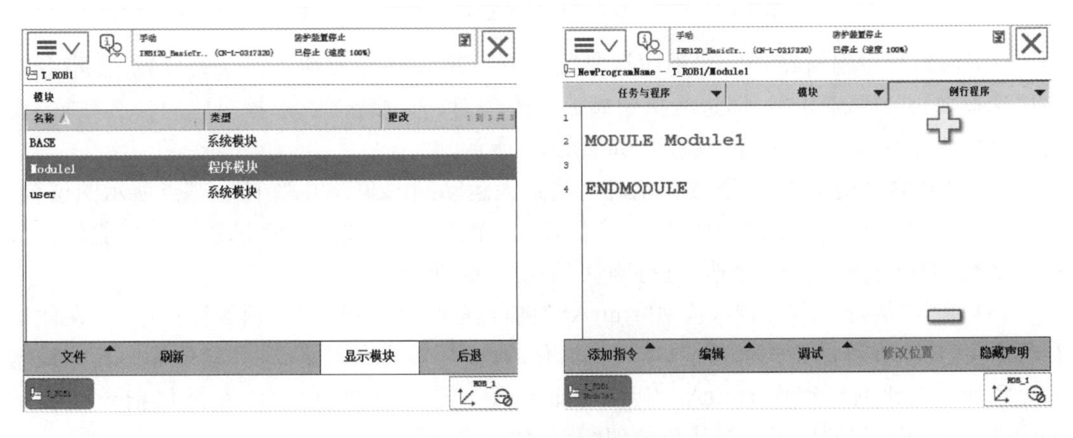

图 5-62　进入程序模块

(4) 点击左下角文件菜单里的“新建例行程序…”，先建立一个主程序 main，再单击“确定”，如图 5-63 所示。

根据第(4)步建立相关的例行程序。rHome(　)用于机器人回等待位。rinitAll(　)初

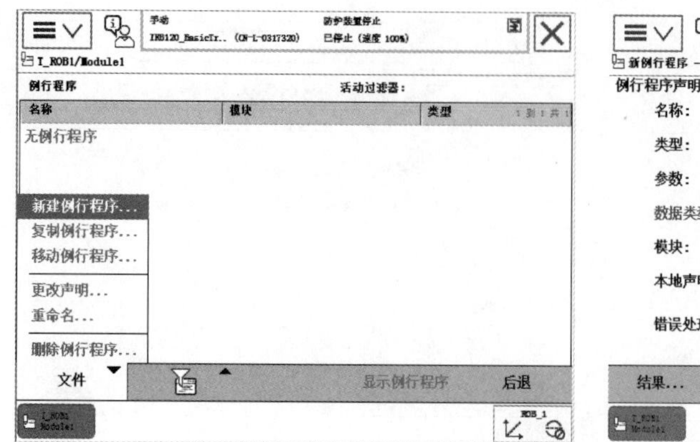

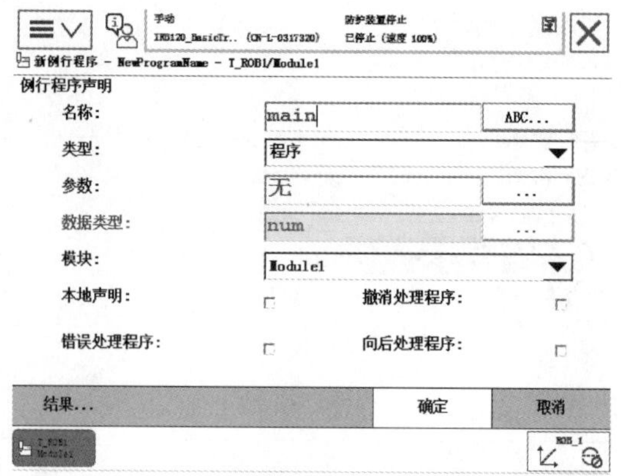

图 5-63　建立主程序

始化。rMoveRoutine(　)存放直线运动路径。

(5) 选择“rHome”，然后单击“显示例行程序”，再在“手动操纵”菜单内，确认已选中要使用的工具坐标与工件坐标，如图 5-64 所示。

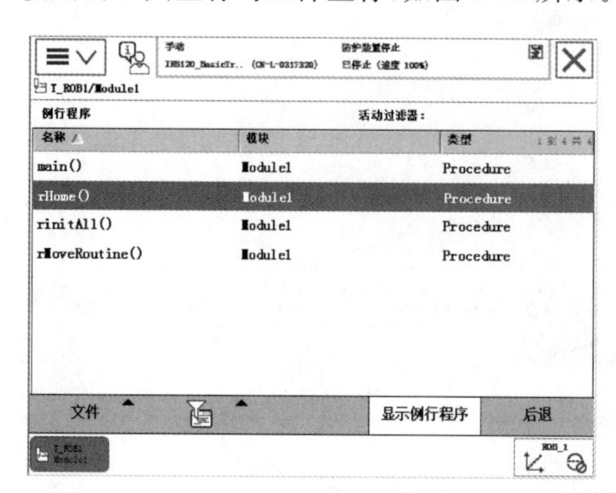

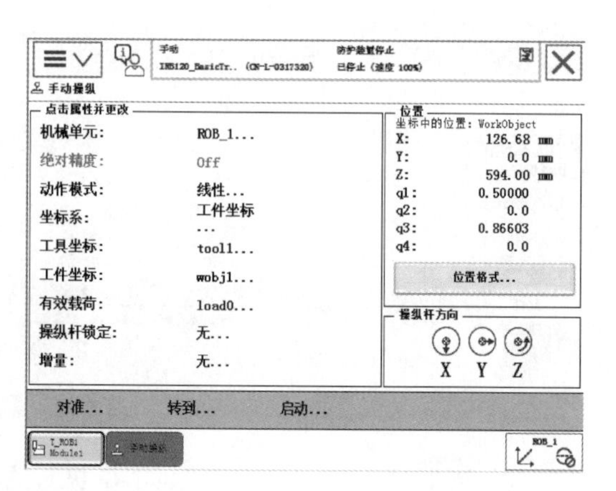

图 5-64　进入 rHome 程序及设置工具和工件坐标

(6) 回到程序编辑器，单击“添加指令”，选中“＜SMT＞”为插入指令的位置；在指令列表中选择“MoveJ”，双击“ * ”，进入指令参数修改画面；通过新建或选择对应的参数数据，设定目标位置点“pHome”，单击“确定”，如图 5-65 所示。

(7) 选择合适的动作模式，使用摇杆将机器人运动到图 5-59 中“pHome”点所示的位置，作为机器人的空闲等待点；选中“pHome”目标点，单击“修改位置”，将机器人的当前位置数据记录到 pHome 里；单击“修改”进行确认，如图 5-66 所示。

(8) 单击“例行程序”标签，选中“rinitAll”例行程序，然后单击“显示例行程序”。在此例行程序中，加入在程序正式运行前，需要初始化的内容，如速度限定、夹具复位等。具体根据需要添加。在此例行程序 rinitAll 中只增加了两条速度控制的指令(在添加指令列表的 Settings 类别中)和调用了回等待位的例行程序“rHome”。

(9) 单击“例行程序”标签，选中“rMoveRountine”例行程序，然后单击“显示例行程序”。

(10) 添加“MoveJ”指令，并将参数设定为图 5-67 所示。

(11) 选择合适的动作模式，使用摇杆将机器人运动到图 5-59 中“p10”点所示的位置，作为机器人的 p10 点，选中“p10”目标点，单击“修改位置”，将机器人当前位置数据记录到 p10

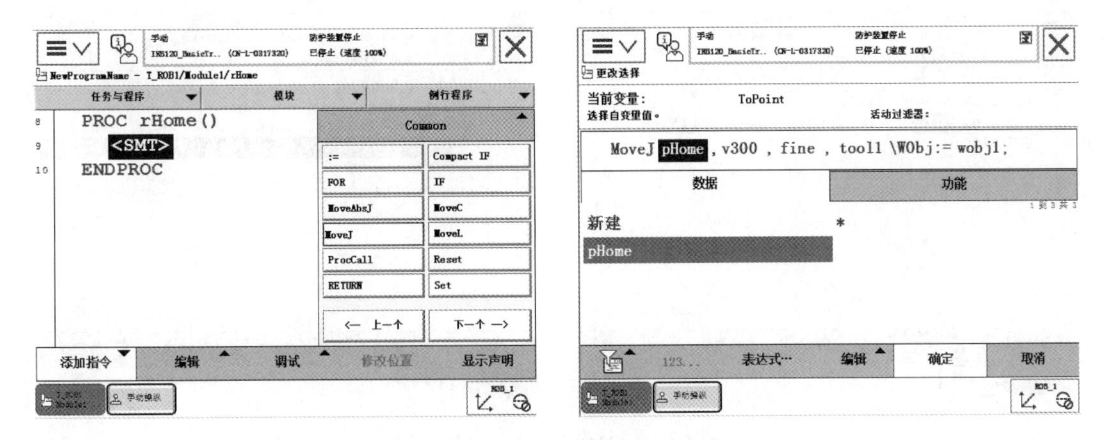

图 5-65　rHome 程序中添加回原点运动程序

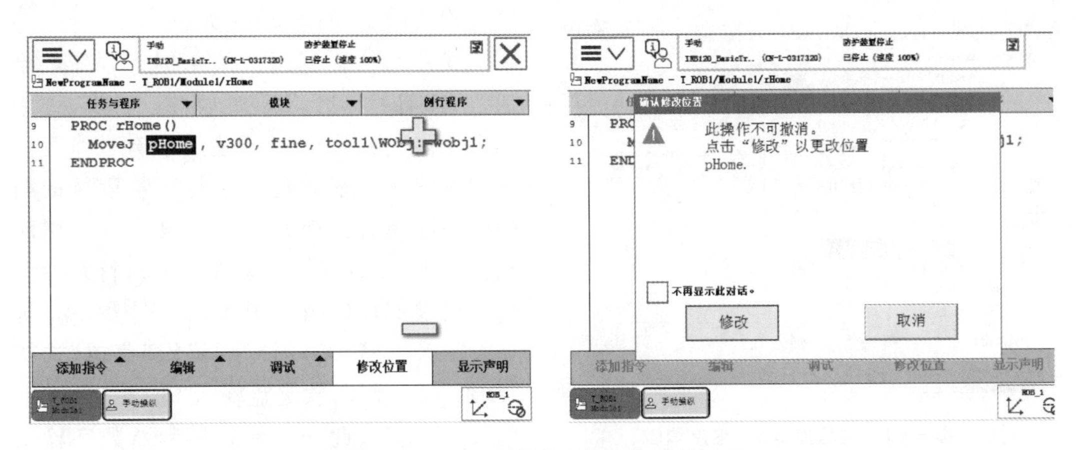

图 5-66　rHome 程序中修改合适的原点

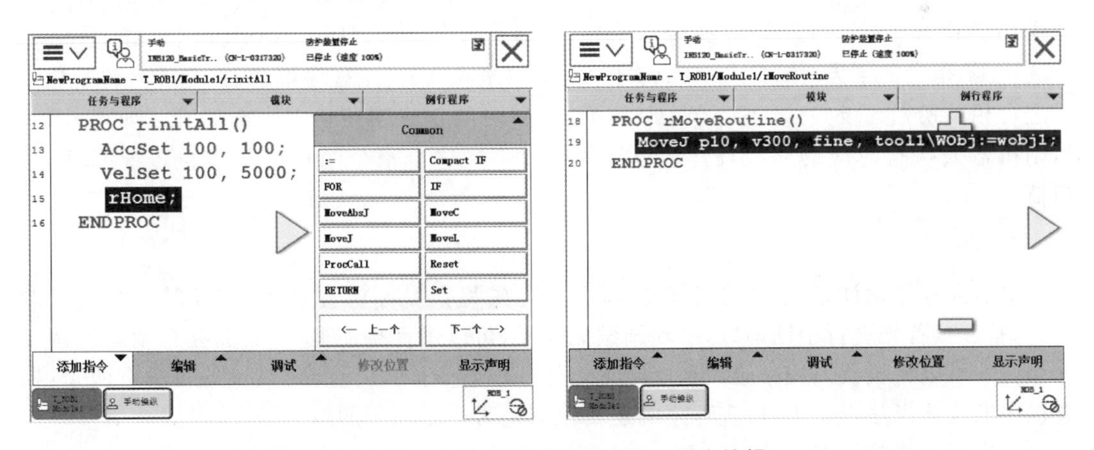

图 5-67　rinitAll 与 rMoveRoutine 程序编辑

里；添加“MoveL”指令，并将参数设定为图 5-68 中所示。

(12) 选择合适的动作模式，使用摇杆将机器人运动到图 5-59 中“p20”点所示的位置，作为机器人的 p20 点；选中“p20”目标点，单击“修改位置”，将机器人的当前位置数据记录到 p20 里。

(13) 单击“例行程序”标签，选中“main”主程序，然后单击“显示例行程序”，进行程序主

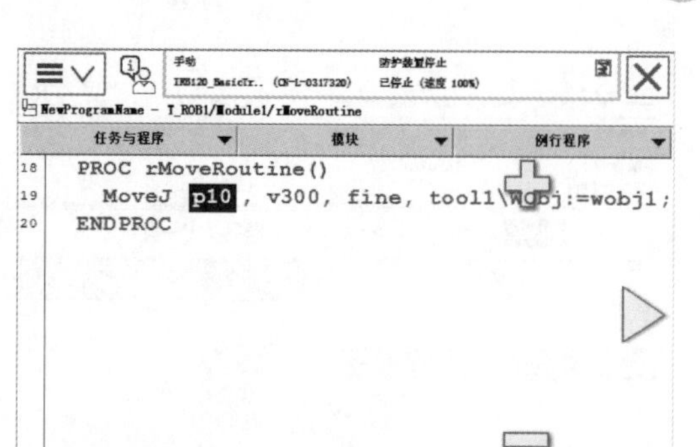

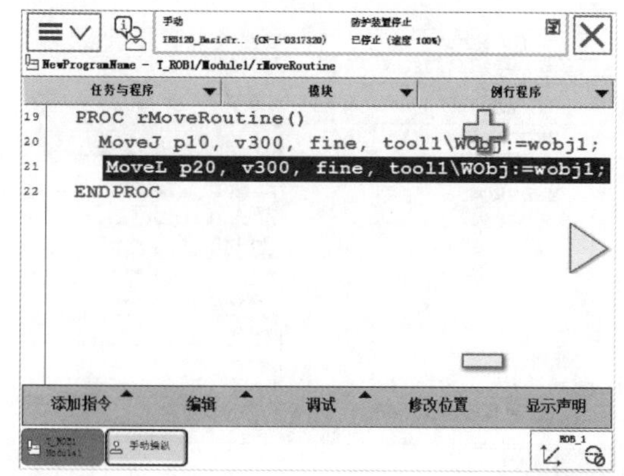

图 5-68　rMoveRoutine 程序编辑

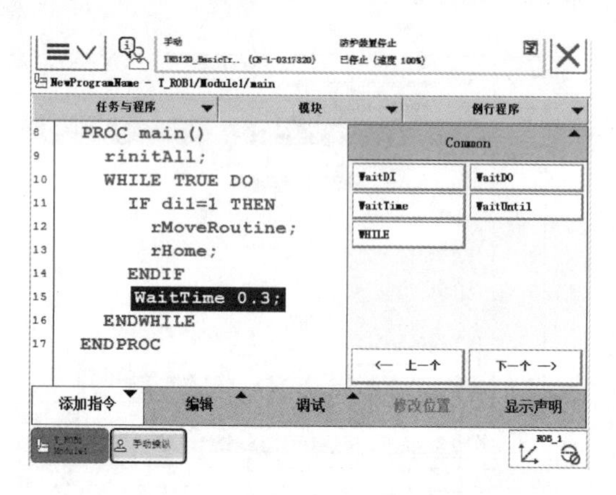

图 5-69　主程序 main 程序编辑

体架构的设定，如图 5-69 所示。

在开始位置调用初始化例行程序。添加“WHILE”指令，并将条件设定为“TRUE”。使用 WHILE 指令构建一个死循环的目的是将初始化程序与正常运行的路径程序隔离开。初始化程序只在一开始时执行一次，然后就根据条件循环执行路径运动。在 WHILE 循环中添加“IF”指令。选择“＜EXP＞”，然后打开“编辑”菜单，选择“ABC…”。使用软键盘输入“di1＝1”，然后单击“确定”。此处不能直接判断数字输出信号的状态，如 do 1＝1（这是错误的）。要使用功能 DOutput(　)。在 IF 指令的循环中，调用两个例行程序 rMoveRoutine 和 rHome；在选中 IF 指令的下方，添加 WaitTime 指令，参数是 0.3 s。主程序解读：首先进入初始化程序进行相关初始化设置，再进行 WHILE 死循环，目的是将初始化程序隔离开。如果 di1＝1，则机器人执行对应的路径程序。设置等待 0.3 s 这个指令的目的是防止系统 CPU 过负荷。

2. 调试 RAPID 程序

机器人程序设计完成，并在手动操作示教完成每个目标位置点后，可以对程序进行调试。调试时，首先进行手动调试，手动调试无误后，可以进行自动运行调试，在自动运行调试无误后才可以将机器人程序应用到实际工作任务中，进行自动运行。调试的目的有两个：检查程序的位置点是否正确；检查程序的逻辑控制是否有不完善的地方。

程序调试步骤如下。

（1）打开“调试”菜单，单击“检查程序”，对程序的语法进行检查，如果有错，则系统会提示出错的具体位置与建议操作，如果显示“未出现任何错误”，则单击“确定”完成，如图 5-70 所示。

（2）打开“调试”菜单，选择“PP 移至例行程序”；选中“rHome”例行程序，然后单击“确定”，如图 5-71 所示。PP 是程序指针（左侧小箭头）的简称，程序指针永远指向将要执行的指令。所以图 5-71 中的指令将会是被执行的指令。

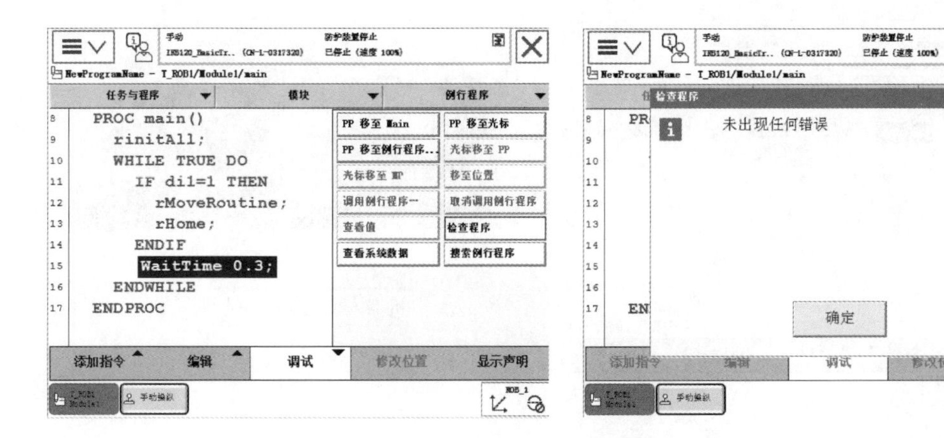

图 5-70　程序检查

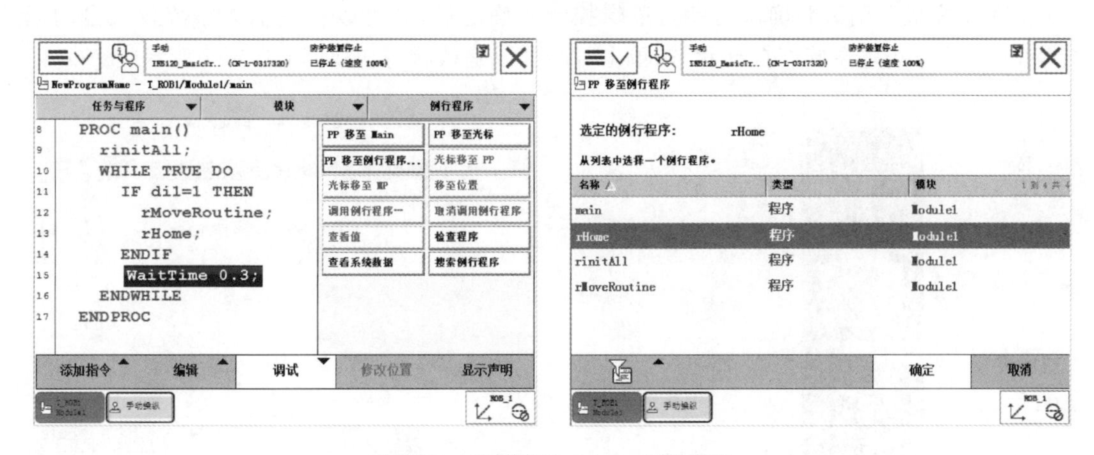

图 5-71　调试选择 rHome 例行程序

（3）左手按下使能键，进入“电机开启”状态。按一下“单步向前”按键，并小心观察机器人的移动。在按下“程序停止”键后，才可松开使能键，如图 5-72 所示。

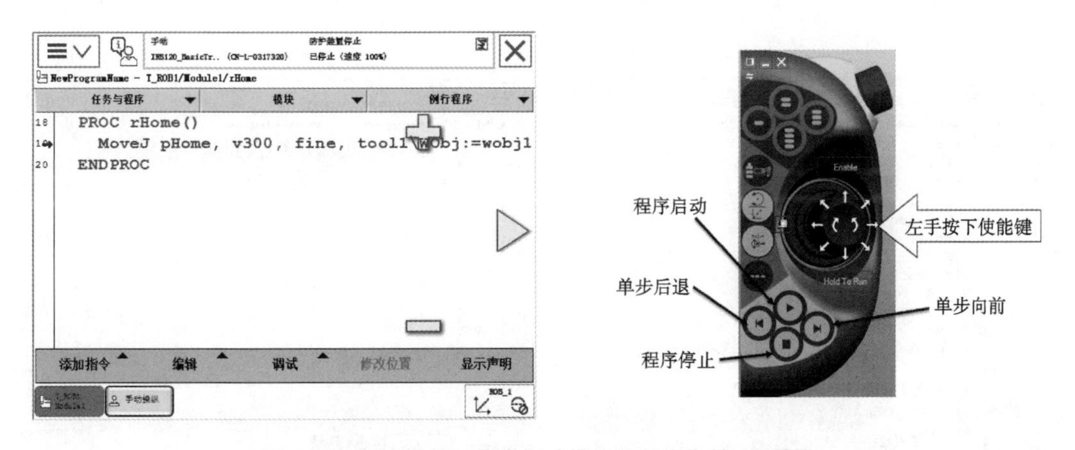

图 5-72　rHome 例行程序调试操作及程序指针 PP 符号

（4）在指令左侧出现一个小机器人，说明机器人已到达 pHome 这个等待位置；机器人回到 pHome 点这个等待位置，如图 5-73 所示。

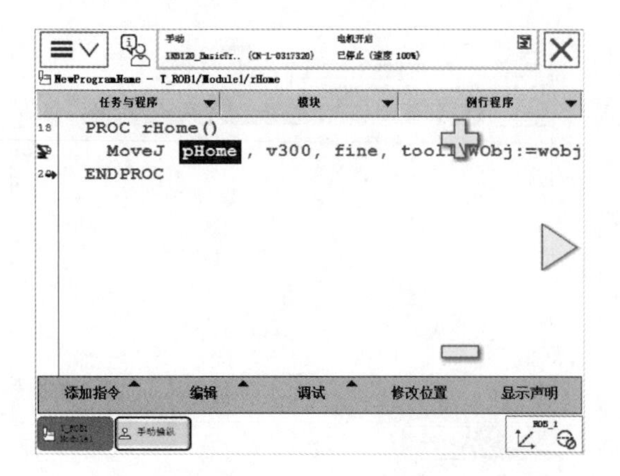

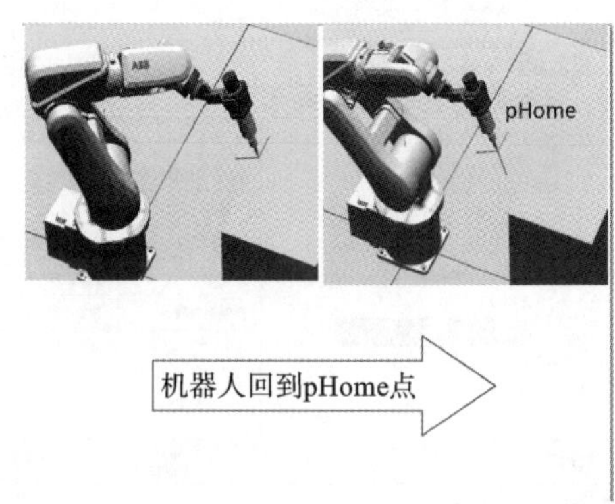

图 5-73　运动指针 MP 及调试运行效果

（5）在完成了调试并确认运动与逻辑控制正确之后，就可以将机器人系统投入自动运行状态，将状态钥匙左旋至自动状态；单击“确定”以确认状态切换，如图 5-74 所示。

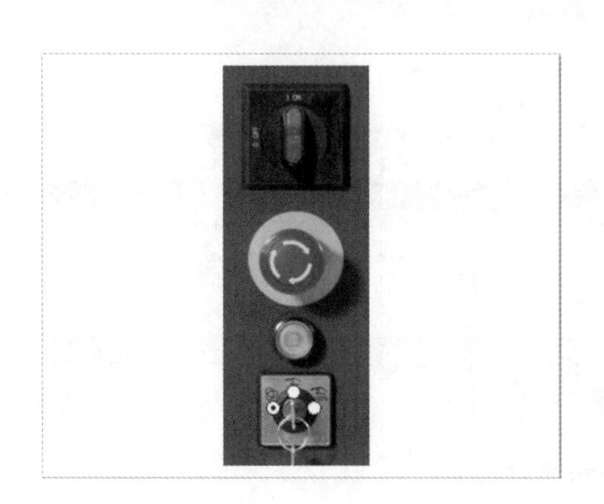

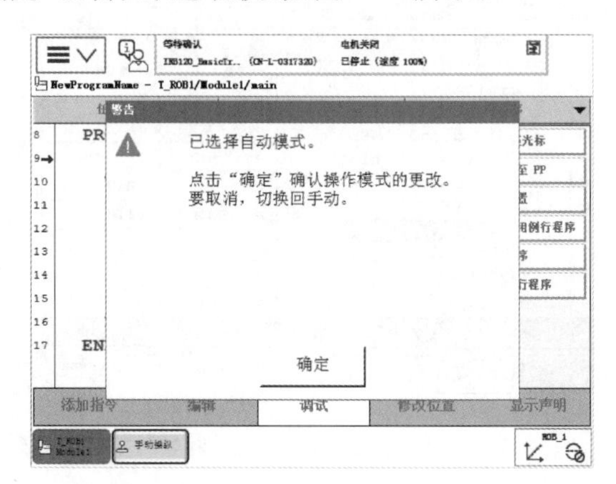

图 5-74　自动运行模式切换

（6）单击“PP 移至 Main”，将 PP 指向主程序的第一句指令，再单击“是”，如图 5-75 所示。

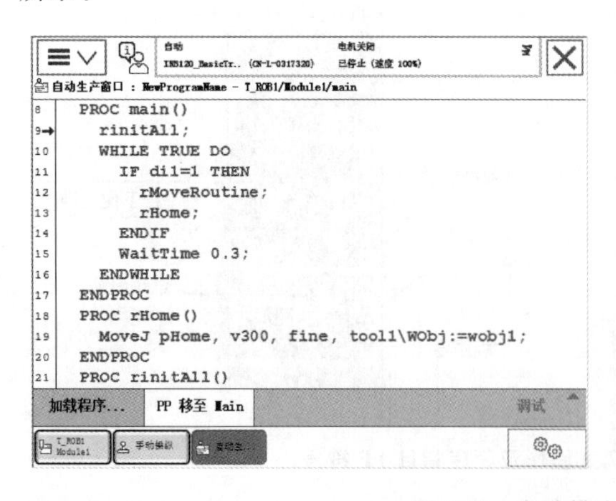

图 5-75　自动模式下程序指针设置

（7）按下白色按钮，开启电机；按下“程序启动”按钮；单击左下角快捷菜单按钮，单击

“速度调整”按钮(第五个按钮),就可以在此程序中设定机器人运动的速度百分比,如图 5-76 所示。

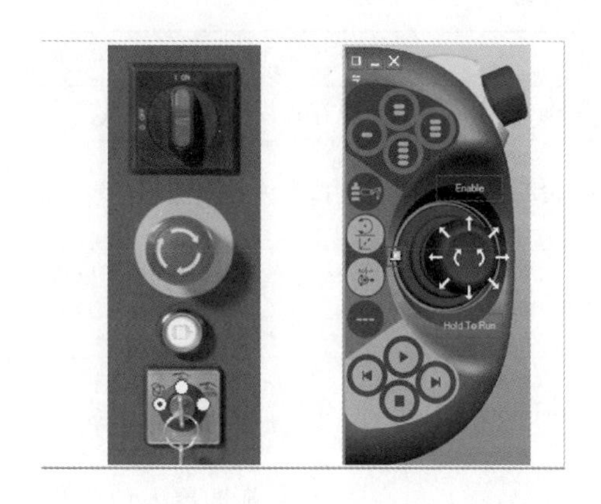

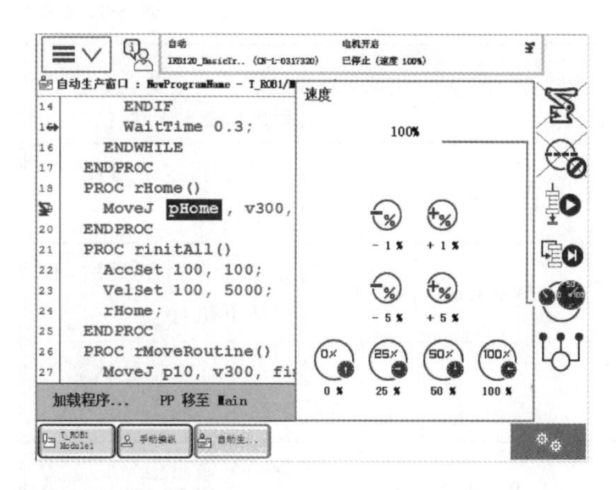

图 5-76　自动调试操作及速度设置

按照如上操作完成程序调试后,就可以将程序应用到实际任务中自动运行。

3. RAPID 程序指令与功能讲解

ABB 机器人提供了丰富的 RAPID 程序指令,方便大家对程序编制,同时也为复杂应用的实现提供了可能。以下按照 RAPID 程序指令及功能进行分类,并对每个指令及功能做说明,如需对指令的使用与参数进行详细了解,可以查看 ABB 机器人电子手册中的详细说明。

(1) 程序执行控制指令与功能如表 5-16 所示。

表 5-16　程序执行控制指令与功能

指　　令	功　　能	指　　令	功　　能
ProcCall	调用例行程序	TEST	对一个变量进行判断,从而执行不同的程序
CallByVar	通过带变量的例行程序名称调用例行程序	GOTO	跳转到例行程序内标签的位置
RETURN	返回原例行程序	Label	跳转标签
Compact IF	如果条件满足,就执行一条指令	Stop	停止程序执行
IF	当满足不同的条件时,执行对应的程序	EXIT	停止程序执行,并禁止在停止处重新开始
FOR	根据指定的次数,重复执行对应的程序	Break	临时停止程序执行,用于手动调试
WHILE	如果条件满足,就重复执行对应的程序	SystemStopAction	停止程序执行与机器人运动
ExitCycle	中止当前程序运行并将程序指针 PP 复位到主程序的第一条指令。如果选择了程序连续运行模式,则程序将从主程序的第一句重新执行		

（2）变量指令与功能如表 5-17 所示。

表 5-17　变量指令与功能

指　　令	功　　能	指　　令	功　　能
:=	对程序数据进行赋值	Save	保存程序模块
WaitTime	等待一个指定的时间，程序再往下执行	EraseModule	从运行内存删除程序模块
WaitUntil	等待一个条件满足后，程序继续往下执行	StrToByte	将字符串转换为指定格式的字节数据
WaitDI	等待一个输入信号状态为设定值	ByteToStr	将字节数据转换成字符串
WaitDO	等待一个输出信号状态为设定值	OpMode	读取当前机器人的操作模式
comment	对程序进行注释	RunMode	读取当前机器人程序的运行模式
Load	从机器人硬盘加载一个程序模块到运行内存	NonMotionMode	读取程序任务当前是否无运动执行模式
UnLoad	从运行内存中卸载一个程序模块	Dim	获取一个数组的维数
Start Load	在程序执行过程中，加载一个程序模块到运行内存中	Present	读取带参数例行程序的可选参数值
Wait Load	当 Start Load 使用后，使用此指令将程序模块连接到任务中使用	IsPers	判断一个参数是否是可变量
CancelLoad	取消加载程序模块	IsVar	判断一个参数是否是变量
CheckProgRef	检查程序引用	TryInt	判断数据是否是有效的整数

（3）运动设定指令与功能如表 5-18 所示。

表 5-18　运动设定指令与功能

指　　令	功　　能	指　　令	功　　能
MaxRobSpeed	获取当前型号机器人可实现的最大 TCP 速度	ORobT	从一个位置数据删除位置偏置
VelSet	设定最大的速度与倍率	DefAccFrame	从原始位置和替换位置定义一个框架
SpeedRefresh	更新当前运动的速度倍率	SoftAct	激活一个或多个轴的软伺服功能

续表

指　　令	功　　能	指　　令	功　　能
AccSet	定义机器人的加速度	SoftDeact	关闭软伺服功能
WorldAccLim	设定大地坐标中工具与载荷的加速度与减速度	TuneServo	伺服调整
PathAccLim	设定运动路径中 TCP 的加速度与减速度	TuneReset	伺服调整复位
ConfJ	关节运动的轴配置控制	PathResol	几何路径精度调整
ConfL	线性运动的轴配置控制	CirPathMode	在圆弧插补运动时，工具姿态的变换方式
SingArea	设定机器人运动时，在奇异点的插补的方式	WZBoxDef*	定义一个方形的监控空间
PDispOn	激活位置偏置	WZCylDef*	定义一个圆柱形的监控空间
PDispSet	激活指定数值的位置偏置	WZSphDef*	定义一个球形的监控空间
PDispOff	关闭位置偏置	WZHomeJointDef*	定义一个关节轴坐标的监控空间
EOffsOn	激活外轴偏置	WZLimJointDef*	定义一个限定为不可进入的关节轴坐标监控空间
EOffsSet	激活指定数值的外轴偏置	WZLimSup*	激活一个监控空间并限定为不可进入
EOffsOff	关闭位置偏置	WZDOSet*	激活一个监控空间并与一个输出信号关联
DefDFrame	通过 3 个位置数据计算出位置的偏置	WZEnable*	激活一个临时的监控空间
DefFrame	通过 6 个位置数据计算出位置的偏置	WZFree*	关闭一个临时的监控空间

（4）运动控制指令与功能如表 5-19 所示。

表 5-19　运动控制指令与功能

指　　令	功　　能	指　　令	功　　能
MoveC	TCP 圆弧运动	SyncMoveSuspend*	在 StorePath 的路径级别中暂停同步坐标的运动
MoveJ	关节运动	SyncMoveResume*	在 StorePath 的路径级别中重返同步坐标的运动
MoveL	TCP 线性运动	DeactUnit	关闭一个外轴单元
MoveAbsJ	轴绝对角度位置运动	ActUnit	激活一个外轴单元

续表

指　令	功　能	指　令	功　能
MoveExtJ	外部直线轴和旋转轴运动	MechUnitLoad	定义外轴单元的有效载荷
MoveCDO	TCP 圆弧运动的同时触发一个输出信号	GetNextMechUnit	检索外轴单元在机器人系统中的名字
MoveJDO	关节运动的同时触发一个输出信号	IsMechUnitActive	检查一个外轴单元状态是关闭还是激活
MoveLDO	TCP 线性运动的同时触发一个输出信号	IsStopMoveAct	获取当前停止运动标志符
MoveCSync	TCP 圆弧运动同时执行一个例行程序	PathRecStart*	开始记录机器人的路径
MoveJSync	关节运动的同时执行一个例行程序	PathRecStop*	停止记录机器人的路径
MoveLSync	TCP 线性运动的同时执行一个例行程序	PathRecMoveBwd*	机器人根据记录的路径做后退运动
SearchC	TCP 圆弧搜索运动	PathRecMoveFwd*	机器人运动到执行 PathRecMoveBwd 这个指令的位置上
SearchL	TCP 线性搜索运动	PathRecValidBwd*	检查是否已激活路径记录和是否有可后退的路径
SearchExtJ	外轴搜索运动	PathRecValidFwd*	检查是否有可向前的记录路径
TriggIO	定义触发条件在一个指定的位置触发输出信号	WaitSensor*	将一个在开始窗口的对象与传感器设备关联起来
TriggInt	定义触发条件在一个指定的位置触发中断程序	SyncToSensor*	开始/停止机器人与传感器设备的运动同步
TriggCheckIO	定义一个指定的位置进行IO 状态的检查	DropSensor*	断开当前对象的连接
TriggEquip	定义触发条件在一个指定的位置触发输出信号，并且对信号响应的延迟进行补偿设定	Offs	对机器人位置进行偏移
TriggRampAO	定义触发条件在一个指定的位置触发模拟输出信号，并且对信号响应的延迟进行补偿设定	RelTool	对机器人的位置和工具的姿态进行偏移

续表

指　令	功　能	指　令	功　能
TriggC	带触发事件的圆弧运动	CalcRobT	从 jointtarget 计算出 robtarget
TriggJ	带触发事件的关节运动	CPos	读取机器人当前的 X、Y、Z
TriggL	带触发事件的线性运动	CRobT	读取机器人当前的 robtarget
TriggLIOs	在一个指定的位置触发输出信号的线性运动	CJointT	读取机器人当前的关节轴角度
StepBwdPath	在 RESTART 的事件程序中进行路径的返回	ReadMotor	读取轴电机当前的角度
TriggStopProc	在系统中创建一个监控处理，用于在 STOP 和 QSTOP 中需要信号复位和程序数据复位的操作	CTool	读取工具坐标当前的数据
TriggSpeed	定义模拟输出信号与实际 TCP 速度之间的配合	CWObj	读取工件坐标当前的数据
StopMove	停止机器人运动	MirPos	镜像一个位置
StartMove	重新启动机器人运动	CalcJointT	从 robtarget 计算出 jointtarget
StartMoveRetry	重新启动机器人运动及相关的参数设定	Distance	计算两个位置的距离
StopMoveReset	对停止运动状态复位，但不重新启动机器人	PFRestart	在电源故障后，检查中断路径
StorePat*	存储已生成的最近的路径	CSpeedOverride	读取当前使用的速度倍率
RestoPath*	重新生成之前存储的路径	MotionSup*	激活/关闭运动监控
ClearPath	在当前的运动路径级别中清空整个运动路径	LoadId	工具或有效载荷的识别
PathLevel	获取当前路径级别	ManLoadId	外轴有效载荷的识别

（5）输入/输出信号的处理指令与功能如表 5-20 所示。

表 5-20　输入/输出信号的处理指令与功能

指　令	功　能	指　令	功　能
InvertDO	对一个数字输出信号的值置反	DOutput	读取数字输出信号的当前值
PulseDO	数字输出信号进行脉冲输出	GOutput	读取组输出信号的当前值

续表

指　令	功　能	指　令	功　能
Reset	将数字输出信号置 0	TestDI	检查一个数字输入信号已置 1
Set	将数字输出信号置 1	ValidIO	检查 IO 信号是否有效
SetAO	设定模拟输出信号的值	WaitDI	等待一个数字输入信号的指定状态
SetDO	设定数字输出信号的值	WaitDO	等待一个数字输出信号的指定状态
SetGO	设定组输出信号的值	WaitGI	等待一个组输入信号的指定值
IODisable	关闭一个 IO 模块	WaitGO	等待一个组输出信号的指定值
IOEnable	开启一个 IO 模块	WaitAI	等待一个模拟输入信号的指定值
AOutput	读取模拟输出信号的当前值	WaitAO	等待一个模拟输出信号的指定值

(6) 通信功能指令与功能如表 5-21 所示。

表 5-21　通信功能指令与功能

指　令	功　能	指　令	功　能
TPErase	清屏	Rewind	设定文件开始的位置
TPWrite	在示教器操作界面上写信息	ClearIOBuff	清空串口的输入缓冲
ErrWrite	在示教器事件日志中写报警信息并存储	ReadAnyBin	从串口读取任意的二进制数
TPReadFK	互动的功能键操作	SocketCreate	创建新的 socket
TPReadNum	互动的数字键盘操作	SocketConnect	连接远程计算机
TPShow	通过 RAPID 程序打开指定的窗口	SocketSend	发送数据到远程计算机
Open	打开串口	SocketReceive	从远程计算机接收数据
Write	对串口进行写文本操作	SocketClose	关闭 socket
Close	关闭串口	ReadNum	读取数字量
WriteBin	写一个二进制数的操作	ReadStr	读取字符串
WriteAnyBin	写任意二进制数的操作	ReadBin	从二进制串口读取数据
WriteStrBin	写字符的操作	ReadStrBin	从二进制串口读取字符串

(7) 中断程序指令与功能如表 5-22 所示。

表 5-22　中断程序指令与功能

指　　令	功　　能	指　　令	功　　能
CONNECT	连接一个中断符号到中断程序	TriggInt	在一个指定的位置触发中断
ISignalDI	使用一个数字输入信号触发中断	IPers	使用一个可变量触发中断
ISignalDO	使用一个数字输出信号触发中断	IError	当一个错误发生时触发中断
ISignalGI	使用一个组输入信号触发中断	IDelete	取消中断
ISignalGO	使用一个组输出信号触发中断	ISleep	关闭一个中断
ISignalAI	使用一个模拟输入信号触发中断	IWatch	激活一个中断
ISignalAO	使用一个模拟输出信号触发中断	IDisable	关闭所有中断
ITimer	计时中断	IEnable	激活所有中断

(8) 系统相关的指令与功能如表 5-23 所示。

表 5-23　系统相关的指令与功能

指　　令	功　　能	指　　令	功　　能
ClkReset	计时器复位	CDate	读取当前日期
ClkStart	计时器开始计时	CTime	读取当前时间
ClkStop	计时器停止计时	GetTime	读取当前时间为数字型数据
ClkRead	读取计时器数值		

(9) 数学运算指令与功能如表 5-24 所示。

表 5-24　数学运算指令与功能

指　　令	功　　能	指　　令	功　　能
Clear	清空数值	ACos	计算圆弧余弦值
Add	加或减操作	ASin	计算圆弧正弦值
Incr	加 1 操作	ATan	计算圆弧正切值[−90°,90°]
Decr	减 1 操作	ATan2	计算圆弧正切值[−180°,180°]

续表

指　　令	功　　能	指　　令	功　　能
Abs	取绝对值	Cos	计算余弦值
Round	四舍五入	Sin	计算正弦值
Trunc	舍位操作	Tan	计算正切值
Sqrt	计算二次根	EulerZYX	从姿态计算欧拉角
Exp	计算指数值 ex	OrientZYX	从欧拉角计算姿态
Pow	计算指数值		

项目总结与拓展

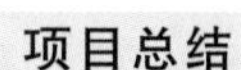

项目总结

(1) 机器人码垛单元将分拣好的工件分别放置入码垛盘中，且当供料单元和装配单元缺料时，自动拆解码垛盘中的工件和将工件芯交给输送单元上机械手用于供料。

(2) 熟练掌握机器人的基本操作。

(3) 掌握机器人的程序设计和调试。

(4) 熟练掌握机器人与 PLC 之间的联合控制，实现任务自动运行。

项目测试

项目测试

项目拓展

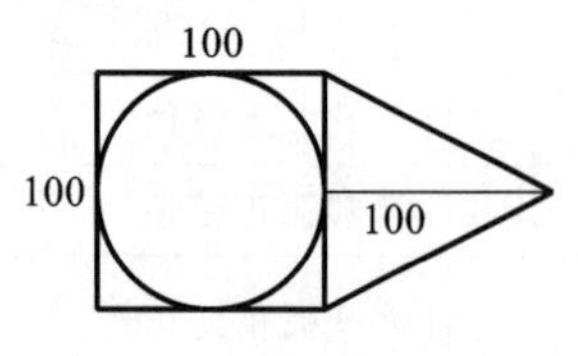

图 5-77　需绘制的图形

(1) 使用机器人的“MoveJ”“MoveC”和“MoveL”指令，在画板上完成图 5-77 绘制的实训任务。

(2) 修改本单元的拆解工件程序，由原来的只拆解第 3 列，改为拆解所有列。由第 3 列开始拆解，完成后拆解第 2 列，然后拆解第 1 列。程序编写完成后进行调试并运行。

项目6　安装调试输送单元

项目情境描述

项目来自某电机生产企业的马达自动装配线的输送机构，它利用伺服电机对装配机构和机械手在某一范围内进行多点定位操作（输送）以完成马达的自动装配任务。

输送单元主要应用于灌装生产线、装配生产线等输送机构，是全自动化生产线重要的组成部分，本项目的两个任务就是完成生产线输送单元的安装、程序设计和调试。

项目思维导图

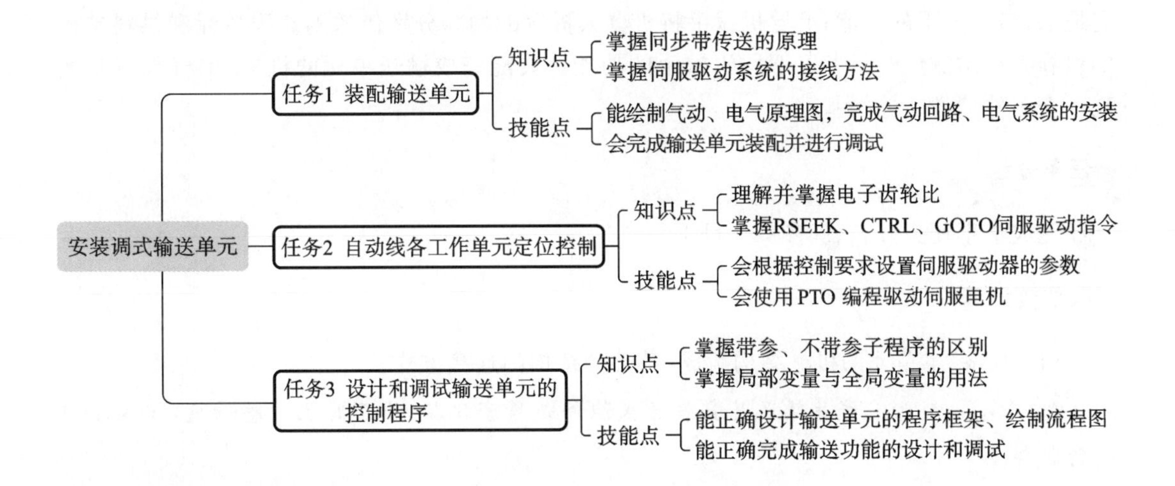

项目目标

（1）了解输送单元的结构。
（2）掌握伺服传动组件的结构及安装技能。
（3）掌握气动回路工作原理及连接。
（4）掌握松下 A5 系列伺服电机和驱动器的安装、接线及参数的设置。
（5）掌握使用 PTO 进行伺服电机驱动的编程方法。
（6）理解并掌握输送单元的程序结构。
（7）掌握输送单元的调试方法。

(8) 培养节约环保意识。

(9) 沟通与协调能力。

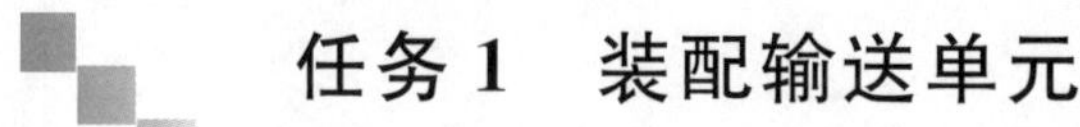

任务1 装配输送单元

任务目标

(1) 认识和掌握输送单元的结构。

(2) 掌握输送单元机械结构安装的步骤和技巧。

(3) 掌握输送单元电气系统的安装规范。

(4) 掌握输送单元机械、电气系统调试的方法。

任务要求

本输送单元是双层机械手结构,下层机械手通过伺服电机控制,结合同步带以及直线导轨,实现精确定位到指定单元的物料台,在物料台上抓取工件,并把抓取到的工件输送到指定地点,然后放下的功能;上层机械手将机器人拆解的物料分别传送到装配单元和供料单元的料仓。单站测试时只考虑下层机械手的功能。装配完成输送单元的机械、电气部分是实现组合工件输送功能的基础。

任务分组

完成学生任务分工表(参考项目1)。

获取资讯

(1) 观察:本单元的机械结构组成,各部分结构的连接方式。

提示 柱形直线导轨及其安装底板组件是精密仪器,出厂时已调整精度,建议不要自行拆卸。

(2) 思考:机械组件的装配顺序。

提示 为了提高安装的速度和准确性,对本单元的安装同样遵循“先组件,再总装”的原则。

(3) 观察:本单元的气动元件。动手查一查它们的型号和产品说明书,想一想它们的使用方法。

①气源装置。②电磁阀。③气缸。④辅助元件。

(4) 尝试:绘制输送单元的气动原理图。

(5) 观察:本单元的电气元件及其工作原理。动手查一查它们的型号和产品说明书,想一想它们的使用方法。

①PLC。②传感器。③主令控制器。

（6）尝试：绘制输送单元的电气原理图。

（7）选择：装配过程中需要用的工具有哪些？

工作计划

由每个小组分别制定装配工作计划，将计划的内容填入工作计划表(参考项目 1)。

进行决策

（1）各个小组阐述自己的设计方案。

（2）各个小组对其他小组的方案进行讨论、评价。

（3）教师对每个小组的方案进行点评，选择最优方案。

任务实施

1. 机械结构装配

1）清点工具和器材

认真、仔细清点输送单元装置拆卸后的各部件的数量、型号，将各部件按种类分别摆放，并检查器材是否损坏。其中，应特别注意不要对精密器件直线导轨进行拆解，区分上、下抓取机械手，并检查回转气缸的摆动角度是否符合要求。

清点所需用到的工具及其数量、型号。常用工具应准备内六角扳手、钟表螺丝刀各 1 套，十字螺丝刀、一字螺丝刀、剥线钳、压线钳、斜口钳、尖嘴钳各 1 把，万用表 1 只。

2）进行机械装配

清点好工具、材料和元器件，再按表 6-1 的步骤进行装配。

输送单元的机械装配

表 6-1　输送单元机械结构安装步骤

序号	步　骤	图　示	序号	步　骤	图　示
1	在底板上安装两条直线导轨：将直线导轨底板安装到工作台面右下方，固定后，将直线滑动轴承套在导轨上，安装齿形同步带，分别将同步带压紧到滑动溜板上，并将同步带与直线导轨两端的同步轮连接好		3	固定不可调整端的同步带固定座	
2	装配滑块和大溜板；调整好相互位置后，拧紧所有连接螺栓；将装配四滑块的大溜板取出；套入同步带并固定其两端；把滑块套回直线导轨上		4	调整同步带的张紧度；固定可调整端的同步轮安装座	

续表

序号	步　骤	图　示	序号	步　骤	图　示
5	在直线导轨一端安装驱动器和伺服电机：固定电机安装板，用螺栓、螺母连接电机（暂不要固定），套入同步皮带和同步轮并调整它们的位置，最后拧紧固定连接螺栓		9	安装旋转机构	
6	装配机械手的支撑件部分		10	将气动机械手组件安装到摆动气缸组件上表面，并用螺钉固定；安装上层抓取机械手并用螺钉固定	
7	安装提升机构		11	把机械手搬运部分和输送部分组装在一起	
8	安装提升机构的气缸和组件安装板				

提示　①伺服传动组件装置的直线导轨应调整好平行度，并处于水平面，以确保机械手的平稳移动。

②调整同步带轮轴与电动机轴的安装位置，确保其同轴。

③同步带的张紧度应调整适中。

④安装上、下层抓取机械手，要检查机械手旋转位置是否满足在各工作站上抓取和释放工件的要求。

2. 拖链里的电缆安装、气路连接

当双层抓取机械手装置往复运动时，与双层机械手装置相连的气管和电缆线也随之运动。确保这些气管和电缆线在运动过程中顺畅移动、不在移动过程脱落是安装过程中重要的一环。

与双层机械手装置连接的气管和电缆线应先绑扎在拖链安装支架上，然后沿着拖链铺设到线槽中。在绑扎气管和电缆线时要使它们的引出端到绑扎处保持足够长度，以免运动时因机构拉紧而脱落。沿拖链敷设时，气管和电缆线间不要相互交叉。

从拖链里引出的气管按图 6-23 所示气动回路图的要求连接到电磁阀组上。气路连接完毕后，应按规范绑扎。

拖链里的气管和电缆线在安装时应量好它们的长度，不宜过短或太长，不能造成浪费。党的二十大报告提出，实施全面节约战略，发展绿色低碳产业。资源短缺是全世界都面临的共同难题，大学生要养成节约资源、绿色环保的习惯，建设绿色可持续发展的社会。

3. 电气系统安装

1）结构侧电气接线

结构侧电气接线包括双层机械手装置各气缸上磁性开关、原点传感器、左右限位开关的引出线，各电磁阀的引出线，以及伺服驱动器控制线。输送单元结构侧的接线信号端子分配如表 6-2 所示。

表 6-2　输送单元结构侧的接线信号端子分配

输入信号的中间层		输出信号的中间层	
端子号	输入信号描述	端子号	输出信号描述
2	原点传感器	2	伺服电机脉冲线 OPC1
3	右限位开关触点	3	伺服电机方向线 OPC2
4	左限位开关触点	4	
5	下机械手上升下限位	5	下机械手上升驱动
6	下机械手上升上限位	6	下机械手左旋驱动
7	下机械手右旋限位	7	下机械手右旋驱动
8	下机械手左旋限位	8	下机械手伸出
9	下机械手缩回限位	9	下手爪夹紧
10	下机械手伸出限位	10	下手爪松开
11	下机械手夹紧限位	11	上机械手伸出
12	伺服报警信号	12	上手爪夹紧
13	上机械手伸出限位	13	上机械手缩回
14	上机械手缩回限位		
15	上机械手夹紧限位		

2）PLC 侧电气接线

（1）PLC 的选型。

输送单元所需的 I/O 点较多。其中，输入信号包括来自按钮/指示灯模块的指示灯信号、各组件的传感器信号等；输出信号包括输出到上、下层抓取机械手装置各电磁阀的控制信号和输出到伺服电机驱动器的脉冲信号和驱动方向信号；还应考虑输出信号到按钮/指示灯模块的指示灯，以显示本单元或系统的工作状态。

由于需要输出驱动伺服电机的高速脉冲，PLC 应采用晶体管输出型。

基于上述考虑，选用西门子 S7-200 SMART CPU ST40 DC/DC/DC 型 PLC，共 24 点输入，16 点晶体管输出。表 6-3 给出了输送单元 PLC 的 I/O 分配表。

表 6-3　输送单元 PLC 的 I/O 分配表

序号	输入点	输入信号描述	序号	输出点	输出信号描述
1	I0.0	原点传感器检测	1	Q0.0	脉冲
2	I0.1	右限位保护	2	Q0.2	方向
3	I0.2	左限位保护	3	Q0.3	下提升台上升电磁阀
4	I0.3	下机械手抬升下限检测	4	Q0.4	下回转气缸左旋电磁阀
5	I0.4	下机械手抬升上限检测	5	Q0.5	下回转气缸右旋电磁阀
6	I0.5	下机械手旋转左限检测	6	Q0.6	下手爪伸出电磁阀
7	I0.6	下机械手旋转右限检测	7	Q0.7	下手爪夹紧电磁阀
8	I0.7	下机械手伸出检测	8	Q1.0	下手爪放松电磁阀
9	I1.0	下机械手缩回检测	9	Q1.1	上手爪伸出电磁阀
10	I1.1	下机械手夹紧检测	10	Q1.2	上手爪夹紧电磁阀
11	I1.2	伺服报警输出	11	Q1.3	上手爪放松电磁阀
12	I1.3	上机械手伸出限位	12	Q1.5	HL1
13	I1.4	上机械手缩回限位	13	Q1.6	HL2
14	I1.5	上机械手夹紧限位	14	Q1.7	HL3
15	I2.4	启动按钮 SB1			
16	I2.5	复位按钮 SB2			
17	I2.6	急停按钮 SQ			
18	I2.7	转换开关 SA			

（2）PLC 的 I/O 接线图。

输送单元 PLC 的 I/O 接线图如图 6-1 所示。

（3）PLC 控制电路的接线。

输送单元的电气系统接线

按图 6-1 完成 PLC 和变频器部分的线路连接。在开始装配之前，清点工具、材料和元器件。

①晶体管输出 S7-200 SMART 系列 PLC，供电电源采用 24 V 直流电源，与前面各工作单元继电器输出的 PLC 不同。接线时注意，千万不要把 220 V 交流电源连接到其电源输入端。该 PLC 的输出端要连接 24 V 直流电源的正极、负极。

②图 6-1 中，左右极限开关 LK1、LK2 的动合触点分别连接到 PLC 输入点 I0.1 和I0.2。需要注意的是，LK1、LK2 都提供了一对触点，它们的静触点应连接到公共点 COM，而动断触点必须连接到伺服驱动器的控制端口 CNX5 的 CCWL（9 脚）和 CWL（8 脚）以作为硬联锁保护，目的是防止因程序错误导致的冲撞极限位置造成设备损坏。

③接线完毕后，应用万用表检查各电源端子是否有短路或断路现象；检查各接线排与 PLC 的 I/O 端子是否一一对应；检查 PLC 与伺服驱动器之间的接线是否正确。

4. 输送单元各模块的调试

1）调试方法

对输送单元的机械结构、气动回路，以及传感器、PLC 各输入输出信号进行调试。输送

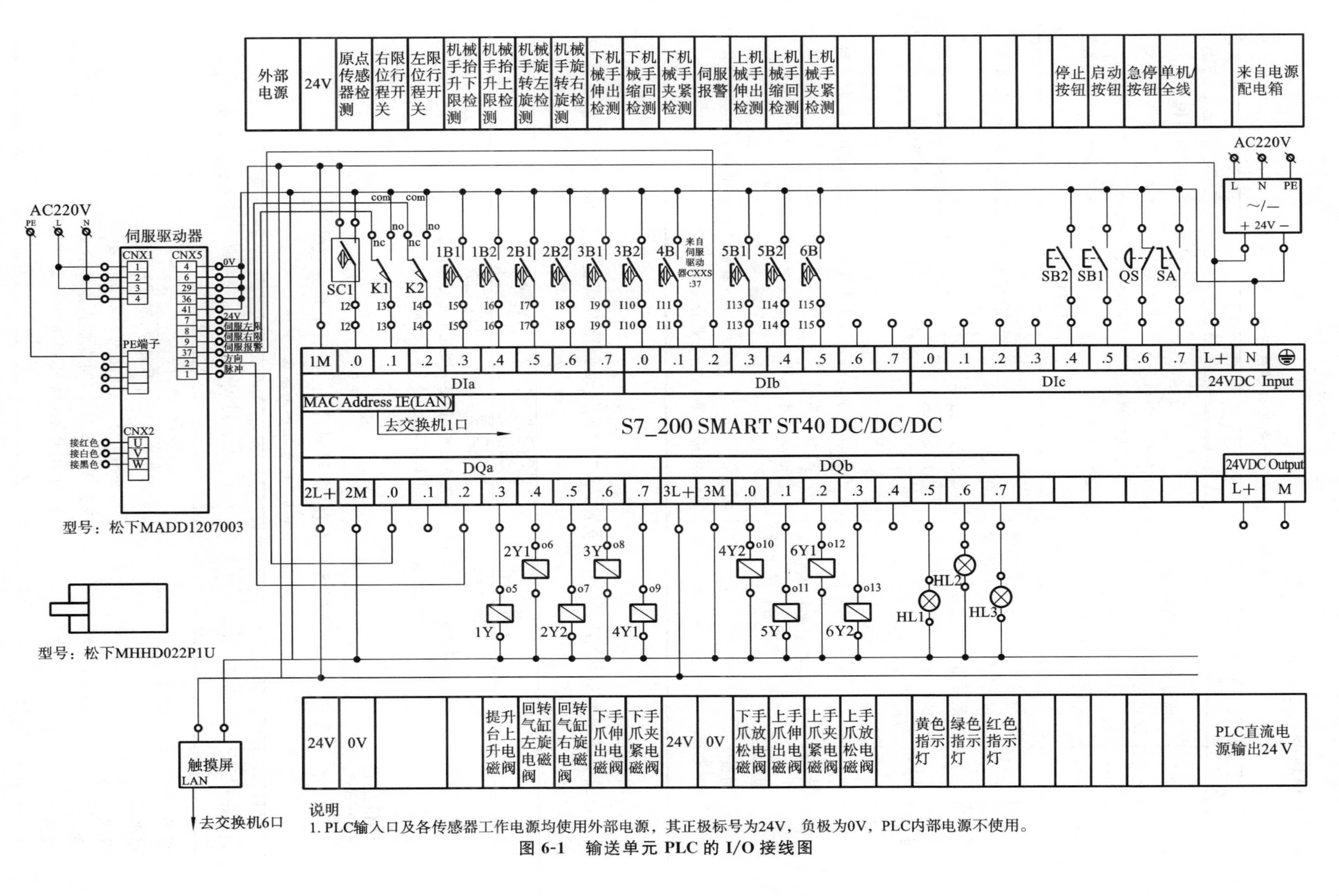

说明

1. PLC输入口及各传感器工作电源均使用外部电源，其正极标号为24V，负极为0V，PLC内部电源不使用。

图 6-1　输送单元 PLC 的 I/O 接线图

单元各模块调试方法如表 6-4 所示。

表 6-4　输送单元各模块调试方法

任务		描述	准备	执行
检查电气系统	原点传感器的调试	原点传感器用来检测双层机械手是否回到了原点。它是电感传感器，只能检测金属材质	①安装传感器。 ②连接传感器。 ③接通电源	①向原点方向移动双层机械手。 ②双层机械手下方的金属物体移动到原点传感器时，相应的指示灯点亮。 ③继续移动一段距离后，原点传感器的指示灯熄灭
	左右限位开关测试	限位开关用来检测伺服电机超出左、右极限位置时是否报警。它是带有一对常开触点和一对常闭触点的行程开关	①安装传感器。 ②连接传感器。 ③接通电源	①移动双层机械手到左、右极限位置。 ②观察伺服驱动器是否报警、PLC 上 I0.1 和 I0.2 是否有变化
	伺服电机和伺服驱动器调试	伺服电机驱动抓取机械手到自动线其他各站上抓取工件	①安装伺服电机和伺服驱动器。 ②断电连接相应的控制线和电源线。 ③接通电源	①在用万用表检查伺服电机和驱动器的接线正确无误后方可接通电源。 ②设置并检查伺服驱动器的参数是否正确。 ③下载测试程序到 PLC 中，运行并监控测试程序

2）调试记录

完成输送单元机械结构装调记录表、输送单元气动回路装调记录表、输送单元电气系统装调记录表。

输送单元机械结构装调记录表

输送单元气动回路装调记录表

输送单元电气系统装调记录表

评价反馈

各小组填写表 6-5，以及任务评价表（参照项目 1），然后汇报完成情况。

表 6-5　任务实施考核表

工作任务	配分	评分项目	项目配分	扣分标准	得分	扣分	任务得分
设备装调及电路、气路	90	机械装调（25 分）					
		机械部件调试	15	部件位置配合不到位、零件松动等，每处扣 1 分；直线运动导轨安装不平行，每处扣 2 分；同步带张紧不合适、运行有卡阻，每处扣 3 分。最多扣 15 分			

续表

工作任务	配分	评分项目	项目配分	扣分标准	得分	扣分	任务得分
设备装调及电路、气路		合理选用工具	5	选择恰当的工具完成机械装配，不合理处扣 0.5 分			
		按装配流程完成装配	5	是否按正确流程完成装配，不合理处扣 1 分			
		电路连接(40 分)					
		绘制电气原理图	10	电气元件符号错误，每处扣 0.5 分；电气图绘制错误，每处扣 1 分			
		正确识图	15	连接错误，每处扣 1 分；伺服电机或驱动器接线错误，每处扣 5 分；电源接错，扣 10 分			
		连接工艺与安全操作	10	接线端子导线超过 2 根、导线露铜过长、布线零乱，每处扣 1 分；带电操作扣 5 分。最多扣 10 分			
		伺服参数设置	5	参数设置不合理，每处扣 0.5 分			
		气路连接、调整(15 分)					
		绘制气动原理图	5	气动元件符号错误，每处扣 0.3 分；气路图绘制错误，每处扣 0.5 分			
		气路连接及工艺要求	10	漏气，调试时掉管，每处扣 1 分；气管过长，影响美观或安全，每处扣 1 分；没有绑扎带或扎带距离不恰当，每处扣 1 分；调整不当，每处扣 1 分。最多扣 10 分			
		输入/输出点测试(10 分)					
		输入/输出点测试	10	各输入/输出点不正确，每处扣 0.5 分			
职业素养与安全意识	10	现场操作安全保护符合安全操作规程；工具摆放、包装物品、导线线头等的处理符合职业岗位的要求；团队有分工有合作，配合紧密；遵守纪律，尊重教师，爱惜设备和器材，保持工位的整洁					

任务 2　自动线各工作单元定位控制

任务目标

(1) 了解伺服电机、伺服驱动器的工作原理。

(2) 掌握伺服电机和驱动器的线路连接以及参数设置。

（3）掌握运动控制向导的指令及编程方法。

（4）掌握利用运动控制向导完成各工作单元定位控制的方法。

任务要求

（1）上电复位。

系统上电之前，断开伺服电机和伺服驱动器的电源，并手动将双层机械手装置移动到远离原点的位置。系统通电后自动执行回原点操作。

（2）定位控制。

双层机械手到达原点位置后，按下启动按钮 I2.4，输送单元以 30000 个脉冲/s 的速度运行到加工单元物料台处；延时 5 s 后同样以 30000 个脉冲/s 的速度运行到装配单元装配台处；延时 5 s 再以 30000 个脉冲/s 的速度运行到分拣单元入料口处；等待 5 s 后返回原点。回原点分 2 步：先以 40000 个脉冲/s 的速度高速回零到离原点 200 mm 的位置，剩下的距离再以 10000 脉冲数/s 的速度低速回零到原点。

（3）不考虑双层机械手上各气缸的动作。

任务分组

完成学生任务分工表(参考项目 1)。

获取资讯

（1）了解：伺服电机、伺服驱动器的工作原理。

（2）认识：伺服驱动器的面板。

①按键。②显示。

（3）观察：伺服驱动器的接线端子。

①电源输入接口 XA。②电机接口和外接再生放电电阻接口 XB。③电机编码器信号接口 X6。④I/O 控制信号端口 X4。

（4）观察：本任务的电气元件及其工作原理。

①PLC。②伺服电机、伺服驱动器。③传感器。④主令控制器。

（5）思考：PLC 如何驱动伺服系统完成定位任务。

（6）尝试：在编程软件上编写控制程序。

工作计划

由每个小组分别制定工作计划，将计划的内容填入工作计划表(参考项目 1)。

进行决策

（1）各个小组阐述自己的设计方案。

（2）各个小组对其他小组的方案进行讨论、评价。

（3）教师对每个小组的方案进行点评，选择最优方案。

任务实施

1. 清点工具和器材

使用本项目任务 1 已经装配好的输送单元装置，再次检查伺服电机和伺服驱动器是否连接好，左、右极限传感器和原点传感器是否正常，备好万用表。

2. 自动线各工作站的位置数据

表 6-6 是各个站点之间的位置距离，以及对应的 PLC 的输出脉冲量、目标速度。

表 6-6 自动线各工作站的位置数据

工 作 单 元	距离/mm	输出脉冲量/个脉冲	目标速度/(个脉冲/s)
供料单元→加工单元	220	22000	30000
加工单元→装配单元	485	77500	30000
装配单元→分拣单元	271	104600	30000
分拣单元→高速回零前	846	20000	40000
低速回零	200	0	10000

3. 伺服参数设置

根据表 6-13 设置伺服驱动器的相关参数。

4. 运动轴组态

本任务是利用 PLC 的运动控制向导进行定位控制，在编写定位程序前应先对 PLC 的运行轴进行向导组态。选择“轴 0”，测量系统为“相对脉冲”，方向控制为“单相(2 输出)，极性选择正”，加减速时间调整为“100 ms”；RPS 参考点选择“I0.0”，LMT＋、LMT－的输入分别选择“I0.2”和“I0.1”，响应为“立即停止”，有效电平为“上限”；除此以外，电动机的速度最大值设置为“100000 个脉冲/s”，启停速度为“1000 个脉冲/s”，快速参考点查找速度为“5000 个脉冲/s”，慢速参考点查找速度为“1000 个脉冲/s”，搜索顺序为“2”，其他选择默认值。可参考表 6-14 完成运动轴的组态。

5. 程序设计

本任务重点是利用 PLC 的运动控制向导进行定位控制的编程训练，主要由一个主程序、回原点子程序、运行子程序构成。现将各部分的编程思路做简单说明。

1) 主程序

主程序中包括以下内容：上电初始化复位、越程故障检测和处理、启动和停止控制、调用回原点子程序及运行子程序。主程序梯形图如图 6-2 所示。

2) 回原点子程序

回原点子程序梯形图如图 6-3 所示。

返回原点子程序是一个带有形式参数的子程序，带参数的子程序可以被多次调用，每次调用可以对不同的变量和数据进行相同的运算或操作。

调用带参数的子程序时，应该在局部变量表中定义变量。变量地址在 LB0～LB31(字节)、LW0～LW30(字)、LD0～LD28(双字)范围内。子程序的局部变量表中有 IN、OUT、IN_OUT接口：IN 是把数据从外部传输到内部；OUT 是把数据从内部传输到外部；IN_OUT 将数据从外部传输到内部，并在执行运算后将数据传输到外部。TEMP 用于中间运算操作，在使用之前必须要赋值。在子程序中，中间过程的一般运算操作可以使用 AC0～AC3 累加器。

返回原点子例程在其变量表中定义了一个 BOOL 输出参数(局部变量)作为寻原点完成

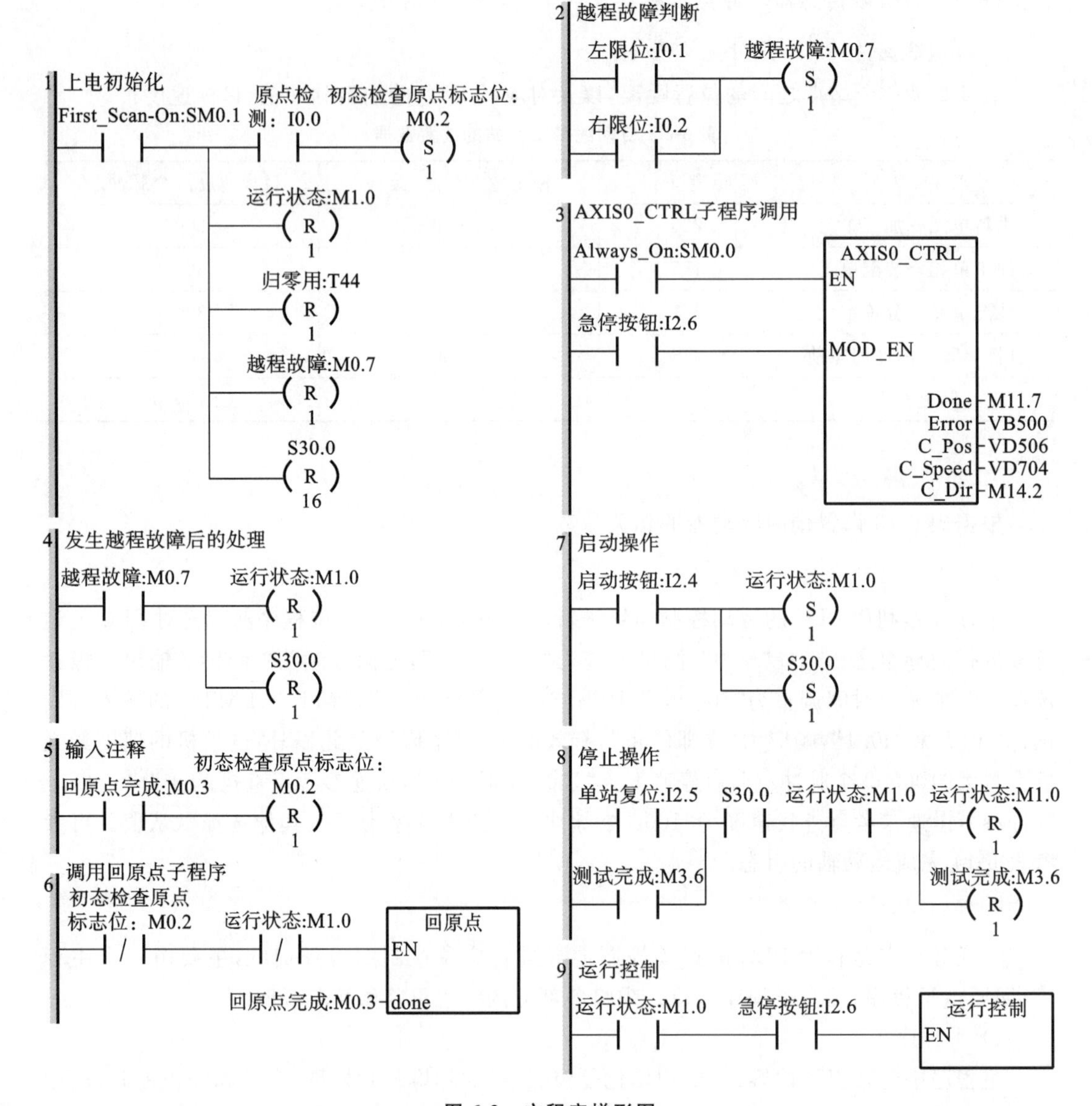

图 6-2　主程序梯形图

标志。当寻原点过程完成后，输出参数 done 被置位，执行结果必须返回给调用它的主程序。回原点子程序局部变量定义如图 6-4 所示。

执行完回原点子程序后，双层机械手机构回到伺服传动组件的原点位置。

3）运行子程序

运行子程序主要是对各个工作单元定位控制，根据本任务的控制要求，可以看出运行子程序就是一个顺序控制流程，在顺序控制的每一步结合表 6-6 中工作单元的距离以及执行速度，利用 AXIS0_GOTO 指令，以绝对位移的方式驱动即可。运行子程序的部分梯形图如图 6-5 所示。

在运行定位程序时，AXIS0_GOTO 子程序中的 Pos 和 Speed 参数通过指定寄存器的值可以实现控制，本项目中，在数据块中写入图 6-6 所示的寄存器地址。

本任务的运行子程序读者可以根据控制要求自行编写。

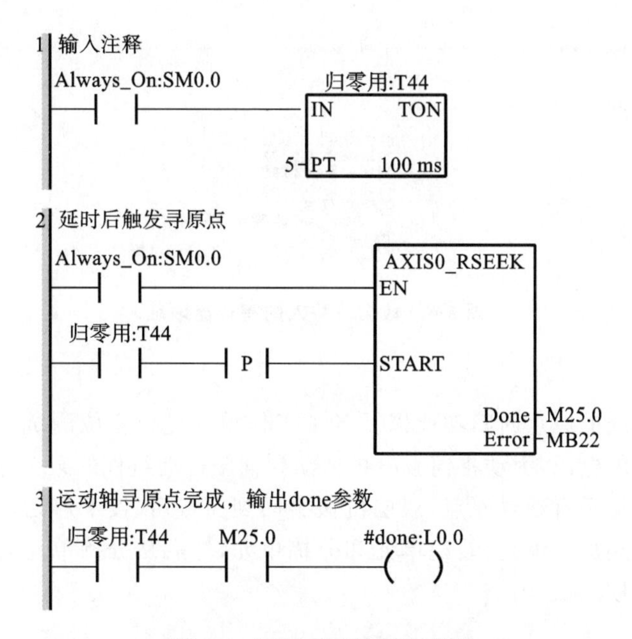

图 6-3　回原点子程序梯形图

变量表

	地址	符号	变量类型	数据类型	注释
1		EN	IN	BOOL	
2			IN		
3			IN_OUT		
4	L0.0	done	OUT	BOOL	寻原点完成标志
5			OUT		
6			TEMP		

图 6-4　回原点子程序局部变量定义

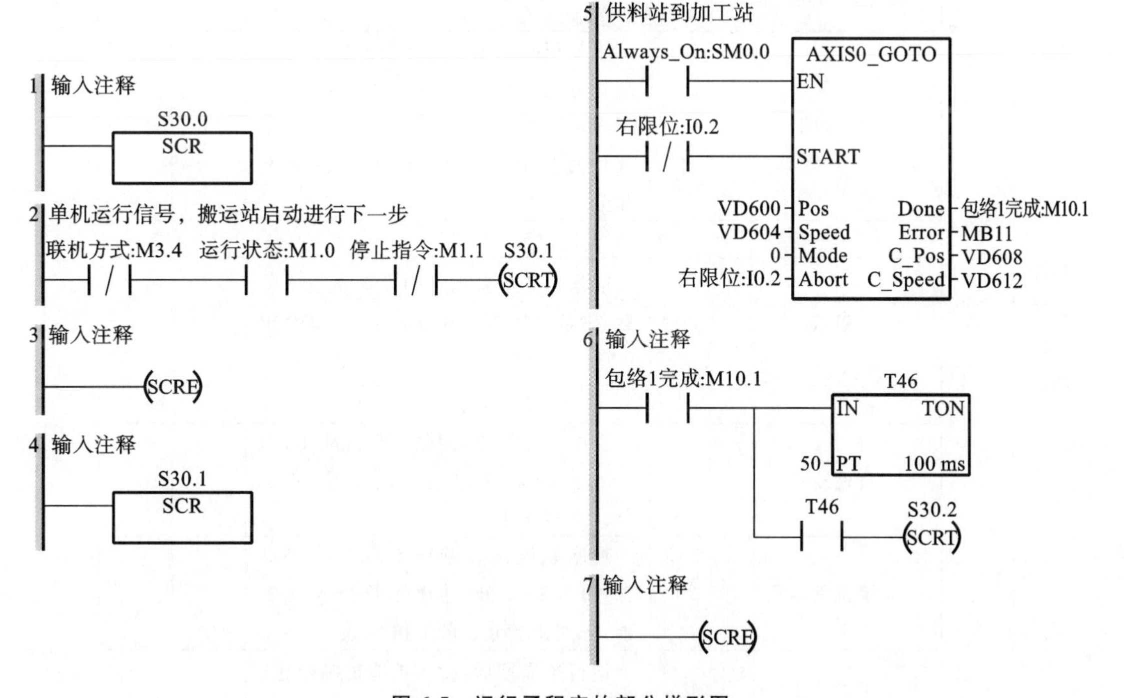

图 6-5　运行子程序的部分梯形图

```
//
//数据页注释
//
//按 F1 获取帮助和示例数据页
//
VD600  29000                        //供料站到站加工
VD700  77500                        //加工站到装配站
VD800  104600                       //装配站到分拣站
VD900  20000                        //高速回到900 mm
VD904  0                            //到原点位置
VD908  40000                        //以400mm/s的速度高速回零
VD804  10000                        //低速回原点
VD604  30000                        //供料站到加工站、加工站到装配站、装配站到分拣站运行速度
```

图 6-6　数据块写入的寄存器地址

6. 程序调试

本任务对自动线的原点回归功能以及各个工作单元进行定位测试。调试前，断开伺服电机和伺服驱动器的电源，手动将伺服电机移动到伺服传动组件的某个位置。调试过程中，首先上电让双层机械手自动寻原点；双层机械手回到原点后，按下启动按钮，观察它是否从供料单元依次移动到加工单元、装配单元和分拣单元，然后从分拣单元高速回零，最后低速回到原点完成单周期测试。

评价反馈

各小组填写表 6-7，以及任务评价表（参照项目 1），然后汇报完成情况。

表 6-7　任务实施考核表

工作任务	配分	评分项目	项目配分	扣分标准	得分	扣分	任务得分
程序设计及调试	90	梯形图设计（30 分）					
		程序结构	5	程序结构不科学、不合理，每处扣 1 分			
		梯形图	25	不能正确确定输入与输出量并进行地址分配，梯形图有错，每处扣 5 分；程序可读性不强，每处扣 5 分。程序设计有创新酌情加分，无创新点不扣分			
		参数设置（20 分）					
		参数	20	能根据任务要求正确设置变频器参数，参数设置不正确或者不全，每处扣 5 分			
		调试运行（40 分）					
		自检复位	10	上电后在原点，伺服电动机动作，扣 5 分；上电后在原点自动复位，扣 5 分。最多扣 10 分。			
		系统正常运行	20	伺服系统运行顺序不符合控制要求，每处扣 2 分；速度不符合控制要求，每处扣 2 分。最多扣 20 分			
		正常停止	2	运行单周期后，设备不能正确停止，扣 2 分			

续表

工作任务	配分	评分项目	项目配分	扣分标准	得分	扣分	任务得分
程序设计及调试	90	停止后的再启动	2	单周期运行停止后，再次按下启动按钮设备不能正确启动，扣 2 分			
		紧急停止	6	恢复供电后，系统不能正常运行，扣 6 分；延时及启动不符合控制要求，每处扣 2 分；不能沿原状态运行，扣 4 分；指示灯不亮，扣 1 分。本项最多扣 6 分			
职业素养与安全意识	10	现场操作安全保护符合安全操作规程；工具摆放、包装物品、导线线头等的处理符合职业岗位的要求；团队有分工有合作，配合紧密；遵守纪律，尊重教师，爱惜设备和器材，保持工位的整洁					

任务 3　设计和调试输送单元的控制程序

任务目标

（1）明确输送单元的控制要求。

（2）掌握输送单元程序控制结构。

（3）掌握输送单元 PLC 程序编写方法。

（4）掌握输送单元系统联调的方法。

任务要求

输送单元运行的目标是测试设备传送工件的功能，并且在供料单元的出料台上放置工件，在抓取和放置工件时，只测试双层机械手中的下层抓取机械手的功能，上层机械手的功能暂时不考虑。具体测试要求如下。

输送单元的运行

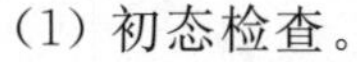

（1）初态检查。

输送单元在通电后，按下复位按钮 SB1，执行复位操作，使双层抓取机械手装置回到原点位置。在复位过程中，“正常工作”指示灯 HL1 以 1 Hz 的频率闪烁。

当双层抓取机械手装置回到原点位置，且输送单元各个气缸满足初始位置要求时，复位完成，“正常工作”指示灯 HL1 常亮。按下启动按钮 SB2，设备启动，“设备运行”指示灯 HL2 也常亮，开始功能测试。

(2) 正常功能测试。

①下层抓取机械手装置从供料单元出料台抓取工件,抓取的顺序是:手臂伸出→手爪夹紧抓取工件→提升台上升→手臂缩回。

②抓取动作完成后,伺服电机驱动双层机械手装置向加工单元移动,移动速度不小于300 mm/s。

③在双层机械手装置移动到加工单元物料台的正前方后,把工件放到加工单元物料台上。下层抓取机械手装置在加工单元放下工件的顺序是:手臂伸出→提升台下降→手爪松开放下工件→手臂缩回。

④放下工件动作完成2 s后,下层抓取机械手装置执行抓取加工单元工件的操作。抓取的顺序与供料单元抓取工件的顺序相同。

⑤抓取动作完成后,伺服电机驱动双层机械手装置移动到装配单元物料台的正前方,然后把工件放到装配单元物料台上。其动作顺序与加工单元放下工件的顺序相同。

⑥放下工件动作完成2 s后,下层抓取机械手装置执行抓取装配单元工件的操作。抓取的顺序与供料单元抓取工件的顺序相同。

⑦双层机械手手臂缩回后,回转气缸逆时针旋转90°,伺服电机驱动双层机械手装置从装配单元向分拣单元运送工件,在到达分拣单元传送带上方入料口后把工件放下,动作顺序与加工单元放下工件的顺序相同。

⑧在下层机械手放下工件动作完成后,下机械手手臂缩回,然后执行返回原点的操作。伺服电机驱动机械手装置以400 mm/s的速度返回,返回900 mm后,回转气缸顺时针旋转90°,然后以100 mm/s的速度低速返回原点停止。

当抓取机械手装置返回原点后,一个测试周期结束。当供料单元的出料台上放置工件时,再按一次启动按钮SB2,开始新一轮的测试。注意:上层机械手的动作测试将在全线联调时完成,本项目不涉及。

(3) 非正常运行的功能测试。

若在工作过程中按下急停按钮QS,则系统立即停止运行。在急停复位后,应从急停前的断点开始继续运行。

在急停状态,绿色指示灯HL2以1 Hz的频率闪烁,直到急停复位后恢复正常运行,HL2恢复常亮。

任务分组

完成学生任务分工表(参考项目1)。

获取资讯

(1) 分析:本单元输送过程。

(2) 尝试:绘制输送流程图。

(3) 规划:程序设计中用到的标志位。

(4) 尝试:在编程软件上编写控制程序。

工作计划

由每个小组分别制定工作计划,将计划的内容填入工作计划表(参考项目1)。

进行决策

（1）各个小组阐述自己的设计方案。

（2）各个小组对其他小组的方案进行讨论、评价。

（3）教师对每个小组的方案进行点评，选择最优方案。

任务实施

1. 主程序流程图及编写思路

1）主程序流程图

输送单元主程序与前几个工作单元类似，只是还应注意初始化伺服电机的控制。

2）输送单元 PLC 控制程序的中间变量规划

输送单元的 PLC 控制程序比以往的工作单元更加复杂，因此在主程序中我们应预先规划和设置好中间变量的使用，使程序更具可读性，也不会有内存地址冲突的情况。

3）主程序编写思路

从上面介绍的输送单元任务要求可以看出，整个功能运行过程应该包括上电复位、初始状态检查、输送功能测试、回原点、下机械手抓取工件、下机械手释放工件和指示灯状态等部分。输送功能测试是一个顺序控制过程。输送单元 PLC 的中间变量规划如表 6-8 所示。

表 6-8 输送单元 PLC 的中间变量规划

符　　号	地　　址	备　　注
越程故障	M0.7	伺服报警、越程故障
运行状态	M1.0	输送单元启动运行标志
联机方式	M3.4	输送单元联机/单机模式选择
测试完成	M3.6	输送单元单站运行测试结束
抓取完成	M4.0	下机械手抓取工件完成
放料完成	M4.1	下机械手释放工件完成
初态检查	M5.0	初始状态检查标志位
初始位置	M5.1	输送单元所有设备回到初始位置
主站就绪	M5.2	归零完成且初态检查完成
位置 1 完成	M9.1	供料单元到加工单元
位置 2 完成	M9.2	加工单元到装配单元
位置 3 完成	M9.3	装配单元到分拣单元
位置 4 完成	M9.4	从分拣单元高速回零
位置 5 完成	M9.5	低速回零
归零完成	M20.0	回到输送单元原点位置

主程序部分应包括上电初始化（包括 AXIS0_CTRL 初始化和伺服电机越程故障）、联机/单机检查、初态检查复位（子程序）、回原点（子程序）、准备就绪后投入运行和状态显示

等。主程序流程图及梯形图如图 6-7～图 6-11 所示。

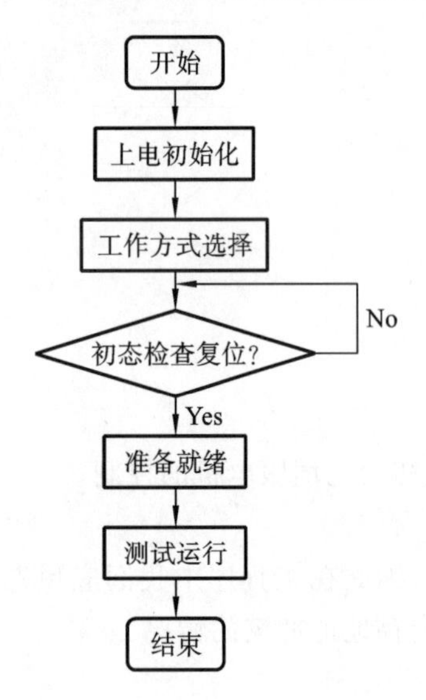

图 6-7 输送单元主程序流程图

在主程序中，当初始状态检查结束，确认单元准备就绪，按下启动按钮进入运行状态后，调用输送功能测试子程序。

2. 下层机械手初态检查复位和回原点子程序

系统上电后，调用初始状态检查复位子程序，进入初始状态检查以及复位操作阶段。如果初始状态检测失败，则系统禁止启动运行，这样设计是为了保证操作人员的人身安全以及设备安全。

下层机械手初始状态检查复位子程序的内容是检查各个气动执行元件是否处于初始位置，返回原点子程序是判断抓取机械手是否处于初始位置。如果没有，则执行相应的复位操作，直到复位完成。下层机械手的初始状态应满足：手臂向右旋转、伸缩气缸缩回，升降气缸下降、气动手爪放松，通过一些逻辑操作即可判断。

在子程序中，将机械手返回原点的操作编写为子程

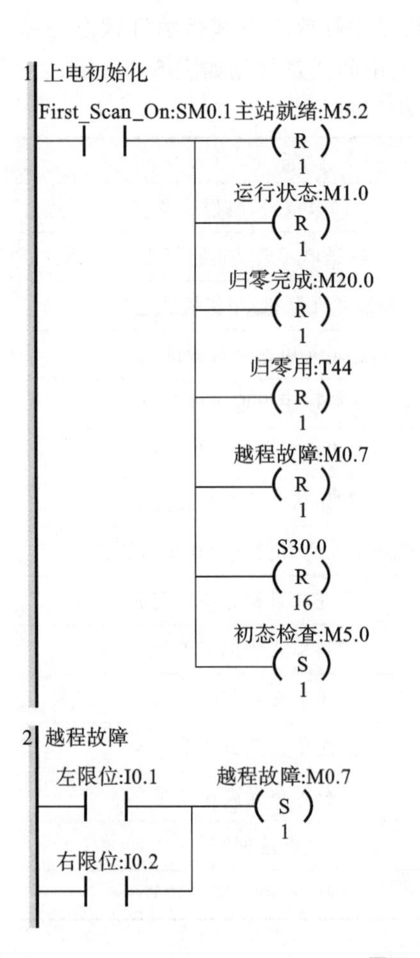

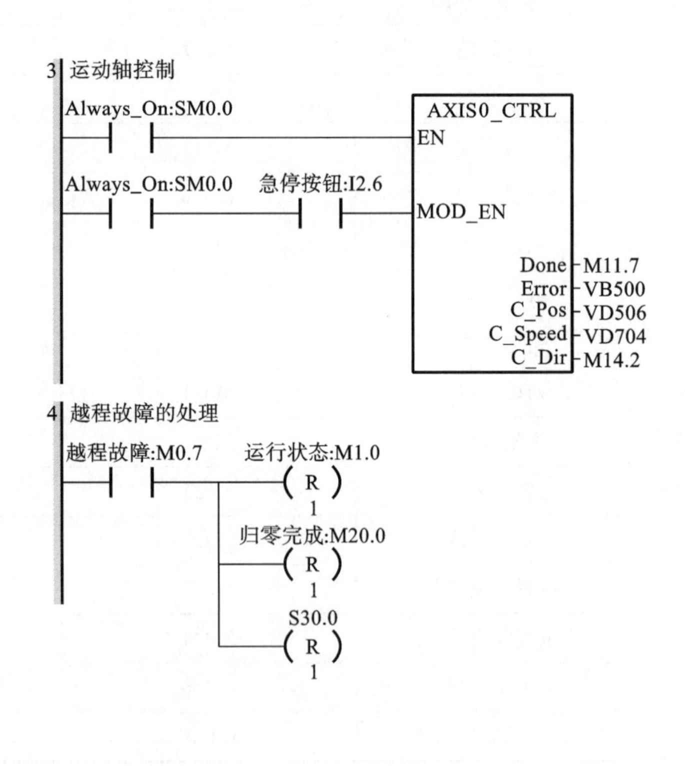

图 6-8 主程序(上电初始化)梯形图

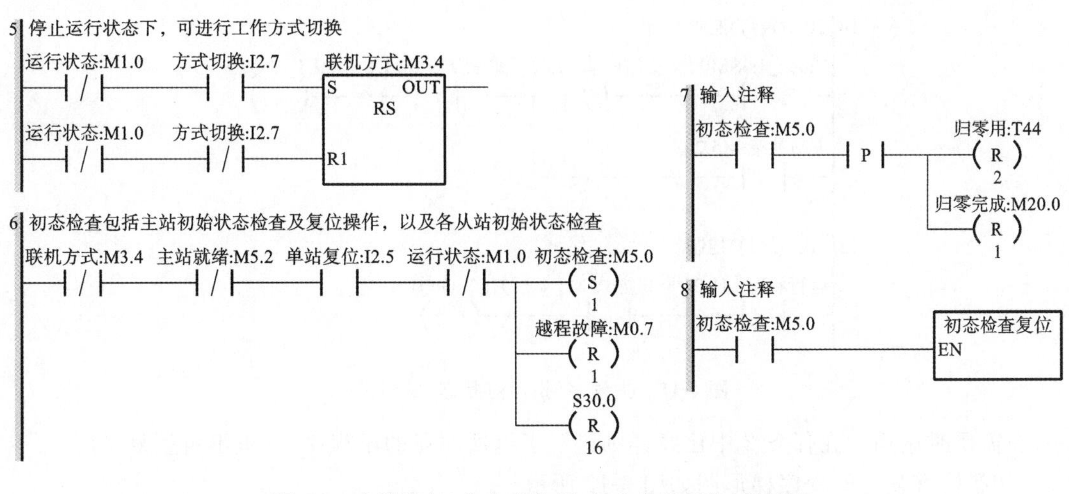

图 6-9　主程序(工作方式选择、初态检查复位)梯形图

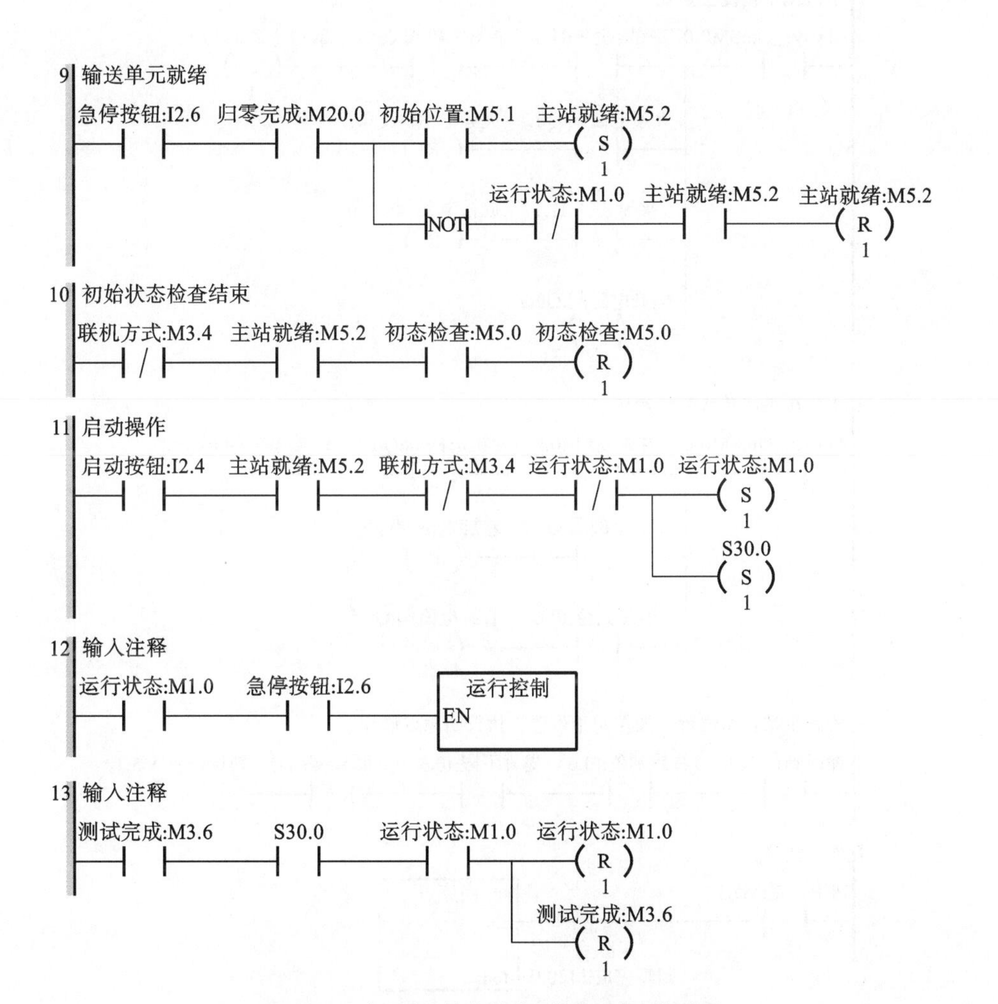

图 6-10　主程序(单站就绪、启动运行)梯形图

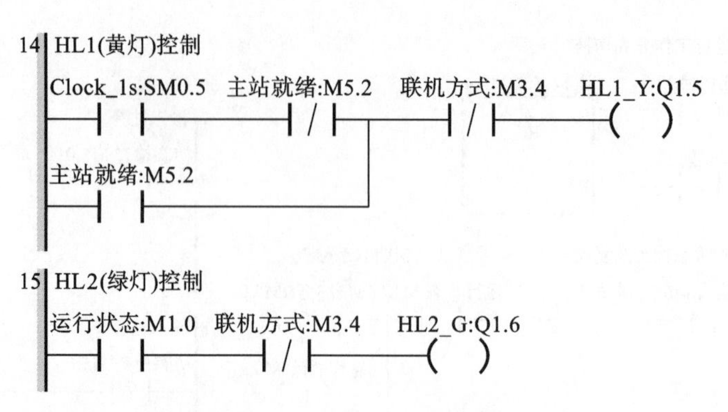

图 6-11 主程序(指示灯状态)梯形图

序,在需要时调用。在任务 2 中已经详细讲解了返回原点的子程序,这里不再重复讲解。

初态检查复位子程序梯形图如图 6-12 所示。

1 下机械手指复位操作

Always_On:SM0.0 夹紧检测:I1.1 夹紧电磁阀:Q0.7 放松电磁阀:Q1.0 (S 1)

夹紧电磁阀:Q0.7 夹紧电磁阀:Q0.7 (R 1)

夹紧检测:I1.1 放松电磁阀:Q1.0 (R 1)

提升电磁阀:Q0.3 (R 1)

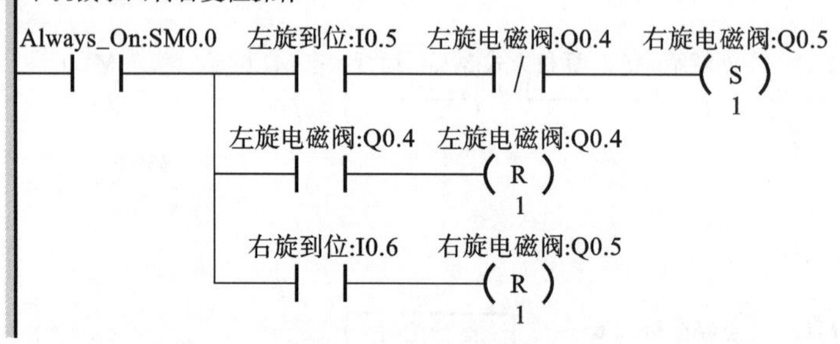

3 检查主站初始位置,如在初始位置,执行回原点操作

缩回到位:I1.0 右旋到位:I0.6 提升下限:I0.3 夹紧检测:I1.1 初始位置:M5.1

4 输入注释

初始位置:M5.1 回原点 EN

归零完成:M20.0 done

图 6-12 初态检查复位子程序梯形图

3. 下机械手抓取/释放工件子程序

下机械手在不同阶段抓取工件或释放工件的动作顺序是相同的。抓取工件的动作顺序为：手臂伸出→手爪夹紧→升降台上升→手臂缩回。释放工件的动作顺序为：手臂伸出→升降台下降→手爪松开→手臂缩回。在输送单元的整个工作过程中，会经常使用，因此，采用子程序调用的方法实现抓取和释放工件的动作可以使程序简化，如图 6-13～图 6-15 所示。

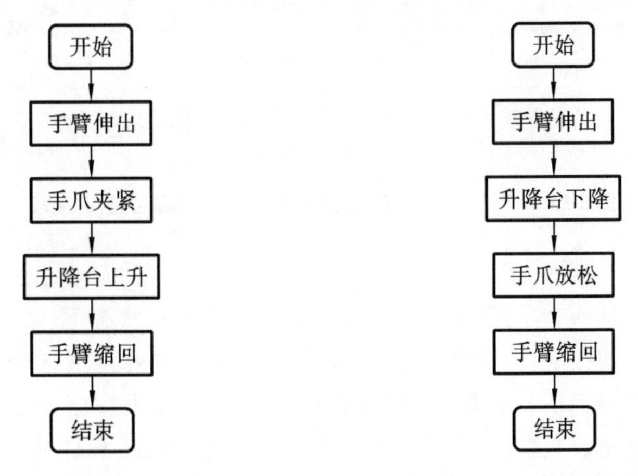

图 6-13　抓取工件流程图　　图 6-14　释放工件流程图

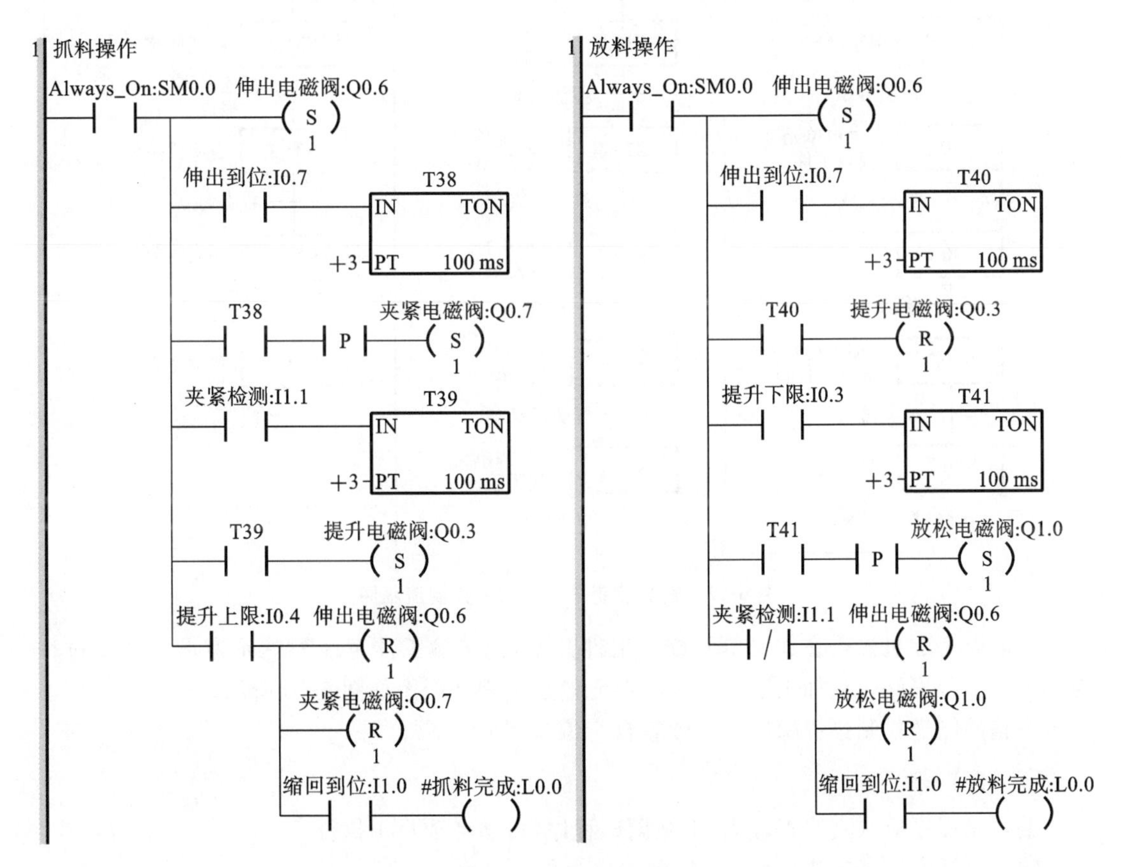

图 6-15　下机械手抓取/释放工件子程序梯形图

这两个子程序也都用到形式参数，在其局部变量表中定义了二个 BOOL 型的输出参数——抓料完成和放料完成，当这两个动作完成时，输出参数为 ON，分别在输送控制子程序中传递给 M4.0 和 M4.1，作为顺序控制程序中“步”转移的条件。下机械手抓取/释放工件子程序局部变量定义表如图 6-16 所示。

变量表

	地址	符号	变量类型	数据类型
1		EN	IN	BOOL
2			IN	
3			IN_OUT	
4	L0.0	抓料完成	OUT	BOOL
5			TEMP	

变量表

	地址	符号	变量类型	数据类型
1		EN	IN	BOOL
2			IN	
3			IN_OUT	
4	L0.0	放料完成	OUT	BOOL
5			TEMP	

图 6-16　下机械手抓取/释放工件子程序局部变量定义表

4. 输送控制子程序

输送控制子程序是一个单序列的顺序控制结构。在运行状态下，若运行状态标志 M1.0 为 ON 且急停按钮未被按下，则调用该子程序。工件传输主要包括各个工作单元的定位控制（AXIS0_GOTO 指令完成）、抓取工件（下机械手抓取工件子程序完成）和释放工件（下机械手释放工件子程序完成）这几个动作，其顺序控制流程图如图 6-17 所示。

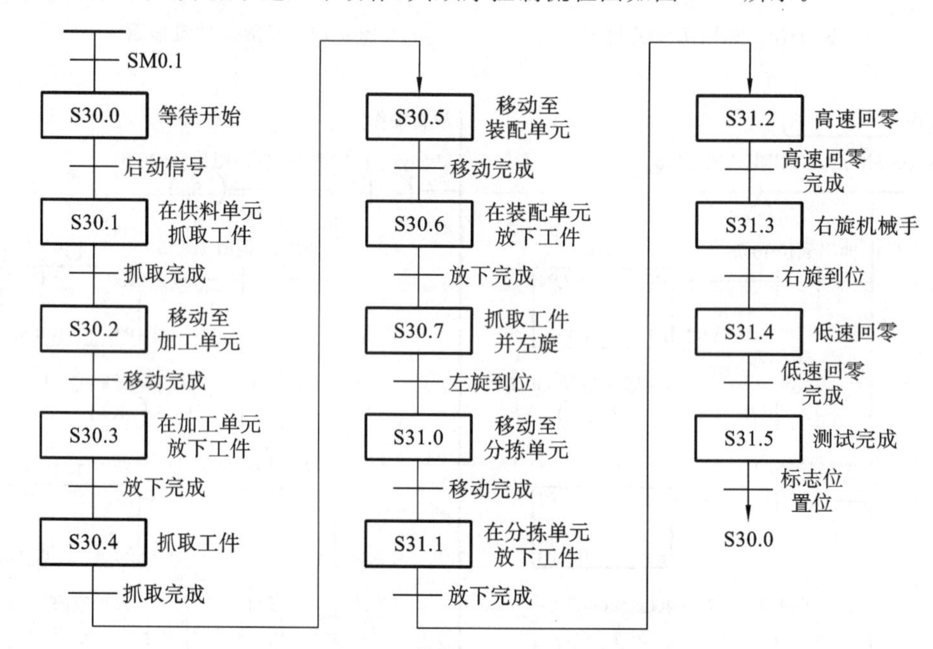

图 6-17　输送控制子程序顺序控制流程图

下面以下层机械手在加工单元放下工件开始，到传输工件至装配单元为止这 3 步过程为例说明编程思路。从加工单元到装配单元输送过程梯形图如图 6-18 所示。

完整的输送控制过程梯形图请读者自行编写完成。

5. 程序调试

编写完程序应认真检查，然后下载调试程序，可参考项目 1 执行。

输送单元的调试方法如表 6-9 所示。

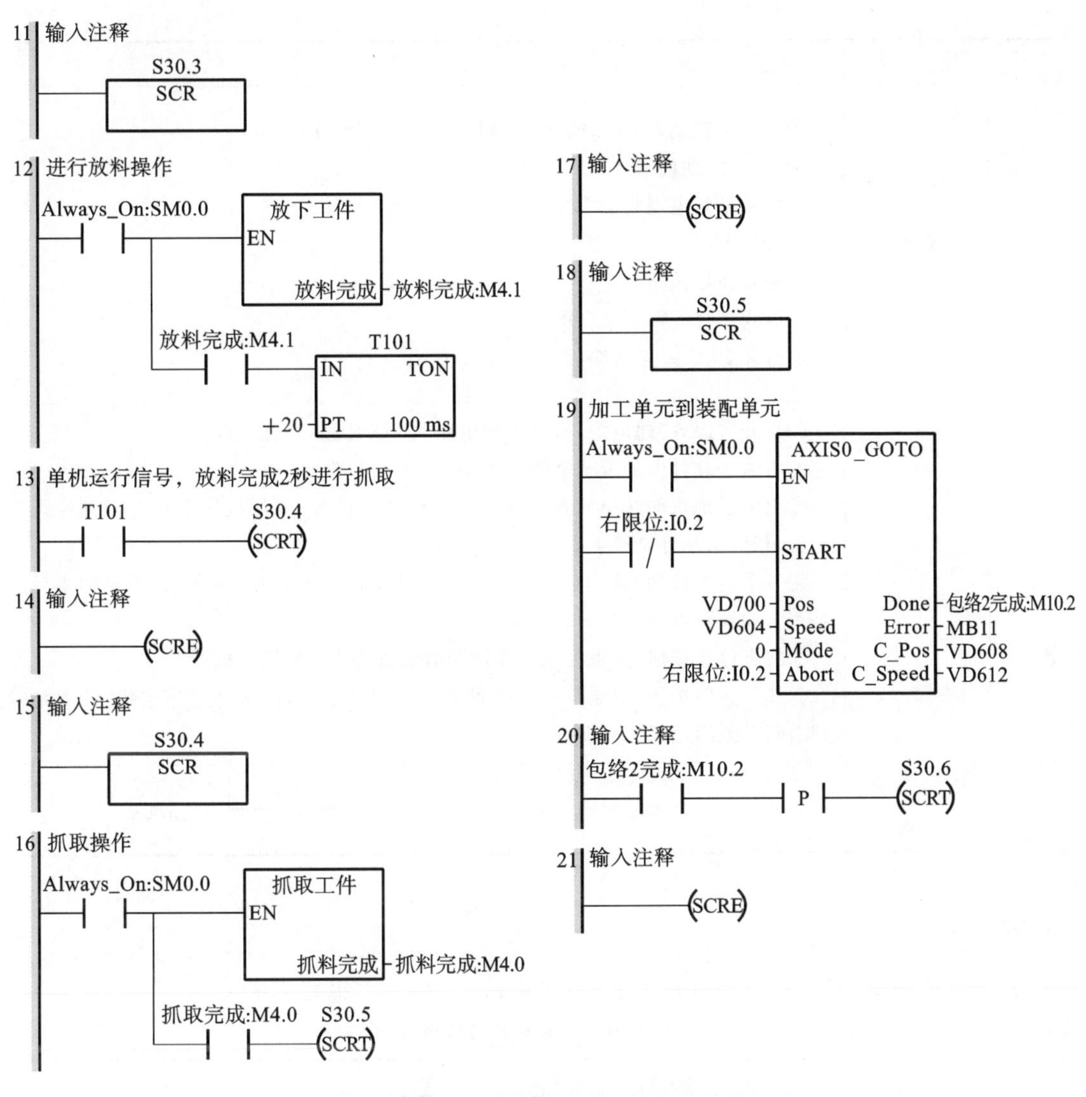

图 6-18　从加工单元到装配单元输送过程梯形图

表 6-9　输送单元的调试方法

输送单元运行状态调试记录表

序号	任　务	要　求
1	调试准备	①安装并调节好输送单元工作站。 ②一个按钮指示灯控制盒。 ③一个 24V、1.5A 直流电源。 ④0.6 MPa 的气源，吸气容量为 50 L/min。 ⑤装有编程软件的 PC 机
2	开机前的检查	①检查气源是否正常、气动二联件阀是否开启、气管是否插好。 ②检查各工位是否有工件或其他物品。 ③检查电源是否正常。 ④检查机械结构是否连接正常。 ⑤检查是否有其他异常情况

续表

序号	任务	要求
3	下载程序	①西门子控制器：S7-200 SMART ST40 DC/DC/DC。 编程软件：西门子 STEP 7-MicroWIN SMART。 ②使用编程电缆将 PC 机与 PLC 连接。 ③接通电源，打开气源。 ④松开急停按钮。 ⑤模式选择开关置 STOP 位置。 ⑥打开 PLC 编程软件，下载 PLC 程序
4	通电、通气试运行	①打开气源，接通电源，检查电源电压和气源压强，松开急停按钮。 ②将编程软件上的模式选择开关调到 RUN 位置。 ③上电后观察输送单元各气缸是否达到初始位置、双层机械手是否回到原点位置、相应指示灯是否点亮。 ④按下启动按钮，输送单元是否按控制要求运行并完成工件传输；低速回零后是否自动结束本周期的运行。 ⑤按下停止按钮，是否将本工作周期的输送任务完成后停机。 ⑥按下急停按钮，双层机械手装置是否立刻停止运行；松开急停按钮，装置是否沿断点继续运行
5	检查、清理现场	确认工作台上无遗留的元器件、工具和材料等物品，并整理、打扫现场

评价反馈

各小组填写表 6-10，以及任务评价表（参照项目 1），然后汇报完成情况。

表 6-10　任务实施考核表

工作任务	配分	评分项目	项目配分	扣分标准	得分	扣分	任务得分
程序流程图	15	程序流程图绘制（15 分）					
		流程图	15	流程图设计不合理，每处扣 1 分；流程图符号不正确，每处扣 0.5 分。有创新点酌情加分，无创意点不扣分			
程序设计与调试	75	梯形图设计（20 分）					
		程序结构	5	程序结构不科学、不合理，每处扣 1 分			
		梯形图	15	不能正确确定输入与输出量并进行地址分配，梯形图有错，每处扣 1 分；程序可读性不强，每处扣 0.5 分。程序设计有创新酌情加分，无创新点不扣分			

续表

工作任务	配分	评分项目	项目配分	扣分标准	得分	扣分	任务得分
程序设计与调试	75	系统自检与复位(10 分)					
		自检复位	10	机械手不在原位时,原位状态指示灯没有按要求闪烁,气缸复位等与要求不同,机械手没有回到原点,每处 2 分。最多扣 10 分			
		系统运行(25 分)					
		系统正常运行	25	输送单元不按控制要求定位运行,每处扣 2 分;速度不按控制要求,每处扣 2 分;机械手抓取、释放工件不按控制要求,每处扣 2 分。最多扣 25 分			
		连续高效运行(5 分)					
		连续高效运行	5	无连续高效功能,扣 5 分			
		保护与停止(15 分)					
		正常停止	5	按下停止按钮,运行单周期后,设备不能正确停止,扣 5 分			
		停止后的再启动	5	单周期运行停止后,再次按下启动按钮,设备不能正确启动,扣 5 分			
		急停	5	恢复供电后,系统不能正常运行,不得分。延时及启动不符合控制要求,每处扣 2 分;不能沿原状态运行,扣 4 分,指示灯不亮,扣 1 分。本项最多扣 5 分			
职业素养与安全意识	10	现场操作安全保护符合安全操作规程;工具摆放、包装物品、导线线头等的处理符合职业岗位的要求;团队有分工有合作,配合紧密;遵守纪律,尊重教师,爱惜设备和器材,保持工位的整洁					

项目知识平台

输送单元的结构组成

1. 输送单元的结构全貌

输送单元主要由双层机械手装置、伺服电机传动组件、PLC 模块、按钮/指示灯模块和接

线端子排等部件组成。输送单元结构全貌如图 6-19 所示。

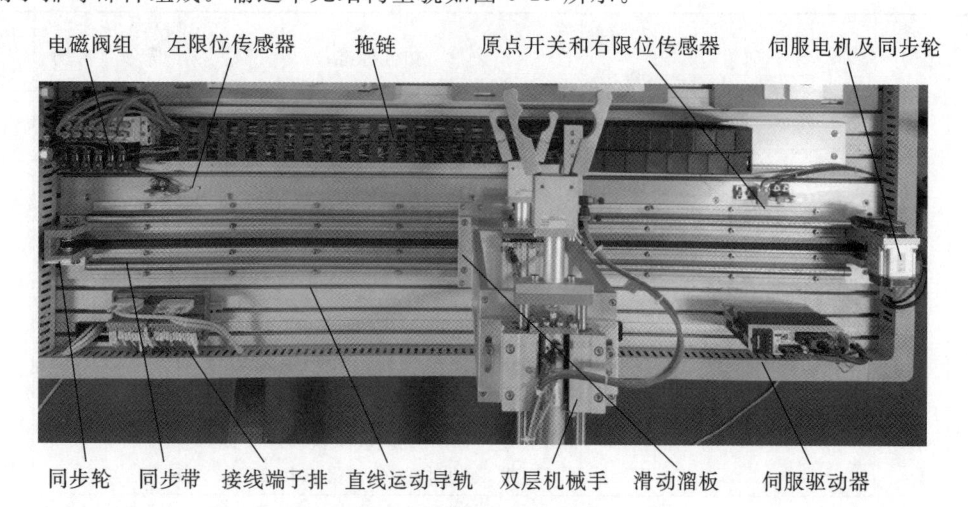

图 6-19　输送单元结构全貌

2. 双层抓取机械手装置

双层抓取机械手装置由上、下两层机械手组成,结构图如图 6-20 所示。下层机械手是能实现四种自由度运动(沿垂直轴旋转、升降、伸缩、气动手指夹紧/松开)的工作组件。该装置整体安装在伺服传动组件的滑动溜板上,在传动组件驱动下整体进行直线往复运动,定位到其他各工作单元,完成抓取工件和放下工件的功能。

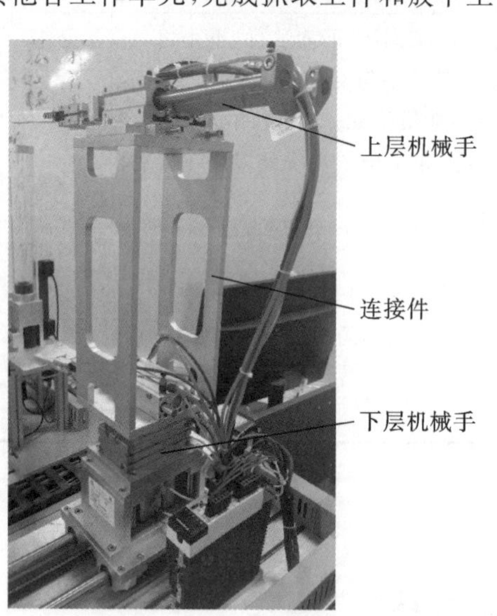

图 6-20　双层抓取机械手装置结构图

上层机械手由导杆气缸和气动手指构成,通过连接板和下层机械手固定,主要将机器人送来的已拆解的大工件和小工件分别送回供料单元和装配单元。

由图 6-20 可知双层抓取机械手装置有以下六部分组成。

下层气动手指:其本质上是一个双作用气缸,由一个二位五通双电控阀控制,用于抓取各个工作单元的工件。

下层双杆气缸:属于双作用气缸,由一个二位五通单电控阀控制,用于控制下层机械手手爪伸出与缩回。

下层回转气缸:属于双作用气缸,由一个二位五通双电控阀控制,用于控制机械手臂正、反向 90°旋转,气缸旋转角度可以任意调节,范围为 0°～180°,通过节流阀下方两颗固定缓冲器进行调整。

下层提升气缸:双作用气缸,由一个二位五通单电控阀控制,用于整个机械手的提升与下降。

上层气动手指:其本质上也是一个双作用气缸,由一个二位五通双电控阀控制,用于将机器人拆解的大小工件送回供料单元、装配单元的料仓中。

上层导杆气缸:属于双作用气缸,由一个二位五通单电控阀控制,固定到导杆气缸安装板上,用于控制上层机械手手爪伸出与缩回。

以上气缸的运行速度通过进气口节流阀调整气体流量来调节。

3. 伺服传动组件

伺服传动组件通过拖动抓取机械手装置做往复直线运动,完成精确定位功能。图6-21为伺服传动系统正视及俯视示意图。在图6-21中,抓取机械手装置已经安装在组件的滑动溜板上。

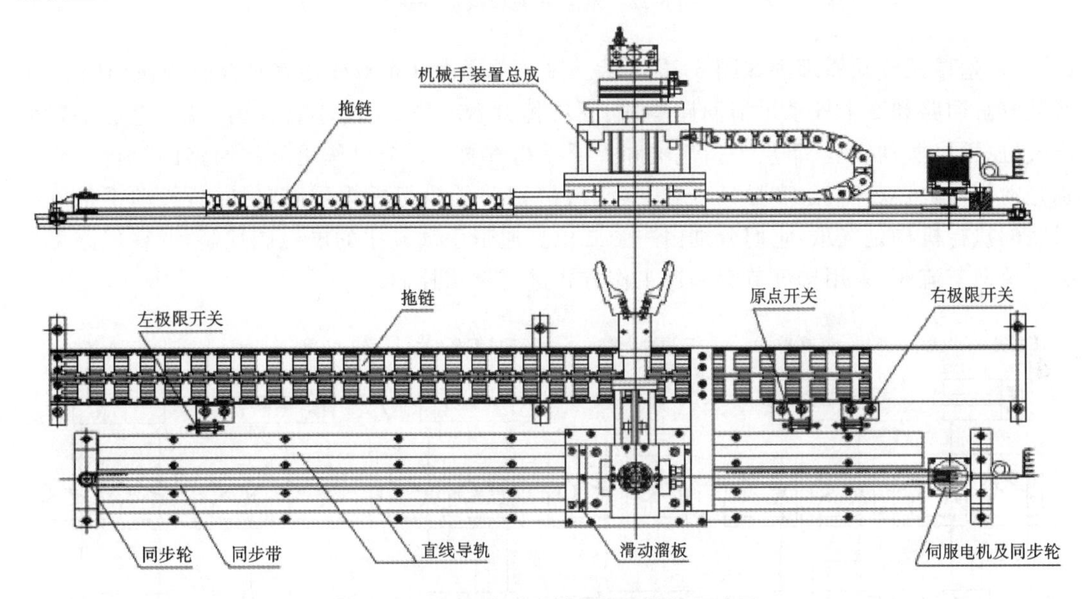

图 6-21 伺服传动系统正视及俯视示意图

伺服传动组件由伺服电机、直线导轨、同步轮、同步带、滑动溜板、拖链、原点开关、左右极限开关组成。

固定在滑动溜板上的双层机械手装置被固定在滑动溜板上,滑动溜板通过伺服电机驱动、由同步轮和同步带在直线导轨上做往复运动,所以双层机械手也一起随着滑动溜板完成直线往复运动。

双层机械手装置上所有气管和电缆线沿拖链敷设,进入线槽后分别连接到电磁阀组件和接线端子排组件上。

4. 原点开关和微动开关

原点开关是一个无触点的电感式接近传感器,提供伺服电机直线运动起始点信号。它被直接安装在工作台上。电感式接近传感器的相关内容见项目4,这里不再赘述。

直线运动机构上左、右极限位置分别安装了两个微动式行程开关,用于提供越程故障时的保护,当滑动溜板在运动中越过左或右极限位置时,行程开关会动作,向系统发出越程故障报警信号。

原点开关和微动开关如图6-22所示。

输送单元的气动回路

输送单元的双层抓取机械手装置上的所有气缸连接的气管沿拖链敷设,插接到电磁阀

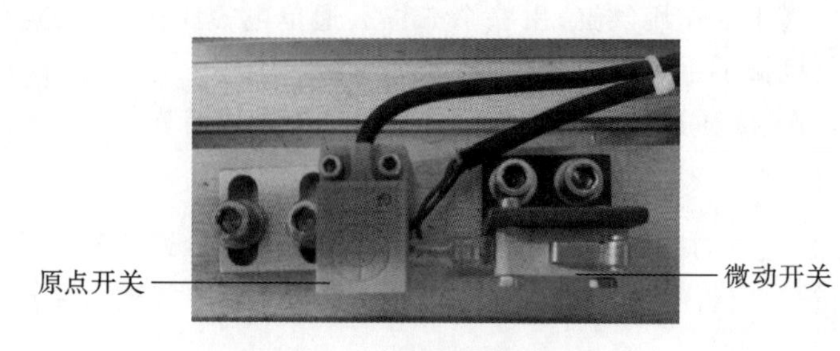

图 6-22　原点开关和微动开关

组上，输送单元气动原理图如图 6-23 所示。输送单元由 3 个双作用气缸双向调速回路、1 个摆动气缸回路和 2 个气动手指回路构成：下层提升台气缸、下层手臂伸出气缸、上层手臂伸出气缸、下层摆动气缸、下层手指气缸和上层手指气缸。3 个双作用气缸回路的执行机构分别是薄型气缸、双杆气缸和导杆气缸，摆动气缸回路的执行机构是回转气缸，气动手指气缸回路的执行机构是气爪，它们分别由一个二位五通带手动旋钮的电磁阀控制，并在气路上安装了单向节流阀，采用排气节流调速工作方式进行调速控制。

输送单元的气动回路

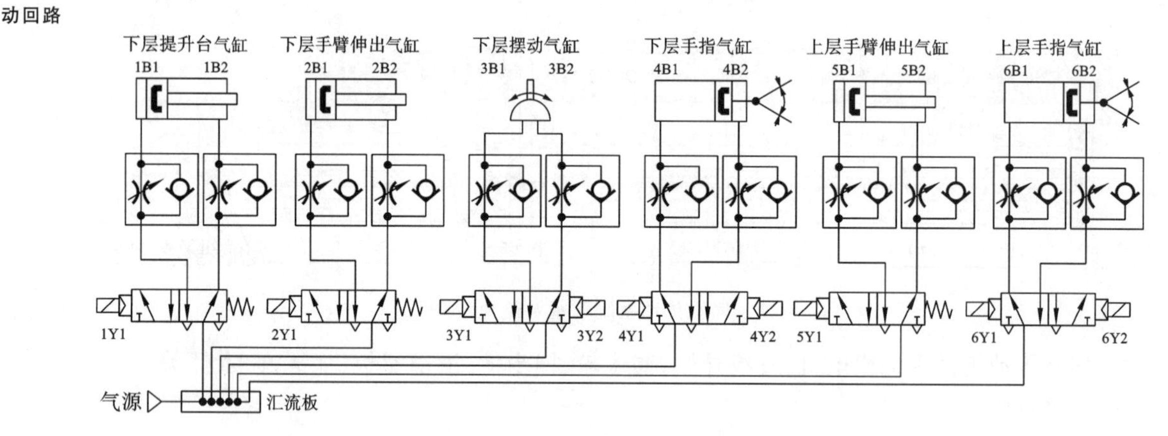

图 6-23　输送单元气动原理图

图 6-23 中 1B1、1B2、2B1、2B2、3B1、3B2、4B1、4B2、5B1、5B2、6B1、6B2 分别为安装在双层抓取机械手上的各个气缸的极限工作位置的磁性开关。1Y1、2Y1、3Y1、3Y2、4Y1、4Y2、5Y1、6Y1、6Y2 分别为双层抓取机械手装置各气缸电磁阀的电磁控制端。

输送单元的电磁阀组使用了 3 个二位五通的带手控开关的单电控电磁阀、3 个二位五通带手控开关的双电控电磁阀，它们安装在汇流板上。这 6 个阀分别对上、下层抓取机械手气缸的气路进行控制，以改变各自的动作状态。

在气动回路中，驱动上、下层气动手指气缸和下层摆动气缸的电磁阀采用二位五通双电控电磁阀，双电控电磁阀与单电控电磁阀的区别：对于单电控电磁阀，在无电控信号时，阀芯在弹簧力的作用下会被复位；对于双电控电磁阀，在两个线圈都不得电的情况下，阀芯的位置取决于前一个状态是哪个线圈得电。

提示　双电控电磁阀的两个线圈不能同时得电，即在控制过程中不允许出现两个电控信号同时为 1 的情况，否则会造成电磁阀线圈烧毁，并且在这种情况下，电磁阀阀芯的位置也无法确定。

输送单元的伺服电机驱动控制

1. 永磁交流伺服系统概述

伺服系统(Servo Mechanism)是一种自动控制系统,它能使物体的位置、方向、状态等输出量随输入目标(或给定值)的任何变化而变化。伺服电机(Servo Motor)是一个重要的部件,它是指在伺服系统中控制机械部件运行的电动机,是一种间接变速装置。它分为直流伺服电机和交流伺服电机两大类。交流伺服电机由于没有电刷和换向器,工作更可靠,维护更方便。此外,它具有惯性小、适用于高速大转矩、定子绕组散热方便等优点。交流伺服系统已经成为当代高性能伺服系统的主要发展方向,到目前为止,绝大部分高性能伺服系统采用永磁同步交流伺服电机,其伺服驱动器采用全数字位置伺服系统,定位快速而准确。

1) 交流伺服电机的工作原理

伺服电机内部的转子为永磁体,驱动器控制的 U/V/W 三相电形成电磁场。转子在这个磁场的作用下旋转。同时,电机的旋转编码器将信号反馈给驱动器,驱动器将反馈值和目标值进行比较,调整伺服电机转子输出的角度。所以,交流伺服电机系统作为一个闭环控制的自动控制系统,其控制精度由电机轴后端的旋转编码器保证,即伺服电机的精度取决于旋转编码器的精度(线数)。

交流永磁同步伺服驱动器主要有伺服控制单元、功率驱动单元、通信接口单元、伺服电动机及相应的反馈检测装置组成,其中伺服控制单元包括位置控制器、速度控制器、电流控制器等。系统控制结构如图 6-24 所示。

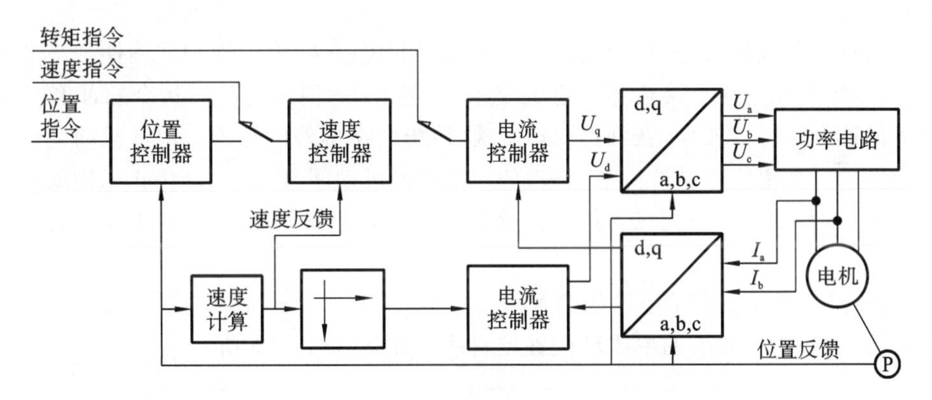

图 6-24　系统控制结构

伺服驱动器采用数字信号处理器(DSP)作为控制核心,具有数字化、网络化、智能化的优势,可以实现更复杂的控制算法。功率器件一般采用智能功率模块(IPM)作为驱动电路的核心设计,IPM 内部集成驱动电路,同时具有过压、过流、过热、欠压等故障检测和保护电路,在主电路还增加了软启动电路,以减少启动过程对驱动器的影响。

功率驱动单元首先将输入的三相电源或市电通过整流电路进行整流,得到相应的直流电。然后通过三相正弦 PWM 电压逆变器变频驱动三相永磁同步交流伺服电机。

逆变器部分(直流-交流)采用智能电源模块(IPM)集成功率装置的驱动电路、保护电路和功率开关,其主要拓扑结构为三相桥式电路,如图 6-25 所示。逆变器采用脉宽调制,即脉冲宽度调制(Pulse Width Modulation PWM)改变每半周期内晶体管的通断时间比,从而改变逆变器输出波形的频率,也就是说通过改变脉冲宽度的大小来改变逆变器输出电压的幅值，从而达到调节功率的目的。

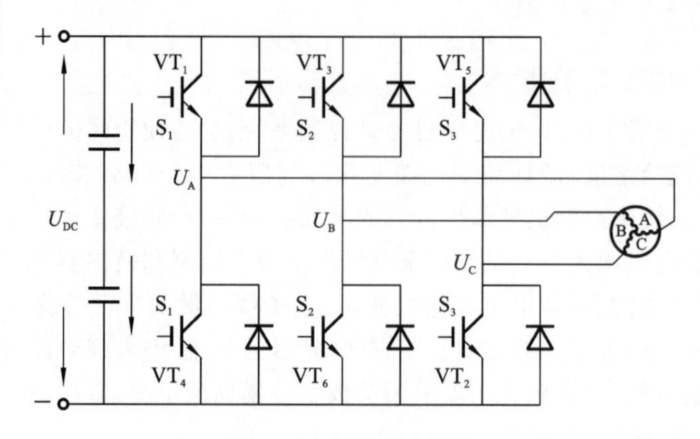

图 6-25　三相逆变电路

2）交流伺服电机的位置控制模式

图 6-24 和图 6-25 说明了以下两点。

(1) 伺服驱动器输出到伺服电机的三相电压波形基本是正弦波（高次谐波被绕组电感滤除），即从位置控制器输入的是脉冲信号，而不是像步进电机那样是三相脉冲序列。

(2) 伺服系统用作定位控制时，位置指令输入到位置控制器，将速度控制器输入端前面的电子开关切换到位置控制器输出端，同理，将电流控制器输入端前面的电子开关切换到速度控制器输出端。因此，位置控制模式下的伺服系统是一个三闭环控制系统，两个内环分别是电流环和速度环。

根据自动控制理论，这种系统结构提高了系统的快速性、稳定性和准确性。当开环增益足够高时，系统的稳态误差接近零。也就是说，在稳态下，伺服电机以指令脉冲和反馈脉冲近似相等的速度运行。相反，在到达稳态之前，系统会在偏差信号的作用下驱动电机进行加速或减速运动。如果指令脉冲突然消失（如在紧急停机期间，PLC 立即停止向伺服驱动器发送驱动脉冲），伺服电机仍然会运行，直到反馈脉冲的数量等于命令脉冲消失前的脉冲数量才停止。

3）位置控制模式下电子齿轮的概念

位置控制模式下，等效的单闭环位置控制系统方框图图 6-26 所示。

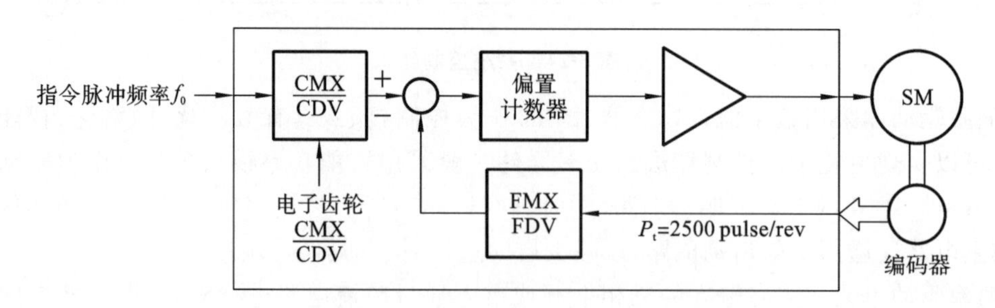

图 6-26　等效的单闭环位置控制系统方框图

图 6-26 中，指令脉冲信号和电机旋转编码器反馈脉冲信号进入驱动器后，均通过电子齿轮变换才进行偏差计算。电子齿轮实际是一个分-倍频器，合理搭配它们的分-倍频值，可以灵活地设置指令脉冲的行程。

本自动线使用松下 MINAS A5 系列伺服电机驱动器，Pr0.08 参数取电机编码器反馈脉冲 2500 pulse/rev×4=10000 pulse/rev 作为电子齿轮比的分子(缺省情况下,驱动器反馈脉冲电子齿轮分-倍频值为 4 倍频),以 Pr0.08 的设定值作为分母,形成电子齿轮比。YL-1633B 自动线上伺服传动组件的同步齿轮一共 12 齿,齿轮距为 5 mm。可以计算出伺服电机旋转一圈,输送单元在直线导轨上水平移动 60 mm。为了便于计算,我们希望脉冲当量为 0.01 mm,即伺服电机每转动 1 周,PLC 需要发送 6000 个脉冲,驱动机械手的脉冲数正好是 60 mm 的整数倍。所以这里希望指令脉冲为 6000 pulse/rev,应将电子齿轮比设置为 10000/6000。

2. 松下 MINAS A5 系列伺服电机和伺服驱动器的使用

1) 松下 MINAS A5 系列伺服电机和伺服驱动器型号说明

在本输送单元中,采用松下 MSME022G1S 型交流伺服电机,配套的伺服驱动器型号为 MADHT1507E,作为双层机械手的运动控制装置。

MSME022G1S 的含义:MSME 表示电机类型为低惯量;02 表示电机的额定功率为 200 W;2 表示电压规格为 200 V;G 表示编码器的规格,它为 20 位增量式编码器,脉冲数为 2500 pulse/rev,分辨率为 10000,导线为 5 根;1S 表示设计顺序为标准,电机结构为有键槽及轴端中心螺纹孔、无保持制动器、无油封。

MADHT1507E 的含义:MADH 表示机架型号为 A5 系列 A 型;T1 表示功率元件的最大额定电流为 10 A;5 表示电源规格为单相/三相 200 V;07 表示电流检测器额定电流为 7.5 A;E 表示特殊规格。

YL-1633B 生产线使用的伺服电机和伺服驱动器型号说明如图 6-27 和图 6-28 所示,MINAS A5 伺服电机的外形和安装如图 6-29 所示。

2) 松下 MINAS A5 系列伺服驱动系统的接线

E 型伺服驱动器的接口及外观如图 6-30 所示。

MADHT1507E 型伺服驱动器面板上有多个接线端口,主要端口介绍如下。

XA:电源输入接口。220 V 交流电源连接到 L1、L3 主电源端子和控制电源端子 L1C、L2C。

XB:电机接口和外接再生放电电阻接口。U、V、W 端子用于连接电机。必须注意,电源电压必须按照驱动器的铭牌数据,电机端子 U、V、W 不能接地或短路,交流伺服电机的旋转方向不像感应电机可以通过交换三相相序改变,必须保证 U、V、W、PE 端子与电机端子主回路的规定一一对应,否则驱动器可能损坏。

伺服电机的接地端、驱动器的接地端和滤波器的接地端必须可靠地连接到同一个接地点。机身也必须接地。RB1、RB2、RB3 端子为外放电阻器。MADHT1507E 的规格为 100 Ω/10 W,YL-1633B 不使用外置放电电阻。

X6:接电机编码器信号接口,连接电缆为带屏蔽层的双绞线,屏蔽层接电机侧的接地端子,保证编码器电缆屏蔽层接到外壳(FG)的插头上。

X4:I/O 控制信号端口,其部分引脚信号定义与选择的控制模式有关,不同模式下的接线参考《松下 A5 系列伺服电机手册》。

在输送单元中,伺服电机用于定位控制,选用位置控制模式。伺服驱动器与伺服电机采用的是简单接线方式,如图 6-31 所示。

本项目使用的 X4 端子如表 6-11 所示。

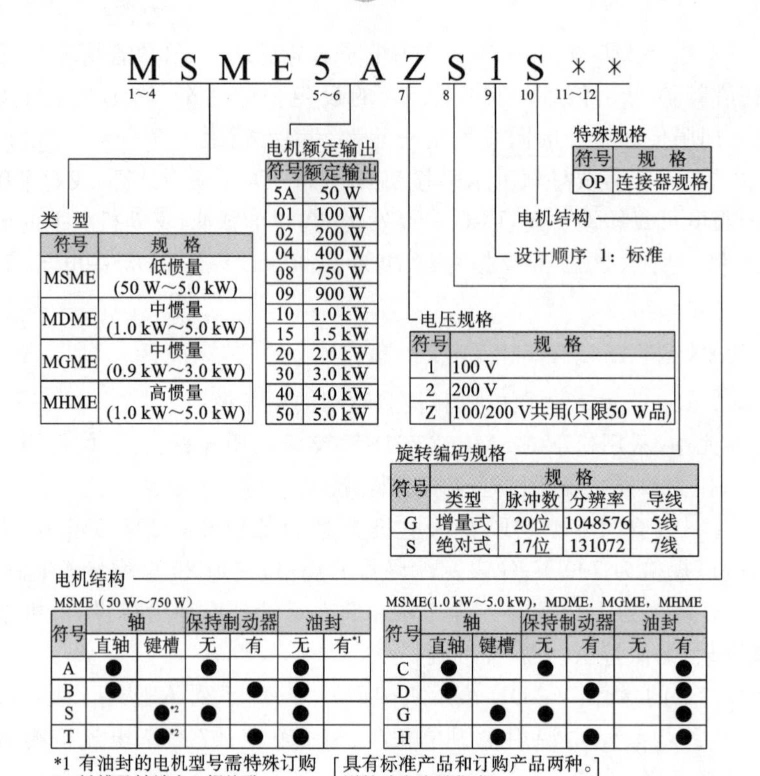

电机结构

MSME（50 W~750 W）

符号	轴		保持制动器		油封	
	直轴	键槽	无	有	无	有[*1]
A	●		●		●	
B	●			●	●	
S		●[*2]	●		●	
T		●[*2]		●	●	

MSME(1.0 kW~5.0 kW)，MDME，MGME，MHME

符号	轴		保持制动器		油封	
	直轴	键槽	无	有	无	有
C	●		●			●
D	●			●		●
G		●	●			●
H		●		●		●

*1 有油封的电机型号需特殊订购 ［具有标准产品和订购产品两种。详情请咨询销售店。］
*2 键槽及轴端中心螺纹孔

图 6-27 MINAS A5 伺服电机型号说明

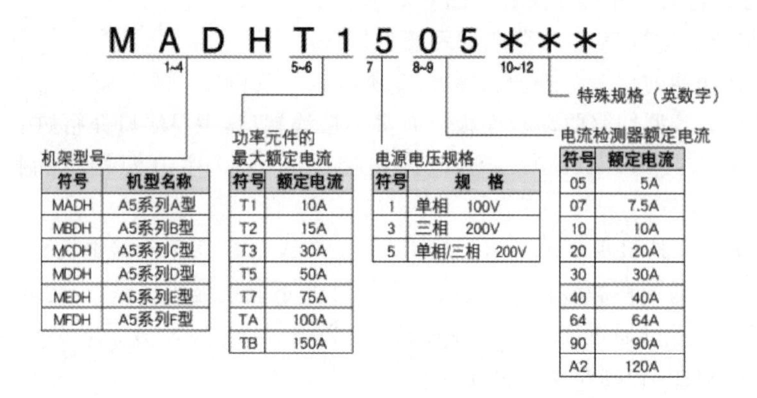

图 6-28 MINAS A5 伺服驱动器型号说明

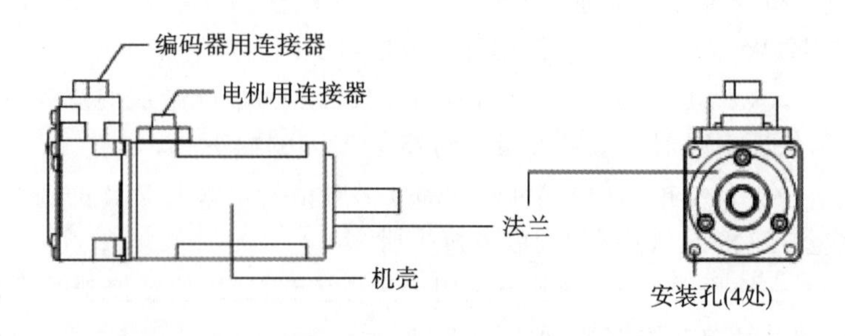

图 6-29 MINAS A5 伺服电机的外形和安装

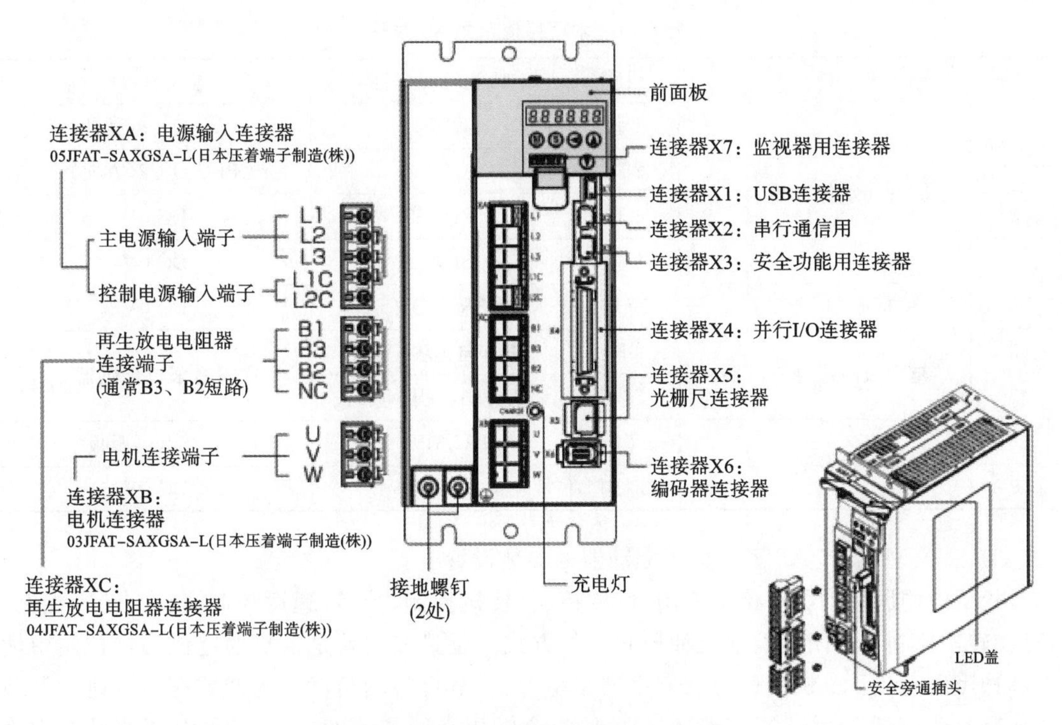

图 6-30　E 型伺服驱动器的接口及外观

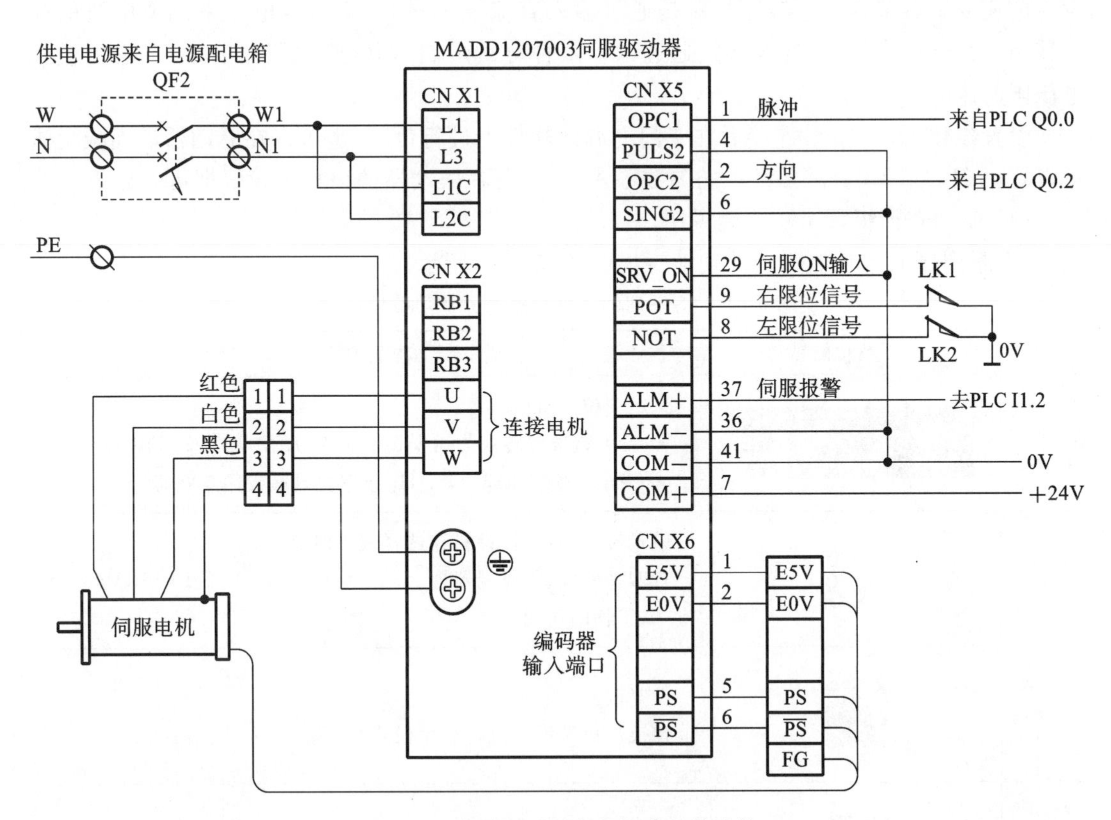

图 6-31　伺服驱动器与伺服电机的连接

表 6-11　本项目使用的 X4 端子

序号	类别	引脚	功能端子名称	连接的器件
1	脉冲驱动信号输入端	1 脚	OPC1	PLC Q0.0(脉冲)
2		2 脚	OPC2	PLC Q0.2(方向)
3		4 脚	PULS2	DC 0V
4		6 脚	SING2	DC 0V
5	伺服 ON 输入	29 脚	SRV_ON	DC 0V
6	越程故障信号输入端	9 脚	正方向越程 POT	左右限位传感器
7		8 脚	负方向越程 NOT	
8	伺服报警输出端	37 脚	ALM+	PLC I1.2(伺服报警)
9		36 脚	ALM−	DC 0V

3）松下 MINAS A5 系列伺服驱动器的参数设置

松下的伺服驱动器有位置控制、速度控制、转矩控制、位置/速度控制、位置/转矩控制、速度/转矩控制和全闭环控制七种控制操作方式。位置控制就是电机的定位运行控制由输入脉冲序列完成。电机转速与脉冲序列频率有关，电机转动角度与脉冲数有关。速度调节方式有两种：一种是输入直流−10～10 V 指令电压来调节速度，另一种是利用驱动器内部设定的速度来调节速度。转矩控制是通过输入直流−10～10 V 指令电压来调节电机的输出转矩。在这种模式下，速度必须通过以下两种方式限制：调整驱动器内的参数；输入模拟电压限制速度。

设置参数可以与 PC 连接后在专门的调试软件上进行设置，也可以在驱动器的面板上进行设置。YL-1633B 上需要设置的参数不多，只需要在驱动器的面板上设置即可。

(1) 驱动器面板各个功能键说明。

A5 系列伺服驱动器面板及功能键说明如表 6-12 所示。

表 6-12　A5 系列伺服驱动器面板及功能键说明

序号	面板及功能键	功能说明
1		显示 6 位 LED。 • 发生错误时转换为错误显示画面：LED 以 2 Hz 频率闪烁。 • 警报发生时 LED 以 1 Hz 频率呈现缓慢闪烁状态
2		模式转换键：该按键只在选择表示时有效。 有四种模式：①监视器模式；②参数设定模式；③EEPROM 写入模式；④辅助功能模式
3		设置键。 转换选择显示与执行显示模式
4		数据变更位向上进位

续表

序号	面板及功能键	功能说明
5		向上键和向下键。 各模式中对显示变更、数据变更、参数变更等的选择，以及动作的执行（小数点呈闪烁状显示的位数有效）。 按向上键，数值增大，按向下键，数值减小
6		X7。 监视器输出连接器

面板操作说明如下。

①参数设置，先按“SET”键，再按“Mode”键，选择“Pr_000.”后，按向上、向下或向左的方向键选择通用参数的项目，按“Set”键进入。然后按向上、向下或向左的方向键调整参数值，调整完后，按“S”键返回。选择其他项再设置。

②参数保存，按“M”键，选择“EE-SET”后按“Set”键确认，出现“EEP-”，然后按向上键 3 s，出现“FINISH”或“reset”，然后重新上电即保存。

(2) 主要参数设置。

本单元的伺服驱动装置工作于位置控制模式，S7-200 SMART ST40 DC/DC/DC 的 Q0.0 输出脉冲作为伺服驱动器的位置指令，脉冲的数量决定伺服电机的角位移，即双层机械手的直线位移，脉冲的频率决定伺服电机的角速度，即双层机械手的运动速度，ST40 的 Q0.2 输出作为伺服驱动器的方向指令。根据上述要求，伺服电机主要参数设置如表 6-13 所示。

表 6-13　A5 伺服电机主要参数设置

序号	参数		默认值	设置值	设定范围	功能和含义
	参数号	参数名称				
1	Pr5.28	LED 初态	1	1	0～35	表示显示电机的转速
2	Pr0.00	旋转方向	1	1	0～1	设定指令的方向和电机旋转方向的关系。 0：正向指令时，电机旋转方向为 CCW 方向（从轴侧看电机为逆时针方向）。 1：正向指令时，电机旋转方向为 CW 方向（从轴侧看电机为顺时针方向）
3	Pr0.01	控制模式	0	0	0～6	使用位置式
4	Pr5.04	驱动禁止输入设定	1	2	0～2	设定驱动禁止输入（POT、NOT）的动作。 设为 2 表示 POT/NOT 任一方的输入，将发生 Err38.0（驱动禁止输入保护错误）报警

续表

序号	参数		默认值	设置值	设定范围	功能和含义
	参数号	参数名称				
5	Pr0.06	指令脉冲和旋转方向极性设置	0	0	0～1	Pr0.06＝0 为正逻辑，Pr0.06＝1 为负逻辑。
6	Pr0.07	指令脉冲输入方式	1	3	0～3	Pr0.07＝3 为脉冲序列＋符号 PULS SIGN t_4 t_5 t_6 “H” t_6
7	Pr0.08	电机每旋转1周的指令脉冲数	10000	6000	0～1048576	设定相当于电机每旋转 1 圈的指令脉冲数

注：其他参数的说明及设置请参看松下 MINAS A5 系列伺服电机、驱动器使用说明书。

3. S7-200 SMART PLC 的脉冲输出控制

1）运动轴组态

S7-200 SMART CPU ST40 这一标准晶体管输出的 PLC 集成了三个脉冲输出通道（Q0.0、Q0.1、Q0.3），可支持高速脉冲频率（20 Hz～100 kHz）。在本单元中，采用运动轴 0，通过数字脉冲输出点 Q0.0 和方向控制输出点 Q0.2 对伺服电动机的运动和方向进行控制。在本单元伺服电动机的运动控制中，只能采用运动控制向导生成子程序来实现 PTO 的脉冲输出，S7-200 SMART PLC 运动轴组态过程如表 6-14 所示。

表 6-14　S7-200 SMART PLC 运动轴组态过程

序号	步　　骤	图　　示
1	在 STEP 7-MicroWIN SMART 软件“工具”菜单中选择“运动”，就可以开始引导运动控制向导组态，或者在项目树选择“向导”→“运动”进行向导组态	
2	选择“轴 0”进行组态，名字也是“轴 0”	

续表

序号	步　骤	图　示
3	选择测量系统为"相对脉冲"。如果选择"工程单位",则需要设置电动机旋转一次所需的脉冲个数、测量的基本单位、电机旋转一次产生多少 CM 的运动	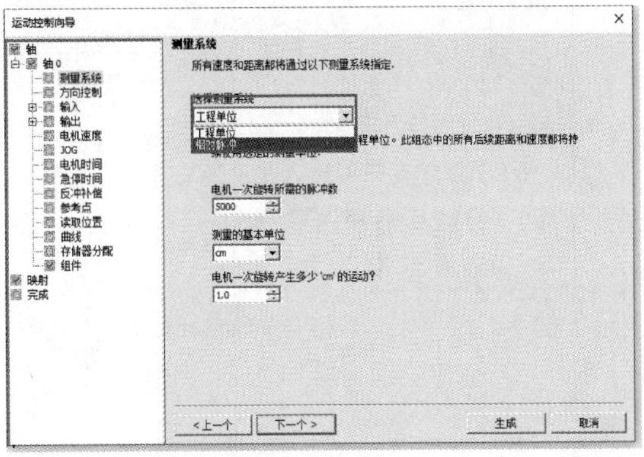
4	方向控制。选择相位[1]为"单相(2 输出)",极性为"正",表示运动控制向导为 S7-200 SMART CPU 分配两个输出点 P0、P1,P0 点作为任意方向的脉冲输出,P1 指示运动方向	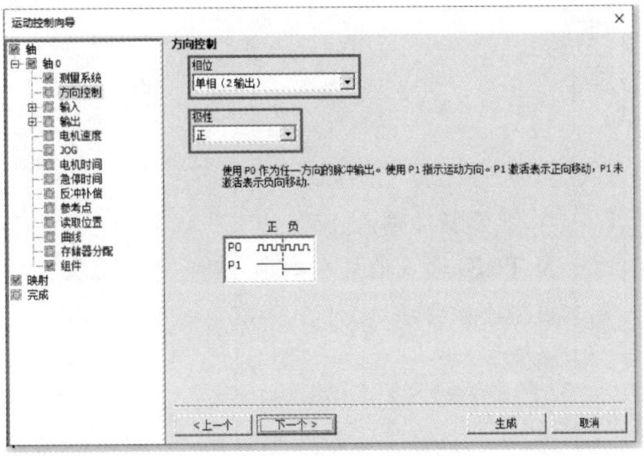
5	输入组态：正极限组态。勾选"已启用",输入点为"I0.2",响应为"立即停止",有效电平为"上限"。 负极限组态。输入点为"I0.1",响应为"立即停止",有效电平为"上限"。 "上限"表示高电平有效,"下限"表示低电平有效	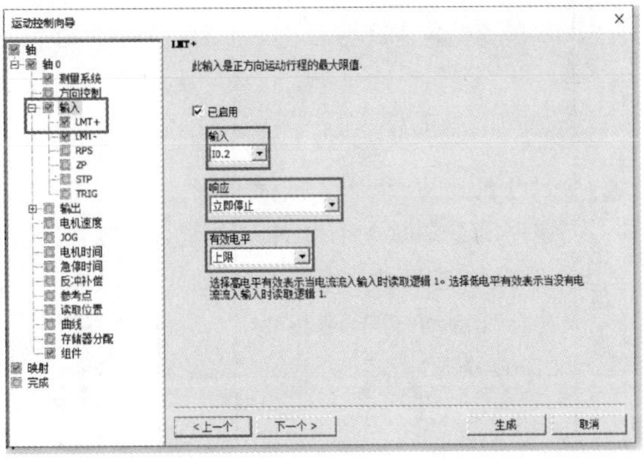

1　方向控制有四种相位关系。

(1) 单相(2 路输出):表示向导 S7-200 SMART CPU 分配两个输出点,一个点用于脉冲输出,另一个点用于方向控制。

(2) 双相(2 路输出):表示向导 S7-200 SMART CPU 分配两个输出点,一个点用于正脉冲输出,另一个点用于负脉冲输出。

(3) AB 正交相位(2 路输出):表示向导 S7-200 SMART CPU 分配两个输出点,一个点用于 A 相脉冲输出,另一个点用于 B 相脉冲输出,A、B 两相脉冲的相位差为 90°。

(4) 单相(1 路输出):表示向导为 S7-200 SMART CPU 分配一个输出点用于脉冲输出,方向控制功能不由运动轴控制,用户通过编程对运动轴的方向进行控制。

续表

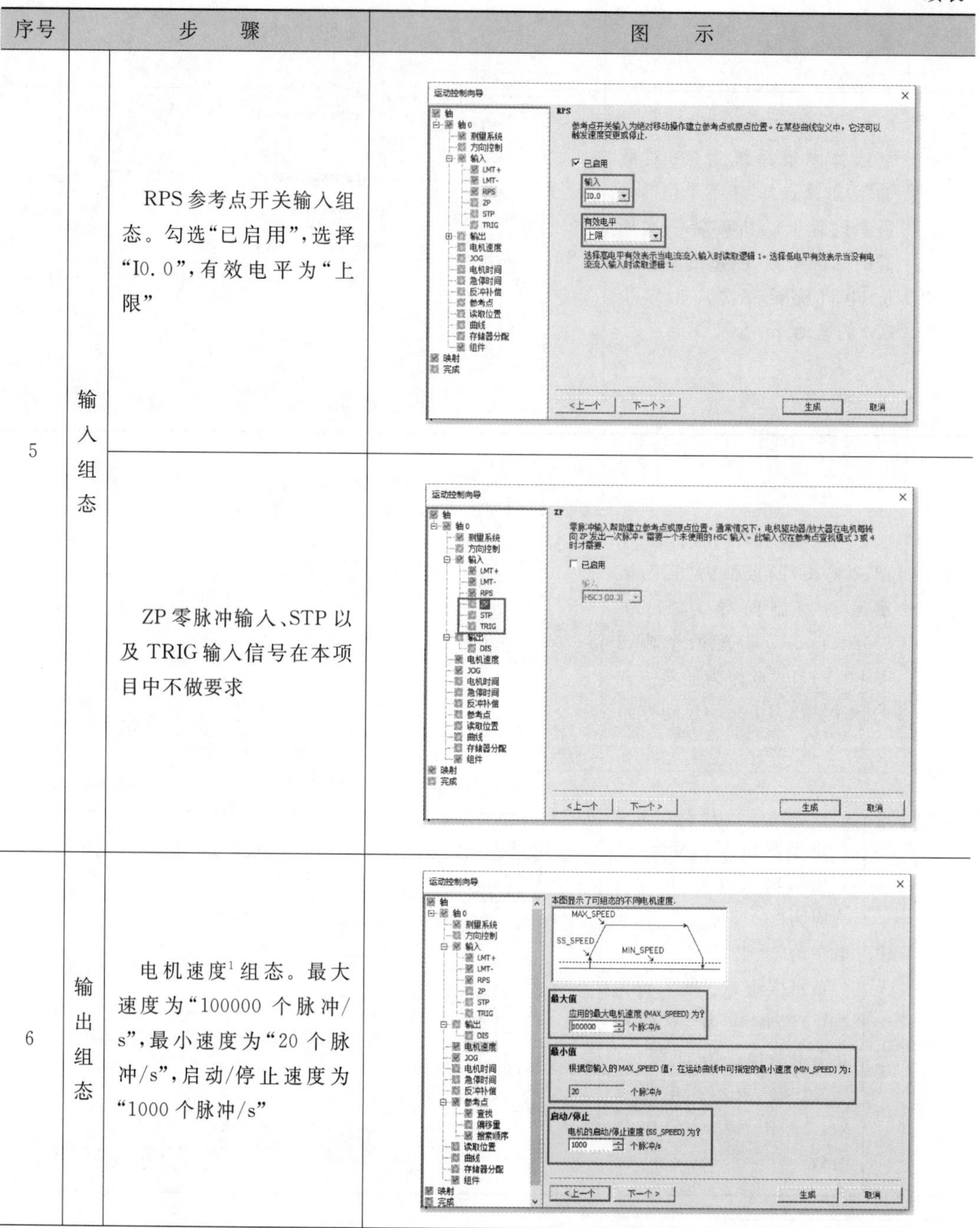

序号	步骤		图示
5	输入组态	RPS参考点开关输入组态。勾选“已启用”，选择“I0.0”，有效电平为“上限”	
		ZP零脉冲输入、STP以及TRIG输入信号在本项目中不做要求	
6	输出组态	电机速度[1]组态。最大速度为“100000个脉冲/s”，最小速度为“20个脉冲/s”，启动/停止速度为“1000个脉冲/s”	

1　电机速度中的三个参数分别表示如下。

(1) 最大速度(MAX_SPEED)：电机在转矩范围内的最大速度值。

(2) 最小速度(MIN_SPEED)：系统根据输入的MAX_SPEED值自动计算。

(3) 启动/停止速度(SS_SPEED)：能够驱动负载的最小转矩对应的速度，一般设置为最大值(MAX_SPEED)的5%～15%。如果启动/停止速度(SS_SPEED)数值过低，则电机和负载在运动开始和结束时发生振动或振荡；如果启动/停止速度(SS_SPEED)过高，则电机会在启动时丢失脉冲，当负载试图停止时会使得电机超速。

续表

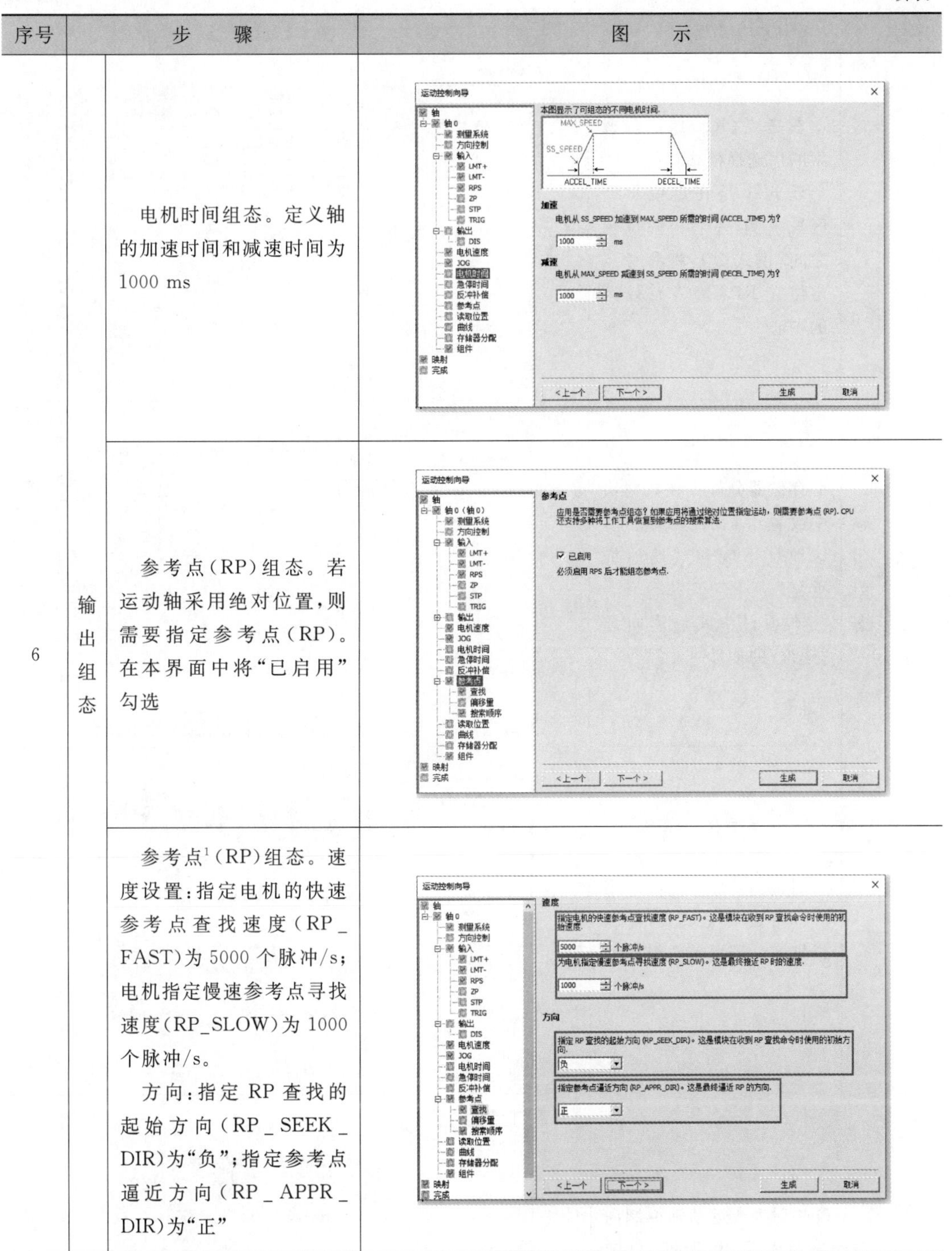

序号	步　骤		图　示
6	输出组态	电机时间组态。定义轴的加速时间和减速时间为 1000 ms	
		参考点(RP)组态。若运动轴采用绝对位置，则需要指定参考点(RP)。在本界面中将“已启用”勾选	
		参考点[1](RP)组态。速度设置：指定电机的快速参考点查找速度(RP_FAST)为 5000 个脉冲/s；电机指定慢速参考点寻找速度(RP_SLOW)为 1000 个脉冲/s。 方向：指定 RP 查找的起始方向(RP_SEEK_DIR)为“负”；指定参考点逼近方向(RP_APPR_DIR)为“正”	

1　搜索参考点的过程：设置参考点的方向为主动搜索参考点，即触发搜索功能后，运动轴会按照预定的搜索顺序搜索参考点。首先，运动轴将以快速参考点查找速度(RP_FAST)设置的值沿 RP 查找的起始方向(RP_SEEK_DIR)设置的方向运行，当它到达参考点时减速至慢速参考点寻找速度(RP_SLOW)设置的速度。最后，根据设置的搜索模式，在参考点逼近方向(RP_APPR_DIR)设置的方向上逼近参考点。

续表

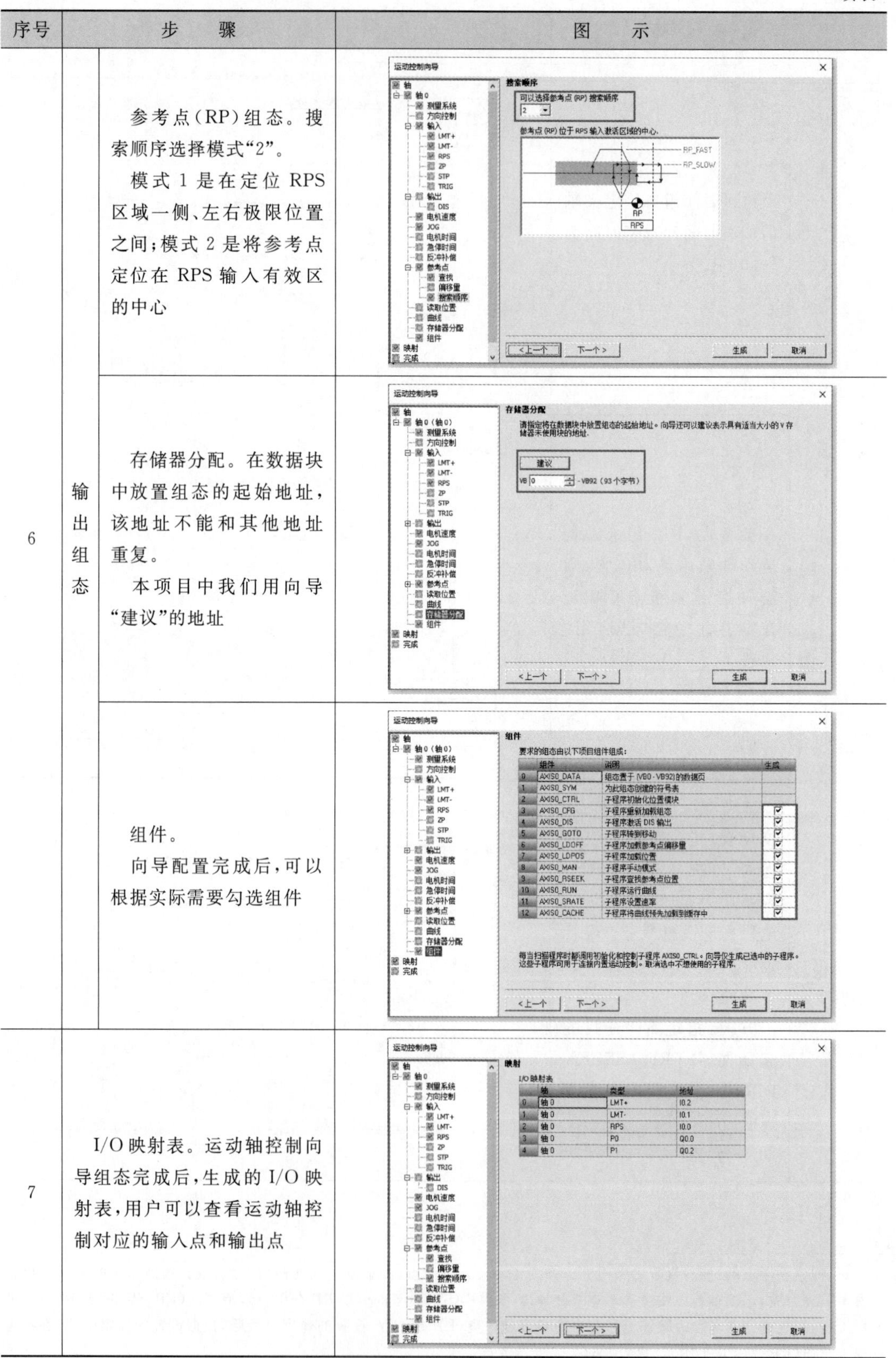

序号	步骤		图示
6	输出组态	参考点(RP)组态。搜索顺序选择模式“2”。 模式 1 是在定位 RPS 区域一侧、左右极限位置之间；模式 2 是将参考点定位在 RPS 输入有效区的中心	
		存储器分配。在数据块中放置组态的起始地址，该地址不能和其他地址重复。 本项目中我们用向导“建议”的地址	
		组件。 向导配置完成后，可以根据实际需要勾选组件	
7	I/O 映射表。运动轴控制向导组态完成后，生成的 I/O 映射表，用户可以查看运动轴控制对应的输入点和输出点		

2）运动控制指令

运动轴组态完成后，向导会为所选的配置生成 11 个子例程（子程序），这些由向导产生的子程序均可以作为运动控制指令在程序中被调用。向导产生的子程序如图 6-32 所示。本项目只介绍使用到的部分运动控制指令，其他运动控制指令请读者自行查阅编程软件资料。

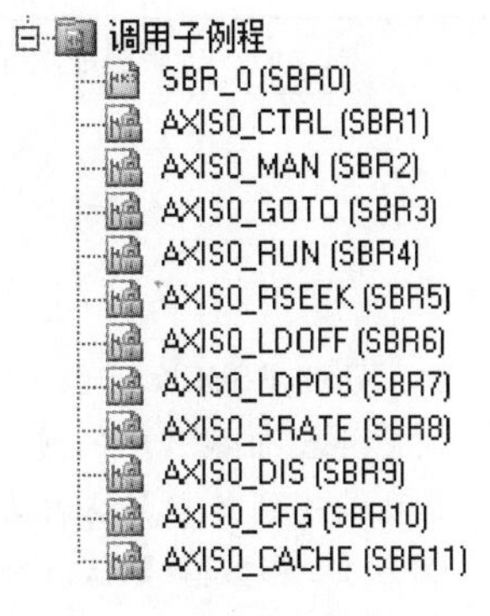

图 6-32　向导产生的子程序

运动向导产生的部分子程序如表 6-15 所示。

由表 6-15 所述几个子程序的梯形图可以看出，为了调用这些子程序，编程时应预置一个数据存储区，用来存储子程序执行时间参数，存储区所存储的信息可根据程序的需要调用。

表 6-15　运动向导产生的部分子程序

序号	子程序块指令格式	子程序参数说明
1	AXIS0_CTRL 子程序（控制）通过在每次 CPU 切换到 RUN 模式时自动命令运动轴加载配置/曲线表来启用和初始化运动轴。用户在使用该指令中，应确保它在 PLC 每次扫描程序时都被执行，即始终使用 SM0.0 作为 EN 的输入 Always_On:SM0.0 V0.0 AXIS0_CTRL EN MOD_EN Done - V0.1 Error - VB1 C_Pos - VD4 C_Speed - VD8 C_Dir - V0.2	①使能。 EN：子程序的使能位，始终使用 SM0.0 作为 EN 的输入。 ②输入参数。 MOD_EN（减速停止）输入（BOOL 型）：MOD_EN 参数必须为“ON”，才能启用其他运动控制子程序指令。如果 MOD_EN 参数为“OFF”，则运动轴将中止进行中的所有指令并减速停止。 ③输出参数。 Done（完成）输出（BOOL 型）：当“完成”位被设置为高时，它表明任意一个运动控制子例程已执行完成。 Error（错误）参数（BYTE 型）：包含本子程序的结果。当“完成”位为高时，会报告无错误或有错误代码的状态。 C_Pos（DINT、REAL 型）：表示运动轴的当前位置。根据测量系统，该值是相对脉冲数（DINT）或工程单位数（REAL）。 C_Speed（DINT、REAL 型）：表示运动轴的当前速度。如果是相对脉冲数的系统，C_Speed是一个 DINT 数值，单位是脉冲数/秒。如果是工程单位的系统，C_Speed 是一个 REAL 数值，其单位为工程单位数/秒。 C_Dir（BOOL 型）：电机的当前方向，信号状态 OFF 表示正向；信号状态 ON 时表示反向

续表

序号	子程序块指令格式	子程序参数说明
2	AXIS0_RSEEK 子程序(搜索参考点位置)使用向导组态/曲线表中的搜索方法进行参考点搜索。运动轴找到参考点且运动停止后,运动轴将 RP_OFFSET 参数值(默认值为 0)加载到当前位置。 Always_On:SM0.0 V0.0 P AXIS0_RSEEK EN START Done - V0.1 Error - VB2	①使能。 EN:子程序的使能位,开启 EN 位会启用此子程序。确保 EN 位保持开启,直至 Done 位指示子程序执行已经完成。 ②输入参数。 START(BOOL 型):START 参数为“ON”,表示向运动轴发出搜索参考点位置的命令。在 START 参数为“ON”且运动轴当前不繁忙时执行每次扫描。为了确保仅发送了一个命令,请使用边沿触发方式开启 START 参数。 ③输出参数。 Done(完成)输出(BOOL 型):当“完成”位被设置为高时,它表明任意一个子程序已执行完成。 Error(错误)参数(BYTE 型):包含本子程序的结果。当“完成”位为高时,会报告无错误或有错误代码的状态
3	AXIS0_GOTO 子程序命令运动轴运行到指定的位置。 Always_On:SM0.0 V0.0 P AXIS0_GOTO EN START VD4 - Pos　Done - V0.2 VD8 - Speed　Error - VB2 VB1 - Mode　C_Pos - VD12 V0.1 - Abort　C_Speed - VD16	①使能。 EN:子程序的使能位。在“完成”(Done)位发出子程序执行已经完成的信号前,应使 EN 位保持开启。 ②输入参数。 START 参数(BOOL 型):START 参数为“ON”时会向运动轴发出运行到指定位置的命令。为了确保仅发送了一个 GOTO 命令,请使用边沿触发方式开启 START 参数。 Pos(DINT、REAL 型):此参数包含一个数值,指示要移动的位置(绝对位置)或要移动的距离(相对位置)。根据所选的测量系统,该值是脉冲数(DINT)或工程单位数(REAL)。 Speed(DINT、REAL 型):此参数确定该运动轴移动的最高速度。根据所选的测量系统,该值是脉冲数/s(DINT)或工程单位数/s(REAL)。 Mode(BYTE 型):此参数选择运动轴移动的类型。0 表示绝对位置,1 表示相对位置,2 表示单速连续正向旋转,3 表示单速连续反向旋转。

续表

序号	子程序块指令格式	子程序参数说明
3		Abort(终止)命令(BOOL 型):命令为 ON 时停止当前运动,并减速至电机停止。 ③输出参数。 Done(完成)(BOOL 型):本子程序执行完成,输出 ON。 Error(错误)(BYTE 型):输出本子程序执行结果的错误信息。无错误时输出 0。 C_Pos(DINT、REAL 型):表示运动轴的当前位置。根据测量系统,该值是脉冲数(DINT)或工程单位数(REAL)。 C_Speed(DINT、REAL 型):表示运动轴的当前速度。根据所选的测量系统,该值是脉冲数/s(DINT)或工程单位数/s(REAL)

项目总结与拓展

项目总结

(1) 输送单元是自动化生产线的重要环节,担负着各工作机构之间工件传递的任务。
(2) 熟练掌握伺服电机及伺服驱动器的接线、参数设置。
(3) 熟练掌握用运动向导进行 PLC 定位控制的方法。
(4) 理解并掌握带参数子程序和不带参数子程序的用法。

项目测试

项目测试

项目拓展

若运行时缺料,则可将已经码垛入库的组合工件拆解,并由本单元的上机械手分别送回供料、装配单元的料仓中,试编写程序并调试功能。

项目7　安装调试自动装配生产线

项目情境描述

某公司引进一条自动装配生产线，它由供料、加工、组装、分拣、输送、机器人码垛共6个单元组成，每个单元由一台PLC控制，假如你是技术员，现要求通过机械手装置将自动供料机构、自动冲压机、自动组装机、自动分拣系统、机器人码垛系统进行系统运行调试。将6台PLC组成工业以太网络后，使6台PLC协调工作，6个工作单元按照工艺流程顺序完成将工件加工、组装、输送、分拣、码垛及循环供料的任务。

项目思维导图

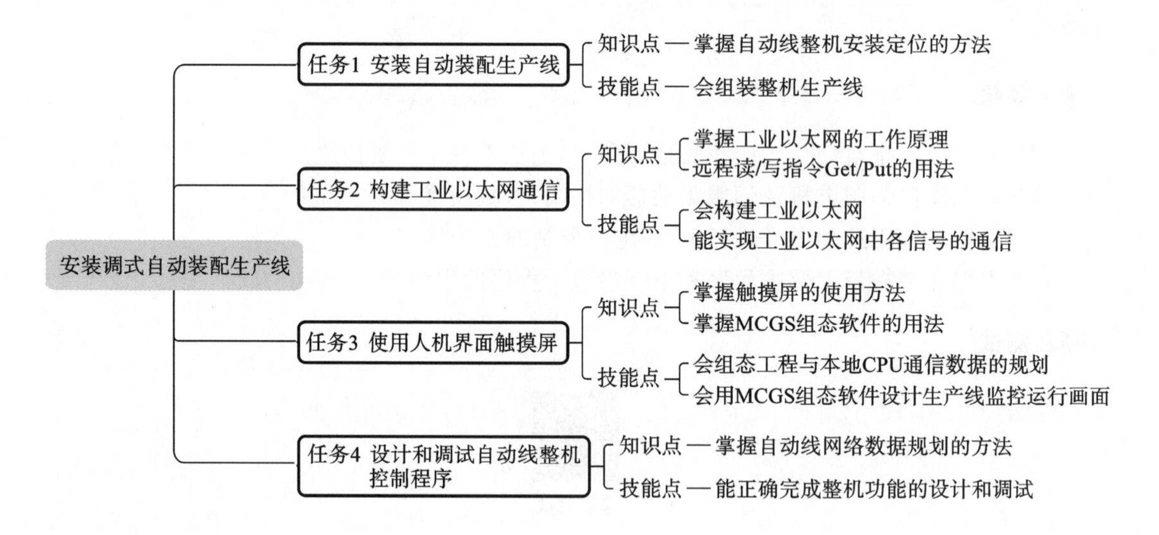

项目目标

（1）熟悉自动线的工艺流程。

（2）掌握整机系统安装调试的方法。

（3）掌握工业以太网络的构建、网络通信数据的规划、用向导生成网络读/写指令的方法。

(4) 掌握触摸屏与人机界面的使用。
(5) 掌握整机系统调试的方法。
(6) 培养获取新信息和查找相关资料的能力。
(7) 培养解决问题及优化决策的能力。

任务 1　安装自动装配生产线

任务目标

(1) 掌握自动线各工作机构的结构。
(2) 掌握自动线整机系统安装的方法。
(3) 掌握自动线电气系统、气动系统的安装规范。
(4) 掌握自动线整机调试的方法。

任务描述

完成自动线的供料、加工、组装、分拣、输送、机器人码垛单元的部分装配工作，把这些工作机构安装在工作桌面上，并进行机器人码垛单元和输送单元的位置校正。

任务分组

完成学生任务分工表(参考项目 1)。

获取资讯

(1) 观察：自动装配线的机械结构组成，各部分结构的连接方式。
(2) 思考：各结构的安装位置和尺寸。
(3) 思考：气路总装。
(4) 观察：触摸屏、工业以太网交换机及其工作原理。动手查一查它们的型号和产品说明书，想一想它们的使用方法。
①触摸屏。②交换机。
(5) 选择：总装过程中需要用的工具有哪些?

工作计划

由每个小组分别制定装配工作计划，将计划的内容填入工作计划表(参考项目 1)。

进行决策

(1) 各个小组阐述自己的设计方案。
(2) 各个小组对其他小组的方案进行讨论、评价。
(3) 教师对每个小组的方案进行点评，选择最优方案。

任务实施

1. 机械结构安装和定位

在开始装配之前，清点工具、材料和元器件。自动线整体结构按图 7-1 布局，采用 1+1 组合式实训台结构，两个实训台都是铝合金导轨式实训台，实训台 1 上安装供料单元、加工单元、装配单元、输送单元、分拣单元 5 个单元，实训台 2 安装工业机器人码垛单元，两个实训台按图 7-2 所示进行连接。

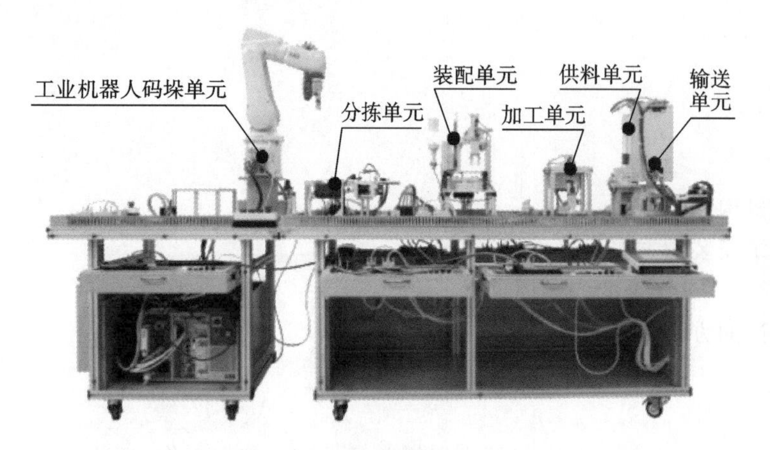

图 7-1　自动线整体结构

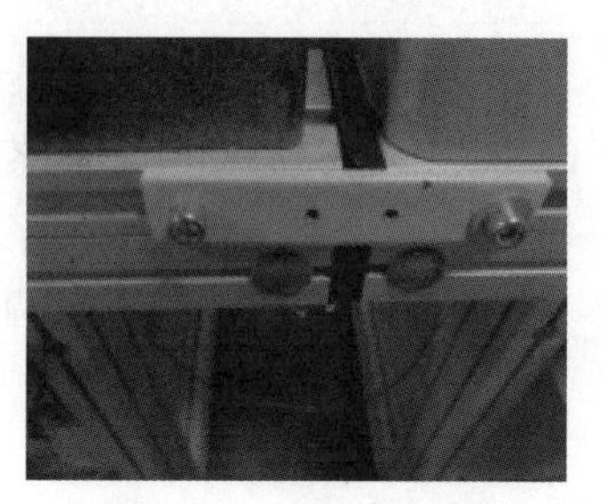
图 7-2　实训台 1+1 组合连接

自动线实训台 1 上各工作机构装置部分的安装位置按照图 7-3 所示的要求布局。按照图 7-3 中标注的尺寸完成供料单元、加工单元、装配单元、分拣单元、输送单元的安装布局。

2. 气路连接及调整

按照项目 1～项目 6 所介绍的气路连接图连接好 5 个单站的气路；接通气源后检查各个气缸和气爪是否处于初始位置，如果不处于初始位置，则应该调整到初始位置；调节好各个气缸和气爪的节流阀，务必使气缸的运行稳定和平稳。裸露在铝型材台面上的气管按照图 7-4 固定，用线夹进行固定，不能将气管放入线槽中，不能将气管和电线一起敷设。

3. 电气系统安装

根据自动线的运行要求连接好各个工作机构结构侧、抽屉的电气接线，注意检查电源是否短路、变频器和伺服系统线路连接是否正确、变频器和伺服驱动器参数设置是否正确。

4. 工业以太网的组网连接

系统的控制方式应采用工业以太网控制，并指定输送单元作为系统本地 CPU。工业以太网电缆通过工业交换机将生产线的 6 个工作机构进行连接。

系统主令工作信号由触摸屏人机界面提供，但系统紧急停止信号由输送单元的按钮/指示灯模块的急停按钮提供。安装在工作桌面上的警示灯应能显示整个系统的主要工作状态，如复位、启动、停止、报警等。

交换机及网络连接如图 7-5 所示。

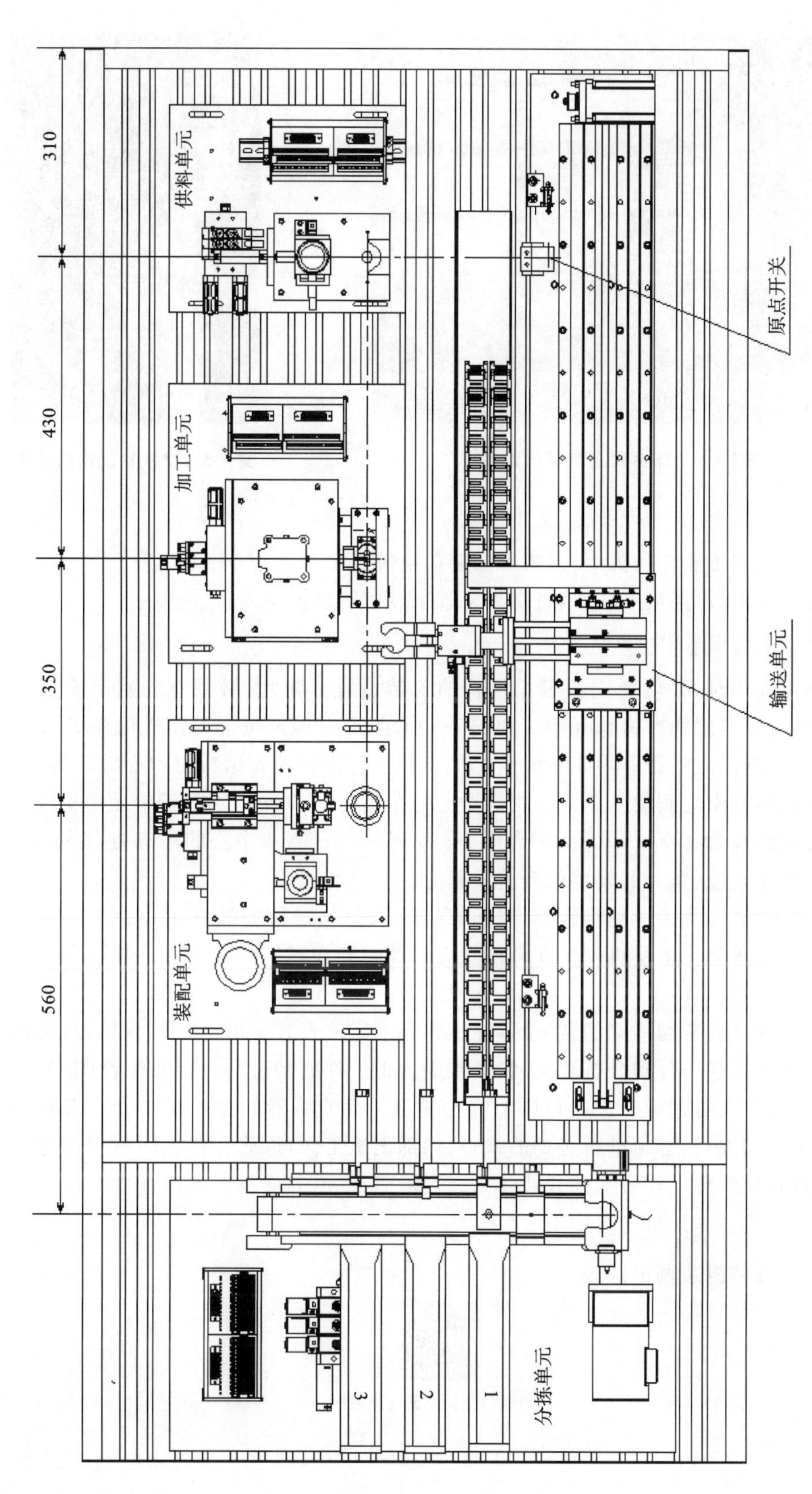

图 7-3　自动线实训台 1 布局图

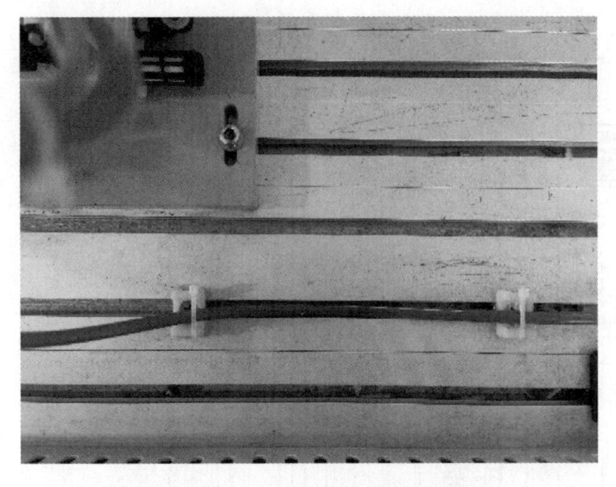

图 7-4 工作台面上气管的固定

图 7-5 交换机及网络连接

5. 连接触摸屏并下载组态文件

触摸屏连接到工业交换机上，并将触摸屏的电源连接好。

做好组态文件后，连接下载线，将组态工程下载到触摸屏中。

6. 整机安装调试的要点

系统整体安装时，必须确定各工作机构的安装位置。为此，必须首先确定安装的参考点，即从实训台1桌面的右边缘开始。如图 7-3 所示，可以确定每个工作机构在 X 方向上的位置：①参考点到原点的距离为 310 mm；②原点位置与供料单元出料台中心沿 X 方向重合；③供料单元出料台中心到加工单元物料台中心的距离为 430 mm；④加工单元物料台中心到装配台中心的距离为 350 mm；⑤装配台中心与分拣单元进料口中心的距离为 560 mm；⑥原点位置一旦确定，输送单元的安装位置就已确定。

供料、加工、装配等工作机构在其结构侧装配完成后，定位安装在工作台上。它们沿 Y 方向的定位以输送单元下层机械手在伸出状态时能顺利在它们的物料台上抓取和放下工件为准。

分拣单元在完成其结构侧的装配后，在工作台上定位安装。沿 X 方向定位，应确保输送单元下层机械手运送工件到分拣单元时，能准确地把工件放到进料口中心位置；沿 Y 方向定位时，应使分拣单元传送带上进料口中心点与输送单元直线导轨中心线重合。需要指出的是，在安装工作完成后，必须进行必要的检查、局部测试工作，以确保能及时发现问题。在投入全线运行前，应清理工作台上的残留线头、管线、工具等，养成良好的职业素养。

7. 整机安装调试记录

完成自动线整机装调记录表。

自动线整机装调记录表

评价反馈

各小组填写表 7-1 以及任务评价表（参照项目 1），然后汇报完成情况。

表 7-1　任务实施考核表

工作任务	配分	评分项目	项目配分	扣分标准	得分	扣分	任务得分
设备装调及电路、气路	90	机械装调(15 分)					
		各工作单元定位调整	15	各工作单元在实训台上的定位不准确、误差超过±0.1 cm,有松动等,每处扣 5 分,最多扣 15 分			
		电路连接(10 分)					
		正确识图	5	连接错误,每处扣 0.5 分;电源接错,扣 5 分			
		连接工艺与安全操作	5	设置工业交换机连接系统网络不合理,每处扣 0.3 分;线缆无绑扎,每处扣 0.3 分;带电操作扣 5 分			
		气路连接、调整(10 分)					
		气路	10	漏气,调试时掉管,每处扣 0.1 分;实训台面上气管没有用线夹固定,每处扣 0.1 分;没有绑扎带或扎带距离不恰当,每处扣 0.1 分;调整不当,每处扣 0.1 分			
		伺服系统(10 分)					
		驱动器参数设置	10	参数设置不合理,每处扣 1 分,最多扣 10 分			
		触摸屏(10 分)					
		触摸屏	10	触摸屏位置、电源连接错误,每处扣 5 分			
		以太网(10 分)					
		以太网	10	以太网交换机位置安装、电源连接、以太网电缆连接不正确,每处扣 2 分			
		变频器(10 分)					
		变频器参数设置	10	各参数设置不正确,每处扣 1 分			
		工业机器人系统(15 分)					
		定点	15	机器人的各个位置定点不准确,每处扣 1 分			
职业素养与安全意识	10	现场操作安全保护符合安全操作规程;工具摆放、包装物品、导线线头等的处理符合职业岗位的要求;团队有分工有合作,配合紧密;遵守纪律,尊重教师,爱惜设备和器材,保持工位的整洁					

任务2　构建工业以太网通信

任务目标

(1) 了解和掌握工业以太网的工作原理。

(2) 掌握远程读/写指令 Get/Put 的向导实现方法。

(3) 掌握工业以太网络构建的方法。

任务要求

将自动线的 6 台 S7-200 SMART CPU 进行以太网连接和通信。要求用工业以太网电缆将自动线的 6 台 PLC 通过以太网交换机连接起来。按下输送单元的启动按钮 I2.5,另外 5 个单元的 HL2 灯点亮;分别按下供料单元、加工单元、分拣单元的启动按钮 I1.3,装配单元的启动按钮 I1.5,机器人码垛单元的启动按钮 I2.5,输送单元的 HL1 灯点亮。

任务分组

完成学生任务分工表(参考项目 1)。

获取资讯

(1) 了解:工业以太网以及它的原理。

(2) 认识:以太网交换机、以太网电缆。

①交换机。②电缆。

(3) 尝试:做网络通信的数据规划。

(4) 尝试:在编程软件上编写程序。

工作计划

由每个小组分别制定工作计划,将计划的内容填入工作计划表(参考项目 1)。

进行决策

(1) 各个小组阐述自己的设计方案。

(2) 各个小组对其他小组的方案进行讨论、评价。

(3) 教师对每个小组的方案进行点评,选择最优方案。

任务实施

1. 清点工具和器材

使用本项目任务 1 已经安装好的自动线装置,再次检查以太网交换机和电缆,备好万用表。

2. 连接以太网通信网络

连接自动线的以太网网络，如图 7-6 所示。

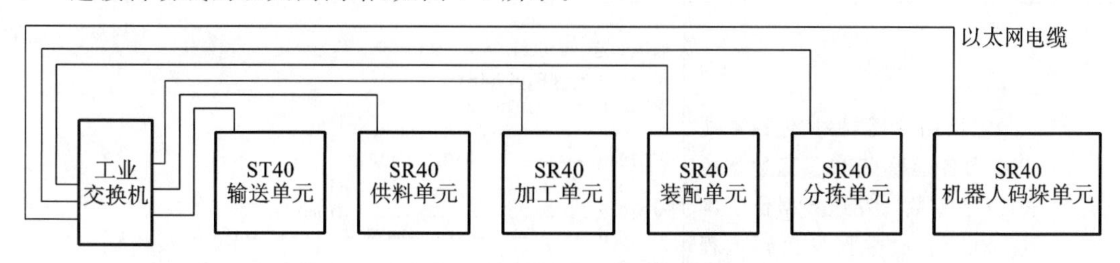

图 7-6　自动线的以太网网络

3. 利用 Get/Put 指令向导生成网络读/写指令并实现通信

在网络中指定输送单元为本地 CPU，自动线的其他单元为远程 CPU。在本地 CPU(输送单元)的指令向导中设置网络参数。

利用 Get/Put 指令向导实现以太网通信的步骤如表 7-2 所示。

表 7-2　利用 Get/Put 指令向导实现以太网通信的步骤

序号	步　骤	操作和图示
1	为以太网中的设备分配 IP 地址：从控制面板-网络和 Internet-网络连接，找到“Internet 协议版本 4(TCP/IPv4)属性”，手动为编程设备分配 IP 地址 192.168.2.10、子网掩码 255.255.255.0，然后按确认键	
2	为本地 PLC(输送单元)分配 IP 地址：打开 STEP 7-MicroWIN SMART 编程软件新建一个文档，在系统块中设置以太网端口，IP 地址为 192.168.2.1，子网掩码为 255.255.255.0，默认网关为 0.0.0.0，然后按确认键。 为网络中其余远程 PLC 分配 IP 地址：同理，新建 5 个编程文档，在系统块中设置以太网端口，IP 地址为 192.168.2.2(供料单元)、192.168.2.3(加工单元)、192.168.2.4(装配单元)、192.168.2.5(分拣单元)、192.168.2.6(机器人码垛单元)，子网掩码为 255.255.255.0，默认网关为 0.0.0.0，然后按确认键。 设置完成后将 6 个单元的系统块分别下载到对应的 PLC 中，利用交换机和工业以太网电缆把各个 PLC 连接起来，然后利用 STEP 7-MicroWIN SMART 编程软件搜索出 TCP/IP 网络的 6 个 PLC 工作站	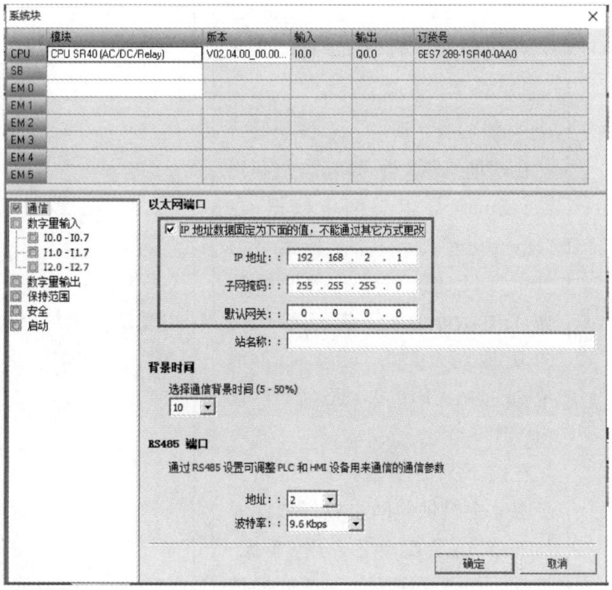

续表

序号	步骤	操作和图示
3	做好网络数据规划：包括本地CPU向各远程CPU发送数据的长度（字节数）、发送数据位于本地CPU何处、数据发送到远程CPU的何处、本地CPU从各远程CPU接收数据的长度（字节数）、本地CPU从各远程CPU的何处读取数据、接收到的数据放在本地CPU的何处	输送单元　供料单元　加工单元　装配单元　分拣单元　机器人码垛单元 VB1000 → VB1000(4B) VB1020 ← VB1020(3B) VB1000 → VB1000(4B) VB1030 ← VB1030(3B) VB1000 → VB1000(4B) VB1040 ← VB1040(3B) VB1000 → VB1000(4B) VB1050 ← VB1050(3B) VB1000 → VB1000(8B) VB1060 ← VB1060(3B) 注意：Get/Put指令可以向远程站发送或接收39字节的信息，在CPU内同一时间最多可以有10条指令被激活。以输送单元为本地CPU，自动线还有5个远程CPU，可以考虑同时激活5条远程读指令和5条远程写指令。 图中的发送或接收字节均为起始字节的地址
4	在本地CPU（输送单元）中利用Get/Put向导组态网络数据：在工具菜单找到Get/Put向导，单击“添加”，增加10项操作，然后点击“下一个”	
5	在本地CPU（输送单元）中利用Get/Put向导组态网络数据：在“Operation”操作中，选择类型为“Put”，设置供料单元的网络数据，传送大小为4字节，远程CPU的IP地址为192.168.2.2，本地地址为VB1000，远程地址为VB1000。 在接下来的4项操作中，按照步骤3中提供的网络数据依次对加工单元、装配单元、分拣单元、机器人码垛单元的“Put”数据类型进行设置（图略）	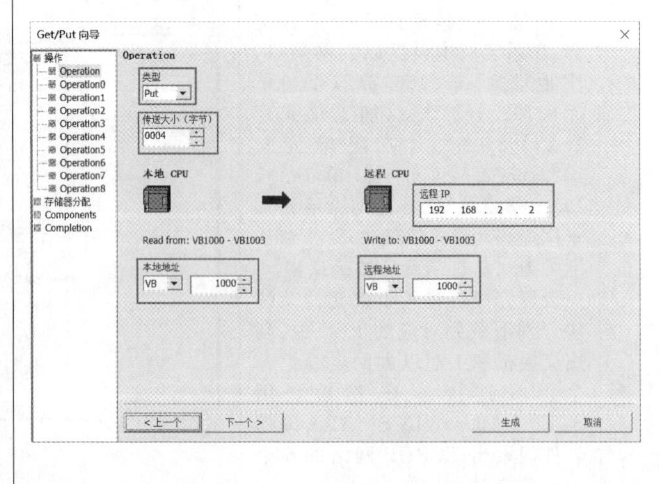

续表

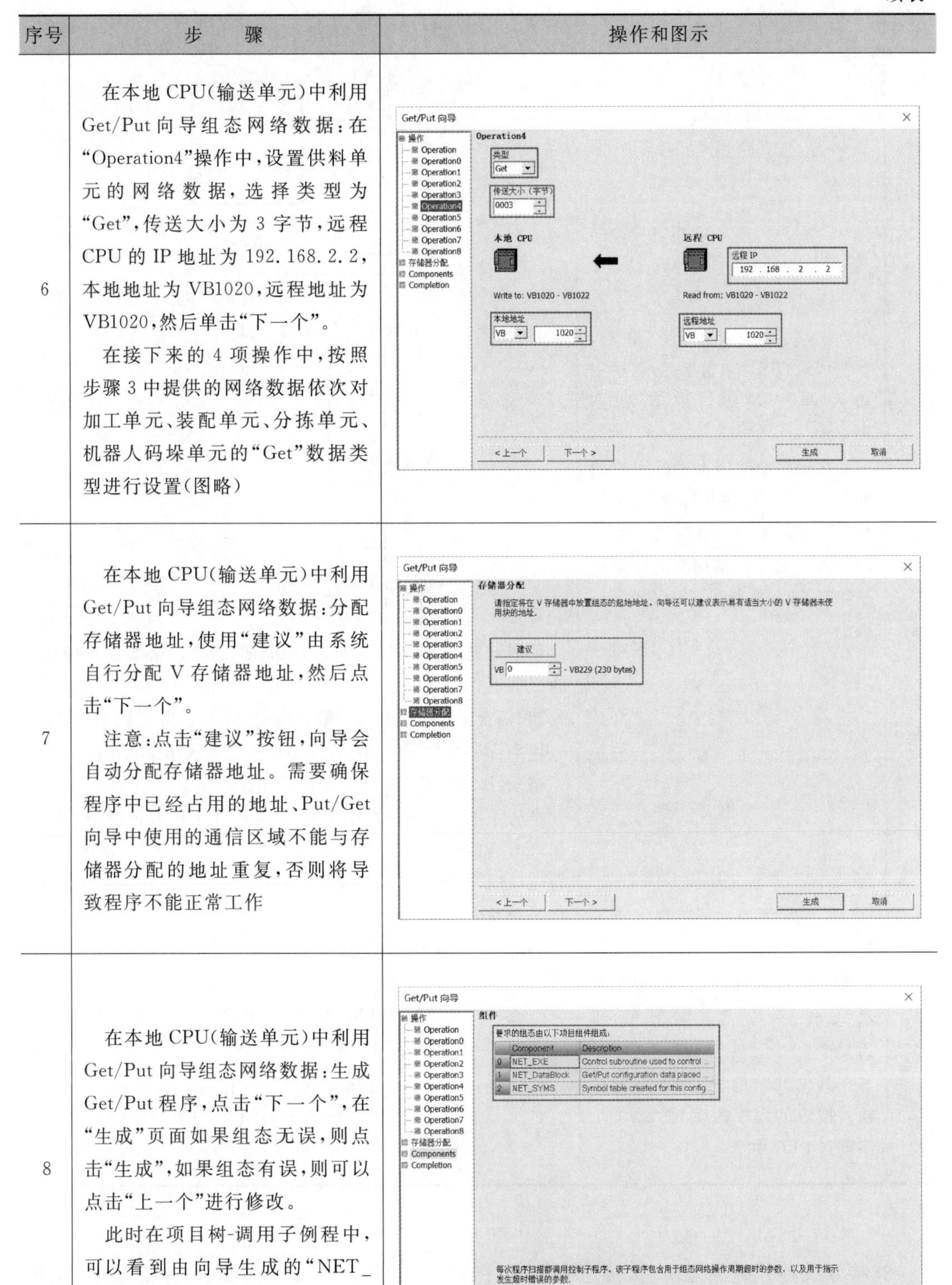

序号	步　　骤	操作和图示
6	在本地 CPU(输送单元)中利用 Get/Put 向导组态网络数据：在“Operation4”操作中，设置供料单元的网络数据，选择类型为“Get”，传送大小为 3 字节，远程 CPU 的 IP 地址为 192.168.2.2，本地地址为 VB1020，远程地址为 VB1020，然后单击“下一个”。 在接下来的 4 项操作中，按照步骤 3 中提供的网络数据依次对加工单元、装配单元、分拣单元、机器人码垛单元的“Get”数据类型进行设置(图略)	
7	在本地 CPU(输送单元)中利用 Get/Put 向导组态网络数据：分配存储器地址，使用“建议”由系统自行分配 V 存储器地址，然后点击“下一个”。 注意：点击“建议”按钮，向导会自动分配存储器地址。需要确保程序中已经占用的地址、Put/Get 向导中使用的通信区域不能与存储器分配的地址重复，否则将导致程序不能正常工作	
8	在本地 CPU(输送单元)中利用 Get/Put 向导组态网络数据：生成 Get/Put 程序，点击“下一个”，在“生成”页面如果组态无误，则点击“生成”，如果组态有误，则可以点击“上一个”进行修改。 此时在项目树-调用子例程中，可以看到由向导生成的“NET_EXE”子程序	

续表

序号	步骤	操作和图示
9	在本地CPU(输送单元)程序中输入程序段落，并下载到PLC中。 要在程序中使用上面所完成的配置，需在主程序块中加入对子程序“NET_EXE”的调用。使用SM0.0在每个扫描周期内调用此子程序，开始执行配置的Get/Put操作	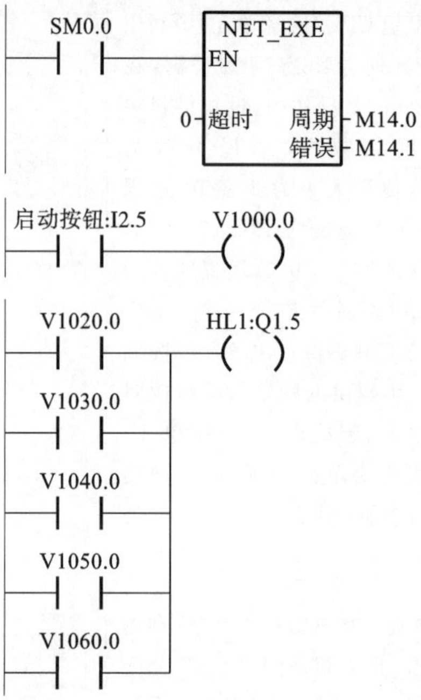 SM0.0 NET_EXE EN 0 超时 周期 M14.0 错误 M14.1 启动按钮:I2.5 V1000.0 V1020.0 HL1:Q1.5 V1030.0 V1040.0 V1050.0 V1060.0 由图可见，NET_EXE有超时、周期、错误三个参数，它们的含义如下。 超时：设定的通信超时时限，1～32767 s，若为0，则不计时。 周期：Bit型，所有网络读/写操作完成一次切换状态。 错误：Bit型，发生错误时报警输出。 本任务中超时设定为0，周期输出到M14.0，故网络通信时，M14.0将闪烁。错误输出到M14.1，当发生错误时，M14.1被置位，将此信号采集到触摸屏上，可以很方便地观察以太网通信是否发生故障
10	在远程CPU(供料单元)程序中输入程序段落，并下载到PLC中。 在其他几个远程CPU中分别输入相应的程序段落(图略)，并下载到PLC中	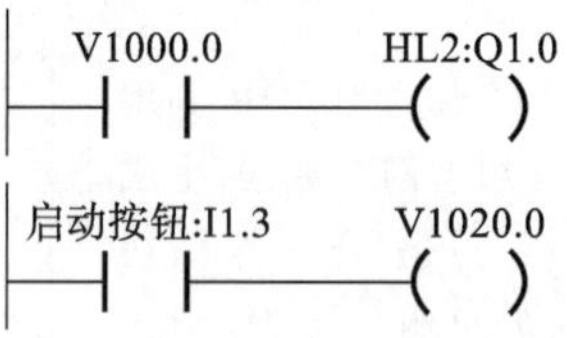 V1000.0 HL2:Q1.0 启动按钮:I1.3 V1020.0

4. 程序调试

连接好线路并确保无误后，接通电源，观察M10.1的状态，如果M10.1=0，表示以太网通信无硬件故障；若M10.1=1，表示以太网通信存在故障。

然后按下本地CPU输送单元的启动按钮I2.5，观察各个远程CPU HL2灯是否点亮；分别按下各个远程CPU的启动按钮，观察本地CPU HL1灯是否点亮。

评价反馈

各小组填写表 7-3，以及任务评价表(参照项目 1)，然后汇报完成情况。

表 7-3　任务实施考核表

工作任务	配分	评分项目	项目配分	扣分标准	得分	扣分	任务得分
工业以太网构建	90	以太网络连接(10 分)					
		连接工业以太网	8	连接错误，每处扣 1 分；电源接错，扣 5 分			
		连接工艺与安全操作	2	布线零乱，每处扣 0.2 分；带电操作，扣 2 分。最多扣 2 分			
		网络地址、网络数据规划和实施(30 分)					
		网络 IP 地址	10	网络 IP 地址不合理，每处扣 0.5 分；网络 IP 地址错误，每处扣 1 分			
		网络数据	20	网络数据规划不合理，每处扣 1 分；网络数据错误，每处扣 2 分			
		以太网系统构建(30 分)					
		利用向导完成网络读写	15	操作错误，每处扣 1 分			
		梯形图	15	不能正确确定输入与输出量并进行地址分配，梯形图有错，每处扣 1 分；程序可读性不强，每处扣 0.5 分。程序设计有创新酌情加分，无创新点不扣分			
		调试运行(20 分)					
		通信是否正常	5	有通信故障，扣 5 分			
		系统功能	15	不能完成 6 台 PLC 的通信功能，每处扣 1 分			
职业素养与安全意识	10	现场操作安全保护符合安全操作规程；工具摆放、包装物品、导线线头等的处理符合职业岗位的要求；团队有分工有合作，配合紧密；遵守纪律，尊重教师，爱惜设备和器材，保持工位的整洁					

任务 3　使用人机界面触摸屏

任务目标

(1) 掌握触摸屏的使用。

(2) 掌握 MCGS 组态软件的使用。

(3) 掌握组态工程与本地 CPU 通信数据的规划。

任务要求

在 TPC7062Ti 人机界面上组态画面要求:用户窗口包括主界面和欢迎界面两个窗口。欢迎界面是启动界面,触摸屏上电后运行,屏幕上方的标题文字向右循环移动。

当触摸欢迎界面上任意部位时,都将切换到主窗口界面。主窗口界面组态应具有下列功能。

(1) 提供系统工作方式(单站/全线)选择信号及系统复位、启动和停止信号。

(2) 在人机界面上设定分拣单元变频器的输入运行频率(20～40 Hz)。

(3) 在人机界面上动态显示输送单元双层机械手装置当前位置(以原点位置为参考点,单位为 mm)。

(4) 指示网络的运行状态(正常、故障)。

(5) 指示各工作机构的运行、故障状态。其中故障状态包括以下故障。

①供料单元的供料不足状态和缺料状态。

②装配单元的供料不足状态和缺料状态。

③输送单元抓取机械手装置越程故障(左或右极限开关动作)。

(6) 指示全线运行时系统的紧急停止状态。

(7) 显示分拣单元每个料槽的工件数量。

任务分组

完成学生任务分工表(参考项目 1)。

获取资讯

(1) 观察:触摸屏的接口端子及其作用。

(2) 规划:触摸屏与本地 CPU 通信的数据。

(3) 尝试:在组态软件上设计人机组态工程。

工作计划

由每个小组分别制定工作计划,将计划的内容填入工作计划表(参考项目 1)。

进行决策

(1) 各个小组阐述自己的设计方案。

(2) 各个小组对其他小组的方案进行讨论、评价。

(3) 教师对每个小组的方案进行点评,选择最优方案。

任务实施

1. 清点工具和器材

使用本项目任务 1 已经安装好的自动线装置,再次检查触摸屏是否连接,备好万用表。

2. 组态工程与 PLC 连接的数据对象

组态工程与 PLC 连接的数据对象如表 7-4 所示。

表 7-4　组态工程与 PLC 连接的数据对象

序号	对 象 名 称	连接通道名称	读 写 方 式	类　型
1	HMI 就绪	M0.0	读写	开关量
2	越程故障_输送	M0.7	只读	开关量
3	运行_输送	M1.0	只读	开关量
4	单机全线_输送	M3.4	只读	开关量
5	单机全线_全线	M3.5	只读	开关量
6	复位按钮_全线	M6.0	只写	开关量
7	停止按钮_全线	M6.1	只写	开关量
8	启动按钮_全线	M6.2	只写	开关量
9	单机全线切换_全线	M6.3	读写	开关量
10	网络正常_全线	M7.0	只读	开关量
11	网络故障_全线	M7.1	只读	开关量
12	运行_全线	V1000.0	只读	开关量
13	急停_输送	V1000.2	只读	开关量
14	变频器频率_分拣	VWUB1002	读写	数值量
15	单机全线_供料	V1020.4	只读	开关量
16	运行_供料	V1020.5	只读	开关量
17	料不足_供料	V1020.6	只读	开关量
18	缺料_供料	V1020.7	只读	开关量
19	单机全线_加工	V1030.4	只读	开关量
20	运行_加工	V1030.5	只读	开关量
21	单机全线_装配	V1040.4	只读	开关量
22	运行_装配	V1040.5	只读	开关量
23	料不足_装配	V1040.6	只读	开关量
24	缺料_装配	V1040.7	只读	开关量
25	单机全线_分拣	V1050.4	只读	开关量
26	运行_分拣	V1050.5	只读	开关量
27	手爪当前位置_输送	VDUB2000	只读	数值量
28	一槽分拣个数	VWUB1054	读写	数值量
29	二槽分拣个数	VWUB1056	读写	数值量
30	三槽分拣个数	VWUB1058	读写	数值量

3. 设计组态工程

人机界面组态的制作过程如表 7-5 所示。

表 7-5　人机界面组态的制作过程

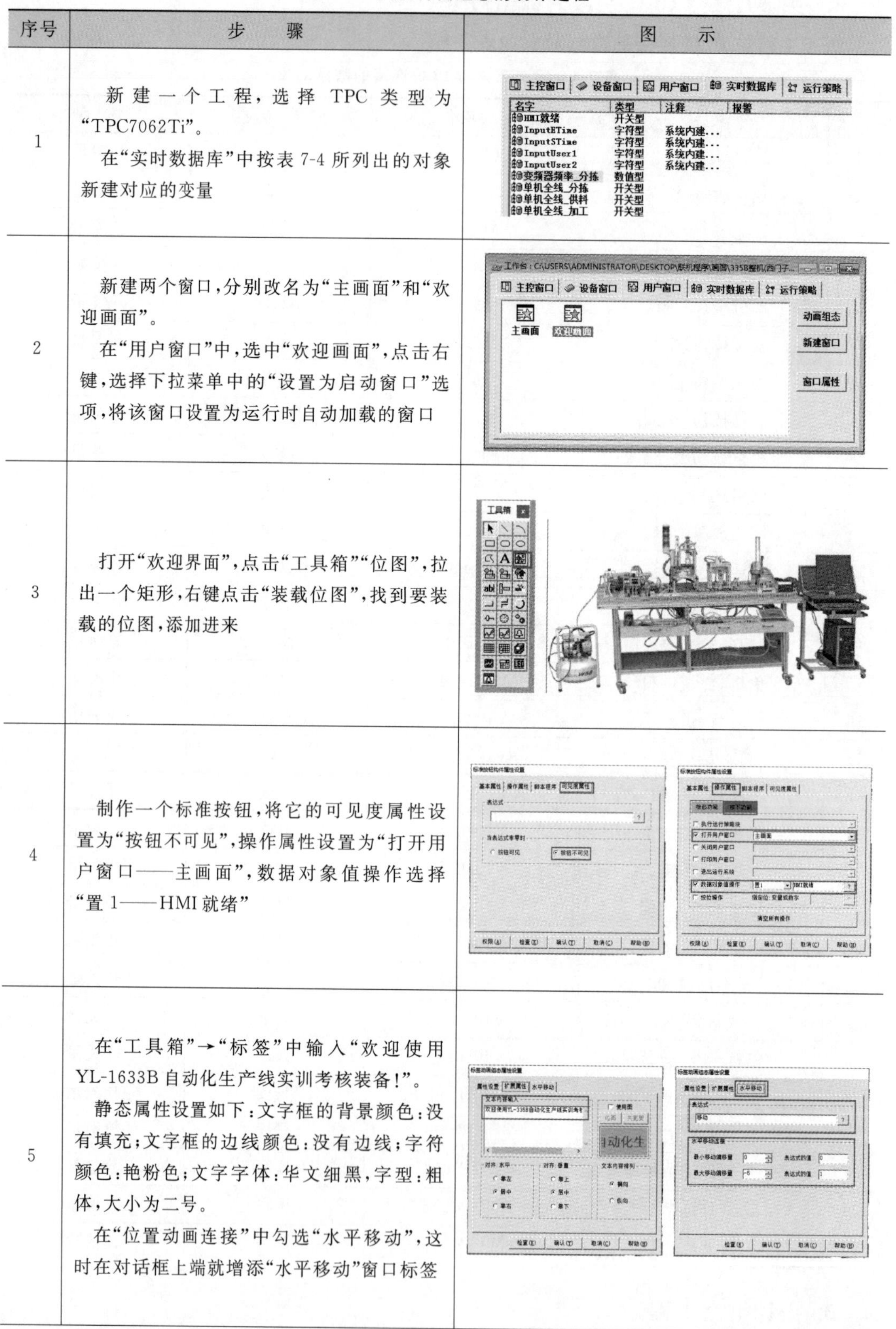

序号	步　骤	图　示
1	新建一个工程，选择 TPC 类型为"TPC7062Ti"。 在"实时数据库"中按表 7-4 所列出的对象新建对应的变量	
2	新建两个窗口，分别改名为"主画面"和"欢迎画面"。 在"用户窗口"中，选中"欢迎画面"，点击右键，选择下拉菜单中的"设置为启动窗口"选项，将该窗口设置为运行时自动加载的窗口	
3	打开"欢迎界面"，点击"工具箱""位图"，拉出一个矩形，右键点击"装载位图"，找到要装载的位图，添加进来	
4	制作一个标准按钮，将它的可见度属性设置为"按钮不可见"，操作属性设置为"打开用户窗口——主画面"，数据对象值操作选择"置 1——HMI 就绪"	
5	在"工具箱"→"标签"中输入"欢迎使用 YL-1633B 自动化生产线实训考核装备！"。 静态属性设置如下：文字框的背景颜色：没有填充；文字框的边线颜色：没有边线；字符颜色：艳粉色；文字字体：华文细黑，字型：粗体，大小为二号。 在"位置动画连接"中勾选"水平移动"，这时在对话框上端就增添"水平移动"窗口标签	

续表

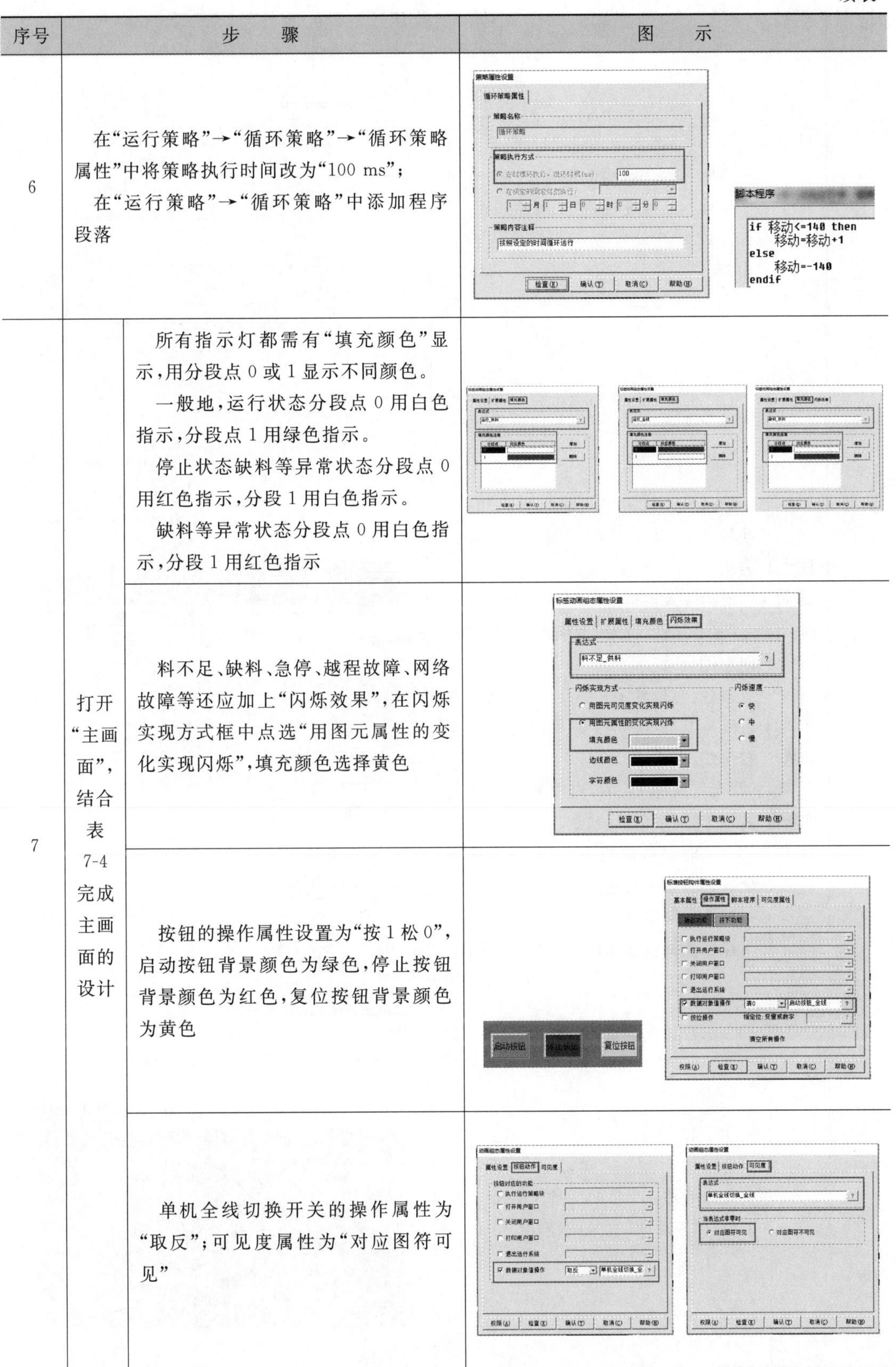

序号	步　　骤		图　　示
6	在“运行策略”→“循环策略”→“循环策略属性”中将策略执行时间改为“100 ms”； 在“运行策略”→“循环策略”中添加程序段落		
7	打开“主画面”，结合表 7-4 完成主画面的设计	所有指示灯都需有“填充颜色”显示，用分段点 0 或 1 显示不同颜色。 一般地，运行状态分段点 0 用白色指示，分段点 1 用绿色指示。 停止状态缺料等异常状态分段点 0 用红色指示，分段 1 用白色指示。 缺料等异常状态分段点 0 用白色指示，分段 1 用红色指示	
		料不足、缺料、急停、越程故障、网络故障等还应加上“闪烁效果”，在闪烁实现方式框中点选“用图元属性的变化实现闪烁”，填充颜色选择黄色	
		按钮的操作属性设置为“按 1 松 0”，启动按钮背景颜色为绿色，停止按钮背景颜色为红色，复位按钮背景颜色为黄色	
		单机全线切换开关的操作属性为“取反”；可见度属性为“对应图符可见”	

续表

序号	步骤		图示
7	打开“主画面”，结合表7-4完成主画面的设计	变频器频率设置对话框采用“输入框构件”，连接变量为“变频器频率_分拣”，最大值设置为50，最小值设置为40	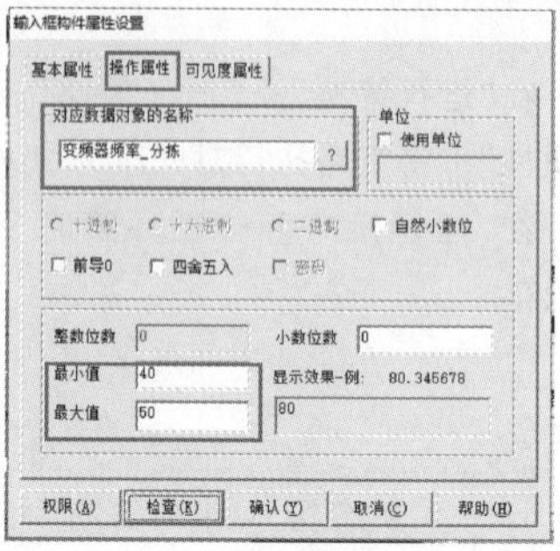
		输送单元机械手当前位置采用“滑动输入器构件”和“标签动画”共同表示。 滑动输入器构件的属性设置。 “基本属性”页中，滑块指向勾选“指向左(上)”。 “刻度与标注属性”页中，主划线数目设为“11”，次划线数目设为“2”；小数位数设为“0”。 “操作属性”页中，对应数据对象的名称为“手爪位置_输送”；滑块在最左(下)边时对应的值为“1100”；滑块在最右(上)边时对应的值为“0”。 其他为缺省值。 标签动画组态属性设置为显示输出	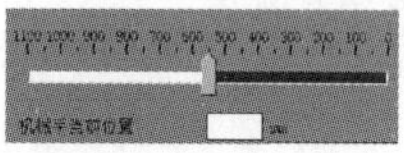  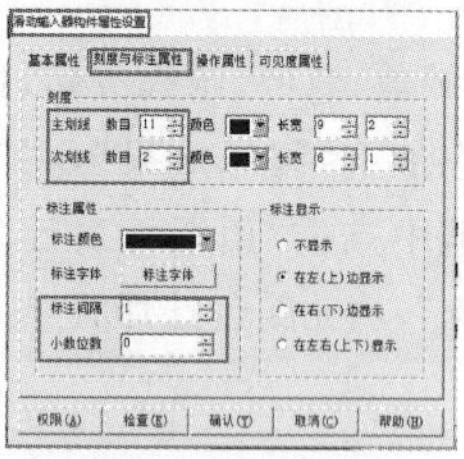 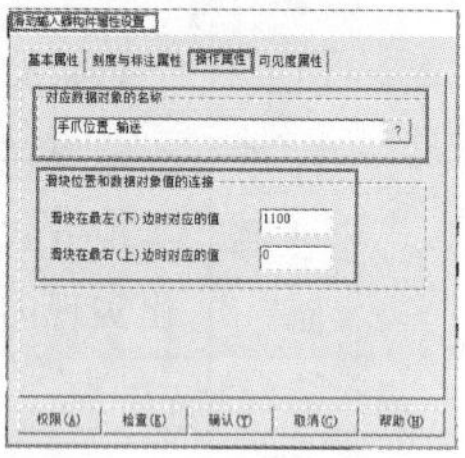 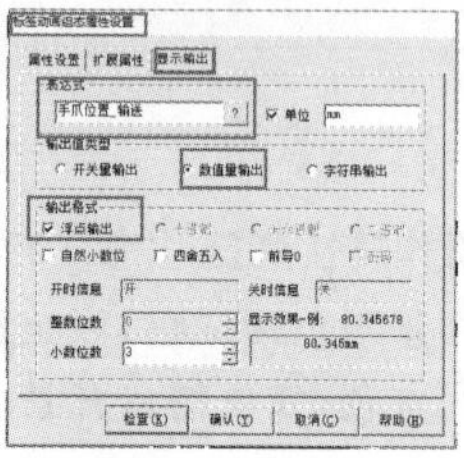
		分拣单元各个槽的工件个数显示也采用“标签动画”的“显示输出”	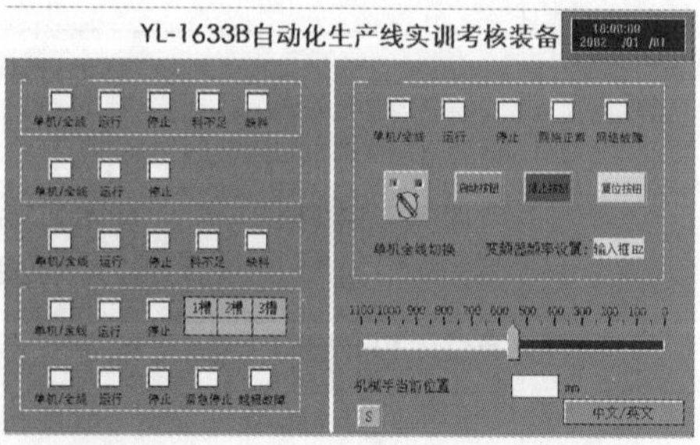

续表

序号	步　　骤	图　　示
8	在“设备窗口”将定义好的数据对象与 PLC 内部变量进行连接。 在设备窗口添加“西门子_Smart200”。 双击打开本设备，更改本地 IP 地址为“192.168.2.7”，远端 IP 地址为“192.168.2.1”。 再按表 7-4 添加对应的通道地址并进行连接（图略）	

4. 编译并下载组态工程

完成画面制作以后对画面进行编译，检查设置是否正确。

编译无误后，通过点击工具里面的“下载工程并进入运行环境”选项将画面数据下载到触摸屏人机端中，连接方式选择“USB 通讯”“连机运行”，如图 7-7 所示。

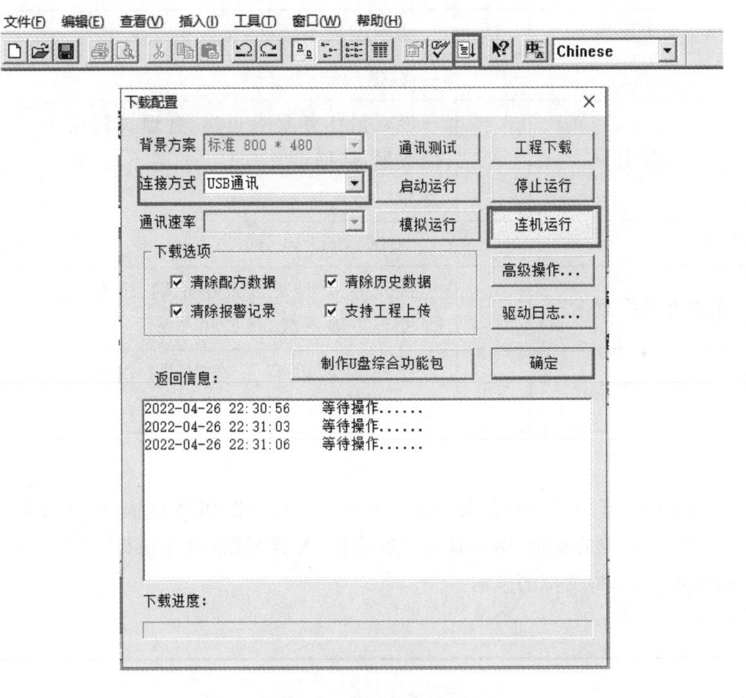

图 7-7　下载组态工程

下载前可以点击“通讯测试”按钮，测试触摸屏与计算机是否通信成功。

最后点击“工程下载”，下载成功后启动触摸屏。

5. 调试

运行 PLC 程序，观察对应画面的指示信息是否正确。

评价反馈

各小组填写表 7-6，以及任务评价表（参照项目 1），然后汇报完成情况。

表 7-6　任务实施考核表

工作任务	配分	评分项目	项目配分	扣分标准	得分	扣分	任务得分
组态设备装调	90	设备连接(10 分)					
		设备连接	15	连接错误,每处扣 1 分;电源接错,扣 10 分			
		连接工艺与安全操作	2	布线零乱,每处扣 0.3 分;带电操作,扣 2 分。最多扣 2 分			
		组态工程设计(40 分)					
		工程结构	5	组态工程的结构不合理,有缺少,每处扣 1 分			
		组态画面	15	不能根据任务要求正确确定组态画面的元素,画面有错,每处扣 1 分。有创新酌情加分,没有创新不扣分			
		设备组态	5	设备组态不正确,每处扣 1 分			
		动画连接	15	动画连接不正确,每处扣 0.5 分			
		数据规划(20 分)					
		数据	20	能根据任务要求正确、合理设置通信数据,数据设置不正确或者不全,每处扣 1 分			
		调试运行(20 分)					
		正确下载组态工程	5	触摸屏 IP 地址设置不正确、组态工程没有正确下载,每处扣 2 分			
		系统功能	15	任务要求没有正确实现,每处扣 0.5分			
职业素养与安全意识	10	现场操作安全保护符合安全操作规程;工具摆放、包装物品、导线线头等的处理符合职业岗位的要求;团队有分工有合作,配合紧密;遵守纪律,尊重教师,爱惜设备和器材,保持工位的整洁					

任务 4　设计和调试自动线整机控制程序

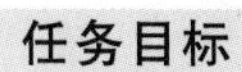

任务目标

(1) 明确自动线的整机控制要求。

（2）掌握自动线网络数据规划。

（3）掌握自动线本地 CPU、远程 CPU 程序编写方法。

（4）掌握自动线系统联调的方法。

任务描述

自动线的整机运行

系统的工作模式分为单站运行模式和全线运行模式。

从单站运行模式切换到全线运行模式的条件是：各工作站均处于停止状态，各站的按钮/指示灯模块上的工作方式选择开关置于全线运行模式，此时如果人机界面中选择开关切换到全线运行模式，系统进入全线运行模式。

要从全线运行模式切换到单站运行模式，仅限当前工作周期完成后人机界面中选择开关切换到单站运行模式才有效。

在全线运行模式下，各工作站仅通过网络接收来自人机界面的主令信号，除本地 CPU 急停按钮外，所有本站主令信号无效。

1. 单站运行模式测试

在单站运行模式下，各单元工作的主令信号和工作状态显示信号来自其 PLC 旁边的按钮/指示灯模块。并且，按钮/指示灯模块上的工作方式选择开关 SA 应置于“单站方式”位置。各站的具体控制要求见项目1～项目6，这里不再赘述。

2. 系统正常全线运行模式测试步骤

（1）系统在上电、自动线网络正常后开始工作。

触摸人机界面上的复位按钮，执行复位操作，在复位过程中，绿色警示灯以 2 Hz 的频率闪烁。红色和黄色灯均熄灭。

复位过程包括使输送单元双层机械手装置回到原点位置和检查各工作机构是否处于初始状态。

各工作机构初始状态包括以下方面。

①各工作机构气动执行元件均处于初始位置。

②供料单元料仓内有足够的待加工工件。

③装配单元料仓内有足够的小圆柱零件。

④输送单元的紧急停止按钮未按下。

当输送单元双层机械手装置回到原点位置，且各工作机构均处于初始状态时，复位完成，绿色警示灯常亮，表示允许系统启动。这时若触摸人机界面上的启动按钮，系统启动，绿色和黄色警示灯均常亮。

（2）供料单元的运行。

系统启动后，若供料单元的出料台上没有工件，则应把工件推到出料台上，并向系统发出推料完成信号。若供料单元的料仓内没有工件或工件不足，则向系统发出报警或预警信号。出料台上的工件被输送单元下层机械手取出后，若系统仍然需要推出工件进行加工，则进行下一次推出工件操作。

（3）输送单元运行1。

当工件推到供料单元出料台后，输送单元下层抓取机械手装置应执行允许抓取供料单元工件的操作。动作完成后，伺服电机驱动机械手装置移动到加工单元的加工物料台正前方，把工件放到加工单元的加工台上。

(4) 加工单元运行。

加工单元加工台的工件被检出后，系统发出允许加工信号，加工单元执行加工过程。当加工好的工件重新送回待料位置时，向系统发出冲压加工完成信号。

(5) 输送单元运行 2。

系统接收到加工完成信号后，输送单元下层机械手应执行抓取已加工工件的操作。抓取动作完成后，伺服电机驱动机械手装置移动到装配单元物料台的正前方。然后把工件放到装配单元物料台上。

(6) 装配单元运行。

装配单元物料台的传感器检测到工件后，开始执行装配过程。装配动作完成后，向系统发出装配完成信号。

如果装配单元的料仓或料槽内没有小圆柱工件或工件不足，应向系统发出报警或预警信号。

(7) 输送单元运行 3。

系统接收到装配完成信号后，输送单元下层机械手应抓取已装配的工件，然后从装配单元向分拣单元运送工件，到达分拣单元传送带上方入料口后把工件放下，然后执行返回原点的操作。

(8) 分拣单元运行。

输送单元下层机械手装置放下工件、缩回到位后，分拣单元的变频器启动，驱动三相异步电动机以 80%最高运行频率(由人机界面指定)的速度把工件带入分拣区进行分拣，工件分拣原则与单站运行相同。当分拣气缸活塞杆推出工件并返回后，应向系统发出分拣完成信号。

(9) 机器人码垛单元运行。

①将机器人控制器上的模式选择开关旋转到自动状态。

②按下按钮指示灯上的绿色按钮，机器人开始复位，同时黄色指示灯闪烁，复位完成后黄色指示灯常亮。

③复位完成后机器人等待运行，同时绿色指示灯常亮。

④在分拣单元工位 1 中推出物料后，机器人开始动作，抓取工件放到本单元的物料盘上。

在分拣单元工位 2 中推出物料后，机器人开始动作，抓取工件放到本单元的物料盘上。

在分拣单元工位 3 中推出物料后，机器人开始动作，抓取工件放到本单元的物料盘上。

⑤在紧急情况下，按下桌面上的急停按钮，机器人立即停止运行。

⑥按下按钮指示灯上的红色按钮，机器人停止运行。

(10) 仅当分拣单元分拣工作完成，并且输送单元双层机械手装置回到原点时，系统的一个工作周期才结束。

如果在工作周期期间没有触摸过停止按钮，系统在延时 1 s 后开始下一周期工作。

如果在工作周期期间曾经触摸过停止按钮，系统工作结束，警示灯中黄色灯熄灭，绿色灯仍保持常亮。系统工作结束后若再按下启动按钮，则系统又重新工作。

(11) 当系统缺料时，运行完本周期后，机器人开始拆解工件，先将工位 3 组合物料的芯件进行依次拆解，由输送单元上层机械手将芯件抓取完成后放入装配单元料仓中，芯件拆解完成后进行大工件的返回送料，由输送单元上层机械手将大工件抓取完成后放入供料单元料仓中。在拆解完成后，系统自动启动。

3. 异常工作状态测试步骤

（1）工件供给状态的信号警示。

如果有供料单元或装配单元“工件不足够”的预报警信号或“工件没有”的报警信号，则系统动作如下。

①如果“工件不足够”预报警信号警示灯中的红色灯以 1 Hz 的频率闪烁，绿色和黄色灯保持常亮，则系统继续工作。

②如果有“工件没有”的报警信号，则警示灯中红色灯以亮 1 s、灭 0.5 s 的方式闪烁；黄色灯熄灭，绿色灯保持常亮。

若“工件没有”的报警信号来自供料单元，且供料单元物料台上已推出工件，则系统继续运行，直至完成该工作周期尚未完成的工作。当该工作周期工作结束后，系统将停止工作，除非“工件没有”的报警信号消失，否则系统不能再启动。

若“工件没有”的报警信号来自装配单元，且装配单元回转台上已落下小圆柱工件，则系统继续运行，直至完成该工作周期尚未完成的工作。当该工作周期工作结束时后，系统将停止工作，除非“工件没有”的报警信号消失，否则系统不能再启动。

（2）紧急情况的处理。

当自动线运行中出现紧急情况时，按下机器人码垛单元桌面上的急停按钮、示教器或机器人控制器上的急停按钮，设备紧急停止。

按下输送单元按钮指示灯模块上的急停按钮，输送单元立即停止运行；松开该急停按钮后，输送单元继续运行。

任务分组

完成学生任务分工表（参考项目 1）。

获取资讯

（1）分析：装配自动线的动作过程。

（2）尝试：绘制整机运行的控制流程图。

（3）规划：程序设计中传递的网络数据。

（4）规划：程序设计中用到的标志位。

（5）尝试：在编程软件上编写控制程序。

提示　*在编写整机运行控制程序时，要注意工作机构之间的相互联系与影响，理清信号传递的思路。*

工作计划

由每个小组分别制定工作计划，将计划的内容填入工作计划表（参考项目 1）。

进行决策

（1）各个小组阐述自己的设计方案。

(2) 各个小组对其他小组的方案进行讨论、评价。

(3) 教师对每个小组的方案进行点评,选择最优方案。

任务实施

YL-1633B 自动装配生产线通过工业以太网将 6 台 PLC 连接起来协调工作,在网络中需要传输的数据非常多,所以先进行网络通信数据规划,再根据控制要求编写各单元的程序。

1. 网络通信数据的规划

根据工艺流程和控制要求,自动线各单元的网络数据定义如表 7-7～表 7-12 所示。

表 7-7　输送单元(1 号站)网络数据定义

输送单元网络地址	数据意义	备注 1	备注 2
V1000.0	联机运行信号		输送单元发送到各远程 CPU
V1000.2	急停信号	急停动作=1	
V1000.5	全线复位		
V1000.7	触摸屏全线/单机方式	1=全线　0=单机	
V1001.2	允许供料信号		
V1001.3	允许加工信号		
V1001.4	允许装配信号		
V1001.5	允许分拣信号		
V1001.6	供料单元物料不足		
V1001.7	供料单元物料没有		
V1006.1	机器人工位 1 信号		
V1006.2	机器人工位 2 信号		
V1006.3	机器人工位 3 信号		
V1006.4	夹取拆解物料完成		
V1006.5	物料缺料		
VW1002	变频器最高频率输入		
V1020.0	供料单元初始状态(就绪)		来自供料单元
V1020.1	供料完成		
V1020.4	全线/单站方式	1=全线　0=单机	
V1020.6	物料不足		
V1020.7	物料没有		
V1030.0	加工单元初始状态(就绪)		来自加工单元
V1030.1	加工完成信号		
V1030.4	全线/单站方式	1=全线　0=单机	

续表

输送单元网络地址	数据意义	备注1	备注2
V1040.0	装配单元初始状态(就绪)		来自装配单元
V1040.1	装配完成信号		
V1040.4	全线/单机方式	1=全线 0=单机	
V1040.6	芯件不足		
V1040.7	芯件没有		
V1050.0	分拣单元初始状态(就绪)		来自分拣单元
V1050.4	全线/单机方式	1=全线 0=单机	
V1051.1	分拣单元工位1推料完成		
V1051.2	分拣单元工位2推料完成		
V1051.3	分拣单元工位3推料完成		
VW1054	一槽分拣个数		
VW1056	二槽分拣个数		
VW1058	三槽分拣个数		
V1060.0	拆解芯件完成		来自机器人码垛单元
V1060.1	拆解大工件完成		
V1060.2	拆解完成		
V1060.3	机器人传送工件(给输送单元)完成		
V1060.4	全线/单机方式	1=全线 0=单机	

表7-8 供料单元(2号站)网络数据定义

供料单元数据地址	数据意义	备注1	备注2
V1000.0	联机运行		来自输送单元
V1000.7	HMI联机		
V1001.2	允许供料		
V1020.0	供料单元初始状态(就绪)		去输送单元
V1020.1	供料完成		
V1020.4	全线/单站方式	1=全线 0=单机	
V1020.5	运行信号		
V1020.6	物料不足		
V1020.7	物料没有		

表 7-9　加工单元(3 号站)网络数据定义

<table>
<tr><th>加工单元数据地址</th><th>数据意义</th><th>备注 1</th><th>备注 2</th></tr>
<tr><td>V1000.0</td><td>联机运行</td><td></td><td rowspan="3">来自输送单元</td></tr>
<tr><td>V1000.7</td><td>HMI 联机</td><td></td></tr>
<tr><td>V1001.3</td><td>允许加工</td><td></td></tr>
<tr><td>V1030.0</td><td>加工单元初始状态(就绪)</td><td></td><td rowspan="5">去输送单元</td></tr>
<tr><td>V1030.1</td><td>加工完成信号</td><td></td></tr>
<tr><td>V1030.2</td><td>急停动作信号</td><td></td></tr>
<tr><td>V1030.4</td><td>全线/单站方式</td><td>1=全线　0=单机</td></tr>
<tr><td>V1030.5</td><td>运行信号</td><td></td></tr>
</table>

表 7-10　装配单元(4 号站)网络数据定义

<table>
<tr><th>装配单元数据地址</th><th>数据意义</th><th>备注 1</th><th>备注 2</th></tr>
<tr><td>V1000.0</td><td>联机运行</td><td></td><td rowspan="6">来自输送单元</td></tr>
<tr><td>V1000.2</td><td>全线急停</td><td></td></tr>
<tr><td>V1000.5</td><td>全线复位</td><td></td></tr>
<tr><td>V1000.6</td><td>系统就绪</td><td></td></tr>
<tr><td>V1000.7</td><td>HMI 联机</td><td></td></tr>
<tr><td>V1001.4</td><td>允许装配</td><td></td></tr>
<tr><td>V1040.0</td><td>装配单元初始状态(就绪)</td><td></td><td rowspan="4">去输送单元</td></tr>
<tr><td>V1040.1</td><td>装配完成信号</td><td></td></tr>
<tr><td>V1040.4</td><td>全线/单机方式</td><td>1=全线　0=单机</td></tr>
<tr><td>V1040.5</td><td>运行信号</td><td></td></tr>
</table>

表 7-11　分拣单元(5 号站)网络数据定义

<table>
<tr><th>分拣单元数据地址</th><th>数据意义</th><th>备注 1</th><th>备注 2</th></tr>
<tr><td>V1000.0</td><td>联机运行</td><td></td><td rowspan="4">来自输送单元</td></tr>
<tr><td>V1000.7</td><td>HMI 联机</td><td></td></tr>
<tr><td>V1001.5</td><td>允许分拣</td><td></td></tr>
<tr><td>VW1002</td><td>HMI 变频器输入</td><td></td></tr>
<tr><td>V1050.0</td><td>分拣单元初始状态(就绪)</td><td></td><td rowspan="4">去输送单元</td></tr>
<tr><td>V1050.4</td><td>全线/单机方式</td><td>1=全线　0=单机</td></tr>
<tr><td>V1050.5</td><td>运行信号</td><td></td></tr>
<tr><td>V1051.1</td><td>工位 1 推料完成信号</td><td></td></tr>
</table>

续表

分拣单元数据地址	数据意义	备注 1	备注 2
V1051.2	工位 2 推料完成信号		去输送单元
V1051.3	工位 3 推料完成信号		
VW1054	一槽分拣个数		
VW1056	二槽分拣个数		
VW1058	三槽分拣个数		

表 7-12　机器人码垛单元(6 号站)网络数据定义

机器人码垛单元数据地址	数据意义	备注 1	备注 2
V1000.7	HMI 联机		来自输送单元
V1006.1	机器人工位 1 联机信号		
V1006.2	机器人工位 2 联机信号		
V1006.3	机器人工位 3 联机信号		
V1006.4	夹取拆解物料完成		
V1006.5	物料缺料		
V1060.0	拆解芯件完成		去输送单元
V1060.1	拆解大工件完成		
V1060.2	拆解完成		
V1060.3	机器人传送工件(给输送单元)完成		
V1060.4	全线/单机方式	1=全线　0=单机	

2. 输送单元联机程序的编写

输送单元作为自动线系统的本地 CPU,是任务承担最多也是最重要的一个工作机构,它不仅要负责网络上大量的数据信息交换和处理,还与触摸屏相连,接收来自触摸屏的主令信号,同时将自动线系统的各工作机构的状态信号反馈到触摸屏中进行显示。因此,将输送单元的单站程序修改为联机程序时,工作量较大。

输送单元的联机程序包括 1 个主程序和 9 个子程序。9 个子程序分别是回原点、初态检查复位、运行控制、通信、下抓取工件、下放下工件、物料返回运行、上放下工件、上抓取工件子程序,如图 7-8 所示。输送单元联机主程序流程图如图 7-9 所示。

1) 输送单元的内部存储器地址规划

在进行程序编写之前,对内部存储器的使用做一个详细的规划是非常有必要的,这样会使程序更加清晰、合理。

首先,应对网络上的通信数据进行规划,前面已经规划了供网络数据使用的内存,它们从 VB1000 单元开始,在借助 Get/Put 指令向导生成远程读写子程序时,指定了所需要的 V 存储区的地址范围(VB0～VB229,共占 230 字节的 V 存储区)。

其次,在借助运动控制向导组态运动轴时,也要指定所需要的 V 存储区的地址范围。本

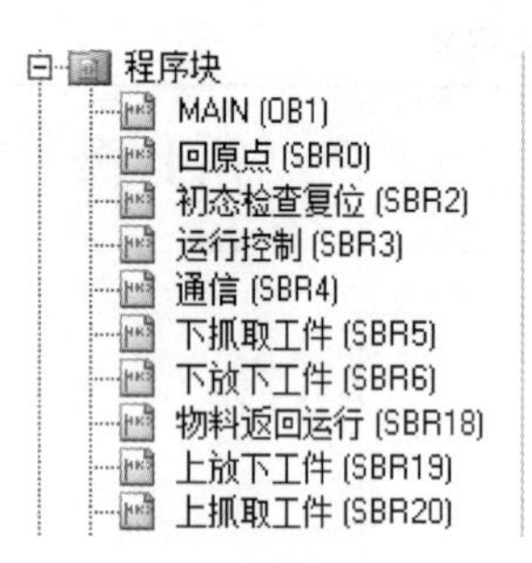

图 7-8　输送单元程序块

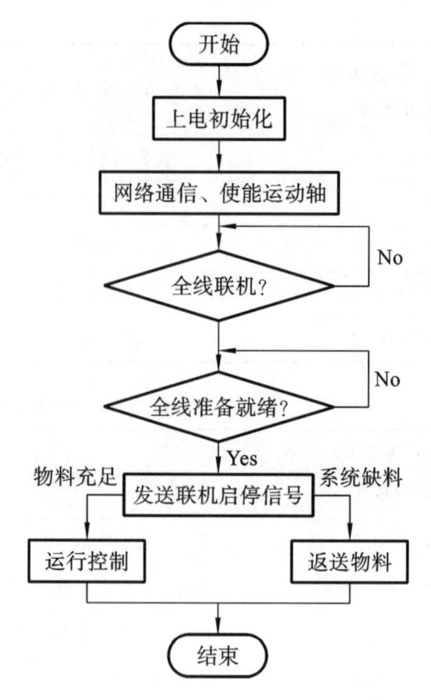

图 7-9　输送单元联机主程序流程图

程序编制中，指定了所需要的 V 存储区的地址范围为 VB233～VB325，共 93 字节。

再次，在人机界面组态中，规划了人机界面组态与 PLC 连接的数据对象。

2）输送单元联机主程序编写

输送单元的主程序主要包括上电初始化、调用网络读/写子程序和通信子程序、使能运动轴、越程故障、初态检查复位、联机/单机工作模式判断、接收和发送远程 CPU 联机信号、系统启停、调用运行子程序、指示灯状态指示、缺料时拆解返回工件等程序。

（1）上电初始化。

上电初始化梯形图如图 7-10 所示。

（2）在每一扫描周期，除调用 AXIS0_CTRL 子程序，使能运动轴外，还需调用网络读/写子程序和通信子程序，如图 7-11 所示。

（3）完成系统工作模式的逻辑判断，除了输送单元本身要处于联机方式外，触摸屏和其他所有远程 CPU 都处于联机方式。输送单元工作模式（联机）判断梯形图如图 7-12 所示。

（4）联机方式下，系统复位的主令信号由 HMI 发出。在初始状态检查中，系统准备就绪的条件除输送单元本身要就绪外，所有远程 CPU 均应准备就绪。因此，初态检查复位子程序中，除了完成输送单元本站初始状态检查和复位操作外，还要通过网络读取各远程 CPU 准备就绪信息。输送单元联机模式下的梯形图如图 7-13 所示。

总的来说，整体运行过程仍是按初态检查、准备就绪、等待启动、全线运行等几个阶段逐步进行。

（5）输送单元主程序还包括指示灯显示、HMI 联机信号以及系统急停信号。指示灯显示梯形图如图 7-14 所示，HMI 联机信号、急停信号梯形图如图 7-15 所示。

（6）当系统缺料时，输送单元双层机械手装置将机器人码垛单元拆解后的大、小工件分别返送回供料单元及装配单元的料仓中，形成物料的循环使用，如图 7-16 所示。

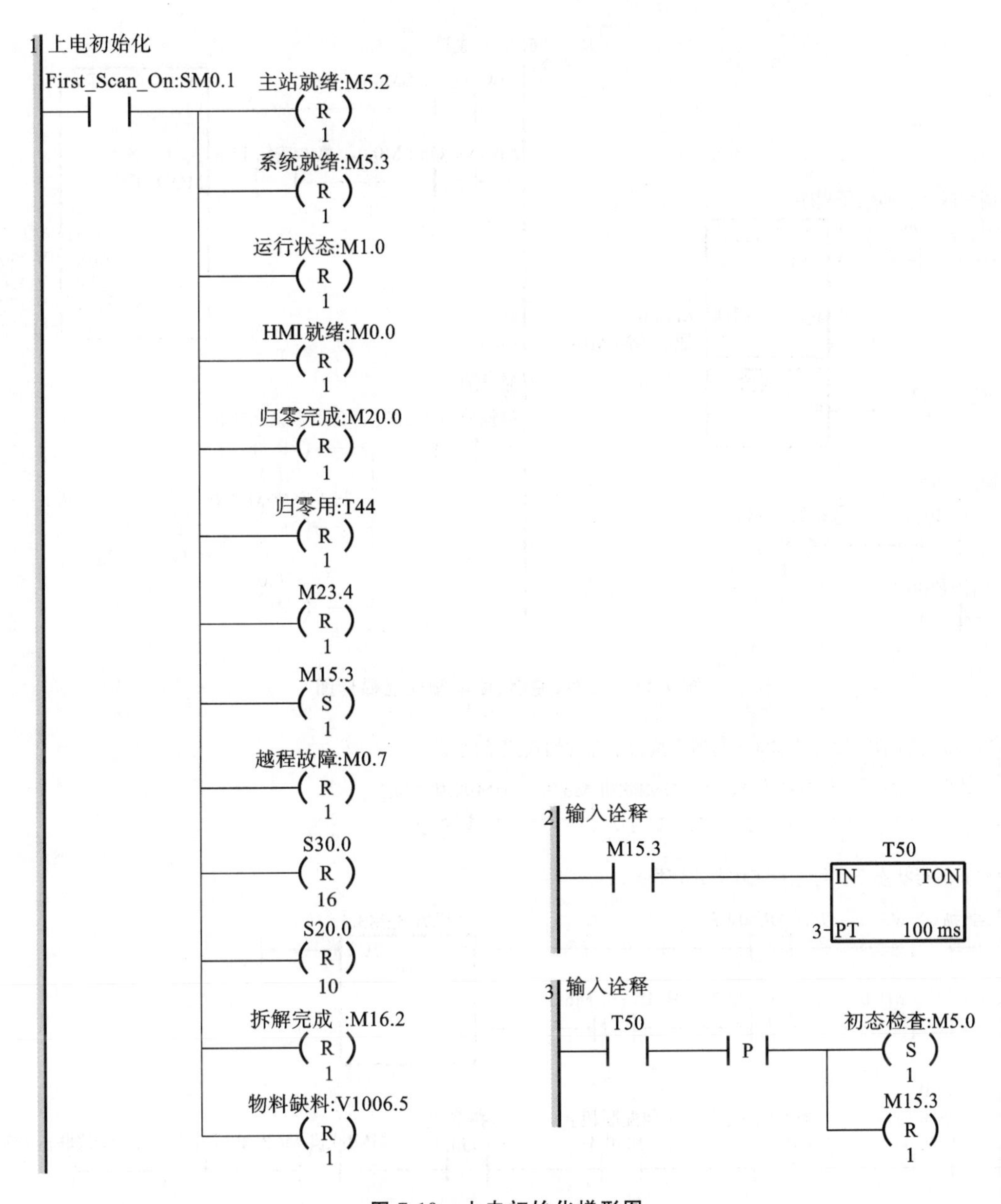

图 7-10　上电初始化梯形图

3）输送单元联机运行控制子程序编写

输送单元联机的工艺过程与单站过程略有不同，无需太多修改，主要修改如下。

(1) 单站运行任务中，输送功能测试子程序在初始步就开始执行下层机械手在供料单元出料台抓取工件，而全线运行下，初始步操作应为：在没有停止命令时，允许供料信号 V1001.2 通过网络向供料单元发送，然后在接收到供料单元推料完成信号 V1020.1 后，转移下一步，执行抓取工件。

(2) 单站运行时，下层机械手将工件放在加工单元的物料台上，等待 5 s 后取回工件，而全线运行下，下层机械手将工件放在加工单元后发出允许加工信号 V1001.3，然后在接收到来自网络的加工完成信号 V1030.1 后取回工件。装配单元的情况与此相同。分拣单元只有本地 CPU 发出的允许分拣信号 V1050.1。

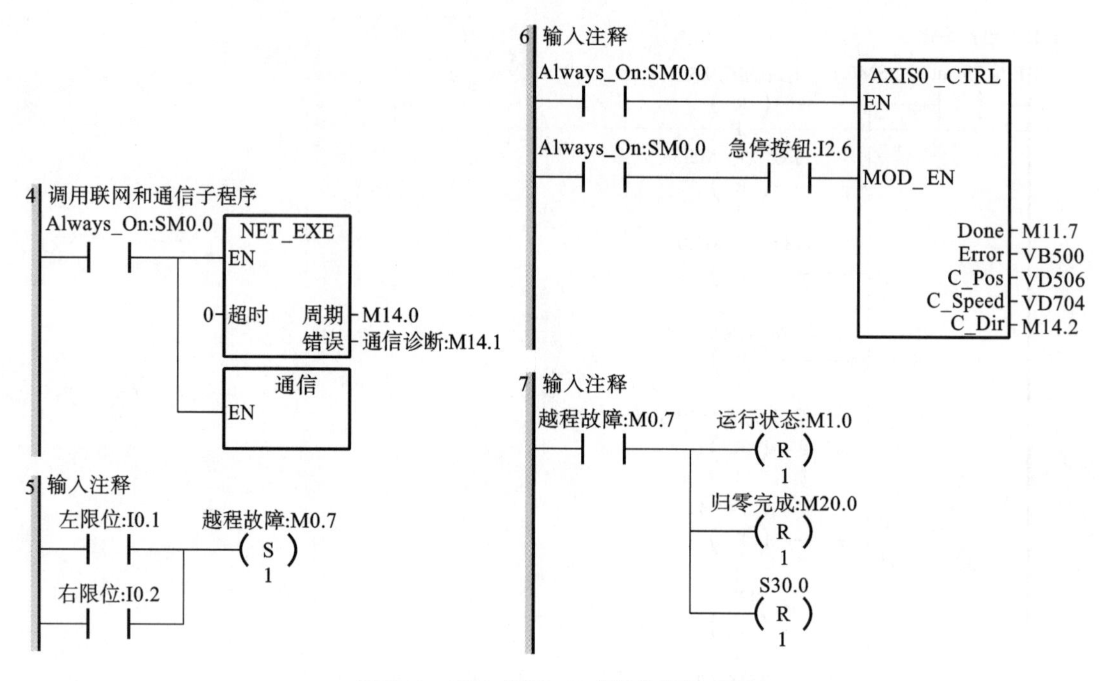

图 7-11　联网、通信、运动轴使能梯形图

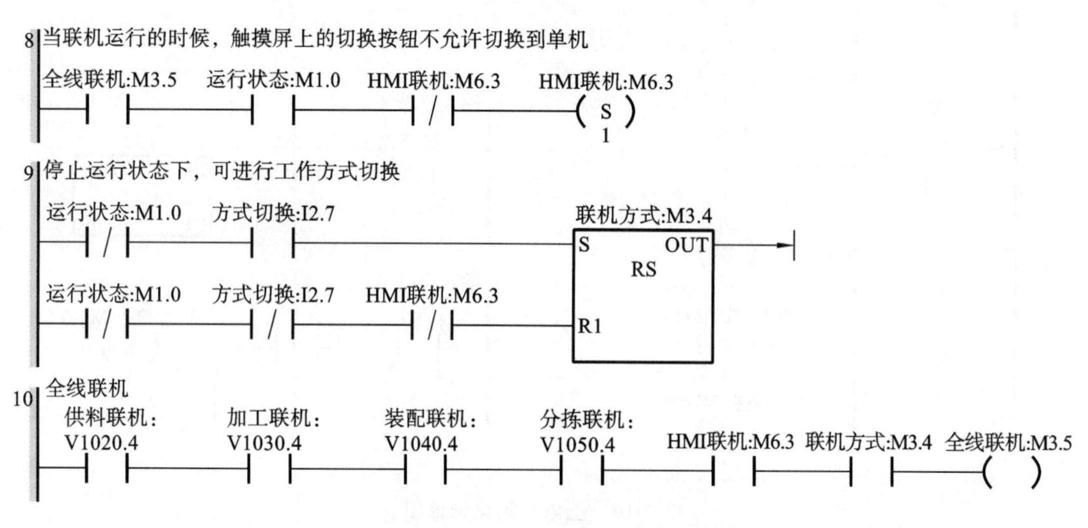

图 7-12　输送单元工作模式(联机)判断梯形图

(3) 单站运行时，在测试过程结束时退出运行状态。全线运行下，在完成一个工作循环后，返回初始步，如果没有停止命令，则开始下一工作周期。

输送单元联机运行控制子程序如图 7-17 所示。

4) 输送单元联机通信子程序编写

输送单元通信子程序的功能包括远程 CPU 报警信号处理、转发(远程 CPU 间、触摸屏)，以及分拣单元和机器人码垛单元的信号交换。主程序在每一扫描周期都调用这一子程序。

(1) 报警信号处理、转发包括系统复位信息、系统准备就绪信息、供料单元“工件没有”或装配单元“零件没有”的报警信号、向触摸屏提供网络正常/故障信息。报警信号处理、转

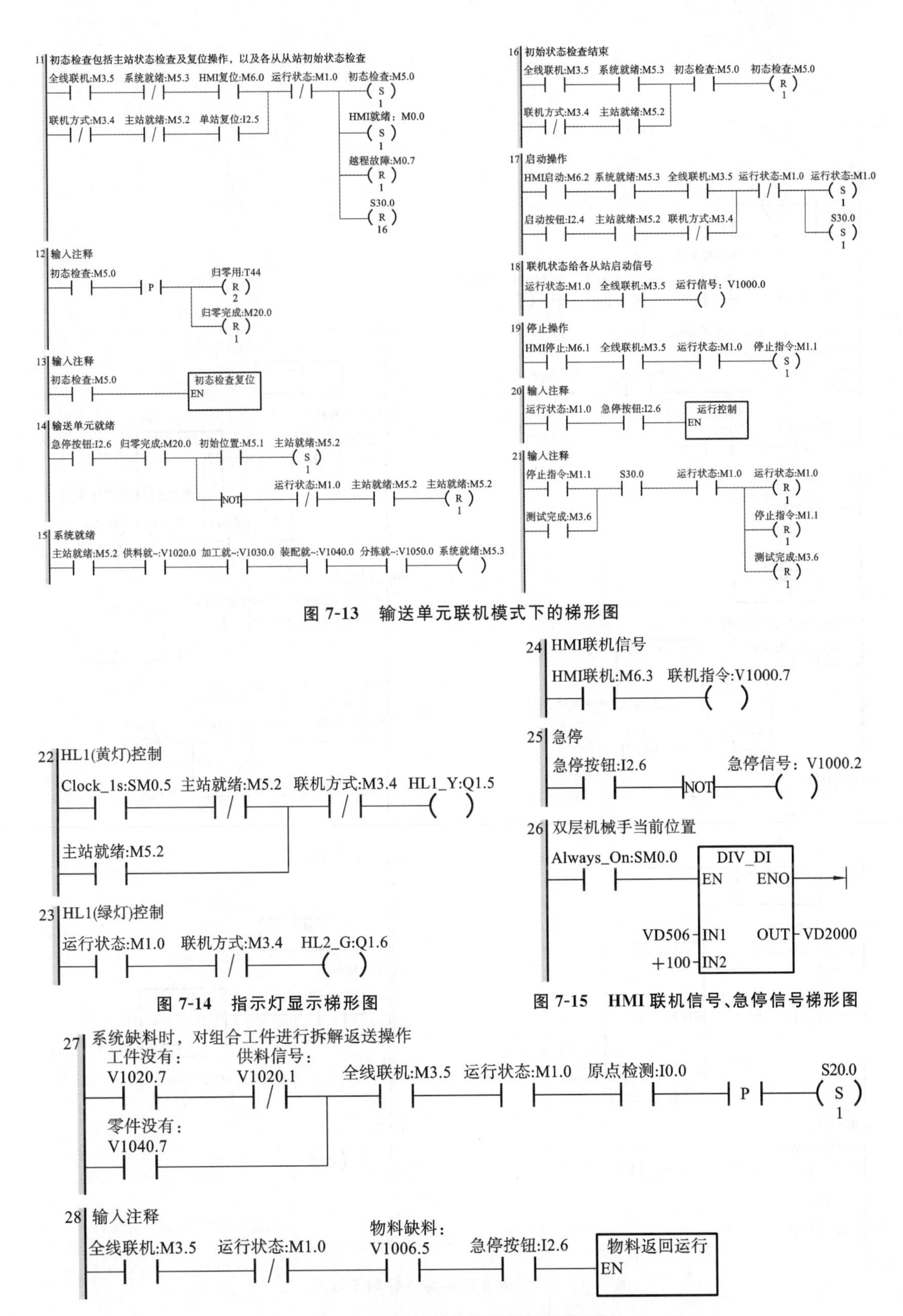

图 7-13　输送单元联机模式下的梯形图

图 7-14　指示灯显示梯形图

图 7-15　HMI 联机信号、急停信号梯形图

图 7-16　缺料时物料拆解返回梯形图

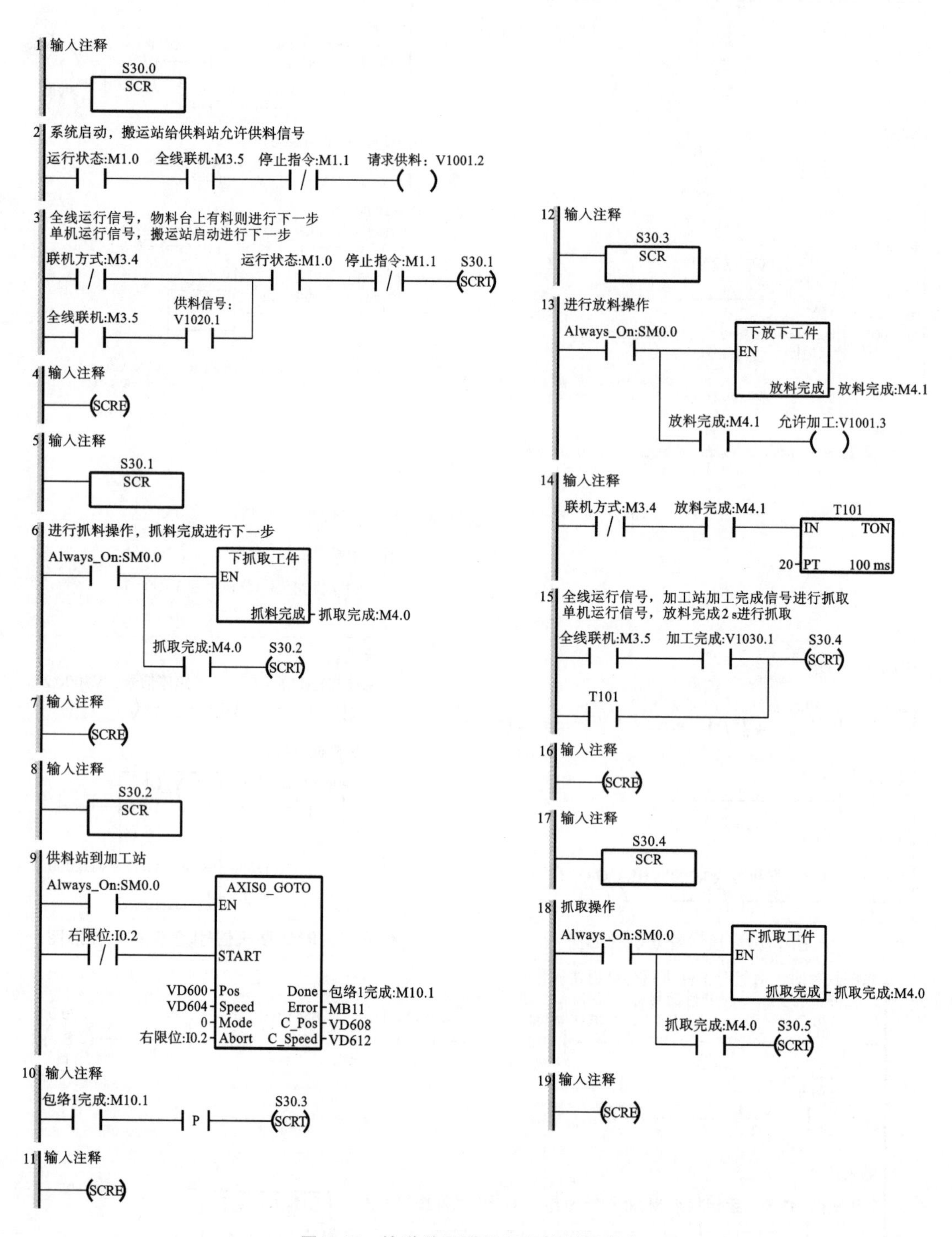

图 7-17 输送单元联机运行控制子程序

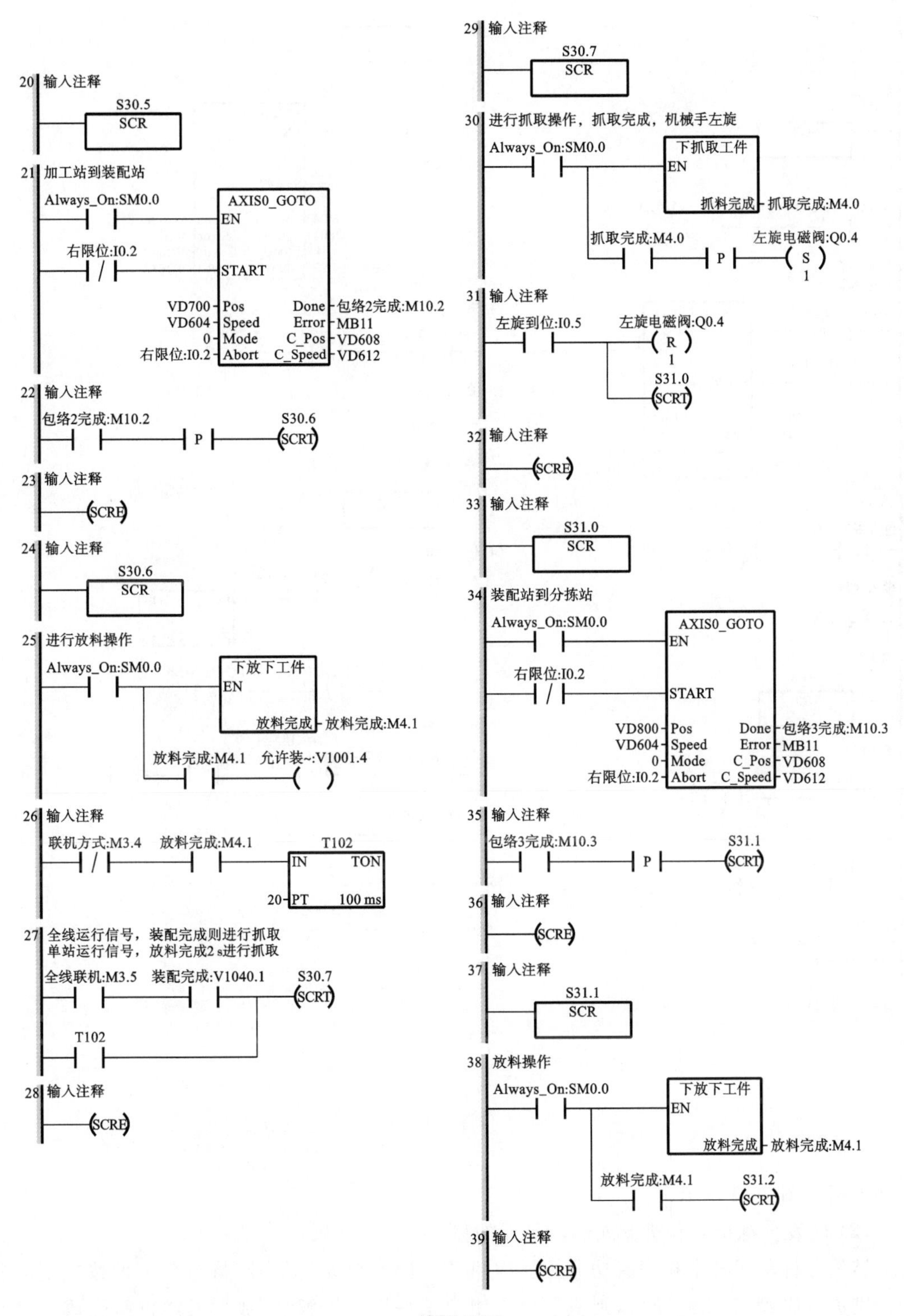

20 输入注释
S30.5
SCR
21 加工站到装配站
Always_On:SM0.0
AXIS0_GOTO
EN
右限位:I0.2
START
VD700 Pos Done 包络2完成:M10.2
VD604 Speed Error MB11
0 Mode C_Pos VD608
右限位:I0.2 Abort C_Speed VD612
22 输入注释
包络2完成:M10.2
P
S30.6
SCRT
23 输入注释
SCRE
24 输入注释
S30.6
SCR
25 进行放料操作
Always_On:SM0.0
下放下工件
EN
放料完成 放料完成:M4.1
放料完成:M4.1 允许装~:V1001.4
26 输入注释
联机方式:M3.4 放料完成:M4.1
T102
IN TON
20 PT 100 ms
27 全线运行信号，装配完成则进行抓取
单站运行信号，放料完成2 s进行抓取
全线联机:M3.5 装配完成:V1040.1
S30.7
SCRT
T102
28 输入注释
SCRE
29 输入注释
S30.7
SCR
30 进行抓取操作，抓取完成，机械手左旋
Always_On:SM0.0
下抓取工件
EN
抓料完成 抓取完成:M4.0
抓取完成:M4.0
P
左旋电磁阀:Q0.4
S
1
31 输入注释
左旋到位:I0.5
左旋电磁阀:Q0.4
R
1
S31.0
SCRT
32 输入注释
SCRE
33 输入注释
S31.0
SCR
34 装配站到分拣站
Always_On:SM0.0
AXIS0_GOTO
EN
右限位:I0.2
START
VD800 Pos Done 包络3完成:M10.3
VD604 Speed Error MB11
0 Mode C_Pos VD608
右限位:I0.2 Abort C_Speed VD612
35 输入注释
包络3完成:M10.3
P
S31.1
SCRT
36 输入注释
SCRE
37 输入注释
S31.1
SCR
38 放料操作
Always_On:SM0.0
下放下工件
EN
放料完成 放料完成:M4.1
放料完成:M4.1
S31.2
SCRT
39 输入注释
SCRE

续图 7-17

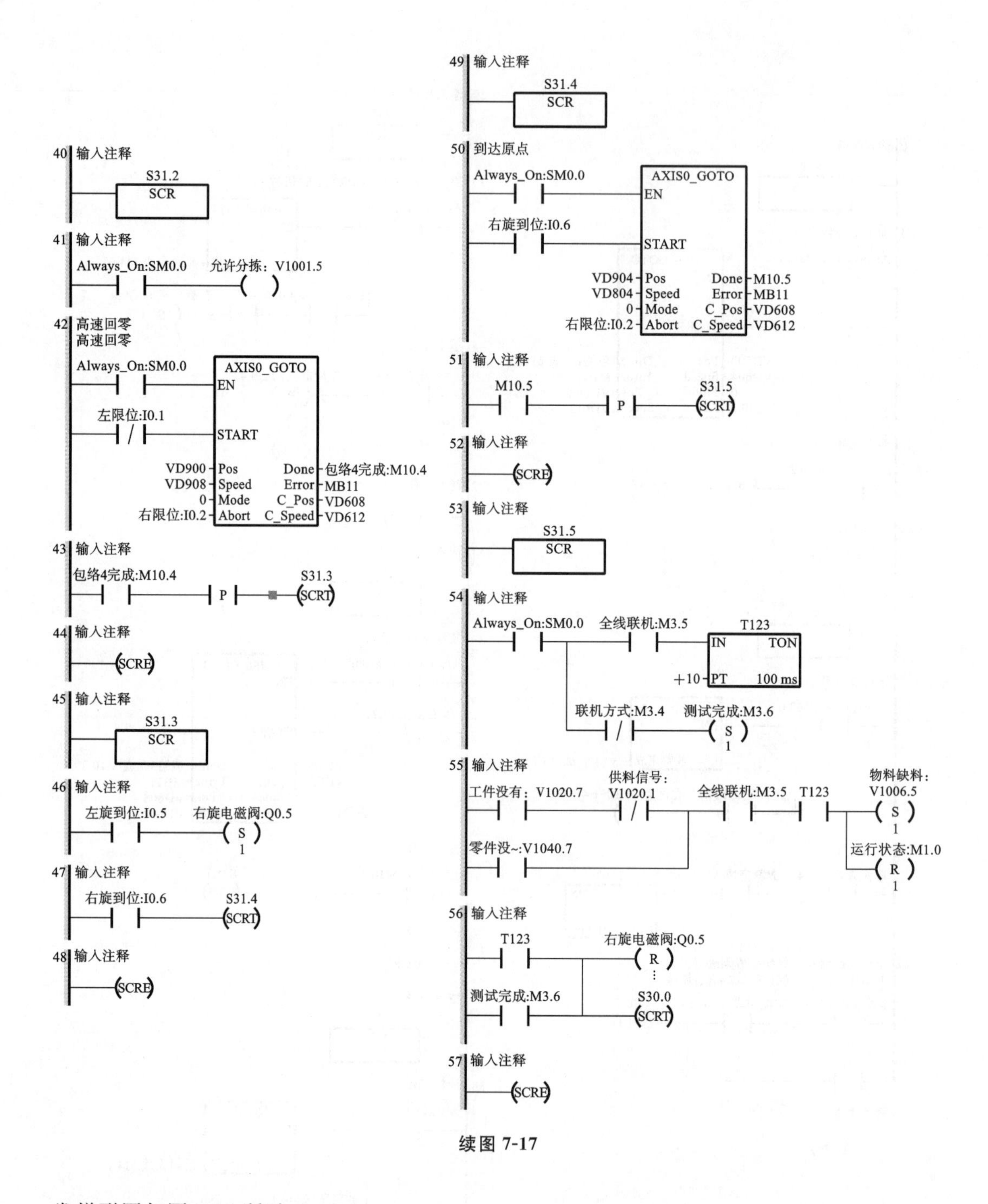

续图 7-17

发梯形图如图 7-18 所示。

（2）转发分拣单元和机器人码垛单元的信号。

转发分拣单元各个料槽成功分拣后向机器人码垛单元发信号，将组合工件按规定的属性分别进行码垛；若系统缺料，则机器人将组合工件进行拆解，完成后发送拆解完成信号到输送单元。转发分拣单元和机器人码垛单元的信号梯形图如图 7-19 所示。

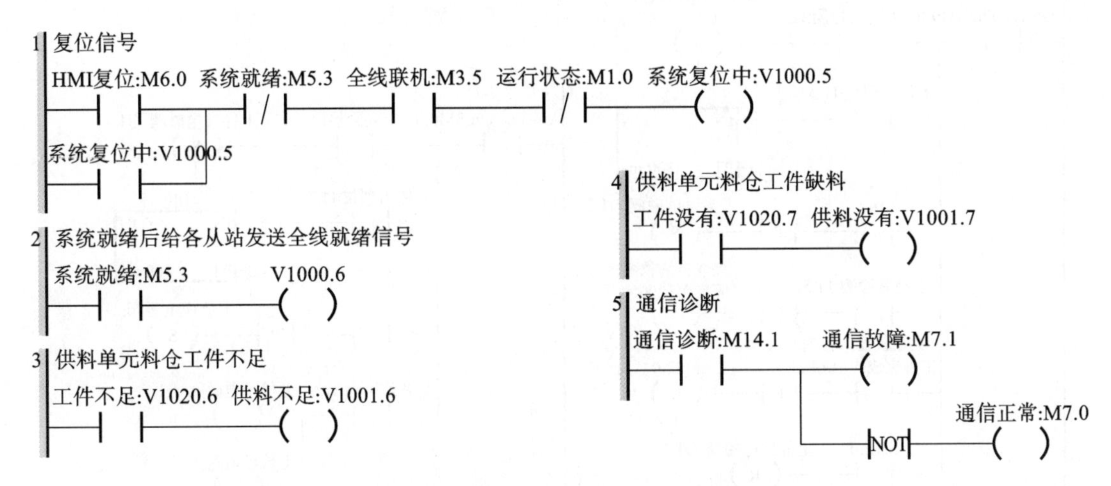

图 7-18　报警信号处理和转发梯形图

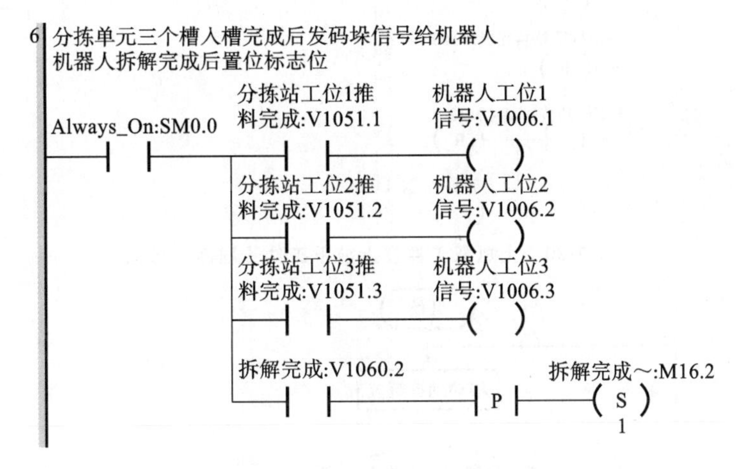

图 7-19　转发分拣单元和机器人码垛单元的信号梯形图

5）输送单元联机上抓取工件及上放下工件子程序的编写

与下抓取工件子程序、下放下工件子程序类似，上机械手在不同的阶段抓取工件或放下工件的动作顺序是相同的。上抓取工件的动作顺序为：上手臂伸出→上手爪夹紧→上手臂缩回。上放下工件的动作顺序为：上手臂伸出→上手爪松开→上手臂缩回。采用带参子程序调用的方法来实现上抓取和上放下工件的动作控制使程序编写得以简化，分别在两个子程序中定义“上抓取完成”和“上放料完成”两个输出型的局部变量，在物料返送子程序中传递给 M4.2 和 M4.3。同时，在上抓取工件时，上手爪夹紧工件后，向机器人码垛单元发送上机械手夹取拆解物料完成信号 V1006.4。上抓取工件及上放下工件子程序梯形图如图 7-20 所示。

6）输送单元联机物料返回运行子程序编写

物料返回运行子程序的功能包括大小工件的返送、双层机械手的回零、拆解物料完成后系统的再启动等。主程序在系统缺料时调用这一子程序。物料返回子程序流程图如图 7-21 所示。物料返回子程序梯形图如图 7-22 所示。

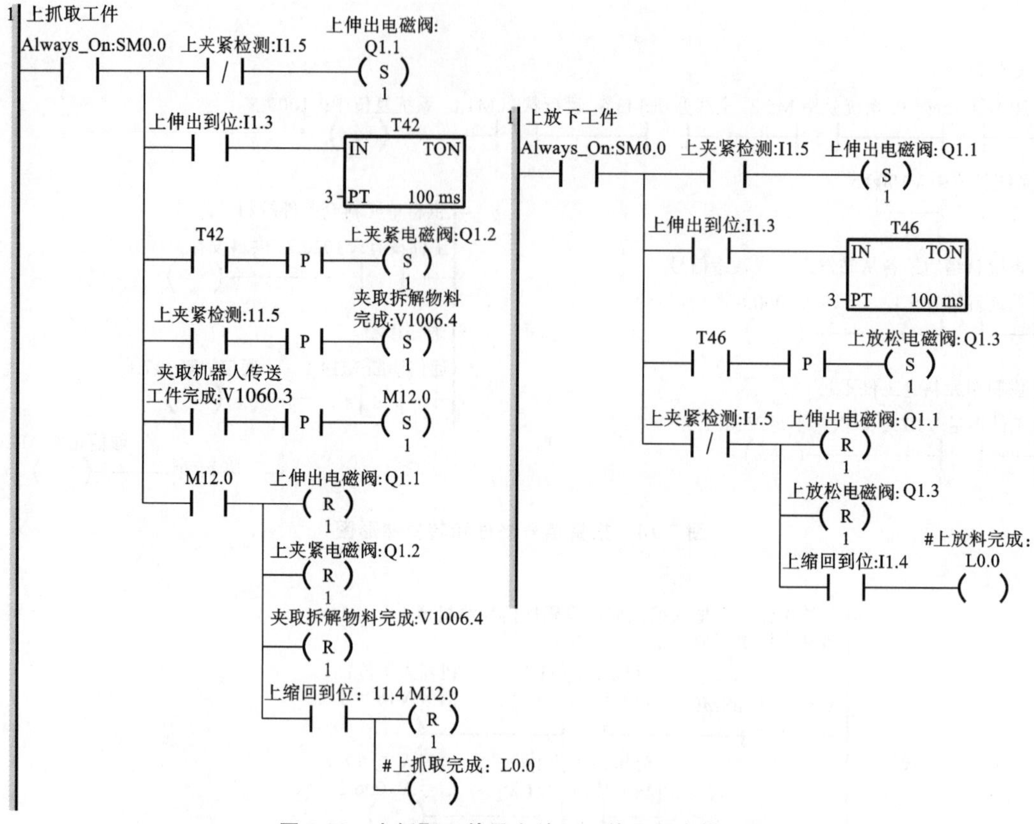

图 7-20　上抓取工件及上放下工件子程序梯形图

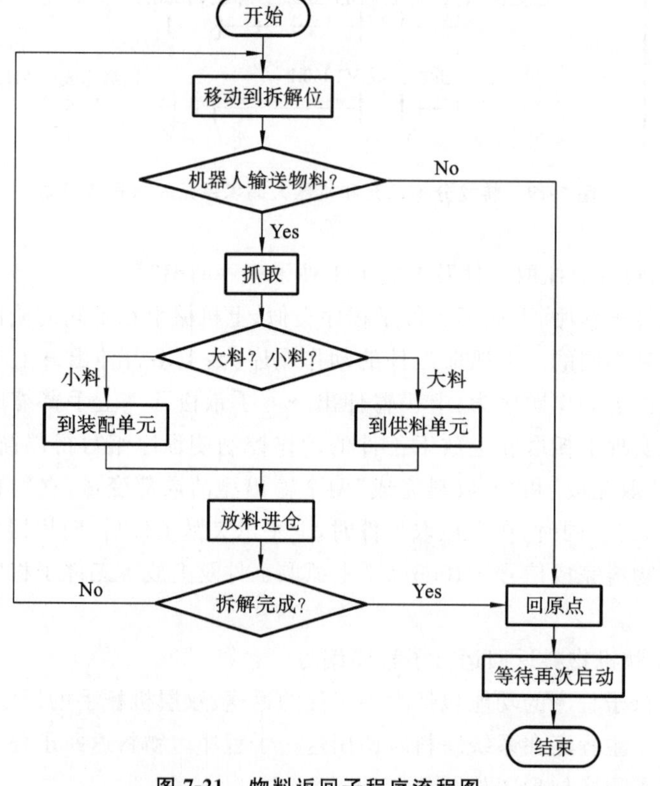

图 7-21　物料返回子程序流程图

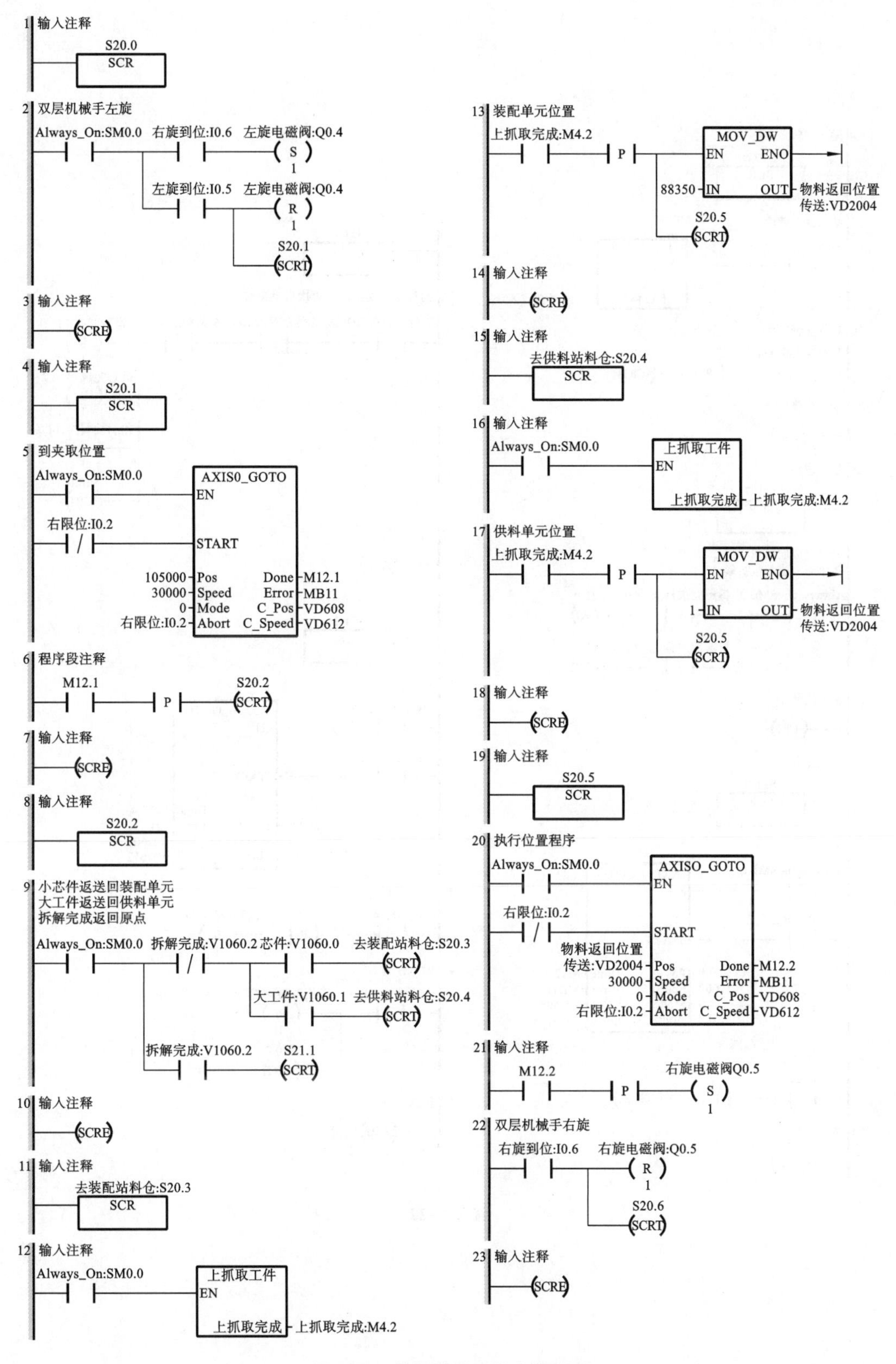

图7-22 物料返回子程序梯形图

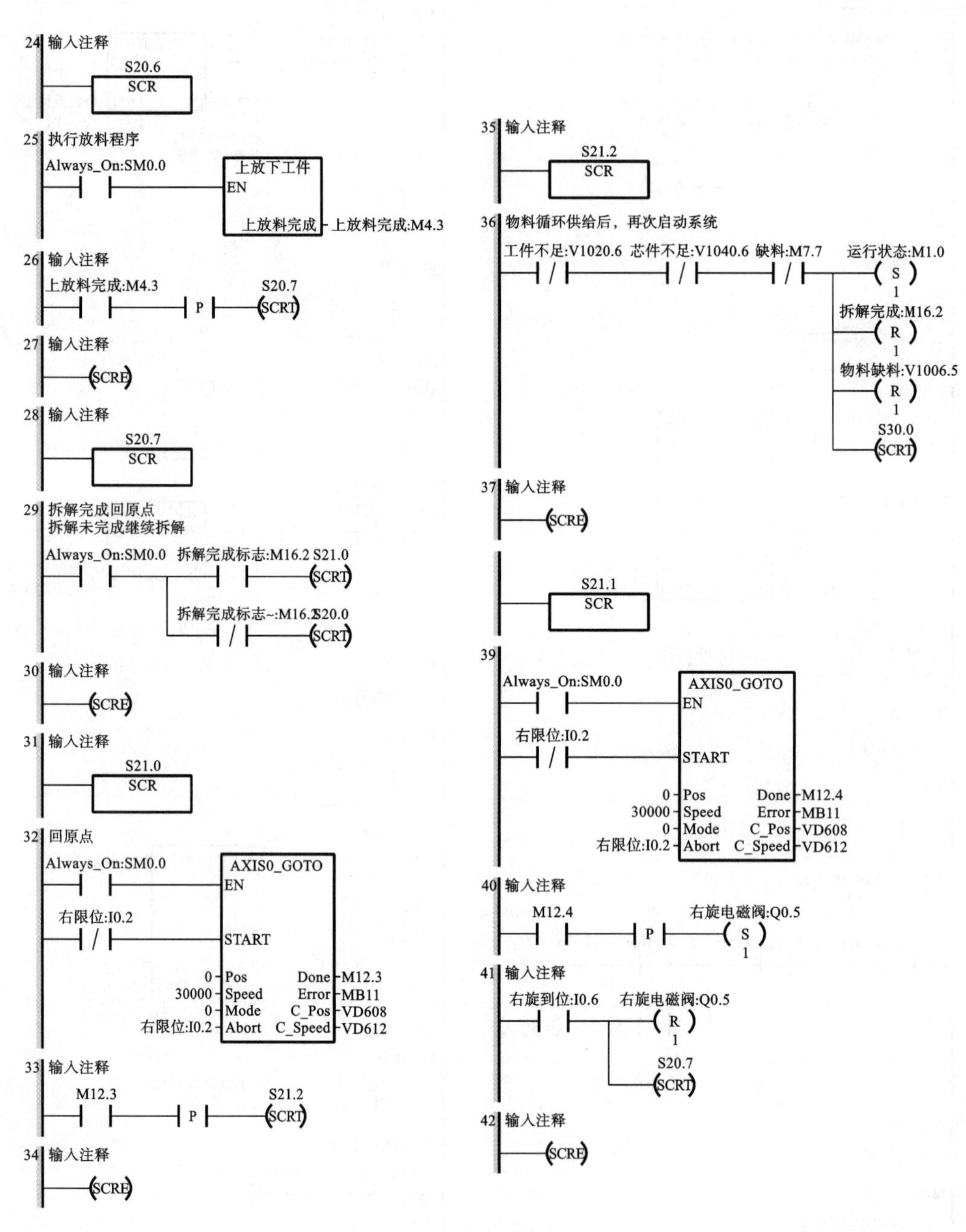
24 输入注释
S20.6
SCR
25 执行放料程序
Always_On:SM0.0
上放下工件
EN
上放料完成
上放料完成:M4.3
26 输入注释
上放料完成:M4.3
P
S20.7
SCRT
27 输入注释
SCRE
28 输入注释
S20.7
SCR
29 拆解完成回原点
拆解未完成继续拆解
Always_On:SM0.0
拆解完成标志:M16.2
S21.0
SCRT
拆解完成标志~:M16.2
S20.0
SCRT
30 输入注释
SCRE
31 输入注释
S21.0
SCR
32 回原点
Always_On:SM0.0
AXIS0_GOTO
EN
右限位:I0.2
START
0 Pos Done M12.3
30000 Speed Error MB11
0 Mode C_Pos VD608
右限位:I0.2 Abort C_Speed VD612
33 输入注释
M12.3
P
S21.2
SCRT
34 输入注释
SCRE
35 输入注释
S21.2
SCR
36 物料循环供给后，再次启动系统
工件不足:V1020.6
芯件不足:V1040.6
缺料:M7.7
运行状态:M1.0
S
1
拆解完成:M16.2
R
1
物料缺料:V1006.5
R
1
S30.0
SCRT
37 输入注释
SCRE
S21.1
SCR
39
Always_On:SM0.0
AXIS0_GOTO
EN
右限位:I0.2
START
0 Pos Done M12.4
30000 Speed Error MB11
0 Mode C_Pos VD608
右限位:I0.2 Abort C_Speed VD612
40 输入注释
M12.4
P
右旋电磁阀:Q0.5
S
1
41 输入注释
右旋到位:I0.6
右旋电磁阀:Q0.5
R
1
S20.7
SCRT
42 输入注释
SCRE

续图 7-22

输送单元初态检查复位子程序和回原点子程序在项目 6 中已经详细讲解过，这里就不再赘述了。

3. 供料单元全线联机程序的编写

全线运行时，系统任务指定的远程 CPU 流程基本固定，所以原单站程序中的流程控制子程序基本不变。

全线运行情况下的主要变动：一是在运行条件下，系统中的本地 CPU（输送单元）通过网络发出每个主令控制信号；二是各个工作机构通过网络不断地交换信号，从而确定工作机构的程序流程和运行情况。

对于前者，首先要明确工作机构当前的工作状态，以确定当前有效的主令信号。工艺流程和控制要求明确规定了切换工作模式的条件，以避免误操作发生，确保系统可靠运行。

1）供料单元主程序的编写

供料单元的主程序包括上电初始化、对本工作机构的当前工作模式进行判断（完成工作模式切换条件的逻辑判断）、根据当前工作模式确定主令信号（启动、停止等）、处理工作机构之间的网络交换信息（使用从输送单元接收的主令信号，即联机全线启动信号），同时将供料单元联机工作模式、准备就绪、联机运行等网络数据及时发送回输送单元。供料单元联机运行主程序流程图和梯形图如图 7-23 和图7-24 所示。

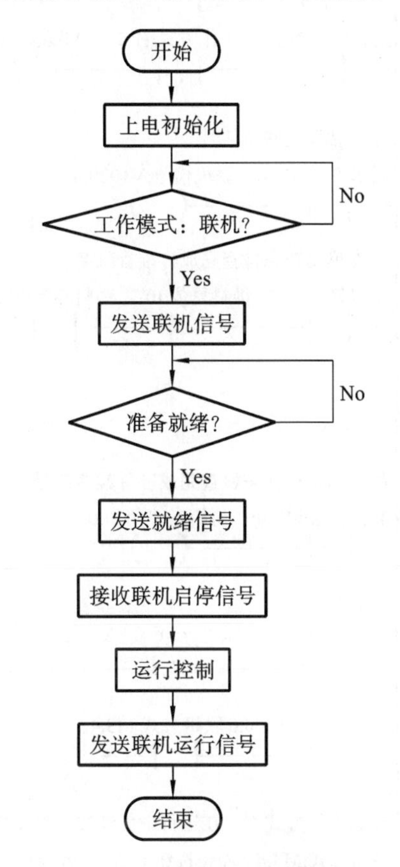

图 7-23 供料单元联机运行主程序流程图

2）供料单元供料子程序的编写

供料单元供料子程序的控制要求基本与单站功能一致，但需要注意：一是在供料子程序的第一步，应该接收到输送单元的允许供料信号 V1001.2 后才能启动供料；二是在供料子程序最后一步，当推料完成，顶料气缸缩回到位时，即向输送单元发出持续 1 s 的推料完成信号 V1020.1，然后返回初始步。输送单元在接收到推料完成信号后，控制下层机械手前来抓取工件，实现本地、远程 CPU 网络信息交换。供料子程序梯形图如图 7-25 所示。

3）供料单元状态显示子程序的编写

在供料单元状态显示子程序中，如果供料不足，则给输送单元发送“物料不足”信号 V1020.6；如果缺料，则发送“物料没有”信号 V1020.7，从而实现缺料和料不足的网络信息交换。状态显示子程序梯形图如图 7-26 所示。

4. 加工单元联机程序的编写

加工单元联机运行情况下的变化与供料单元类似，该程序的编写可以参考供料单元联机运行程序。

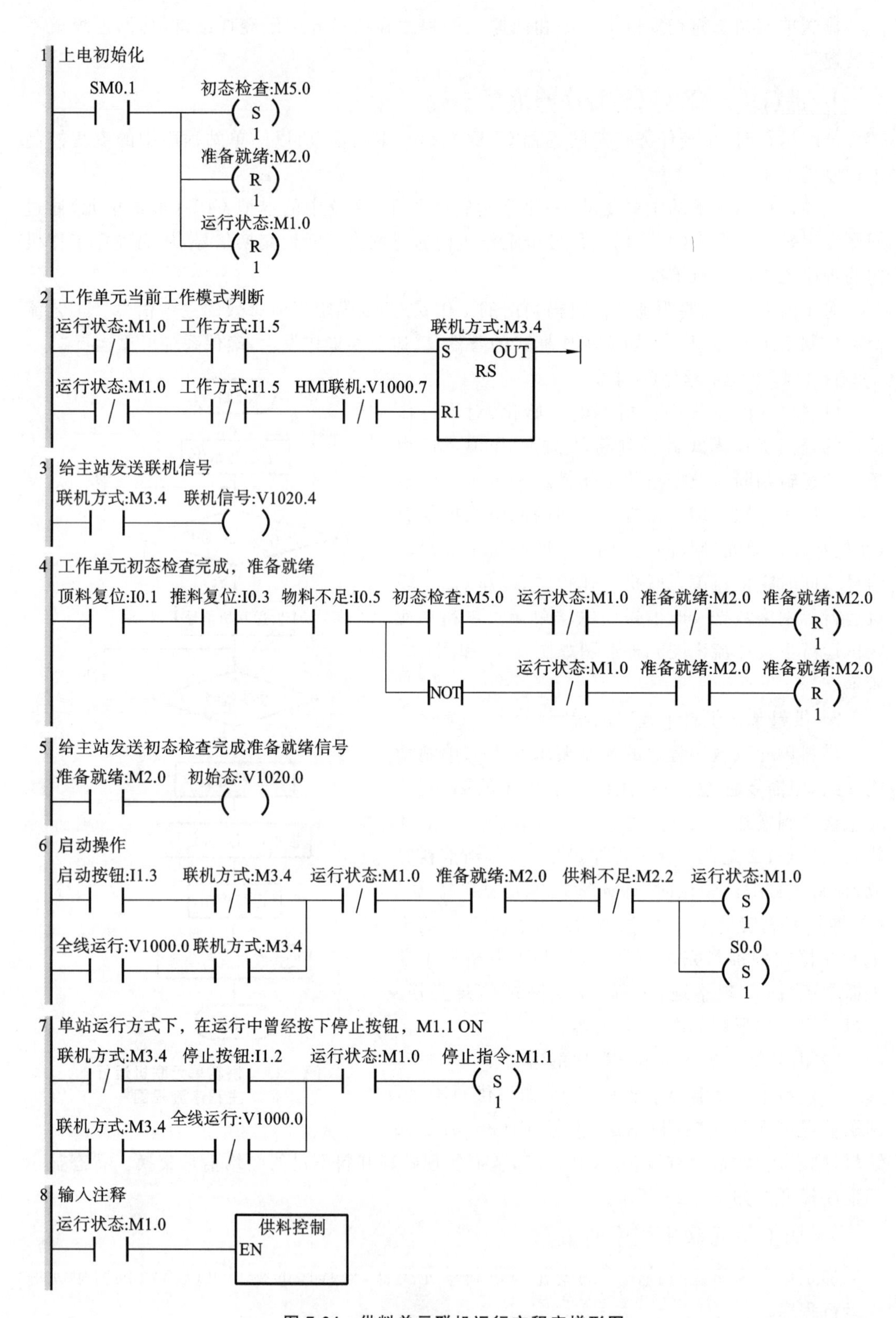

图 7-24 供料单元联机运行主程序梯形图

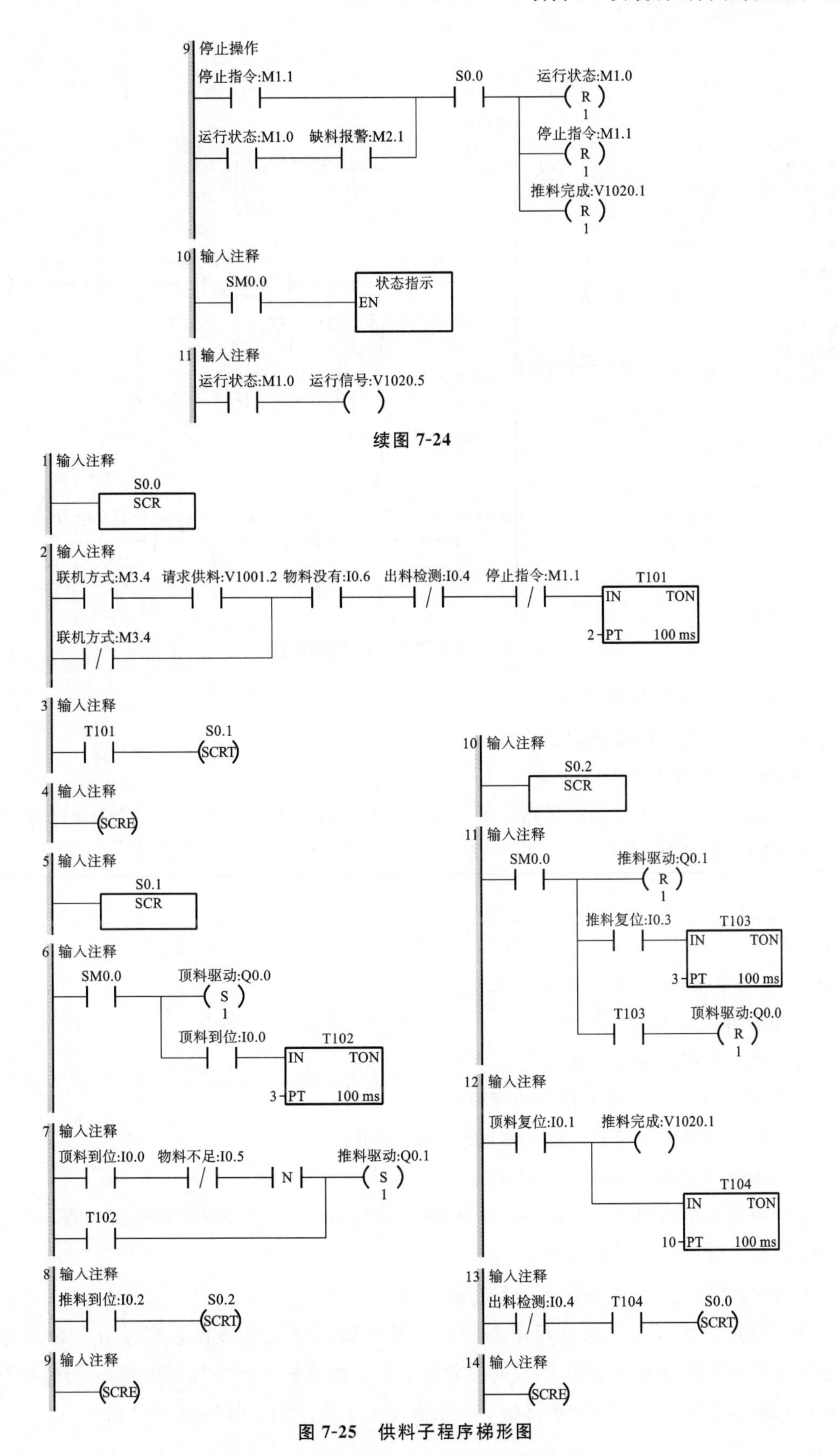

续图 7-24

图 7-25　供料子程序梯形图

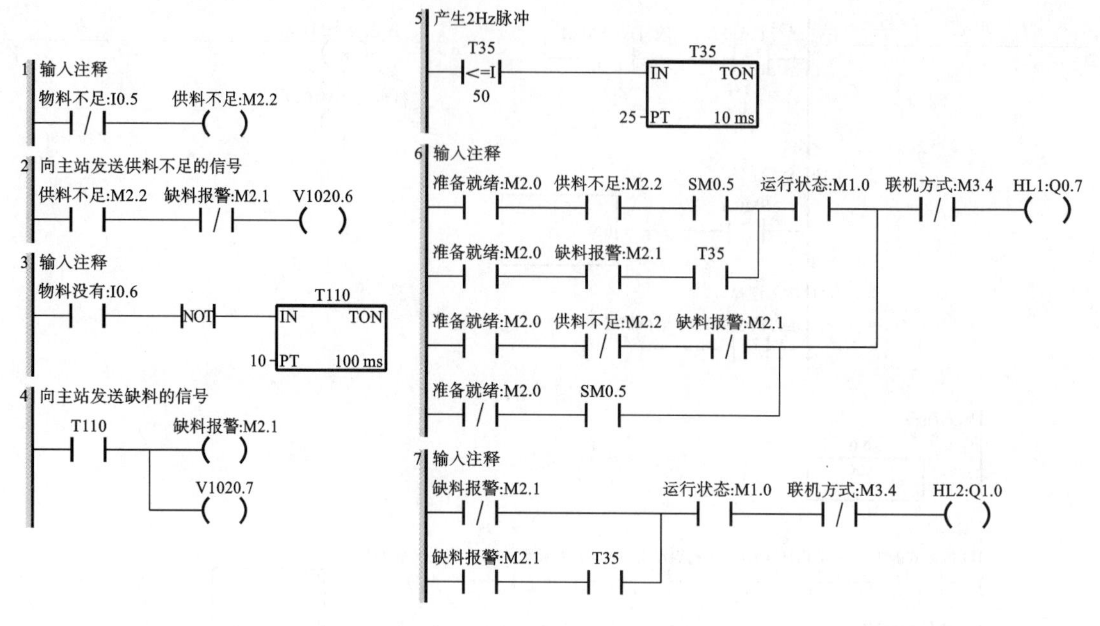

图 7-26　状态显示子程序梯形图

1）加工单元主程序的编写

加工单元主程序梯形图如图 7-27 所示。

2）加工单元加工子程序的编写

加工单元加工子程序编写思路与供料单元供料子程序编写思路类似。加工单元加工子程序梯形图如图 7-28 所示。

5. 装配单元联机程序的编写

装配单元联机运行情况下的变化与供料单元、加工单元类似，该程序的编写可以参考供料单元、加工单元的联机运行程序的编写。

1）装配单元主程序的编写

装配单元主程序梯形图如图 7-29 所示。

2）装配单元落料控制子程序的编写

装配单元落料控制子程序梯形图如图 7-30 所示。

3）装配单元抓取控制子程序的编写

装配单元抓取控制子程序的编写思路与供料单元供料运行子程序的编写思路类似。装配单元抓取子程序梯形图如图 7-31 所示。

4）装配单元指示灯状态显示子程序的编写

装配单元的指示灯状态显示子程序包括接收输送单元转发的供料单元的缺料信号 V1020.6 和料不足信号 V1020.7，同时接收输送单元的系统主令信号 V1000.0，传递给系统警示灯以显示系统状态。装配单元指示灯状态显示子程序梯形图如图 7-32 所示。

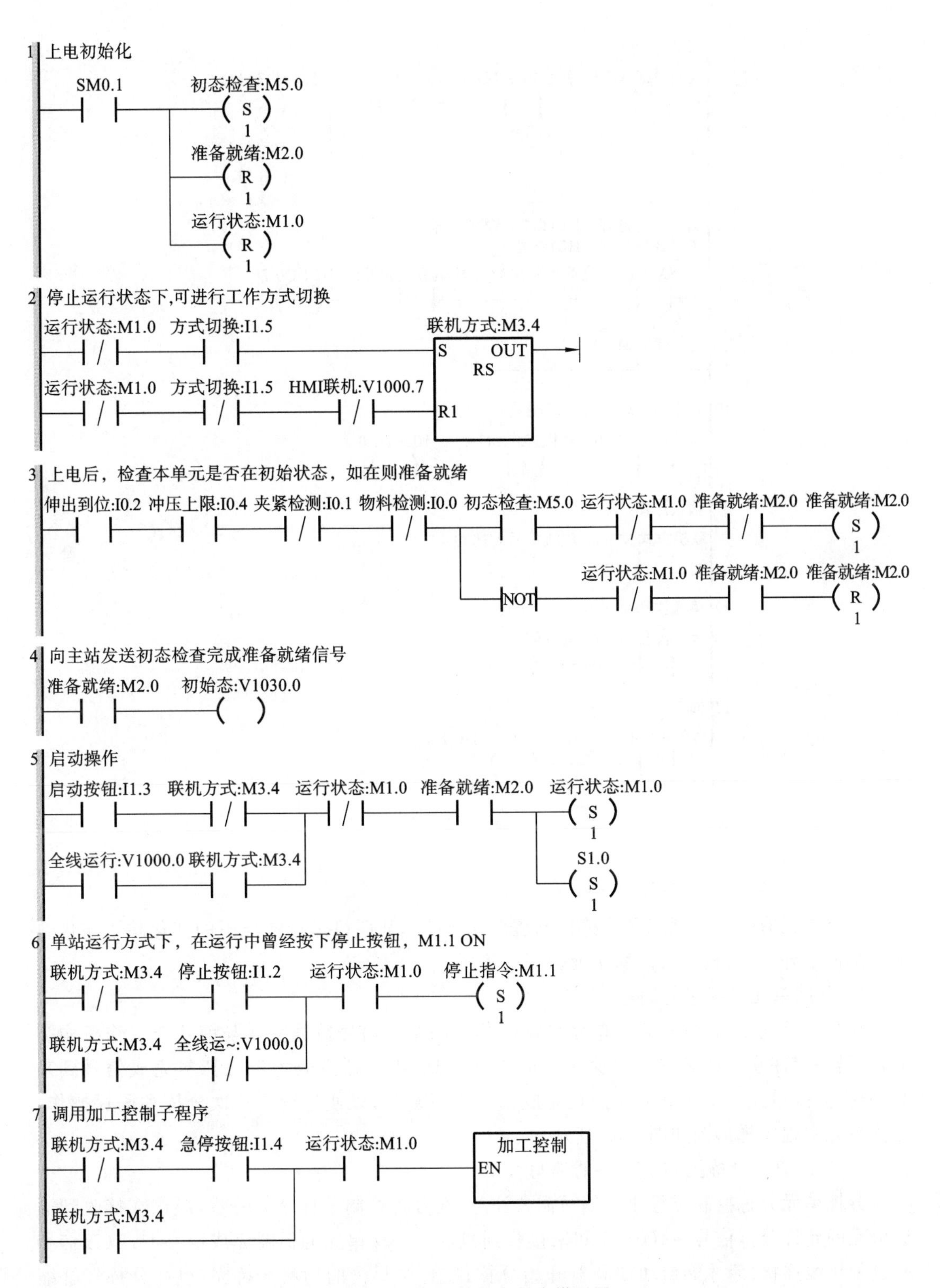

图 7-27　加工单元主程序梯形图

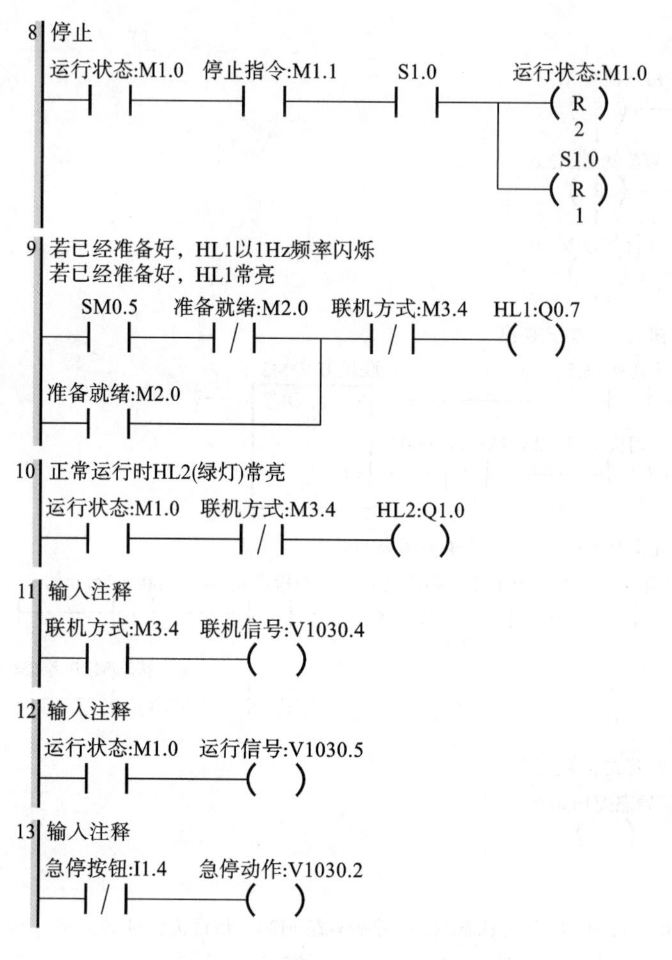

续图 7-27

6. 分拣单元联机程序的编写

分拣单元有一个主程序和分拣控制程序。分拣单元联机运行情况下的变化除了与供料单元类似之外，还与机器人码垛单元数据交换类似。

1）分拣单元主程序的编写

在分拣单元主程序中，分拣单元和输送单元的主令信号数据交换与前几个工作机构类似，但是还应注意它和机器人码垛单元的数据信息，当机器人码垛单元抓料完成信号到来时，应把分拣单元三个料槽工件推料完成信号进行复位，以便进行下一次分拣和码垛操作。分拣单元主程序梯形图如图 7-33 所示。

2）分拣单元分拣控制子程序的编写

分拣单元分拣控制子程序的编写需要注意：在分拣控制子程序第一步，应该在接收到输送单元的允许分拣信号 V1001.5 和未接收到机器人码垛单元的抓料完成信号 I1.4（该信号通过硬接线连接）后才能启动变频器开始分拣；在每个料槽的物料分拣完成后，分拣气缸缩回时，即向系统发出持续的、三个工位的分拣完成信号 V1051.1、V1051.2、V1051.3；在分拣

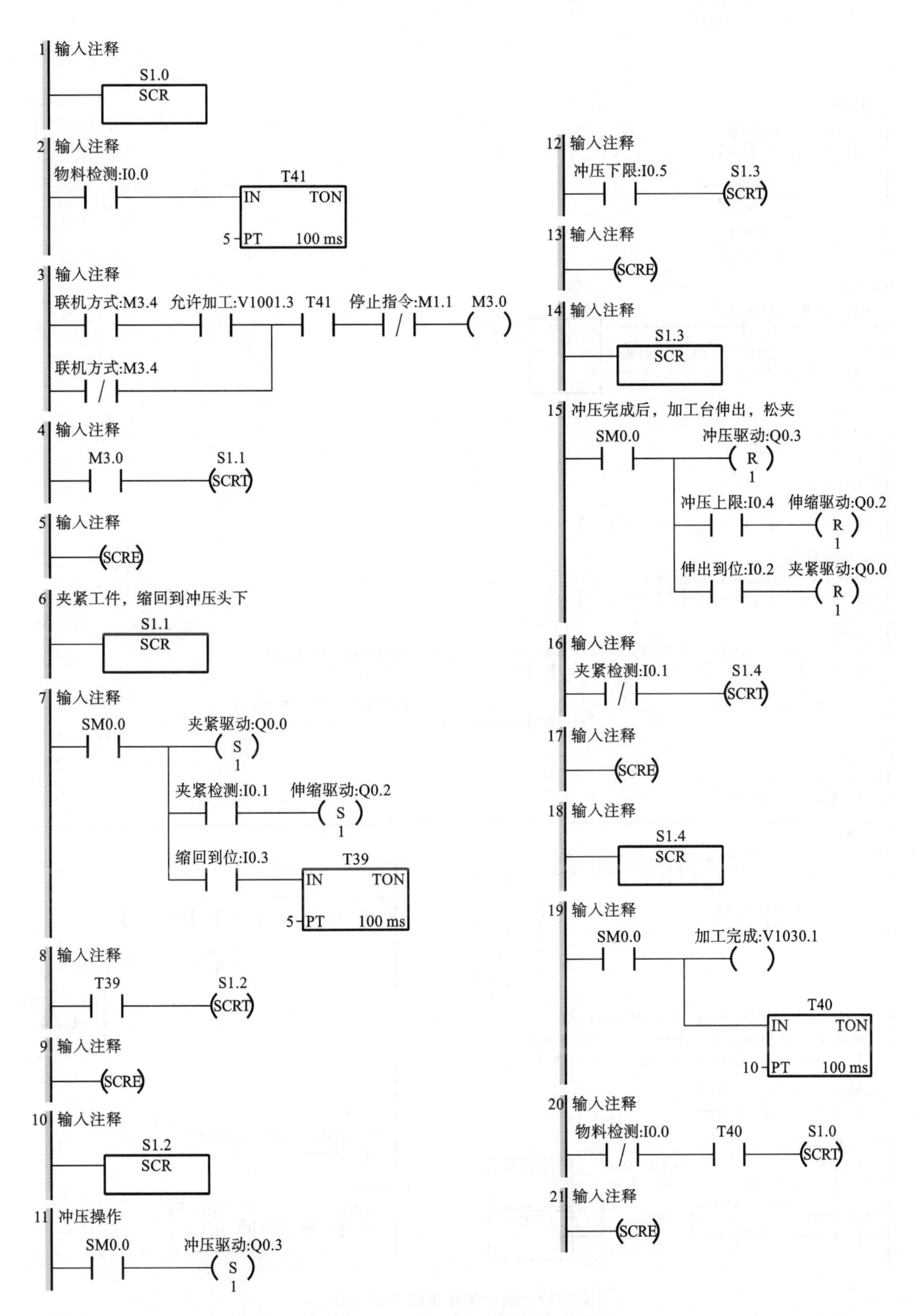

图 7-28　加工单元加工子程序梯形图

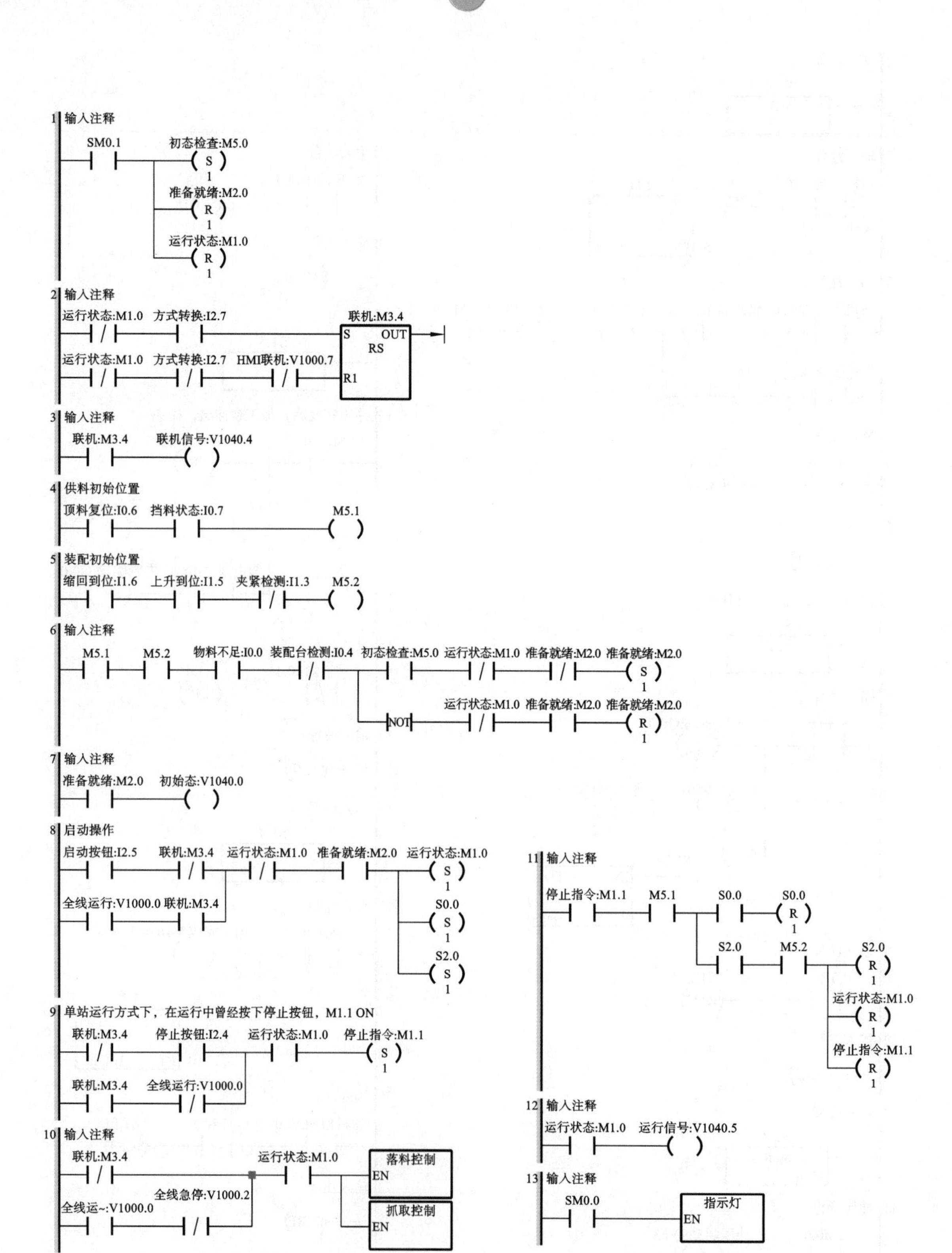

图 7-29 装配单元主程序梯形图

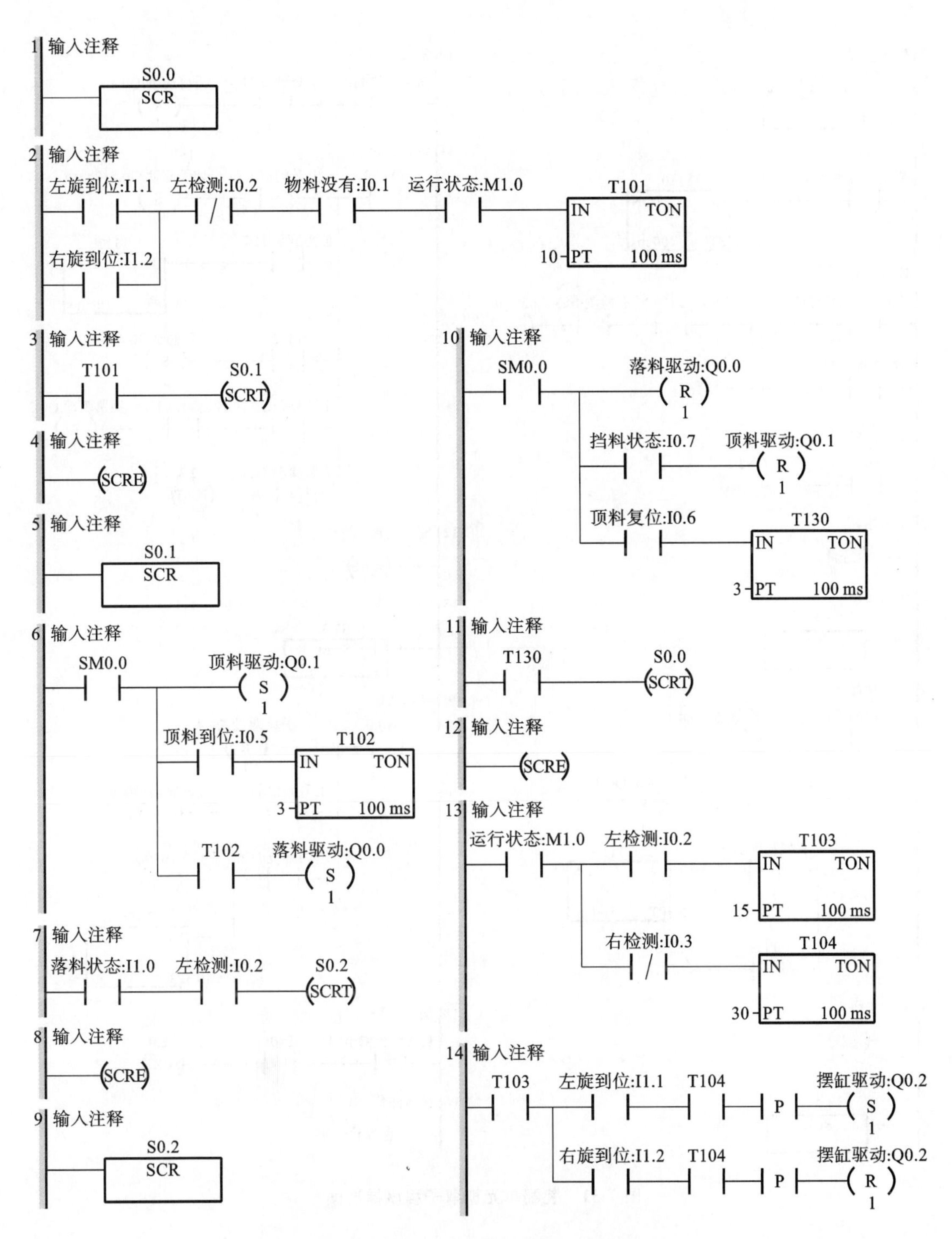

图 7-30 装配单元落料控制子程序梯形图

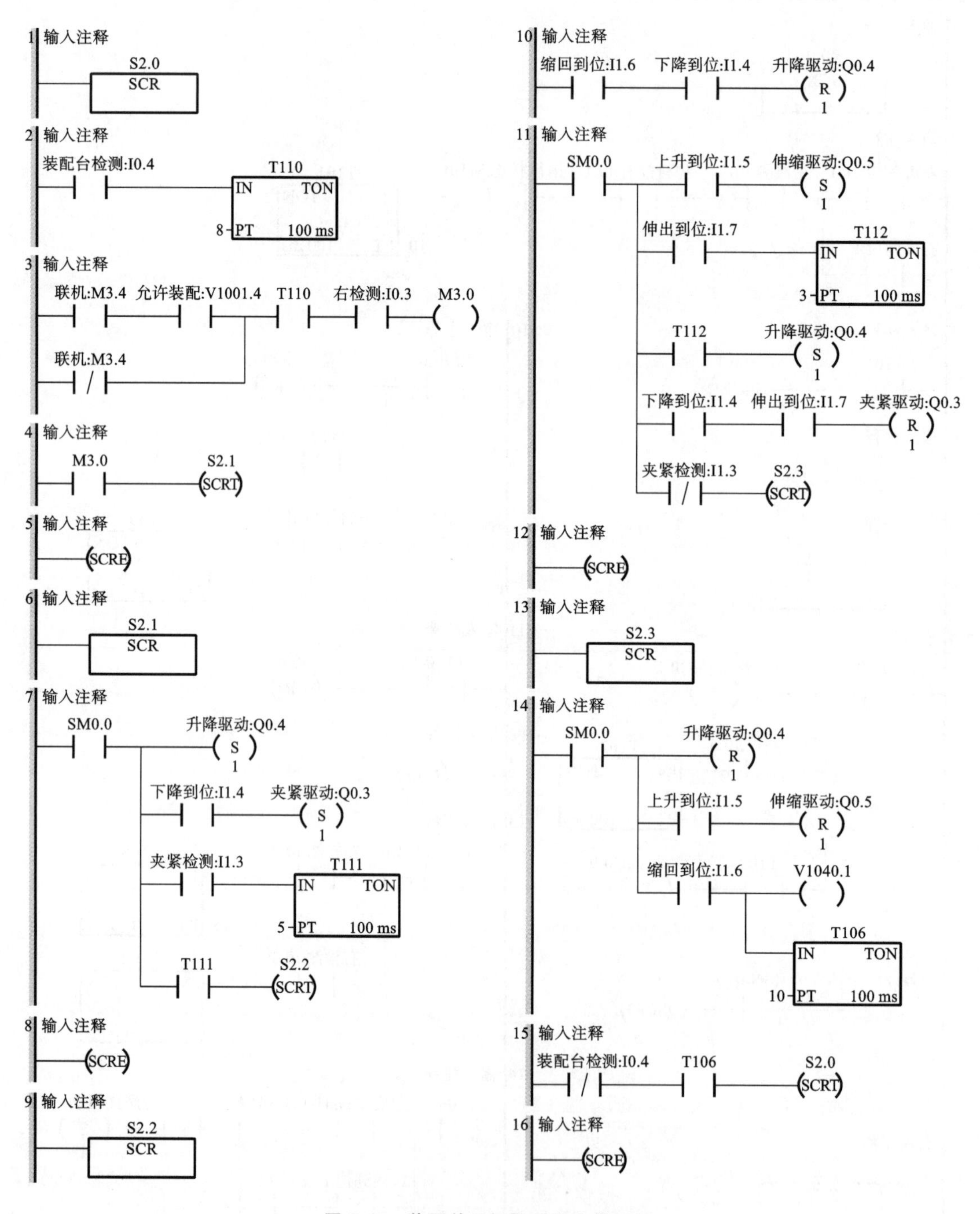

图 7-31 装配单元抓取子程序梯形图

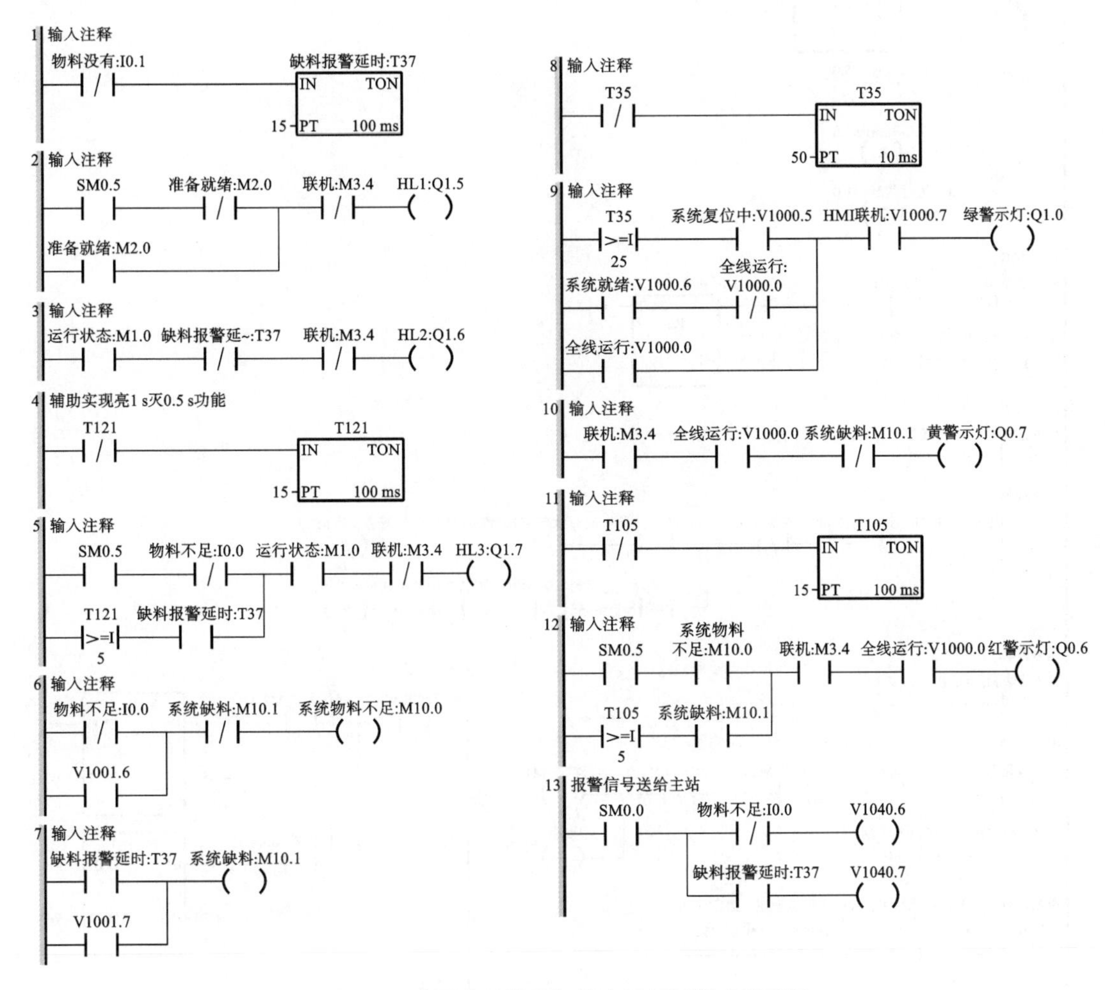

图 7-32　装配单元指示灯状态显示子程序梯形图

控制子程序最后一步延时 1 s 后将此 3 个分拣完成信号复位，然后返回初始步；系统在接收到分拣完成信号后，即通过输送单元转发到机器人码垛单元，指令机器人前来抓取工件进行码垛，实现本地、远程 CPU 网络信息交换。分拣控制子程序梯形图如图 7-34 所示。

在进行工件属性判别时，为了提高传感器检测的准确性，在传感器检测区域将光纤传感器和电感传感器的检测区间再次进行细分，见图 7-34 中的网络 8、9。

7. 机器人码垛单元联机程序的编写

机器人码垛单元有一个主程序以及运行控制子程序和复位子程序。机器人码垛单元联机运行情况下的变化除了与供料单元类似之外，还与分拣单元数据交换类似。

1）机器人码垛单元主程序的编写

机器人码垛单元主程序中，机器人码垛单元和输送单元的主令信号数据交换与前几个工作机构类似。机器人码垛单元主程序梯形图如图 7-35 所示。

2）机器人码垛单元运行子程序的编写

机器人码垛单元运行子程序的编写需要注意：联机运行时，依据分拣单元的工位 1、2、3

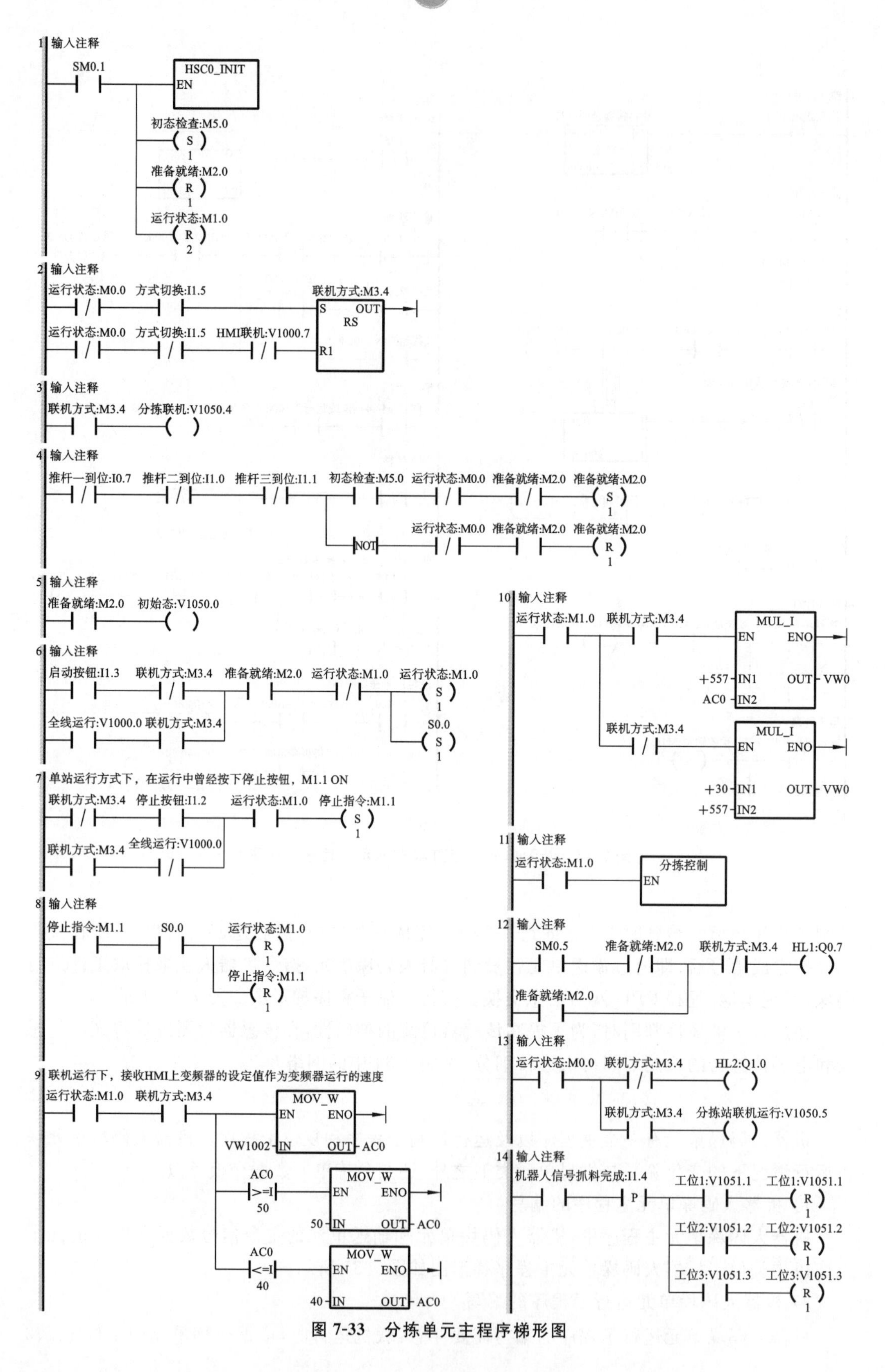

图 7-33 分拣单元主程序梯形图

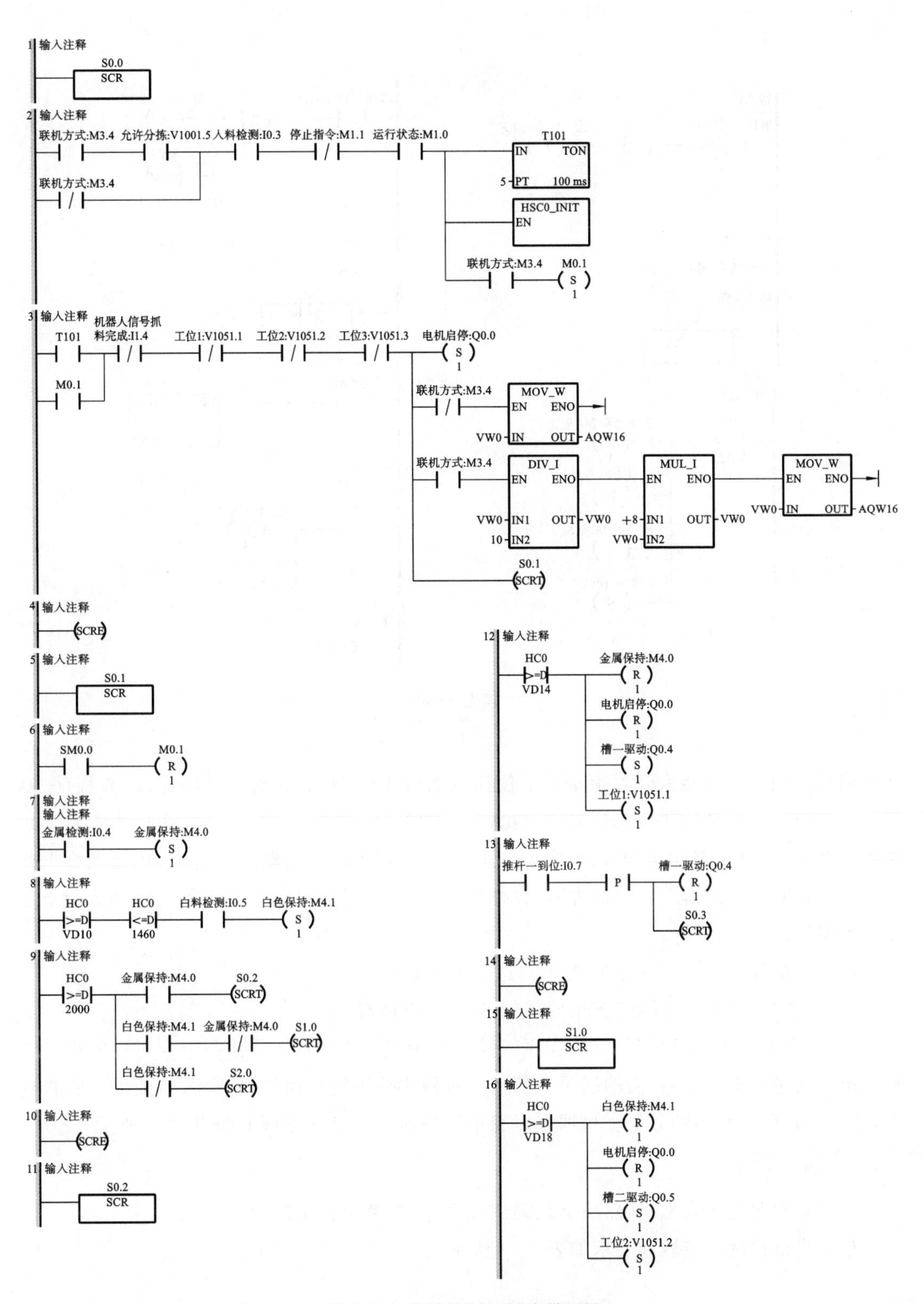

图 7-34　分拣控制子程序梯形图

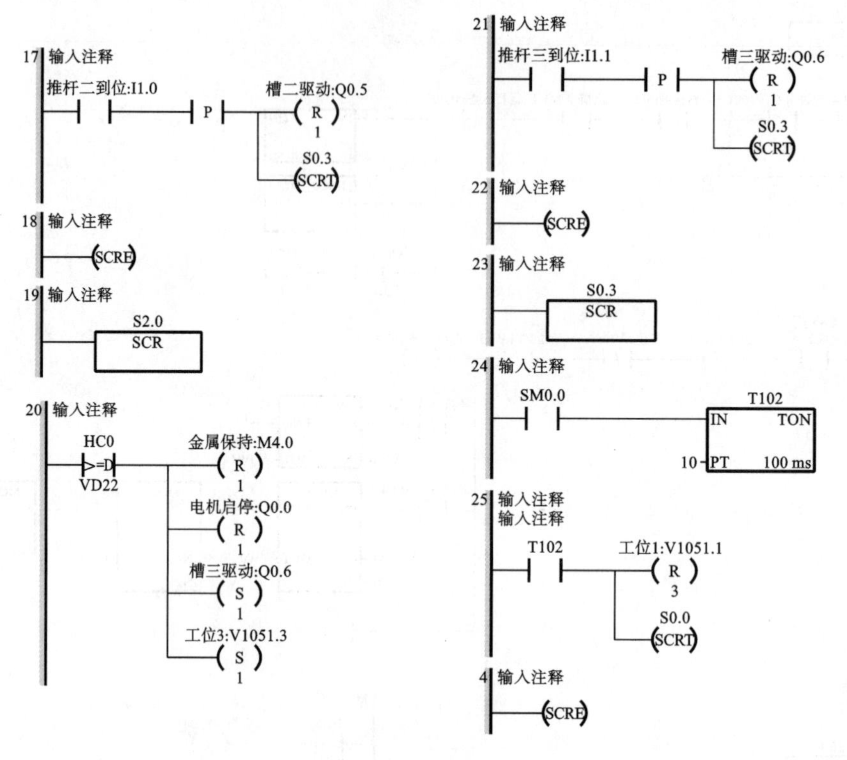

续图 7-34

联机信息分别控制机器人到达指定的工位抓取组合工件，然后自动放到码垛盘中；程序中，接收到输送单元发送的每个工位允许码垛信号 V1006.1、V1006.2、V1006.3 后才能启动机器人开始码垛（通过输出工位 1、工位 2、工位 3 信号到机器人的输入信号中，机器人根据相应的信号判断应该到哪个工位取件），码垛完成后将对应标志位复位。机器人码垛运行子程序梯形图如图 7-36 所示。

本工作机构的复位子程序见项目 5，这里不再赘述。

3）机器人码垛单元拆解工件的送料示教坐标点调整

YL-1633B 自动线整机运行时，当系统缺料后由机器人码垛单元进行组合工件的拆解并将其搬运到送料坐标点后，由输送单元的上层机械手分别返送回供料单元、装配单元的料仓中，达到物料循环利用的效果。机器人码垛单元送料示教坐标点调节如表 7-13 所示。

8. 整机调试

编写完程序应认真检查，然后下载调试程序，可参考项目 1 执行。

自动线整机调试步骤和要求如表 7-14 所示。

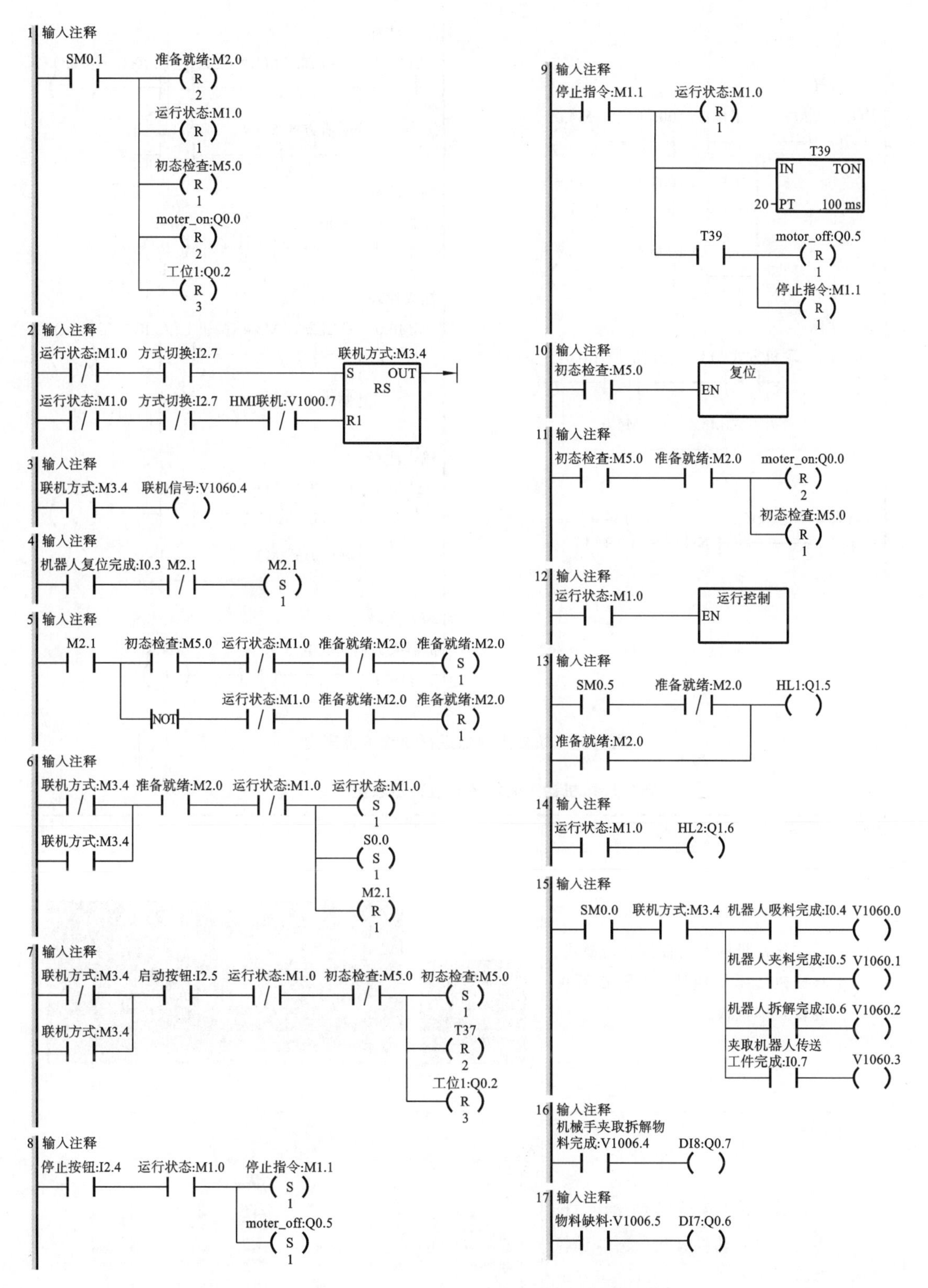

图 7-35　机器人码垛单元主程序梯形图

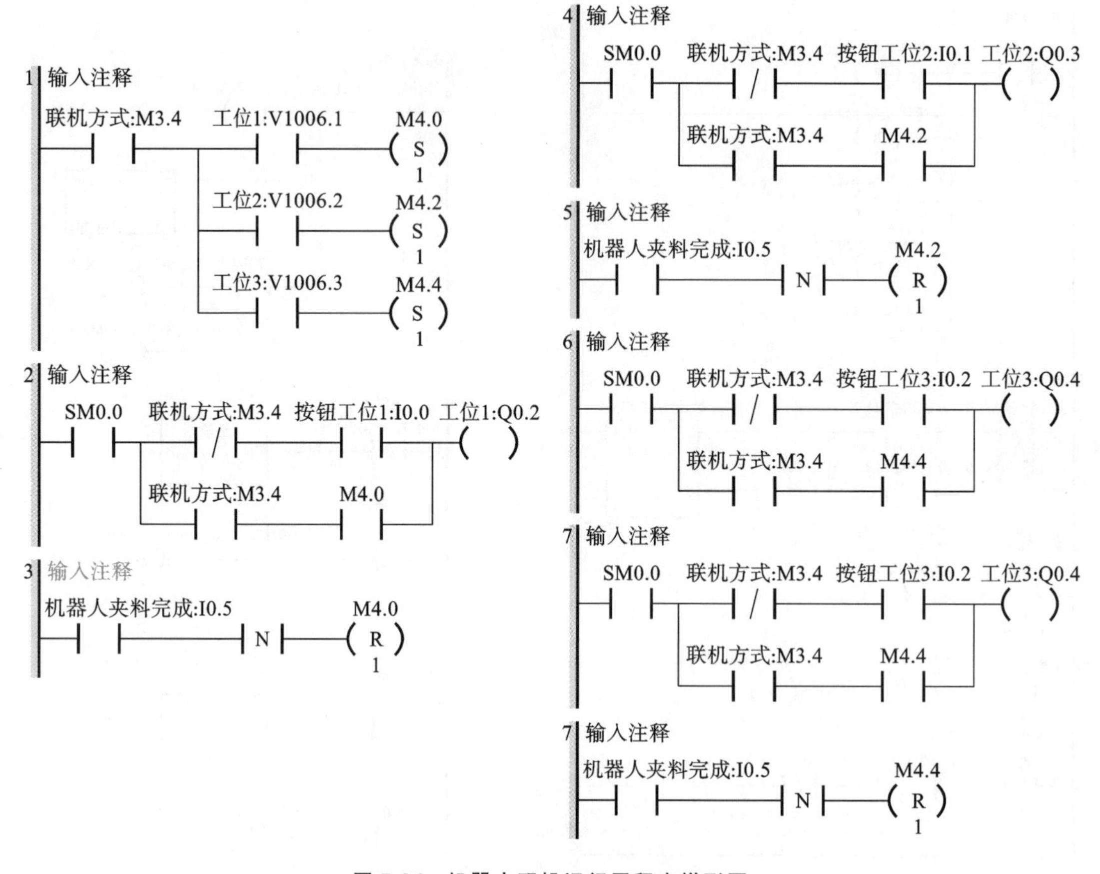

图 7-36 机器人码垛运行子程序梯形图

表 7-13 机器人码垛单元送料示教坐标点调节

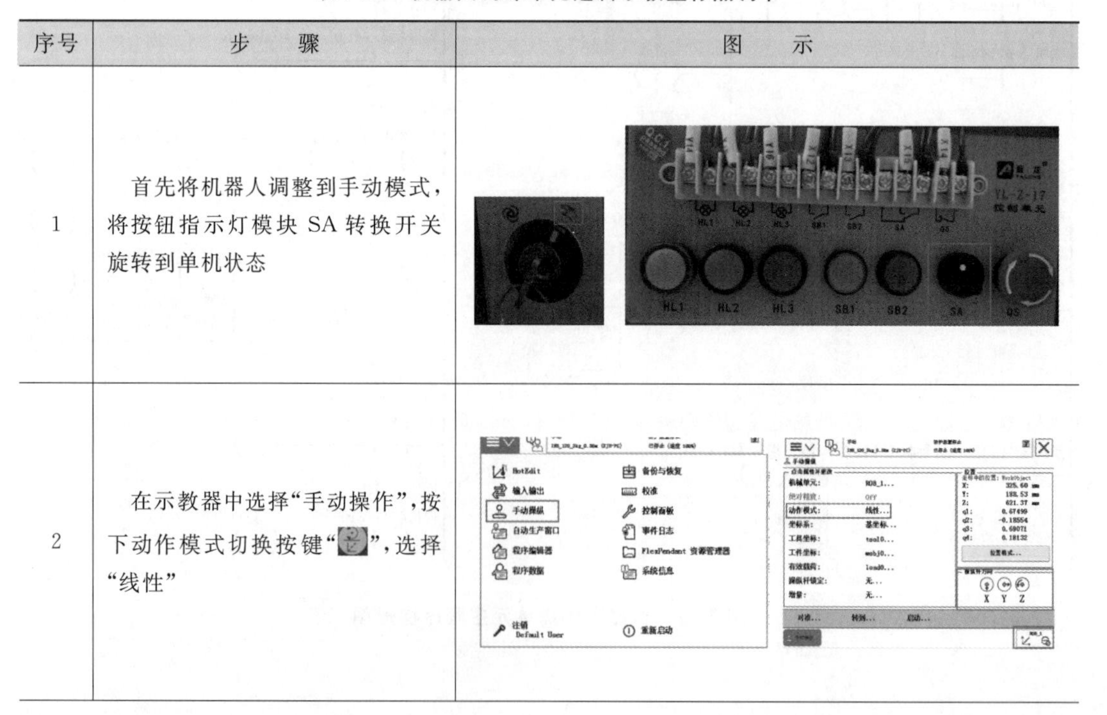

序号	步骤	图示
1	首先将机器人调整到手动模式，将按钮指示灯模块 SA 转换开关旋转到单机状态	
2	在示教器中选择“手动操作”，按下动作模式切换按键“ ”，选择“线性”	

续表

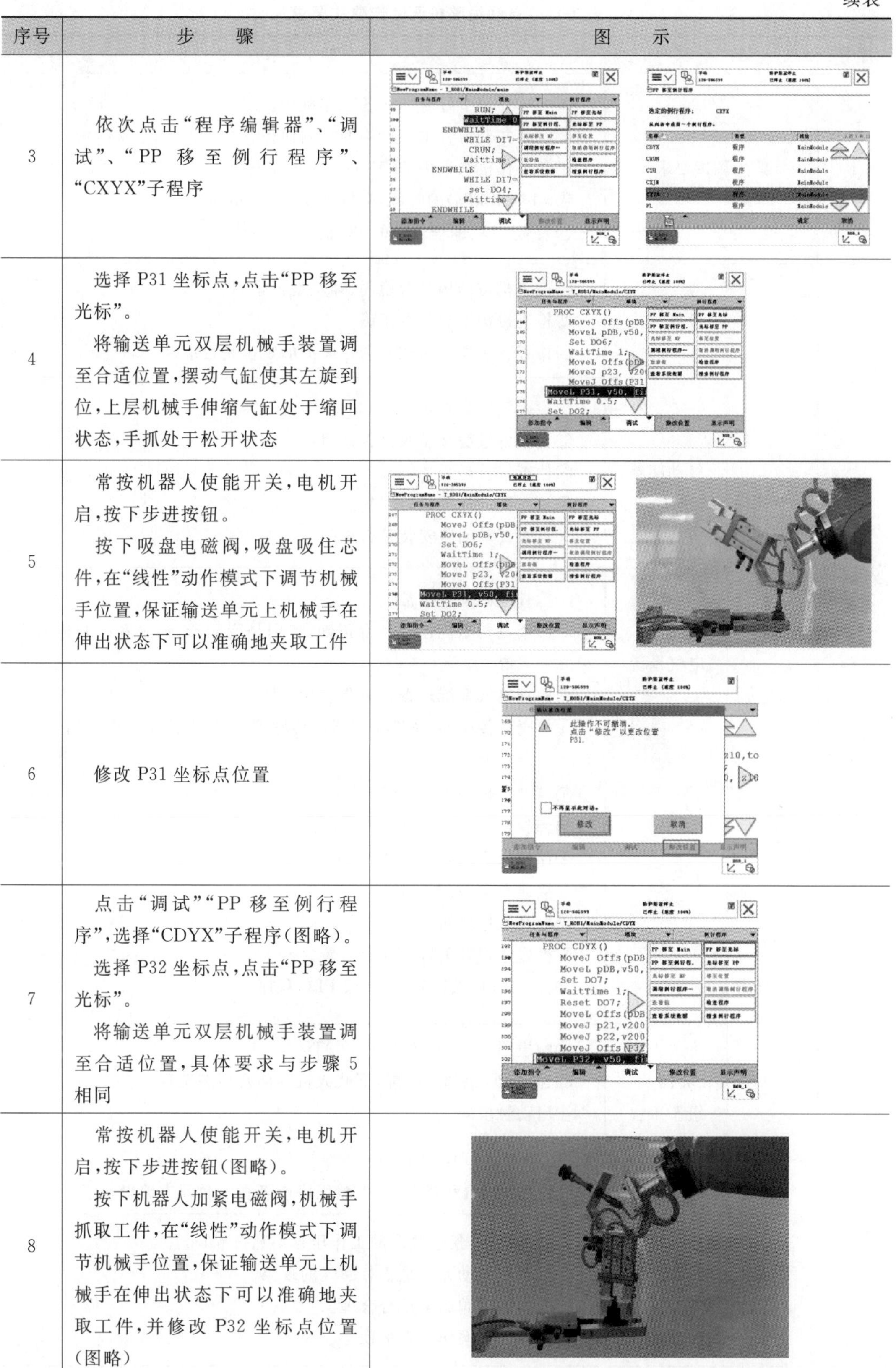

序号	步　　骤	图　　示
3	依次点击“程序编辑器”、“调试”、“PP 移至例行程序”、“CXYX”子程序	
4	选择 P31 坐标点，点击“PP 移至光标”。 将输送单元双层机械手装置调至合适位置，摆动气缸使其左旋到位，上层机械手伸缩气缸处于缩回状态，手抓处于松开状态	
5	常按机器人使能开关，电机开启，按下步进按钮。 按下吸盘电磁阀，吸盘吸住芯件，在“线性”动作模式下调节机械手位置，保证输送单元上机械手在伸出状态下可以准确地夹取工件	
6	修改 P31 坐标点位置	
7	点击“调试”“PP 移至例行程序”，选择“CDYX”子程序（图略）。 选择 P32 坐标点，点击“PP 移至光标”。 将输送单元双层机械手装置调至合适位置，具体要求与步骤 5 相同	
8	常按机器人使能开关，电机开启，按下步进按钮（图略）。 按下机器人加紧电磁阀，机械手抓取工件，在“线性”动作模式下调节机械手位置，保证输送单元上机械手在伸出状态下可以准确地夹取工件，并修改 P32 坐标点位置（图略）	

整机运行状态调试记录表

表 7-14　自动线整机调试步骤和要求

序号	步骤		要求
1	熟悉调试要求		①安装并调节好自动线各工作机构。 ②安装并调节各工作机构的控制面板。 ③各工作机构采用 24 V、1.5 A 直流电源。 ④6 bar(6 kPa)的气源,吸气容量 50 L/min。 ⑤装有 PLC 编程软件的 PC 机
2	开机前的检查	机械结构	①检查机械结构是否稳固、螺丝是否紧固。 ②检查机械安装是否正确。 ③检查各工作机构在实训台面上的定位是否准确
		气动回路	①检查气源是否正常。 ②检查各过滤减压阀是否开启。 ③检查气管是否插好。 ④检查气动回路是否漏气。 ⑤检查气动回路安装是否正确
		电气系统	①检查电源是否正常。 ②检查电气系统连接是否正确,特别是变频器、伺服系统和机器人单元的电源。 ③检查电气系统是否有短路或断路情况。 ④检查各传感器(特别是三线制传感器)的电源连接是否正确
3	下载程序	下载 PLC 程序	①西门子控制器。 编程软件:西门子 STEP 7-MicroWIN SMART。 ②使用以太网编程电缆将 PC 机与 PLC 连接。 ③接通电源,打开气源。 ④松开急停按钮。 ⑤模式选择开关置 STOP 位置。 ⑥打开 PLC 编程软件,下载 PLC 程序
		下载人机界面及组态工程	①触摸屏:昆仑通态 TPC7062Ti。 ②连接 PC 机和触摸屏,下载人机界面及组态工程。 ③启动触摸屏
		下载机器人程序	①机器人:ABB IRB 120。 ②连接 PC 机和机器人,下载程序或者在示教器中编辑程序
4	通气检查		①打开气源,检查气源的工作压强不超过 6 bar。 ②检查各气动元件是否有漏气的现象。 ③检查节流阀调整是否合理。 ④检查气缸动作是否平稳

续表

序号	步　骤		要　求
5	通电检查	实训台 1	①接通电源，检查电压是否正常。 ②检查气缸上各磁性开关位置是否正确。 ③检查传感器调整是否合适。 ④检查变频器、伺服驱动器以及触摸屏相关参数设置是否正确
		实训台 2	①将机器人电源控制开关旋转到 ON。 ②通过手动操作将机器人移动到安全位置，将机器人模式选择开关旋转到自动位置，并在示教器上进行确认。 ③将机器人码垛单元的按钮指示灯模块 SA 转换开关旋转到联机状态，按下 SB1，按钮机器人进行复位，复位完成后 HL1、HL2 常亮，按下 SB2 机器人停止运行
6	通电、通气试运行		①打开气源，接通电源，检查电源电压和气源。 ②将 CPU 上的模式选择开关调到 RUN 位置。 ③上电后按复位按钮，观察各工作站气缸是否达到初始位置、警示灯显示是否正常、触摸屏上各指示灯显示是否正常、各工作站是否处于联机工作模式、触摸屏是否能正常下达启停信号。 ④按下启动按钮，各工作站是否按工艺流程和控制要求协调运行(运行时不应人为干涉机械部件)。 ⑤按下停止按钮，各工作站是否按工艺流程和控制要求停止；停止后再次按下启动按钮，能否正常启动。 ⑥按下急停按钮，各工作站是否紧急停止；恢复急停后，各工作站是否按控制要求继续运行。 ⑦缺料时，系统是否停止运行；机器人码垛单元是否进行组合工件的拆解；输送单元是否将机器人拆解后的大、小工件分别返回供料单元和装配单元的料仓中。 ⑧物料全部循环返回后，系统是否再次正常启动运行
7	检查、清理现场		确认工作现场无遗留的元器件、工具盒材料等物品，清理现场

评价反馈

各小组填写表 7-15，以及任务评价表(参照项目 1)，然后汇报完成情况。

表 7-15　任务实施考核表

工作任务	配分	评 分 项 目	项目配分	扣 分 标 准	得分	扣分	任务得分
程序流程图	15	程序流程图绘制(15 分)					
		流程图	15	流程图设计不合理，每处扣 1 分；流程图符号不正确，每处扣 0.5 分。有创新点酌情加分，无创新点不扣分			

续表

工作任务	配分	评分项目	项目配分	扣分标准	得分	扣分	任务得分
程序设计与调试	75	梯形图设计(20分)					
		程序结构	5	程序结构不科学、不合理,每处扣1分			
		梯形图	15	不能正确确定输入与输出量并进行地址分配,梯形图有错,每处扣1分;程序可读性不强,每处扣0.5分。程序设计有创新点酌情加分,无创新点不扣分			
		系统自检与复位(10分)					
		自检复位	10	初始状态指示灯、监控画面显示不在原位,系统供料不充足,气缸复位等与要求不同,机械手没有回到原点,机器人没有回到安全位置,每处扣0.5分。最多扣10分			
		系统运行(30分)					
		系统正常运行	20	有一种工件工序不符合,扣1分;双层机械手动作不符合,数据统计预置不符合,组合工件不能正确入槽入库,每处扣1分。最多扣20分			
		缺料后的运行	10	缺料后系统警示灯状态显示不正确,每处扣0.5分;机器人不能正确拆解组合工件,每处扣0.5分;双层机械手不能正确返送拆解工件,每处扣0.5分			
		连续高效运行(5分)					
		连续高效运行	5	无连续高效功能,扣5分			
		保护与停止(10分)					
		正常停止	2	运行单周期后,设备不能正确停止,扣2分			
		停止后的再启动	2	单周期运行停止后,再次按下启动按钮,设备不能正确启动,扣2分			
		紧急停止	6	恢复供电后,系统不能正常运行,扣6分;延时及启动不符合,每处扣2分;不能沿原状态运行,扣4分;指示灯不能按紧急停止前的状态运行,扣1分。本项最多扣6分			
职业素养与安全意识	10	现场操作安全保护符合安全操作规程;工具摆放、包装物品、导线线头等的处理符合职业岗位的要求;团队有分工有合作,配合紧密;遵守纪律,尊重教师,爱惜设备和器材,保持工位的整洁					

项目知识平台

西门子以太网通信控制网络

1. 以太网通信概述

以太网是一种差分（多点）网络，最多可有 32 个网段、1024 个节点。以太网可实现高速（高达 100 Mbit/s）、长距离（铜缆，最远约为 1.5 km；光纤，最远约为 4.3 km）数据传输。

可能的以太网连接包括以下设备的连接：编程设备、CPU 间的 Get/Put 通信、HMI 人机界面、开放式用户通信（OUC）。

以太网协议是 S7-200 SMART CPU 最常见的通信方式，通过本体集成的 RJ45 以太网端口就可以实现通信，通过构建 TCP/IP 的以太网络可实现 S7-200 SMART CPU、编程设备和人机界面 HMI 之间的通信。

使用 S7-200 SMART CPU 进行以太网网络连接时，有以下三种不同类型的通信选项。

（1）将 S7-200 SMART CPU 连接到编程设备：这种方式下，一次只能连接一个编程设备，如图 7-37 所示。

（2）将 S7-200 SMART CPU 连接到人机界面 HMI：这种方式下，一次可以连接 8 个人机界面 HMI，如图 7-38 所示。

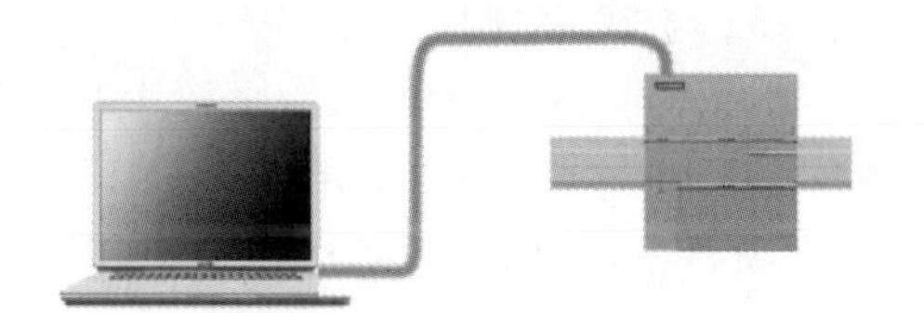

图 7-37　S7-200 SMART CPU 与编程设备连接

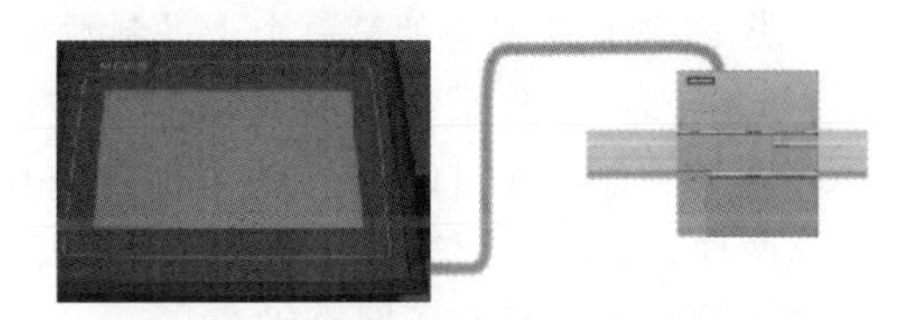

图 7-38　S7-200 SMART CPU 与人机界面 HMI 连接

（3）将 S7-200 SMART CPU 连接到另一个 S7-200 SMART CPU：这种方式下，一次可以连接 8 个 Get/Put 主动连接、8 个 Get/Put 被动连接，如图 7-39 所示。

以上例子是编程设备或人机界面 HMI 与 S7-200 SMART CPU 之间的直接连接，不需要以太网交换机。但是，当网络中含有两个以上的 S7-200 SMART CPU 与人机界面 HMI 时就不能直接进行连接，需要借助以太网交换机。图 7-40 就是借助以太网交换机构建的以太网网络。

2. 为以太网网络内的设备分配 IP 地址

1）为以太网网络的编程设备分配 IP 地址

为设备分配 IP 地址前，必须保证所有设备（编程设备、S7-200 SMART 等）都处在同一个网络中。

在同一个网络中，每个设备都需要有 IP 地址，才能保证设备之间正常通信。此时，每个

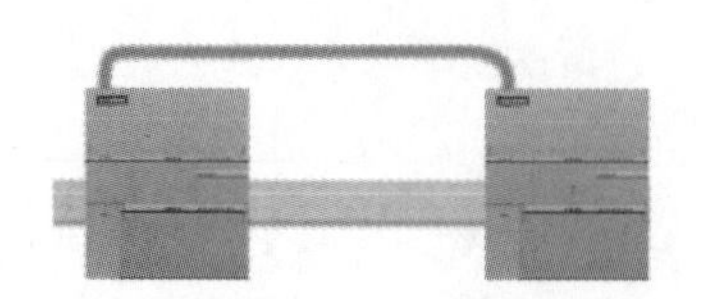

图 7-39　S7-200 SMART CPU 与 S7-200 SMART CPU 连接

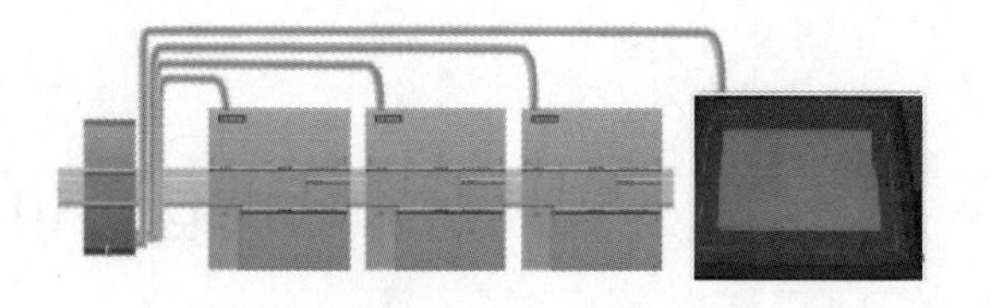

图 7-40　以太网交换机连接多个 S7-200 SMART CPU 与人机界面 HMI

设备的 IP 地址是唯一的。

IP 地址由网络地址和主机地址两部分组成。网络地址表示设备所在的网段编址，主机地址表示设备在本网络中的具体位置。

分配 IP 地址时，一般通过 4 个十进制数字表示一个 IP 地址，如 192.168.0.1。此时，每个十进制数字对应一组 8 位的二进制数字。因此，表示 IP 地址的 4 个十进制数字，每个数字的取值范围为 0～255。

子网是对网络编址方法的改进，是为了充分利用网络，通过 IP 地址与子网掩码的配合，将一个网络划分为若干个分离的网络。

在子网中，每个设备的 IP 地址与其子网掩码所对应二进制数字按位相乘，为该设备所在的网段编址，剩余部分为该设备的主机地址。例如，一台设备的 IP 地址为 192.168.0.1，子网掩码为 255.255.255.0，所对应二进制数字按位相乘，结果为 192.168.0，则该设备所在的网段地址是：192.168.0，主机地址是剩余的部分：1。

根据网络地址和主机地址的数量，IP 地址通常可分为 A、B、C 三类。

A 类 IP 地址所对应的第一个十进制数字取值介于 1 与 126 之间。

B 类 IP 地址所对应的第一个十进制数字取值介于 128 与 191 之间。

C 类 IP 地址所对应的第一个十进制数字取值介于 192 与 223 之间。

Windows10 操作系统用户可以从控制面板-网络和共享中心的网络设备属性中找到“Internet 协议版本 4(TCP/IPv4)属性”，选择“自动获取 IP 地址”或者“使用下面的 IP 地址”，这两种方式即“动态 IP 设置”和“静态 IP 设置”。本项目中，我们为设备选择手动(静态 IP 设置)分配 IP 地址和子网掩码。

2) 为以太网网络的 PLC 分配 IP 地址

除了对用户的编程设备进行 IP 地址和子网掩码设置外，对网络中的 PLC 也需要分配 IP 地址。所有 S7-200 SMART CPU 都有默认 IP 地址：192.168.2.1，必须为网络上的每台设备设定一个唯一的 IP 地址。需要注意的是，在同一个局域网中所有设备都必须处于同一网段中。

本项目仍然选择在“系统块”对话框中手动设置 PLC 的 IP 地址(静态 IP 设置)。

3) 为以太网网络的人机界面设备分配 IP 地址

人机界面设备与 PLC 一对一直接连接通信时不需要以太网交换机，但是网络中有多台 PLC 时需要用以太网交换机。在进行网络 IP 地址分配时，主要人机界面的 IP 地址不能与网络中其他设备的 IP 地址有冲突。

3. Get/Put 指令

S7-200 SMART 以太网通信网络的实现方式有两种：一是利用 Get/Put 指令完成读/写操作，二是利用 Get/Put 网络指令向导生成读/写操作。

S7-200 SMART CPU 之间的以太网网络通信只需要两条简单的指令，它们是 Get(远程读)和 Put(远程写)指令。在网络读/写通信中，只有本地 CPU 需要调用 Get/Put 指令，远程 CPU 只需编程处理数据缓冲区(取用或准备数据)。Get/Put 指令格式和参数说明如表 7-16 所示。

表 7-16 Get/Put 指令格式和参数说明

序号	指令格式	参数说明
1	指令启动以太网端口上的通信操作，从远程设备获取数据。Get 指令可从远程站读取最多 222 字节的信息。 Get EN ENO VB100 TABLE	• EN(使能端)输入(BOOL 型)：当准许输入使能 EN 有效时，为读有效。 • TABLE(表)输入(BYTE 型)：从远程设备接收数据，将数据表 TBL 指定的远程设备区域中的数据读到本 CPU 中
2	指令启动以太网端口上的通信操作，将数据写入远程设备。Put 指令可向远程站写入最多 212 字节的信息。 Put EN ENO VB100 TABLE	• EN(使能端)输入(BOOL 型)：当准许输入使能 EN 有效时，为网络读有效。 • TABLE(表)输入(BYTE 型)：向远程设备写入数据，将数据表 TBL 指定的本 CPU 区域中的数据发送到远程设备中

一个程序中可以有任意数量的 Get 和 Put 指令，但在同一时间最多只能激活 16 条 Get 和 Put 指令。例如，在某程序中可以同时激活 8 条 Get 和 8 条 Put 指令，或 6 条 Get 和 10 条 Put 指令。

Get/Put 指令的 TBL 参数为字节类型，可以是 IB、QB、VB、MB、SMB、SB、* VD、* LD、* AC，Get/Put 指令的 TBL 参数如表 7-17 所列。

表 7-17 Get/Put 指令的 TBL 参数

字节偏移量	字节参数				
	位 7	位 6	位 5	位 4	位 3～0
0	D	A	E	0	错误代码
1～4	远程站 IP 地址				
5～6	保留＝0(必须设置为零)				
7～10	指向远程站(此 CPU)中数据区的指针(I、Q、M、V 或 DB1)				
11	数据长度				
12～15	指向本地站(此 CPU)中数据区的指针(I、Q、M、V 或 DB1)				

表中首字节的各标志位的意义如下。

D：完成(函数已完成)。0：未完成；1：完成。

A：有效(函数已被排队)。0：无效；1：有效。

E：错误(函数返回错误)。0：无错误；1：错误。

远程站 IP 地址：将要访问的数据所处 CPU 的地址。

指向远程站中数据区的指针：指向远程站中将要访问的数据的间接指针。

数据长度：远程站中将要访问的数据的字节数(Put 为 1～212 字节，Get 为 1～222 字节)。

指向本地站中数据区的指针：指向本地站(此 CPU)中将要访问的数据的间接指针。

关于 TBL 参数中错误代码的意义读者可以自行查阅 S7-200 SMART 说明书。

人机界面 HMI 和组态

1. 触摸屏的外观示意图

本设备使用昆仑通态的 TPC7062Ti 触摸屏，触摸屏正面及背面示意图如图 7-41 所示。

(a) 正面

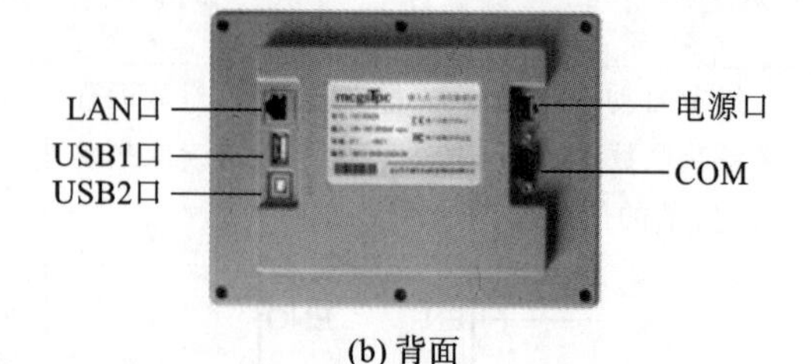

(b) 背面

图 7-41　TPC7062Ti 触摸屏正面及背面示意图

LAN 口：以太网接口(RJ45)。

USB1 口：用来连接鼠标和 U 盘等。

USB2 口：用作工程项目的下载。

COM(RS232/485)：串口，用来连接 PLC。

电源口：为 24 V 直流，接头下正上负。

2. 触摸屏的下载线和通信线

图 7-42(a)为 PC 机与触摸屏的下载线，用来下载组态工程，与 PC 连接时，通过这个专用 USB 电缆直接将 PC 的 USB 接口与 MCGS 触摸屏 USB2 接口连接；图 7-42(b)为触摸屏与西门子 S7-200 SMART CPU 的通信线，用作 PLC 和触摸屏的数据通信，与 PLC 连接时，选择默认的 COM 串口，并通过 RS-485 通信电缆连接到 PLC 通信端口上；图 7-42(c)为以太网电缆，既可以作为下载线使用也可以作为通信线使用。使用网络电缆作为下载线或通信线时，将网络中触摸屏 IP 地址的网段、PC 机 IP 地址的网段和 PLC 的 IP 地址网段相同设置。

(a)PC机与触摸屏的下载线

(b)触摸屏与西门子S7-200 SMART CPU的通信线

(c)以太网电缆

图 7-42　触摸屏下载线及通信线

3. MCGS 组态软件的使用

MCGS 嵌入式组态软件是北京昆仑通态公司研制的一款国产通用组态软件。它是一种专门应用于嵌入式计算机监控系统的组态软件。它包含两个部分：组态环境和模拟运行环境。在组态环境中，用户可以创建新的工程项目、定义变量、设计监控画面和程序、连接外围设备、管理用户权限等操作；在模拟运行环境中，用户可以模拟运行组态工程。

1）触摸屏基本的组态步骤

（1）用户界面的组态。使用 MCGS 嵌入版 7.7 软件进行用户界面组态，主要包括图形、文本、操作对象和自定义功能等。

（2）连接触摸屏设备和 PLC 设备。组态计算机可以通过 COM 串口、USB 接口、以太网接口等连接到触摸屏。

（3）下载组态画面到触摸屏设备中。根据组态的信息响应 PLC 中的程序，从而实现触摸屏与 PLC 的通信。

2）用户界面的组态

为了通过触摸屏操作用户系统或者机械设备，必须为触摸屏设备组态用户界面，这个过程称为“组态”。

运行 MCGS 嵌入版组态环境软件，单击工具条上的“新建”按钮，或点击“文件”菜单中的“新建工程”命令，弹出图 7-43 所示界面。MCGS 嵌入版用“工作台”窗口来管理构成用户应用系统的五个部分，如图 7-44 所示，工作台上有五个标签：主控窗口、设备窗口、用户窗口、实时数据库和运行策略。五个标签分别对应五个不同的窗口页面，每一个页面负责管理用户应用系统的一个部分，用鼠标点击不同的标签可选取不同窗口页面，对应用系统的相应部分进行组态操作。

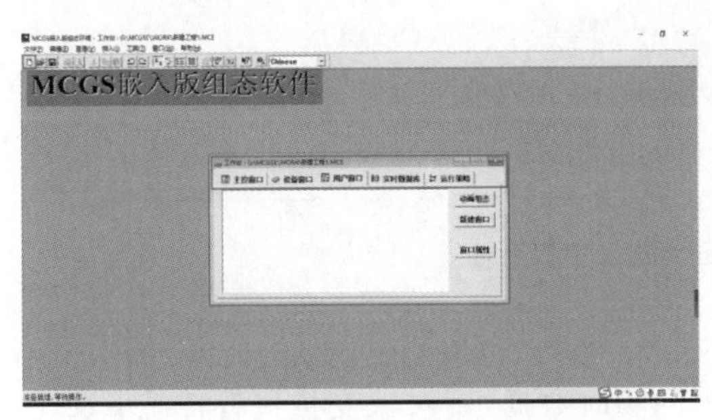

图 7-43　MCGS 组态软件工作台界面

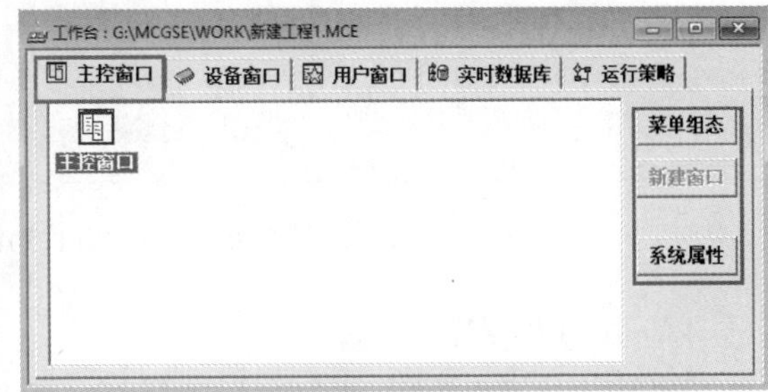

图 7-44　主控窗口

（1）主控窗口。

MCGS 嵌入版的主控窗口是组态工程的主窗口，是所有设备窗口和用户窗口的父窗口，也是应用系统的主框架，展现工程的总体外观。它主要有菜单组态、新建窗口、系统属性三项框架可以操作，分别进行用户环境菜单管理，组态工程基本属性、启动属性、内存属性、系统参数、存盘参数设定等用户操作。

（2）设备窗口。

设备窗口是 MCGS 嵌入版系统和作为测控对象的外部设备建立联系的后台作业环境，负责驱动外部设备，控制外部设备的工作状态。系统通过设备与数据之间的通道，把外部设备的运行数据采集进来，送入实时数据库，供系统其他部分调用，并且把实时数据库中的数据输出到外部设备，实现对外部设备的操作与控制。

设备窗口主要操作设备组态，打开之后可以设置与触摸屏连接的各种自动化设备。在设备窗口内用户组态的基本操作是选择构件、设置属性、连接通道、调试设备。设备窗口及设备组态如图 7-45 所示。

（3）用户窗口。

用户窗口本身是一个“容器”，用来放置各种图形对象（图元、图符和动画构件），不同的

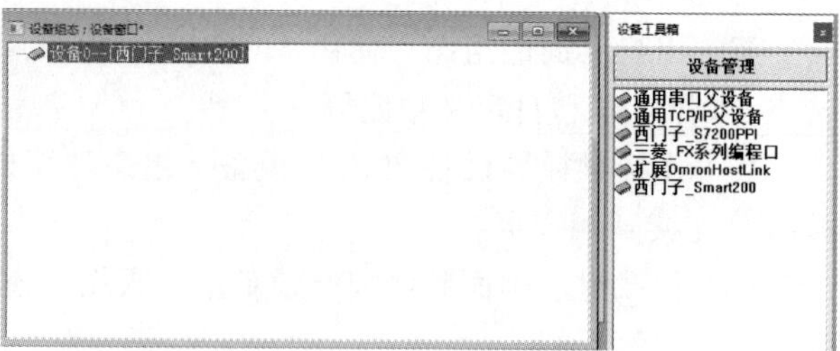

图 7-45　设备窗口及设备组态

图形对象对应不同的功能。通过对用户窗口内多个图形对象的组态，生成漂亮的图形界面，为实现动画显示效果做准备。

用户窗口主要操作有新建窗口、动画组态、窗口属性，如图 7-46 所示。

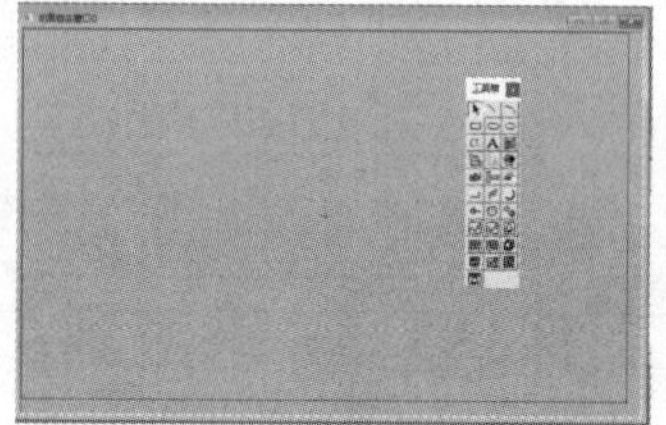
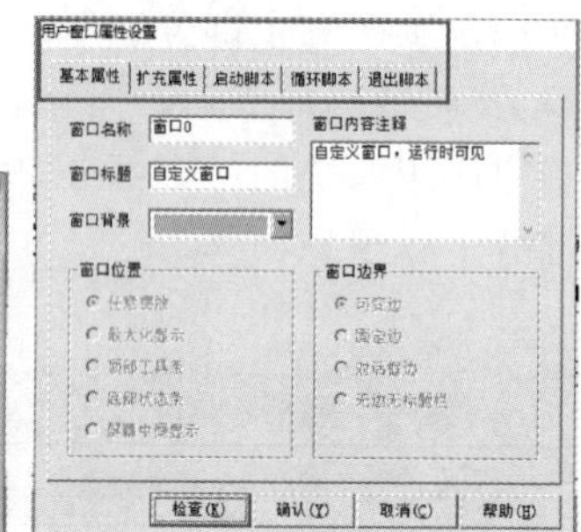

图 7-46　用户窗口、动画组态及窗口属性

（4）实时数据库。

在 MCGS 嵌入版中，用数据对象描述系统中的实时数据，用对象变量代替传统意义上的值变量，把数据库技术管理的所有数据对象的集合称为实时数据库。

实时数据库是 MCGS 嵌入版系统的核心，也是应用系统的数据处理中心，系统各部分均以实时数据库为数据公用区，进行数据交换、数据处理，实现数据的可视化处理。

实时数据库的数据有 5 种类型：开关、数值、字符、事件和组对象。数据的基本属性包括对象名称、字符数、对象初值、工程单位、最小值、最大值等，还可以设置该数据对象的存盘属性和报警属性，如图 7-47 所示。

（5）运行策略。

运行策略是指对监控系统运行流程进行控制的方法和条件，它能够对系统执行某项操作和实现某种功能进行有条件的约束。运行策略由多个复杂的功能模块组成，称为“策略块”，完成对系统运行流程的自由控制，使系统能按照设定的顺序和条件操作实时数据库，控制用户窗口的打开、关闭以及控制设备构件的工作状态等一系列工作，从而实现对系统工作过程的精确控制及有序的调度管理。

用户可以根据需要创建和组态运行策略。

运行策略可以设置启动策略、退出策略、循环策略，策略工具箱可提供退出策略、策略调用、数据对象、设备操作、脚本程序、定时器、计数器、窗口操作等供用户使用，如图 7-48 所示。

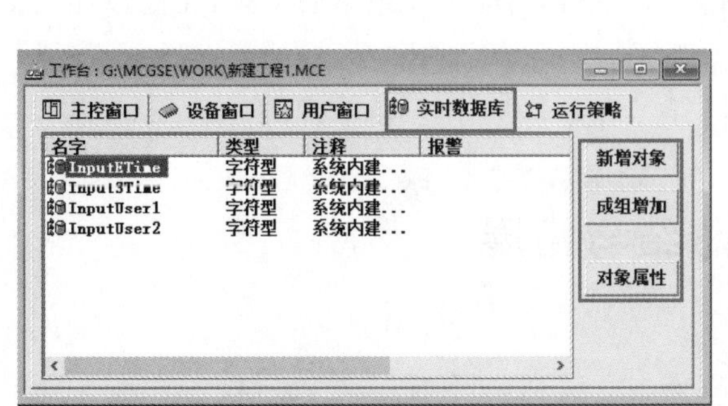

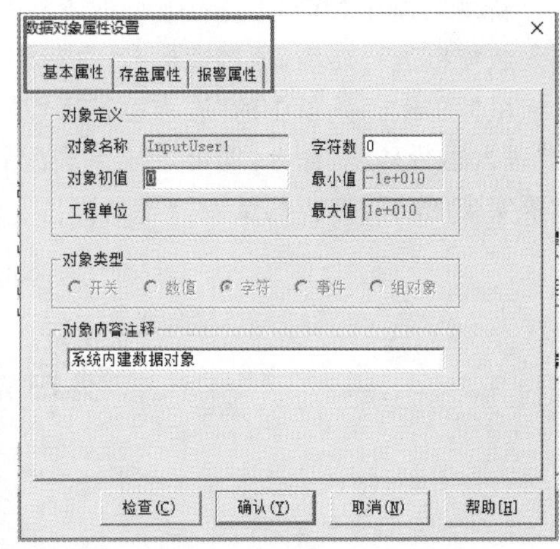

图 7-47　实时数据库和数据对象属性设置

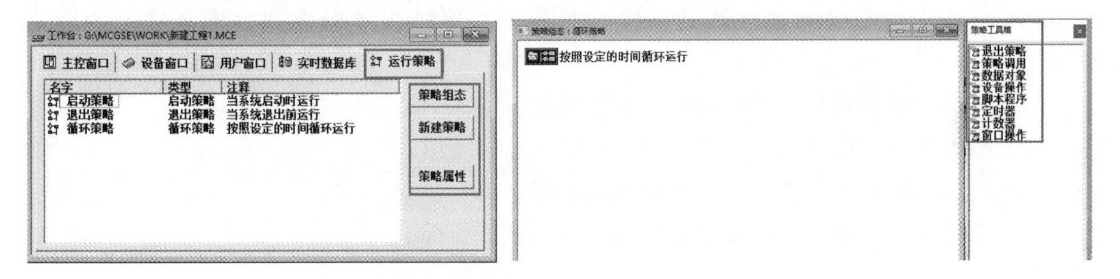

图 7-48　运行策略和策略工具箱

3）用户运行界面

用户运行界面分为模拟运行界面和联机运行界面。图 7-49 为模拟运行界面，将组态工程设置为模拟运行后，下载到模拟运行界面开始运行。联机运行将组态工程下载到触摸屏中，把 HMI 作为系统中的主控设备使用。

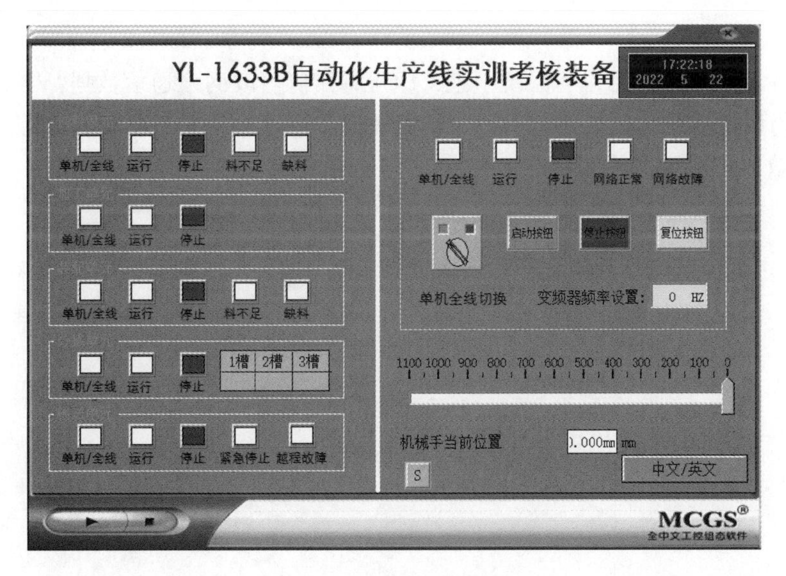

图 7-49　模拟运行界面

新建工程在 MCGS 嵌入版组态环境中完成(或部分完成)组态配置后,应当转入 MCGS 嵌入版模拟运行环境,通过试运行,进行综合性测试检查。

鼠标单击工具条中的“进入运行环境▣”按钮,或操作快捷键“F5”,或执行“文件”菜单中的“进入运行环境”命令,即可进入下载配置窗口,下载当前正在组态的工程,在模拟环境中对要实现的功能进行测试。

项目总结与拓展

项目总结

(1) 自动化生产线的整机调试是建立在各个工作机构单机模式完成基础上的联机调试。

(2) 熟练掌握自动化生产线的整机安装调试步骤。

(3) 熟练掌握工业以太网的构建,HMI 和组态的使用。

(4) 熟练掌握自动化生产线的编程调试步骤。

(5) 熟练掌握自动化生产线的常见故障的判断和排除。

项目测试

项日测试

项目拓展

(1) 若将其他工作单元作为系统本地 CPU,应如何修改网络通信数据?

(2) 若仍以输送站为系统本地 CPU,要在触摸屏上进行任意组合工件分拣入槽设置,则应该如何修改组态界面和控制程序?

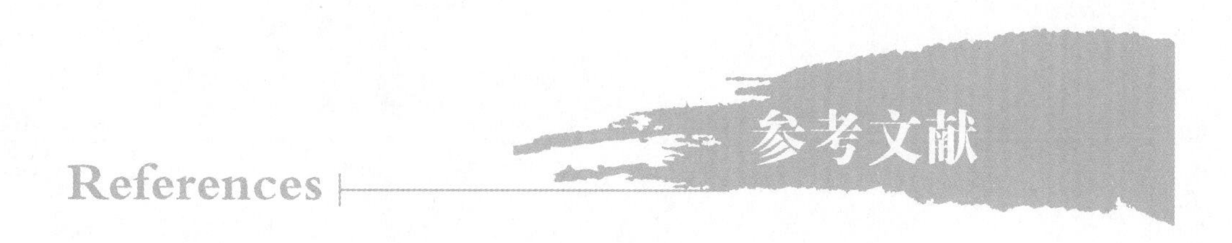

[1] 张同苏,李志梅.自动化生产线安装与调试实训和备赛指导[M].北京:高等教育出版社,2015.

[2] 李志梅,张同苏.自动化生产线安装与调试(西门子 S7-200SMART 系列)[M].北京:机械工业出版社,2019.

[3] 梁亮,梁玉文.自动化生产线安装、调试和维护技术[M].北京:机械工业出版社,2017.

[4] 西门子(中国)有限公司.SINAMICS G120C 变频器操作说明,2016.

[5] 北京昆仑通态自动化软件科技有限公司.MCGS 嵌入版用户指南,2009.

[6] 西门子(中国)有限公司.S7-200 SMART 可编程控制器样本,2020.

[7] 西门子(中国)有限公司.S7-200 SMART 系统手册,2016.

[8] 松下电器机电(中国)有限公司.松下使用说明书(综合篇)交流伺服马达·驱动器 MINAS A5 系列,2010.

[9] 亚龙智能装备集团.亚龙 YL-1633B 型工业机器人循环生产线实训装备说明书,2018.